国际制造业经典译丛

机械制造基础及实践

（原书第 5 版）

Workshop Processes, Practices and Materials
5th Edition

［英］布鲁斯·J. 布莱克（Bruce J. Black） 著
耿俊浩 霍伯牛 蒋建军 译

机械工业出版社

本书是国际机械制造实践领域的经典著作之一，其最大特点是内容具有系统性、全面性和实践性，既涵盖了机械制造基础和车间实践的主要领域，也突出了知识和技能的结合，并且在人工作业及健康安全防护、技术标准等方面也有非常翔实、全面的介绍。

　　本书内容遵循标准和知识相结合、冷热成形与加工装配相结合、人工作业和机械作业相结合、传统制造和现代制造相结合的方式进行编排，包括安全和健康标准、测量计量、手工作业、切削工艺与机床设备、压力加工、初步成形、铸锻及注射成型、连接方法（包括焊接）、金属和塑料材料、图样及其标准等内容。

　　本书语言简洁、图例丰富，每章后附有复习题，可供制造企业初级技术人员、高等院校工科专业课教师和实验室教师等人员参考阅读，也可作为普通高等院校、高职高专类院校、继续教育类各工科专业学生的教材和参考书。

　　北京市版权局著作权合同登记　图字 01-2021-5293 号。

图书在版编目（CIP）数据

机械制造基础及实践：原书第 5 版/（英）布鲁斯・J. 布莱克（Bruce J. Black）著；耿俊浩，霍伯牛，蒋建军译. —北京：机械工业出版社，2023.9
（国际制造业经典译丛）
书名原文：Workshop Processes, Practices and Materials 5th Edition
ISBN 978-7-111-73445-1

Ⅰ.①机… Ⅱ.①布… ②耿… ③霍… ④蒋… Ⅲ.①机械制造工艺 Ⅳ.①TH16

中国国家版本馆 CIP 数据核字（2023）第 121118 号

机械工业出版社（北京市百万庄大街 22 号　邮政编码 100037）
策划编辑：孔　劲　　　　　　责任编辑：孔　劲　李含杨
责任校对：贾海霞　张　薇　　封面设计：马精明
责任印制：常天培
北京铭成印刷有限公司印刷
2023 年 9 月第 1 版第 1 次印刷
184mm×260mm·22.25 印张·548 千字
标准书号：ISBN 978-7-111-73445-1
定价：129.00 元

电话服务　　　　　　　　　　网络服务
客服电话：010-88361066　　机　工　官　网：www.cmpbook.com
　　　　　010-88379833　　机　工　官　博：weibo.com/cmp1952
　　　　　010-68326294　　金　书　网：www.golden-book.com
封底无防伪标均为盗版　　机工教育服务网：www.cmpedu.com

译者序

以"工业 4.0"和《中国制造 2025》为代表的智能制造战略为制造行业人才培养带来了新的机遇和挑战。智能制造工程所需的创新性研究型人才或高素质技能型人才都需要在培养的初期全面、系统地掌握机械制造的基础知识,提升实践能力,才能为后续的创新研究和专精应用奠定良好的基础。本书所涉内容知识面广、系统性强,并且非常重视人工作业、技术标准和安全与健康防护等方面内容的讲解,更加符合安全生产、标准化作业和可持续发展的当代主题,这也是本书与其他类似著作相比极具特色的地方,相信能够为读者带来更全面、实际的收获。

本书的翻译和出版过程充满曲折。由于种种原因,本书的前两版虽然已经基本翻译完毕,但未能正式出版。在此,向坚持不懈推动该书出版、也是本书重要译者的霍伯牛老先生表示由衷敬意,向为此书前两版翻译做出重要贡献的陈国栋、Li Tang(美)、褚松玉等前辈表示衷心感谢,向推动本书最终出版的编辑孔劲女士表示衷心感谢。

由于译者水平有限,译文难免有所不足,诚恳欢迎读者批评指正,并提出宝贵意见。

耿俊浩

于西北工业大学

献 词

　　谨以此书献给我的妻子吉莉安，儿女苏珊、安德鲁，以及他们的子女亚力山大、托马斯·哈塔姆、达西、索菲和贝利·布莱克。

第5版前言

　　本书第 5 版在第 4 版的基础上进一步扩充了相关内容。书中采用了现行的健康与安全法规。第 5 章增加了长度量棒和角度量块的使用，并更新了相关文字。第 6 章也略有变动，加入了最新的数字化测量仪器，并增加了使用激光扫描测微仪、三坐标测量机和视觉测量机的现代测量技术的一节。同时，根据现行实践重写了刀具材料的相关章节，并增加了高压冷却液使用的内容。此外，还应要求增加了对滚花及在车床上进行手动攻螺纹内容的阐述。第 14 章材料这一章，应要求增加了对无损检测的介绍。第 16 章增加了真空铸造技术的内容。最后，增加了全新的一章第 12 章，介绍了计算机数控机床。

第4版前言

　　本版应要求增加了气焊、分度头等新内容。在第1章中更新了健康与安全法规，加入了与砂轮、电动压力机、手工操作相关的内容，以及机器防护装置的图片，也丰富了胶黏剂相关章节的内容，扩展了防护涂层的部分章节，新增了等离子电解氧化、电镀膜、粉末涂层和线圈涂层等内容。第14章增加了聚酰亚胺、聚醚醚酮等高性能聚合物，以及塑料材料回收的内容。

第3版前言

　　第3版增加了较多内容，覆盖了执行工程操作（PEO）大纲的很多单元，扩大了本书的覆盖范围。

　　根据需要，各章节依据当前最新技术发展进行了更新，如消失模铸造和金属注射成型等内容。

　　本版也加入了新的章节，包括标准、测量和计量，以及移动负载、绘图规范和数据等，并在每一章的结尾增加了复习题。

第2版前言

　　本书的再版更新了较多内容，通过增加内容扩大了本书所覆盖的范围，将本书调整为目前通用的尺寸和式样。

　　在本版中，为使本书综合性更强、所涉主题范围更广，书中增加了砂型铸造、轧制、挤压、拉拔、锻造、冲压、熔模铸造、壳型铸造和压铸等有关工艺的章节。

　　同时更新了安全实践章节，增加了最新的健康与安全条例，还在测量设备一章中增加了电子仪器相关内容。另外，在表面磨削一章中增加了黏结磨料砂轮的相关内容，在塑料一章中增加了成型工艺内容。

第1版前言

编写本书的目的有两个，一是涵盖技师教育委员会（TEC）标准单元中的车间工艺和材料 I（U76/055，基于并打算取代 U75/001）部分，为机械/生产工程、工业测量和控制及聚合物技术专业的学生提供指导；二是涵盖材料和车间工艺 I（U75/002）部分，为电子、通信和电力工程专业的学生提供指导。通过涵盖这两部分具有大量共通之处的内容，希望能对广大师生有所裨益。

本书的内容十分丰富，根据我长期的教学经验，无法在 60 课时中让学生既学完其中的内容，又能留出足够的时间让学生充分参与实践，因此本书的学习和实践最好在教师的指导下完成。我编写本书的目的是希望通过详细阐述每一主题的理论内容，并配以合适的插图，可以将本书用作教材及练习资料，这样学生就可以花更多时间进行机器、设备的验证、操作和使用等实践学习。每章均附有与本章内容直接相关的复习问题，可用于巩固学习效果。

本书涵盖了广泛的健康安全知识，因为我深信任何身处工厂环境中的人员都应培养出针对危险的安全责任意识，危险不仅会影响自身的健康与安全，还会影响同事们的健康与安全。

尽管本书针对 TEC 标准单元编写，但其内容也符合工程车间理论和实践（成人教育预算，AEB，即英国成人教育计划）及工程车间实践（威尔士联合教育委员会，WJEC）的通用教育证书（GCE）普通水平考试的大纲要求，同时也可用作大部分高校机械工程专业一年级学生的教学内容。

最后，我要感谢我的妻子在我编写本书时的耐心和理解，感谢同事们的帮助，感谢布里吉德·威廉姆斯夫人快速而熟练地为本书手稿打字。

致 谢

以下机构允许复制相关照片和插图，作者和出版商谨此致谢。

JSP 有限公司（见图 1.7）；皇家版权（见图 1.8）；Chubb 消防有限公司（见图 1.18）；Desoutter 兄弟有限公司（见图 2.22）；Neill 工具有限公司（见图 3.10、图 3.11、图 3.14、图 6.18、图 6.23、图 10.7、图 10.8）；Mitutoyo 有限公司（见图 3.15、图 5.33、图 6.6、图 6.9、图 6.10、图 6.13~图 6.17、图 6.22、图 6.26~图 6.28、图 6.31~图 6.34、图 6.36、图 6.37、图 6.39~图 6.41、图 6.44、图 6.45、图 6.47）；A. J. Morgan & Son（Lye）有限公司（见图 4.2、图 4.8）；Walton and Radcliffe（销售）有限公司（见图 4.3）；Q-Max（电子）公司（见图 4.4）；TI 考文垂计量有限公司（见图 5.2、图 5.5、图 5.7、图 5.16、图 5.19、图 5.21、图 5.22）；L. S. Starrett 公司/Webber 仪器部（见图 5.11、图 5.12）；Verdict 仪表销售公司（见图 5.30）；Rubert 有限公司（见图 5.32）；Thomas Mercer 有限公司（见图 6.38、图 6.42）；Faro 科技英国有限公司（见图 6.46）；Draper 工具有限公司（见图 7.17、图 7.19）；Sandvik Coromant 英国公司（见图 7.22、图 7.23）；W. J. Meddings（销售）有限公司（见图 8.1）；Procter 机床防护（www. machinesafety. co. uk）（见图 8.3、图 9.8、图 9.9、图 11.6）；Clarkson-Osborne 工具有限公司（见图 8.18、图 11.11）；TS Harrison（见图 9.1）；Pratt Burnerd 国际有限公司（见图 9.10、图 9.12~图 9.15）；Elliot 刀具有限公司（见图 10.1、图 11.1、图 11.2）；Jones & Shipman Hardinge 有限公司（见图 10.5、图 10.6）；Saint-Gobain 砂轮（见图 10.10）；工程方案有限公司（见图 15.11、图 15.12）；Hinchley 工程有限公司（见图 15.13）；Sweeny & Blockside（动力冲压）（见图 17.2）；Verson 国际有限公司（见图 17.3）；P. J. Hare 有限公司（见图 17.4）；Lloyd Colley 有限公司（见图 17.13）；P. I. 铸造（Altrincham）（见图 18.1~图 18.7）；Dennis 铸造（见图 18.10）；Ajax 刀具国际有限公司（见图 12.3、图 12.11）；Lloyds 英国测试有限公司提供了起重设备的信息；图 15.10 基于帝国化学工业公司（ICI）的一项服务说明，该公司许可使用此图。图 5.6、图 5.7、图 5.10 和图 15.15 源于 John Kelly 提供的照片。图 1.8 和图 20.20 得到了 HMSO 的复制许可。图 11.15 和图 16.14 由布莱克·S. 格雷姆绘制。

经英国标准协会实物许可，以下内容复制自或基于英国标准，可从该协会获得完整标准的副本。

表 1.2 和图 1.12~图 1.16（BS ISO 3864）；

表 5.4 和表 5.5（BS 1134-2010）；表 5.3（BSEN ISO 286-1：2010）。

目 录

第1章

安 全 实 践

　　几乎每个在工厂工作的人员都会在其职业生涯的某个阶段遭受过某种形式的伤害，并需要相应的治疗或急救。这种伤害可能是手指割伤等小问题，也可能是其他更严重的问题。造成伤害的原因可能是受害者或同事粗心大意、安全设备有缺陷、未使用提供的安全设备或防护服防护能力不足。但无论事故发生后的解释是什么，其真正的原因很可能都是因为没有事先做好规划。因此，必须学会如何安全工作。工作场所都有自己的安全规定，请始终遵守这些规定。同时，还要自省是否理解所有的安全指南，并能够上报所有可能的危险、损坏或故障情况。

1.1　《工作健康与安全法（1974 年修订版）》(HSWA)

　　该议会法案于 1975 年 4 月生效，适用对象涵盖除私人家庭佣人外的所有工作人员。该法案针对的是工作人员及其活动，而不是工厂及在工厂内执行的工艺。

　　该法案旨在提供一个法律框架，用来促进高标准的工作健康与安全，其目的是：

1) 确保工作人员的健康、安全和福利。
2) 保护他人免受因工作人员的活动而带来的健康或安全风险影响。
3) 控制危险物质的保管和使用，防止人们非法持有或使用危险物质。
4) 控制工作场所向大气排放有毒或有害物质。

　　该法案规定了雇主保障员工健康与安全的良好管理措施与常识，即考虑存在哪些风险，以及采取哪些合理的措施进行应对。

1.2　健康与安全组织（见图 1.1）

　　英国依据 HSWA 成立了两个机构：健康与安全委员会和健康与安全执行局（HSE）。2008 年，这两个机构合并为一个单一机构，即 HSE。HSE 是基于 HSWA（修订版）设立的法定机构，由一名主席和 7~12 名执行董事组成。HSE 主管对时任部长负责并管理 1974 年法案。

　　HSE 的使命是：防止工作人员和受工作活动影响的人员死亡、受伤和健康状况不佳。

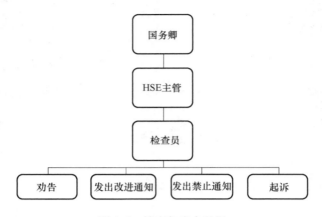

图 1.1　健康与安全组织

HSE 的目标是：保护工作人员的健康、安全和福利，以及可能因工作执行方式而面临风险的公众及其他人员。

HSE 的法定职能包括：

1) 提出新法规、标准及更新法规、标准。

2) 进行研究。

3) 提供信息和建议。

4) 为实施健康与安全法规做出充分安排。

近年来，英国的许多健康与安全法都源于欧盟。欧盟委员会的提案可能会得到其成员国的同意并随后负责将其纳入国内法。HSE 所要考虑的是对现有安排进行必要补充，并提供三种主要选项：

1) 指南。

2) 批准的行为规范（ACOPs）。

3) 条例。

（1）指南　针对某个行业或多个行业中所用特定工艺的健康与安全问题。

指南的主要目的是：

1) 帮助人们理解法规。

2) 帮助人们遵守法规。

3) 提供技术建议。

指南并不需要强制性遵循，但是如果遵循指南，基本上就足以符合法规要求。

（2）批准的行为规范　提供良好实践的实例。

这些规范就如何遵守法规提供建议，如提供指南以确定"合理可行"的措施。

批准的行为规范具有特殊的法律地位。如果雇主因违反健康与安全法而被起诉，并且证明他们没有遵守经批准的行为规范的相关规定，法院就可以认定他们有过错，除非他们能够证明以其他方式遵守了法律。

（3）条例　经议会批准的法规。

条例通常依据 HSE 的建议在 HSWA 下制定。基于欧共体[⊖]及"本土"指令的条例均采用该方式制定。

健康与安全法由 HSE 检查员执行。

地方当局也会分配给他们所负责的工作场所，包括办公室、商店、零售和批发配送中心、休闲、酒店和餐饮场所，以执行健康与安全法。

检查员可在任何合理时间无须事先通知访查工作场所。他们可调查事故或投诉，也可以检查业务的安全、健康和福利等。他们可以与员工和安全代表交谈，拍照并取样。

检查员可以通过采取多种方式的执法行动来处理违反健康与安全法的行为。

多数情况下，这些行动包括：

1）非正式通告：针对相对轻微的违法行为——面对面地给出书面建议。

2）改进通知：针对更严重的违法行为——要求在一段时间内采取补救措施。

3）禁止通知：针对涉及严重人身伤害的风险的活动——立即禁止活动，直至采取补救措施。

4）起诉：针对个人或法人未能遵守条例的行为——可能导致巨额罚款或监禁或两者皆有。

《健康与安全（费用）条例（2012 年）》规定，HSE 有责任向违反健康与安全法的公司收取成本费用，即干预费用（Fee For Intervention，FFI）成本回收计划。费用由检查员在识别违规行为、帮助纠正违规行为、调查和采取执法行动方面所花费的时间计算得出。遵守法规的公司不需要为 HSE 及他们一起开展的任何工作支付费用。

1.3 雇主的责任（见图 1.2）

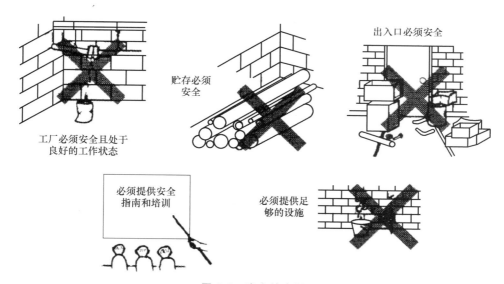

图 1.2 雇主的责任

⊖ 欧共体，即欧洲共同体，European Community。——译者注

根据 HSWA 规定，雇主对"在合理可行的范围内，确保其员工的健康、安全和福利"有一般责任。"在合理可行的范围内"原则适用于以下所有方面，并意味着如果在技术上不可能避免或降低风险，或者如果采取相应措施的时间、困难或成本与风险严重不成比例，那么雇主不必采取措施来避免或降低风险。HSWA 规定了雇主的一般责任必须涵盖的五个方面。

1）提供并维护安全的、不会危及健康的机器、设备和其他装置及工作系统。（"工作系统"是指工作的组织方式，包括工作场所的布局、工作的执行顺序或执行某些危险任务前应采取的特殊预防措施。）

2）确保特定物品和物质（如机械和化学品）的使用、搬运、储存和运输方式安全且无健康风险。

3）提供必要的信息、指南、培训和监督，确保工作中的健康与安全。信息是指南和培训所需的背景知识。指南是指通过人员实际演示向他人展示如何开展某项工作。培训是指让员工练习一项任务，以提升他们的工作能力。监督是指对任务有关的所有事项的监管和指导。

4）确保其控制的任何场所及其员工工作的场所处于安全状态，不会对健康造成风险。这也包括进入和离开工作场所的方式。

5）确保员工工作环境的健康与安全（如：供暖、照明、通风等）。雇主还必须为其员工的工作福利提供充分的安排（"工作福利"也包括座位、洗漱、卫生间等设施）。

1.4　安全措施

HSWA 要求雇佣五名或五名以上员工的雇主必须准备好一份安全措施的书面声明。安全措施书面声明必须阐明雇主改善工作健康与安全的目的和目标。

安全措施的一个目的是确保雇主仔细考虑工作场所的危险，以及应采取哪些措施减少这些危险，从而使工作场所对其员工来讲是安全健康的。

安全措施的另一个目的是让员工了解雇主为他们的安全制定了哪些规则和约定。为此，雇主必须向员工提供一份安全措施声明副本，员工必须阅读、理解和遵守该措施。

当工作条件发生变化或出现新的危险时，雇主和员工代表需要共同审查和修订安全措施书面声明。

1.5　《安全代表和安全委员会条例（1977 年修订版）》

该条例于 1978 年 10 月 1 日生效。条例规定得到认可的工会有权任命安全代表。安全代表代表员工与雇主就组织的健康与安全事宜进行协商。

雇主有义务就以下事项与安全代表进行商议。

1）在工作场所采取的任何可能严重影响员工健康与安全的措施。

2）对能够帮助员工遵守健康与安全法的称职人员的安排。

3）必须向其员工提供的关于工作中产生的风险和危险的信息，减少或消除这些风险的措施，以及员工在面临风险时应采取的措施。

4）健康与安全培训的计划与组织。

5）引入新技术后的健康与安全后果。

雇主必须给予安全代表必要的带薪休假，以履行其职责并接受适当的培训。

被任命的安全代表的职能包括：

1）调查工作场所潜在的危险和危险事件。

2）调查与员工工作健康、安全或福利有关的投诉。

3）就工作场所中影响员工健康、安全或福利的事项向雇主提出申诉。

4）对工作条件发生变化、发生应报告事故或危险事件、感染应报告疾病的工作场所进行检查。

5）代表被指定为代表的员工与检查员或任何执法机构协商。

6）参加安全委员会的会议。

1.6 《健康与安全（员工协商）条例（1996 年修订版）》

如果组织内有员工没有根据 1977 年的《安全代表和安全委员会条例》获得相应的安全代表，则法律会有所不同。

例如：

1）雇主不承认工会。

2）有些员工不属于工会，而被认可的工会也不同意代表他们。

在有员工未根据 1977 年的《安全代表和安全委员会条例》获得代表的情况下，1996 年的《健康与安全（员工协商）条例》将补充适用。

如果雇主决定通过选出的代表与员工协商，员工必须在其团体内选出一名或多名代表。这些当选的健康与安全代表在条例中被称为"员工安全代表"。在每部条例中，工会任命的代表和民选代表的职能范围是相似的。因此，如果雇主同意，给予员工安全代表同等职能是一种好的做法。

如果两名或两名以上工会任命的健康与安全代表以书面形式要求雇主成立健康与安全委员会，那么雇主必须在要求提出后的 3 个月内建立该委员会。

虽然法律没有要求雇主咨询由工会选出的健康与安全代表，但这样做是一种很好的做法。

该委员会的主要目的是促进雇主和员工之间的合作，从而建立、发展和实施相应措施以确保员工的健康和工作安全。

委员会可考虑的事项包括：

1）统计事故记录、健康状况不佳和疾病缺勤情况。

2）事故调查和后续行动。

3）由执法机构、管理层或员工健康与安全代表对工作场所进行检查。

4）风险评估。

5）健康与安全培训。

6）紧急程序。

7）影响员工健康、安全和福利的工作场所变化。

健康与安全委员会应讨论已发生的事故，其目的应是阻止事故再次发生，而不是进行指责。委员会应：

1）以公正的态度看待事实。

2）考虑可能采取的预防措施。

3）建议适当的行动。

4）监控所采取行动的进度。

与员工协商健康与安全问题可以带来：

1）更健康、更安全的工作场所——因为员工可以协助识别危险、评估风险并制定控制或消除风险的方法。

2）更好的健康与安全决策——因为这些决策来自于对自己工作有广泛了解的员工等人员的一系列投入和经验。

3）对实施决策或行动有更坚定的承诺——因为员工积极参与达成了这些决策。

4）更好的合作和信任——因为雇主和员工彼此交谈和倾听，能更好地理解彼此的观点。

5）共同解决问题。

这些可以为企业带来真正的好处，包括：

1）提高生产力。

2）提升整体效率和质量。

3）更高水平的员工激励。

1.7 员工的责任（见图 1.3）

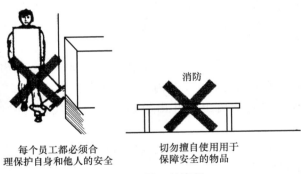

每个员工都必须合
理保护自身和他人的安全

切勿擅自使用用于
保障安全的物品

图 1.3 员工的责任

依据 HSWA，每位员工在工作时都须承担如下责任：

1）合理保护自己的健康与安全，合理保护可能受到他们所做或不做事情影响的其他人的健康与安全。

这一责任不仅表明要避免愚蠢或鲁莽的行为，还表明要理解危险并遵守安全规则和程序。这意味着你能根据所接受的培训和指南，在确保安全的情况下正确执行雇主提供的所有工作项目。

2）同意在健康与安全方面与雇主合作。

这一职责意味着你应立即告知可能存在危险的工作情况，并告知在健康与安全约定中存在的缺陷，以便于雇主采取补救措施。

HSWA 还规定，所有人，包括工作人员和公众（包括儿童），都有义务不故意擅用或滥用为保障健康、安全和福利提供的任何设施，包括逃生通道和灭火器、周边围栏、警示牌、防护服、机器上的防护装置和贮存危险物质的特殊容器。

员工应明白，为了避免、预防和减少工作中的风险，必须对健康与安全采取积极的态度和做法。接受培训是实现这一目标的重要途径，这不仅有助于员工自身，也有助于整个组织的健康与安全文化。

1.8 新的工作健康与安全条例

1993 年 1 月 1 日，六套新的工作健康与安全条例开始生效。为促进欧盟的一体化，这些新法规实施了欧共体关于工作健康与安全的指令[⊖]。同时，这些条例也是英国现行法律不断现代化的部分成果。新条例中的大部分责任并非全新制定，主要是澄清并更加明确了现行健康与安全法中的相关内容。新条例将取代许多过时的条例，如 1961 年《工厂法》中的许多内容将被取代。这些条例自 1993 年起已经更新。

这六套条例如下：

1) 1999 年的《工作健康与安全管理条例》。
2) 1998 年的《工作设备的提供和使用条例》。
3) 1992 年的《工作场所（健康、安全和福利）条例》。
4) 1992 年的《工作用个人防护设备条例》。
5) 1992 年的《健康与安全（显示屏设备）条例》。
6) 1992 年的《人工搬运操作条例》。

1.9 《工作健康与安全管理条例（2006 年修订版）》

本条例规定了较为宽泛的一般责任，这些责任与其他健康与安全条例中更具体的责任一起运行，其主要目的是改善健康与安全管理。根据这些条例，雇主必须评估对工人和可能受工作或业务影响的其他人构成的风险。

本条例侧重于风险评估及如何有效地利用风险评估来识别潜在的危险和风险、可采用的预防措施，以及在发生严重或紧急危险时应遵循的健康与安全管理及监督程序。

条例要求雇主：

1) 评估员工和其他可能受影响人员的健康与安全风险，以便确定必要的预防和保护措施，并记录风险评估的重要结果——轻微风险无须记录。
2) 提出预防和保护措施，控制风险评估所发现的风险。
3) 建立有效的健康与安全管理体系，以实施健康与安全措施，包括组织、规划、监控、审计和审查，并保存记录。

⊖ 此时英国还是欧盟成员国，2020 年，英国脱离欧盟，不再是欧盟成员国。——译者注

4）根据特定的健康与安全条例，如有害健康物质控制条例（COSHH），对员工进行适当的健康监测。

5）任命称职的人员帮助制定和实施遵守健康与安全法规所需的措施。

6）制定紧急程序，以便于工作人员在面临严重和紧急的危险时遵守执行。

7）确定必要的外部服务联系方式，如急救、紧急医疗护理和救援服务。

8）向员工提供有关健康与安全事项的信息。

9）与共享同一工作场所的其他雇主一起工作。

10）向该企业的其他员工和自营职业者提供有关健康与安全事项的信息。

11）确保员工得到足够的健康与安全指南和培训，并有足够的能力在工作中避免风险。

12）向临时工人提供健康与安全信息，以满足他们的特定需求。

13）确保其雇用的年轻人在工作中受到保护，以避免年轻人因缺乏经验、意识不足和不成熟而导致的健康与安全风险。

条例还规定：

员工有责任遵守健康与安全指南及设备使用要求。

1.10 《工作设备的提供和使用条例（1998年）》（PUWER）

本条例要求预防或控制工作中使用的设备对人员健康与安全造成的风险。需要指出，虽然压力机也包括在工作设备中，但 PUWER 第四部分给出了对压力机的具体要求，本书在第17章中进行了讲解。除 PUWER 的要求外，起重设备还应符合《起重作业和起重设备条例（1998年）》的要求，本书在第20章中进行了说明。

工作设备具有广泛的含义，一般而言，员工在工作中使用的设备包括：

1）各种机器，如圆锯机、钻床、复印机、割草机、拖拉机、自卸车和压力机。

2）手动工具，如螺钉旋具、锤子和手锯。

3）起重设备，如起重车、升降工作平台、车辆起重机和吊索。

4）其他设备，如梯子和水压清洗机等。

5）安装设施，如连接在一起的一系列机器、提供隔声或脚手架的外壳等。

同样，如果允许员工使用他们自己的设备，那么这些设备也应包含在内，并且雇主也需要确保其符合要求。

条例涵盖的设备使用示例包括起动和停止设备、编程、设置、修理、修改、维护、维修、清洁和运输。

PUWER 需要与其他健康与安全法规一起实施，例如 HSWA 和 1992 年的《工作场所（健康、安全和福利）条例》。

一般而言，这些条例要求所提供的用于工作的设备：

1）适用于其用途和使用条件。

2）能够安全的使用，保持在安全状态，并在特定情况下进行检查以确保安全。

3）仅允许掌握足够信息和得到足够培训的人员使用。

4）附有适当的安全措施，如保护装置、标记和警告。

雇主还应确保尽可能地消除因设备使用而产生的风险，或通过以下方式进行控制：

1) 采取适当的"硬措施",如提供适当的防护装置、保护装置、标记和警告装置、系统控制装置（如紧急停止按钮）和个人防护设备。

2) 采取适当的"软措施",如遵循安全工作系统（如确保仅在设备停止运行时进行维护）,并提供足够的信息、指导和培训。

使用机器进行作业有可能存在危险,因为运动的机器可能会在许多方面造成伤害:

1) 工人可能被机器的运动部件或溅射出的材料击中并造成伤害,身体的某些部分可能被卷入或夹在滚筒、带和带轮驱动装置之间。

2) 锐利的边缘可能导致切伤和割伤,尖锐的零件可能会刺伤或刺穿皮肤,粗糙的表面可能导致摩擦或磨损伤害。

3) 工人可能会在部件同时相向移动或移动部件向固定部件、墙壁或其他物体移动时被挤压,两个部件相互移动也可能会导致剪切伤害。

4) 机器零件、材料和排放物（如蒸汽、水）有可能过热或过冷,从而导致灼伤或烫伤,电也可能导致电击和灼伤。

5) 机器运行可靠性下降,因维护不善、缺乏维护而导致机器出现故障,由于缺乏经验或缺乏培训而导致机器使用不当,均有可能导致受伤。

PUWER 的具体要求包括:

（1）工作设备的适用性 设备的设计和施工必须符合其具备的实际工作功能,并以降低用户和其他工人风险的方式进行安装、安置和使用。例如,确保工作设备的运动部件与其环境中的固定部件、其他运动部件之间有足够的空间;确保在使用带内燃机的移动式工作设备时,有足够的优质空气。

（2）安全条件下的工作设备维护 无论是对手动工具（如松动的锤头）进行简单检查,还是对升降机和起重机进行细致检查,都应在安全且不危害健康的情况下进行维护工作。

（3）关于工作设备使用的信息和说明 包括制造商或供应商的说明书、手册或警告标签,以及为特定工作设备的使用提供健康与安全方面的充分培训。

（4）危险的机器部件 对机器进行防护,避免机械危害引起的风险。主要职责是采取有效措施防止接触机器的危险部件,可通过以下方式实现:

1) 固定式围挡。

2) 其他防护装置（见图 1.4）或保护装置。

3) 防护用具（夹具、支架）。

4) 信息、指南、培训和监督。

5) 针对特定危险的防护。

① 从设备上掉落的材料。

② 从机器中弹出的物料。

③ 设备部件断裂,如砂轮爆裂。

④ 设备部件倒塌,如脚手架。

⑤ 过热或着火,如轴承过热、焊枪着火。

⑥ 设备爆炸,如泄压装置故障。

⑦ 设备内物质爆炸,如粉尘着火。

图 1.4 立式铣床上安装的防护罩

（5）高温和低温　防止因接触高温（如高炉、蒸汽管道）或极低温工作设备（冷库）而受伤的风险。

（6）控制装置和控制系统　只能通过使用控制装置起动工作设备，从而避免意外或无意操作，以及"自行操作"（如由弹簧机构的振动或故障而造成的操作）。

停止控制装置应以安全的方式使设备处于安全状态。紧急停止控制装置旨在对潜在的危险情况做出快速反应，应易于触及和激活。常见类型为蘑菇头停止按钮（见图1.5）、控制杆、踢板或压敏电缆。

每个控制装置的作用都应该很容易地被识别。控制装置及其标记应清晰可见，其颜色、形状和位置等因素非常重要。

（1）与能源隔离　允许设备在进行维护或出现不安全状况等特殊情况下安全运行。隔离指以安全的方式中断能源供应，也就是要确保不会发生因疏忽而造成的重新连接。有时只需从电气插座上拔下插头或关闭隔离开关或阀门即可实现隔离。能源可以是电力、压力（液压或气动）或热源。

（2）稳定性　有些工作设备如果不进行固定就可能会倾倒、倒塌或倾覆。大部分在固定位置使用的机器都应该用螺栓固定。某些类型的工作设备（如移动式起重机）可能需要配重。例如，梯子应具有正确的角度（墙壁和梯子底部之间的距离应该是梯子高度的四分之一）和正确的高度（至少高于最高梯磴1m），并在顶部或底部进行固定。

（3）照明　如果工作场所的照明无法满足精细任务要求，则需要提供额外的照明，如车床上的局部照明（见图1.6）。

图1.5　蘑菇头停止按钮

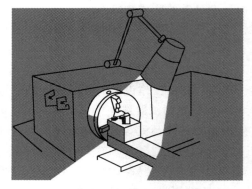

图1.6　（普通）车床上的局部照明装置

（4）标记　设备上适用于健康与安全要求标记的例子有很多，如起动/停止控制、起重机上的安全工作负载、灭火器类型及指示管道内容物的管道系统颜色编码。标记可以使用文字、字母、数字或符号，颜色和形状的使用非常重要。标记应符合公布的标准［见1.20《健康与安全（安全标志和信号）条例（1996年）》］。

（5）警告　通常采用永久性印刷通知或类似形式，如"必须佩戴头部防护装置"（见图1.16）。在维护等临时操作期间，也需要便携式警告。可使用声音式警告装置，如重型车辆上的倒车警报，或可视化的警告装置，如控制面板上的灯。它们可以指示即将发生的危险、故障的现状或潜在危险的持续状态。警告都必须易于看到和理解，其含义必须明确、无二义性。

1.11 《工作场所（健康、安全和福利）条例（1992 年修订版）》

本条例涵盖了广泛的基本健康、安全和福利事项，适用于大多数工作场所，其目的是确保工作场所满足包括残疾人在内的所有员工的健康、安全和福利需求。如有必要，工作场所的某些部分，特别是门、通道、楼梯、淋浴器、洗脸盆、盥洗室和工作站，应便于残疾人进出和使用。

条例中规定的工作场所范围非常广泛，不仅包括工厂、商店和办公室，还包括学校、医院、酒店和娱乐场所，以及工业区和商业园区上的私人道路。条例规定了三大领域的一般要求，概述如下。

（1）健康

1）通风：封闭的工作空间应充分通风。

2）温度：工作场所内应有合理舒适的温度，无须穿戴特殊衣物。

3）高温和低温环境：进行隔热或提供冷气，或至少提供防护服。

4）照明：应足以使员工在工作时不会感到眼睛疲劳，并能安全走动。必要情况下应提供人工照明。

5）卫生和废弃物：定期清洁工作场所，确保污垢和垃圾不堆积。应尽快清除和清理溢出物、沉积物。

6）房间大小：工作房间应有足够的自由空间，工作人员能够方便进入并走动，不会影响工作人员的工作运动，包括足够的顶棚高度。

7）工位：应满足安全舒适执行各项任务的要求，并允许足够的自由移动。工位台面高度和座位的布局应适合工作性质及工作人员。所需工作物品都应在无须过度弯曲或伸展身体的情况下便可容易触及。

（2）安全

1）维护：可能发生故障并使工人面临严重风险的设备应进行适当维护，并定期检查（视情况而定），包括检查、测试、调整、润滑、维修和清洁。需要养护的设备包括应急照明、围栏、电动门、窗户清洁用固定设备和安全带固定点。

2）地板状况：地板和交通标志线应完好，平整且不打滑，不能有导致滑倒、绊倒或坠落的障碍物和物品。

3）跌落：每个装有危险物质的容器都应该有足够的围栏或遮盖物，以防有人掉入其中。容器包括集油槽、筒仓、大桶、深坑或罐。每一个开放式楼梯都应用栅栏牢固地围起来。应在每个楼梯的至少一侧提供扶手并保证其安全牢固。高空坠落每年都会造成大量的工伤和不必要的死亡。雇主必须确保所有的高处作业均由称职人员妥善规划、监督和执行。《高处作业条例（2005 年）》（WAHR）涵盖了与高空坠落相关的职责。

4）透明表面：窗户和房门、大门、墙和隔墙的透明或半透明表面应由安全材料制成，并进行显眼的标记。

5）窗户：应能够安全到达，以及安全操作天窗、活动窗和通风机。控制装置的位置应确保人员不会从窗户跌落。工作场所的所有窗户（包括天窗）都应能安全清洁。

6）交通路线的组织：应有足够宽度和净空高度的交通路线，允许行人或车辆安全无障碍通行。交通路线指为行人、车辆或两者制定的行进路线，包括所有楼梯、台阶、固定梯子、门口、大门、装卸区或坡道。车辆和行人在所用交通路线上的潜在危险应用适当的警告标志指示。应使用适当的道路标记和指示提醒驾驶员。

7）门：应适当建造，必要情况下应安装安全装置。双向摆动的门和闸门应有透明面板。滑动门应有挡块，以防止门脱离轨道。向上开启的门应配备有效装置，防止其向后倾斜。

（3）福利

1）厕所：应提供适当和足够的厕所设施，方便员工无须过度等待即可使用。厕所所处的房间应提供充分通风和照明，并保持清洁有序。应为男、女提供单独的如厕空间。

2）洗浴：洗脸盆应该有热水、冷水或温水，并根据工作需要（如特别脏或费力的工作），提供淋浴或浴缸。

3）饮用水：应为工作场所的所有人员提供充足的、符合卫生要求的饮用水，通常情况下应直接从主供水管获得饮用水。

4）衣帽间：为工作服及工人的个人衣物提供衣帽间，以便将其挂在干净、温暖、干燥、通风良好的地方。如果特殊工作服因工作活动而变脏、受潮或受到污染，则应与工人自己的衣服分开放置。在这种情况下，应提供单独的更衣室。

5）休息和饮食：提供适当和足够的休息设施，配备足够数量的桌椅。如果工人在工作时经常需要进食，则应提供适当和足够的设施，包括制作或获得热饮。用于制备食品或进食的休息设施应保持良好的卫生状况。

1.12 《高处作业条例（2005年）》（WAHR）

高空坠落是工作场所发生死亡和重伤事故的主要原因之一。导致坠落的常见的原因是从梯子或屋顶上跌落。本条例的目的是防止高空坠落造成伤亡。

高处作业是指如果没有预防措施，人员在可能坠落一段距离从而导致人身伤害的场所进行的作业。以下是几种典型的高处作业：

1）在地面/楼层之上工作。

2）可能在穿过洞口或者不牢固的表面时从其边缘掉落。

3）可能从地面坠落到地板开口或地面上的洞中。

本条例适用于可能导致人身伤害的所有高处作业。条例规定雇主及管理高处作业活动的人应承担责任。作为条例的一部分，雇主必须确保：

1）所有高处作业均经过适当规划和组织。

2）从事高处作业的人员应具备足够的能力（受过指导，具备足够的技能、知识和经验）。

3）评估高处作业的风险，选择、使用合适的作业设备。

4）在易碎表面及其附近作业的风险得到妥善管控。

5）高处作业所用设备已得到适当的检查和维护。

高处作业前，应考虑以下简便易行的步骤：

1）在合理可行的情况下尽量避免高处作业。

2）在无法避免高处作业的情况下，应使用已经证明安全的现有工作场所或正确的设备，从而防止坠落风险。

3）在无法消除风险的情况下，通过使用恰当类型的设备，将坠落距离和后果严重性降至最低。

条例中将可进行高处作业的表面称为工作平台。工作平台可以是带有固定护栏的屋顶、地板、厂房和机械，脚手架上的平台、塔式脚手架、移动式升降工作平台及梯子和折梯的梯级和踏板。本书仅限于说明梯子和折梯。健康与安全法未禁止使用梯子和折梯。条例规定，如果风险评估表明风险较低且使用时间短，在使用更高级的坠落防护设备并不合理的情况下，可将梯子可用于高处作业。对于低风险和持续时间短的任务，梯子和折梯可能是一个明智和可行的选择。如果风险评估确定使用梯子是可行的，确保工人遵循以下措施可以进一步降低坠落风险：

1）使用类型正确的梯子进行工作。

2）具备相应技能。

3）能够安全使用提供的设备，并遵循安全工作制度。

4）完全了解风险，并采取措施帮助控制风险。

梯子只能在确保安全的情况下使用，如，梯子应保持水平和稳定、应在合理可行的情况下使用、梯子应被固定等。

雇主需要确保所有梯子或折梯都适用于工作任务，并且在使用前处于安全状态。只能使用符合以下条件的梯子或折梯：

1）无可见缺陷（每个工作日都要进行使用前检查）。

2）有相关人员进行定期详细目视检查的最新记录。

3）适用于预期用途（坚固耐用，足以胜任工作）。

4）已按照制造商的说明进行维护和储存。

在开始任务之前，还应该进行使用前的目视检查，检查内容应包括：

1）梯磴是否扭曲、弯曲或凹陷。

2）梯级或踏板是否开裂、磨损、弯曲或松动。

3）横拉杆是否缺失或损坏。

4）焊接接头是否开裂或损坏，铆钉是否松动，以及撑杆和锁紧机构是否损坏。

5）梯脚是否缺失或损坏。

6）折梯上的分体式或带扣平台。

一旦进行了使用前检查，就可以采取简单的预防措施来最大限度地降低坠落风险：

1）始终将梯子放置在牢固的水平基座上，该基座应干净且无松软材料。

2）采取一切必要的预防措施，避免车辆或人员撞击梯子底部（使用适当的屏障或锥形路标保护该区域）。

3）避免将梯子放置在可能被其他危险物品（如门窗）推倒的位置。

4）确保梯子处于75°角放置——使用四取一规则（即墙壁和梯子底部之间的距离应该是梯子高度的四分之一）。

5）确保梯子足够长，可以完成任务，至少比工作地点高1m（三个梯磴）。

6）将梯子系到合适的位置，确保两个梯磴都系好。

7）永远不要超出范围——注意安全，下来后再移动它。

8）当站在梯磴上时，不要试图移动或展开梯子。

9）在攀爬或下降时，应始终抓住梯子并面向梯磴。

10）不要使用最上面的三个梯磴（始终抓住扶手）。

11）不得将梯子放在可移动物体上，如托盘、砖块、升降机、塔式脚手架和挖掘机铲斗。

12）攀爬时避免拿东西（可以考虑使用工具带）。

13）在攀爬及任何可能的情况下，都要在工作位置保持三个接触点（即一只手和两只脚与梯子接触）。

14）不得在架空电线水平 6m 范围内工作，除非架空电线已断电。

1.13 《工作用个人防护设备条例（1992 年修订版）》

本条例要求，每位雇主应确保为工作时可能面临健康与安全风险的员工提供合适的个人防护设备（PPE）。

PPE 只能作为保护健康与安全的最后手段，应始终首先考虑工程控制设备和安全工作系统。如果未通过其他方式充分控制风险，雇主有义务确保免费提供合适的 PPE。PPE 只有在适用于伤害风险和工作条件、考虑到工人的需要并适当安装、提供充分保护且与所穿戴的其他 PPE 兼容的情况下才适用。

如果有单独的法规要求针对特定危险提供和使用 PPE，则《工作用个人防护设备条例》在此状况下不适用，如《有害健康物质控制条例 2002》涵盖的用于危险化学品的手套。

雇主还有如下义务：

1）评估风险和拟发放的 PPE 及其适用性。

2）维护、清洁和更换 PPE。

3）为不使用的 PPE 提供储存。

4）确保正确使用 PPE。

5）向员工提供有关 PPE 使用和维护的培训、信息和指南。

PPE 指所有能够防止健康与安全风险的可佩戴或手持设备，包括大部分的防护服和防护用品，如：眼部防护设备、安全头盔、安全鞋、手套、高可见度服装和安全带。它不包括听力保护设备和大多数呼吸防护设备，这些设备由单独的现行法规涵盖。

1. 眼部防护设备

眼部防护设备用于防止碰撞、化学品或熔融金属飞溅、液滴（化学雾和喷雾）、灰尘、气体和焊接电弧对眼部的危害。眼部防护设备包括安全眼镜、眼罩、护目镜、面甲、焊接过滤器、面罩和头罩（见图 1.7）。要确保护眼部防护设备对工作任务具有一定的冲击/灰尘/飞溅/熔融金属组合防护能力，并适合用户佩戴。

2. 头部防护设备

头部防护设备包括防止坠落物或与固定物体碰撞的工业安全头盔，用于防止撞击固定障碍物、头皮受伤或头发缠绕的工业头皮保护器，以及用于防止头皮受伤和头发缠绕的帽子和发网。一些安全帽配有或者可配备专门设计的眼镜和听力保护装置，也可包括焊接时使用的

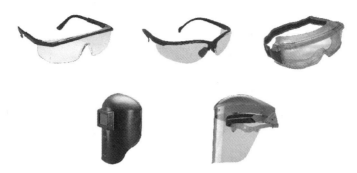

图 1.7 眼部防护设备

颈部保护装置。如果头部保护装置损坏，请勿使用，并务必更换。

3. 脚、腿防护设备

脚、腿防护设备用于防止静电积聚、磨损、潮湿、打滑、割伤和刺穿、坠落物体、化学品和金属飞溅等伤害。这些设备包括安全靴和带有保护性鞋头和防渗透中底的鞋，以及橡胶靴、绑腿和鞋套。鞋子可以有多种鞋底花纹和材料，以防止在漏油和化学品泄漏等恶劣条件下滑倒。这些设备也应抗静电、电绝缘或热绝缘。选择适合特定风险的鞋子非常重要。

4. 手、臂防护设备

普通手套、防护手套、露指手套、护腕和护臂可防止各种危险，如磨损、极端温度、割伤和刺伤、冲击、化学品、触电、皮肤感染、疾病或污染。在操作机器（如台钻）时应避免使用普通手套，因为普通手套可能会被夹住。防护霜有时可用于帮助皮肤卫生，但不能替代合适的 PPE。长时间戴手套可能会导致皮肤问题，但使用独立的棉质手套可以适当避免这种情况。应注意有些人可能会对乳胶等手套材料过敏。

5. 身体防护设备

用于身体防护的服装类型包括传统的和一次性工作服、连体工作服、围裙、高能见度服装和专业防护服，如锁甲围裙。它们可用于防止极端温度、恶劣天气、化学品和金属飞溅、喷枪喷射、冲击或穿透、受污染的灰尘或自身衣物的过度磨损或缠绕等危险。防护衣物的材料有阻燃材料、抗静电材料、锁甲材料、化学不渗透材料和高可见度材料等不同类型。

1.14 《健康与安全（显示屏设备）条例（1992 年）》

本条例仅适用于其员工经常将显示屏设备（DSE）作为重要工作内容（如每天连续使用一小时或更长时间）的雇主。本条例不适用于不经常或短期使用 DSE 的员工。DSE 是带有图形显示屏的设备或装置，包括计算机显示器、笔记本计算机和触摸屏。

一些员工可能因过度使用或不当使用 DSE 而感到身体疲劳、眼睛疲劳、上肢不适和背部疼痛。上肢不适包括和工作活动有关的手臂、手、肩膀和颈部等问题。设计不良的工位或工作环境也会导致这些问题。具体原因尚不明确，有可能是多种因素共同作用的结果。

拥有 DSE 用户的雇主必须：

1）分析工位，以评估和降低风险。

2）确保控制措施到位。

3）提供信息和培训。

4）应提供眼睛和视力测试，必要时提供特殊眼镜。

5）当用户或 DSE 发生变化时，对评估结果进行审查。

1.14.1　工位分析和控制

和其他工作一样，当使用 DSE 时，设备或家具、工作组织、工作环境、工作设计及不当工作方法造成的姿势不良都可能会导致健康问题。在大多数情况下，通过对设备、工作场所和工作进行良好的人类功效学设计，可以预防与 DSE 相关的健康问题。人类功效学是一门以安全高效地完成工作为目的，并确保工作任务、设备、信息和工作环境适合每一位工作人员的科学。

首先应通过风险评估识别相应危害，然后对风险进行评估。健康风险可能由多种因素组合而成，当工作、工作场所和工作环境没有考虑到员工的需要时，健康风险发生的可能性就会变大。雇主应确保工位符合 DSE 条例的要求，如：

1）充足的照明。

2）足够的对比度——无眩光或干扰反射。

3）将分散注意力的噪声降至最低。

4）留有允许调整姿势的腿部空间和间隙。

5）减少眩光的窗帘（若需要）。

6）适合工作任务和用户操作的软件，能够提供系统状态反馈，如错误消息。

7）屏幕——图像稳定、可调、可读、无眩光/反射。

8）键盘——可用、可调、可拆卸、清晰可辨。

9）具有灵活布置设备和文件的空间工作面——无眩光。

10）椅子——稳定且可调。

11）脚踏板（如果用户需要）。

避免长时间的 DSE 工作有助于防止身体疲劳、眼睛疲劳、上肢不适和背部疼痛。雇主需要制定相应计划，以便用户可以随着活动的变化而避免长期使用 DSE。有组织或有计划的休息不失为一种解决办法。可以采用以下方式：

1）舒展身体和改变姿势。

2）不时凝视远方，经常眨眼。

3）疲劳之前改变工作活动。

4）短而频繁的休息比长而不频繁的休息要好。

1.14.2　培训

雇主必须向员工提供信息、指南及健康与安全培训，以帮助他们识别风险并安全工作。在培训员工时，应考虑以下事项：

1）DSE 工作的风险和实施的控制措施。

2）如何调整家具、工作和设备的位置。

3）如何规划工作场所，避免尴尬或频繁重复的舒展运动。

4）如何清洁屏幕、键盘和鼠标。

5）与什么人联系以寻求帮助并报告问题或症状。

1.14.3　眼睛和视力影响

医学证据表明，使用 DSE 不会对眼睛或视力造成永久性损害，也不会使现有缺陷恶化。然而，这可能会使先前存在视力缺陷的员工更易感受到这些缺陷。一些员工可能会经历暂时的视觉疲劳，导致一系列症状，如视力模糊、眼睛发红或酸痛及头痛。视觉症状可能由以下原因引起：

1）眼睛长期聚焦于同一位置。

2）DSE 的摆放姿态不合适。

4）屏幕、键盘或电子文件的易读性差。

4）照明不良（如眩光和反射）。

5）屏幕图像有漂移、闪烁或抖动现象。

如果员工有要求，雇主必须提供视力测试。根据 DSE 法规，提供视力测试和特殊矫正器具的费用由雇主承担。如果测试表明用户需要专门用于显示屏工作的眼镜，那么雇主必须支付镜架和镜片的费用。如果用户的普通眼镜即可适用于显示屏工作，雇主则无须支付相应费用。

1.14.4　审查

在以下情况下，需要审查 DSE 的评估报告：

1）设备、家具、工作环境或软件发生重大变化。

2）员工更换工位。

3）工作任务的性质发生重大变化。

4）人们认为现有的控制措施可能会导致其他问题。

1.15　《伤害、疾病和危险事件报告条例（2013 年）》（RIDDOR）

本条例要求将特定类别的伤害、疾病和危险事件通知相关执法机构。对于工厂来讲，执法机构是健康与安全执行局（HSE）。

雇主必须报告以下危险事件并保存适当记录：

1）导致死亡的工伤事故。

2）造成重伤（按规定需要报告的伤害）的工伤事故。

3）某些工业疾病的确诊病例。

4）某些危险事件（可能造成伤害的事件）。

就 RIDDOR 而言，事故是一个单独的、可识别的、导致人身伤害的意外事件。并非所有事故都需要报告，但在以下情况下需要 RIDDOR 报告：

1）事故与工作有关。

2）事故导致了按规定须报告的伤害。

应报告的伤害包括：

1）因工伤事故导致工人死亡。

2）在工作场所发生的事故对工人造成特定伤害，包括骨折、截肢、失明、挤压伤、严重烧伤和其他导致住院时间超过 24h 的伤害。

3）受伤七天以上，即工人连续七天以上不在工作岗位或无法履行正常工作职责。

4）工伤事故导致公众或非工作人员受伤并从现场送往医院治疗。

应报告的职业病包括：某些已经确诊的、可能是由其工作引起或加重的职业病。这些疾病包括腕管综合征、手或前臂严重抽筋、职业性皮炎、手—臂振动综合征、职业性哮喘、肌腱炎和所有职业性癌症。

应报告的危险事件包括：某些特定的"未遂"事件，即虽然尚未造成伤害但可能造成伤害的已发生事件。这些事件包括：

1）电梯和起重设备的承重部件倒塌、倾覆或失效。

2）与架空电力线路接触的装置或设备。

3）导致工作停止超过 24h 的爆炸或火灾。

受伤、死亡和危险事件必须立即以最快的可行方式通知执行机构（包括工厂、HSE），并在 10 天内提交调查报告。疾病报告必须立即发送给 HSE。

通过填写适当的在线报告表格，可以在线生成报告。该表格将提交至 RIDDOR 数据库，并将副本发送回雇主以供其保存记录。所有事故报告均可在线填写，但事故控制中心的电话服务仅用于报告致命的和特定的伤害。

雇主必须保存以下记录：

1）任何需要依据 RIDDOR 进行报告的事故、职业病或危险事件。

2）导致工人连续三天以上缺勤的任何其他工伤事故。如果休息时间不超过七天，则雇主无须报告三天以后的受伤情况。

1.16 《有害健康物质管制（COSHH）条例（2002 年修订版）》

在工作中使用化学品和其他有害物质可能会危及人们的健康，因此，条例要求雇主控制有害物质的接触，以防止健康问题的发生。有害物质对健康的影响包括：

1）皮肤接触引起的皮肤刺激或皮炎。

2）对工作中使用的物质过敏而导致的哮喘。

3）被有毒烟雾熏呛而导致的昏迷。

4）可能在接触有害物质后很长时间才发现的癌症。

有害物质包括：

1）金属切削液。

2）直接用于工作活动的物质，如胶黏剂、油漆和清洁剂。

3）工作活动期间产生的物质，如钎焊或熔焊时产生的烟雾。

4）自然产生的物质，如木屑。

COSHH 规定了雇主和雇员为遵守法规而必须采取的八项基本措施。

1）评估工作场所中存在的有害物质对健康造成的风险。

2）确定避免员工接触有害物质所需的预防措施。

3）防止或充分控制员工接触有害物质。

4）确保控制措施得到持续应用。

5）如有必要，监控员工接触有害物质的情况。

6）在 COSHH 有具体要求的地方进行适当的健康监测。

7）制定处理涉及危险物质的事故、事件和紧急情况的计划和程序。

8）确保员工得到适当的通知、培训和监督。

员工必须完全正确地使用所有控制措施，以及个人防护设备（PPE）或提供的设施，并报告在其中发现的所有缺陷。遵循提供的所有说明和安全信息，且仅以推荐的方式使用和处置物质。同时，应该知晓警告符号，并特别注意任何带有图 1.8 所示符号的容器。

a) 危险—爆炸性　　b) 危险—极易燃　　c) 警告—腐蚀性　　d) 危险—吞食会致命　　e) 危险—吸入可能导致癌症、过敏或哮喘症状或呼吸困难

f) 警告—引起皮肤刺激，吞食有害　　g) 警告—含有受压气体，如果加热可能会爆炸　　h) 警告—对水生生物毒性大　　i) 危险—可能导致或加剧火灾；氧化剂

图 1.8　警告符号

欧盟《物质和混合物分类、标签和包装法规》（CLP 法规）于 2009 年生效。自 2015 年 6 月 1 日起，化学品供应商必须遵守 CLP 法规。

鉴于化学物质和混合物的国际市场不断扩大，为了帮助保护大众和环境安全并促进贸易发展，联合国制定了一个关于分类和标记的"全球统一系统"（GHS）。在包括英国在内的所有欧盟国家，CLP 法规均采用 GHS。

日常所使用的大多数化学品并不危险，但如果供应商认为化学品会造成伤害，则必须在标签上提供信息。该信息包括使用被称为危险象形图（见图 1.8）的符号，通过红色菱形边框和黑色象形图来指示危险。

一种化学品上可能会出现一个或多个象形图。CLP 法规亦引入两个信号词"危险"及"警告"。如果化学品具有较严重的危害，则标签上应包括信号词"危险"；如果危害程度较低，则信号词为"警告"。

1.17　《工作噪声控制条例（2005 年）》

本条例旨在防止工作噪声对健康与安全造成的风险。健康风险指暴露于噪声环境会导致听力损伤，安全风险指噪声会影响能否听清楚指令或警告。

声音和噪声是日常生活的重要组成部分。适度的声音和噪声是无害的，但如果太大就会永久性地损害听力。是否危险取决于噪声的大小及暴露在噪声中的时长。听力一旦受损便无法治愈。工作中的噪声会导致永久性的听力损伤。这可能是由于长期暴露在噪声中而逐渐造成听力受损，也可能是由于突然的、非常大的噪声造成的损伤。这种损伤可致残，因为它会让人不能理解他人讲话、跟上对话或使用电话。听力受损并不是唯一的问题，人们可能还会出现耳鸣（嗡嗡声、哼哼声或蜂鸣声），这是一种会导致失眠的痛苦状况。

工作中的噪声会干扰人们交流，从而难于听到警告声，降低人们对周围环境的察觉。这些问题可能会提高人们面临受伤或死亡的安全风险。

条例要求雇主消除或降低工作噪声对健康与安全带来的风险。雇主须采取以下措施遵循条例要求：

1）评估工作噪声对员工的风险。

2）采取措施消除或减少产生这些风险的噪声暴露。

3）为员工提供个人听力保护。

4）确保不超过噪声暴露的法定限值。

5）维护并正确使用设备从而控制噪声风险。

6）为员工提供信息、指南和培训。

7）进行健康监测（监测工人的听力）。

如果存在以下任何情况，则必须采取措施消除噪声：

1）在工作日的大部分时间内噪声都非常刺耳，比如和繁忙的道路或拥挤的餐厅一样嘈杂或更差。

2）员工必须在一天中至少有一段时间，在相距约 2m 的情况下提高嗓门才能进行正常对话。

3）员工每天至少有超过半小时时间使用噪声较大的电动工具或机器。

4）众所周知的噪声作业区域，如工程、锻造、铸造厂和冲压车间。

5）存在由冲击产生的噪声，如锤击、落锻、气动冲击工具。

如果存在以下情况，则必须考虑与噪声相关的安全问题：

1）需要使用警告音用于避免或警告危险情况。

2）工作作业依赖于口头沟通。

3）在移动机械或行驶车辆周围工作。

最后，雇主需要进行风险评估，以决定需要采取什么行动。同时，必须同时记录风险评估的结果及为遵守法律而采取或打算采取的行动。

1.17.1　噪声暴露等级

噪声的测量单位为分贝（dB）。条例要求雇主按照特定的行动值采取具体行动。条例规定了"暴露行动值"——也就是噪声暴露等级。如果超过该值，要求雇主采取特定的措施。这些值与如下因素相关：

1）员工在一个工作日或一周内的平均噪声暴露等级。

2）员工在工作日所接触到的最大噪声（峰值声压）。

较低的暴露行动值：

1）每日或每周暴露 80dB。

2）峰值声压为 135dB。

较高的暴露行动值：

1）每日或每周暴露 85dB。

2）峰值声压为 137dB。

暴露限值指不能超过的噪声暴露等级包括：

1）每日或每周暴露 87dB。

2）峰值声压为 140dB。

典型噪声等级示例见表 1.1。

表 1.1 典型噪声等级示例

噪声源	噪声等级 dB（A）	噪声源	噪声等级 dB（A）
正常交谈	50~60	圆锯	99
响亮的收音机	65~75	手工研磨金属	108
繁忙的街道	78~85	链锯	115~120
电钻	87	起飞 25m 的喷气式飞机	140
钣金车间	93		

1.17.2 噪声控制

当工作中有噪声时，雇主应寻找替代工艺、设备或工作方法，使工作更安静或使人员暴露时间更短。首先要做的是尝试完全消除噪声源，例如，将发出噪声的机器安置在员工听不到的地方。如果无法完全消除，应研究以下事项：

1）使用更安静的设备或不同的、更安静的工艺。

2）引入工程控制装置——避免金属与金属接触，添加耐磨橡胶或使用减振技术。

3）使用屏风、屏障、外壳和吸收性材料，降低人员行走道路上的噪声。

4）设计和布置工作场所，创造安静的工位。

5）改进工作技术、降低噪声等级。

6）限制员工在嘈杂地区工作的时间。

所采取的任何行动都应具备与风险成比例的"合理可行性"。如果风险低于较低的行动值，可能不需要采取行动。当然，如果有简单、廉价、实用的步骤可以进一步降低风险，那么就应该考虑实施。

1.17.3 听力保护

以下情况下应向员工发放听力保护用品：

1）在实现噪声控制的基础上需要进行额外保护。

2）在开发其他控制噪声方法时作为一项短期临时措施。

采取听力保护措施不应被用作通过技术和组织手段控制噪声的替代方法。

条例要求雇主：

1）为员工提供听力保护用品，并确保当其噪声暴露超过暴露动作值上限时，听力保护用品能得到充分且正确的使用。

2）如果员工要求提供听力保护用品，且其噪声暴露在暴露行动值的下限和上限之间时，应为其提供听力保护用品。

3）确定听力保护区——即工作场所中限制进入且必须佩戴听力保护用品的区域。

员工也有法律义务：

1）与雇主合作，采取必要措施保护自身听力，正确使用噪声控制装置，并遵循已制定的工作方法。

2）正确并始终佩戴提供的听力保护用品。

3）保管好自己的听力保护用品。

4）参加雇主健康监测要求的听力检查。

5）即时报告噪声控制装置或听力保护用品的问题。

如前所述，使用听力保护用品是防止听力受损的最后一道防线。听力保护用品的主要类型有：

1）耳罩——应完全覆盖耳朵，紧密贴合且密封件周围无缝隙。不要让头发、珠宝、眼镜或帽子影响密封。保持密封件和内部干净整洁，不要拉伸头带。

2）耳塞——直接插入耳道。练习如何使用它们，如果遇到问题请寻求帮助。使用前先洗手，不要与人共用。

3）半插式耳塞/耳道帽——通常使用塑料带子固定在耳道内或穿过耳道。每次戴上时都要检查密封是否良好。

在选择听力保护用品时，雇主应考虑以下因素：

1）应足以消除噪声风险，但防护程度也不应太高，以免佩戴者与环境隔绝。

2）充分考虑工作和工作环境的影响，如体力活动、舒适度和卫生。

3）与其他防护设备的兼容性，如安全帽、口罩和护目镜。

雇主有责任维护好听力保护用品，比如头带张力和密封条件，使其能够有效工作。

1.17.4 信息、指南和培训

应为员工提供培训，使其了解可能面临的风险及其职责，包括：

1）可能的噪声暴露及由此产生的听力风险。

2）雇主采取控制风险和暴露的措施。

3）在哪里及如何获得听力保护用品。

4）如何识别、报告噪声控制设备和听力保护用品的缺陷。

5）条例规定的员工职责。

6）员工应采取哪些措施来降低风险，以及如正确使用噪音控制设备和听力保护用品。

7）了解雇主的健康监测系统。

1.17.5 健康监测

雇主必须为所有可能处于超过暴露行动值上限环境中的员工提供健康监测，同时也要为其他任何有风险的员工，比如已经患有听力损失或对伤害特别敏感的员工提供健康监测。

健康监测一般指定期的听力检查，在头两年每年进行一次，然后每隔三年进行一次。如果检测到听力问题或听力损伤风险较高，应提高检查频率。

1.18　《工作振动控制条例（2005 年）》

本条例旨在保护人员免受振动对其健康与安全的影响。有两种类型的振动，手臂振动（HAV）和全身振动。定期和频繁接触 HAV 可能会导致永久性的健康影响。如果接触振动工具或振动工艺是一个人的常规工作时，最有可能发生这种情况。过多的 HAV 可导致手臂振动综合征（HAVS）和腕管综合征（CTS）。HAVS 影响手、腕和手臂的神经、血管、肌肉和关节。腕管综合征是一种神经疾病，可能导致手部疼痛、刺痛、麻木和虚弱。

HAV 的症状包括以下方面或这些方面的任意组合：

1）手指刺痛麻木。

2）无法正常感知物体。

3）双手无力。

4）手指恢复时会变白、变红和疼痛（特别是在寒冷和潮湿的环境中，而且可能一开始只是指尖有这种症状）。

必须通过风险评估来确定降低振动的必要措施，需要同时考虑暴露于振动的数量和持续时间。振动幅度的测量单位为 m/s^2。

暴露行动值（EAV）是每天振动暴露量。当超过该值时，雇主需要采取措施控制振动暴露。每天暴露行动值为 $2.5m/s^2$。

暴露限值（ELV）是员工在一天中可能接触的最大振动量。如果员工的每日 ELV 达到 $5m/s^2$，可以认定为处于高风险之中。

雇主必须提供健康与安全监测、信息和培训。

HAV 是在工作过程中传递到工人手和手臂的振动。这可能由操作手持式电动工具所引起，如：

1）锤式钻机。

2）手持式研磨机。

3）冲击扳手。

4）线锯。

5）台式磨床。

6）动力锤和凿子。

全身振动不在本书讨论范围之内。

1.19　电气危险

每个工厂都会使用某种电气设备。应该对电保持敬畏——因为它既看不见也听不见，但却能致命。即使不致命，也可能因休克和烧伤而导致严重残疾。此外，由于电线故障或设备故障引起的火灾或爆炸，都可能对财产和货物造成重大损失。

《工作用电条例 1989》于 1990 年 4 月 1 日生效。该条例的目的是要求采取预防措施，防止在工作活动中因触电而导致死亡或人身伤害。

英国标准 BS 7671——"电气装置要求"，也称为 IEE 布线条例，涉及电气装置的设计、选择、安装、检查和测试。BS 7671 是一项行业规范，虽然并非法定规范，但在英国仍然得到了广泛认可和接受。遵守该规范可能会符合《工作用电条例》的相关条款。

1.19.1 主要危险

使用电气设备会产生以下主要危险。

1. 触电

人体对流经它的电流有多种反应，其中任何一种都可能致命。在潮、湿条件下，或靠近导体（如在金属罐中工作）时，触电的可能性会增加。在炎热的环境中，汗水或湿气会降低衣服提供的绝缘保护，从而增加触电风险。

2. 电烧伤

由电流通过人体组织（通常是接触点处的皮肤）而产生的加热效应引起。多数情况下，触电接触点处的皮肤会被电烧伤。

3. 火灾

电可以以多种形式引发火灾，包括因过载导致电缆和电气设备过热、由于绝缘不良或不充分导致的电流泄漏、放置于离电气设备太近的易燃材料过热、电气设备的电火花点燃易燃材料等。

4. 电弧放电

电弧放电会产生紫外线辐射，从而引起类似严重晒伤的特殊类型的灼伤。电弧熔融的金属可以穿透、燃烧并滞留在人体内。金属电弧焊中紫外线辐射也会对敏感皮肤和眼睛造成伤害，如电光性眼炎。

5. 爆炸

包括电气设备（如开关设备或电动机）自身爆炸，或电火花、高温电气设备导致易燃蒸汽、气体、液体和灰尘着火而形成的爆炸。

1.19.2 电气预防措施

如果出现故障，电气设备可能会变得危险，必须采取预防措施以防止电气伤害。这些预防措施包括以下几个方面。

1. 双重绝缘

其原理是使用两层分离的绝缘层覆盖带电导体。每一层绝缘层本身都能提供足够的绝缘，它们一起使用可以确保最小化绝缘失效的可能性。这种方式可以避免使用接地线。双重绝缘特别适用于手钻等便携式设备。当然，最终的安全仍然取决于绝缘状态是否保持完好，设备是否正确建造、使用和维护。

所有便携式设备上最脆弱的部件都是电缆。电缆可能因长时间使用、环境影响、滥用或误用而退化，或因反复弯曲、被物体撞击或穿透所导致的机械损伤而失效。

2. 接地装置

在英国，电力供应与地面相连。这种方式能够检测电气设备上的接地故障并自动切断电源。自动切断由熔体或自动断路器执行：如果发生故障，熔体将熔断并断开电路。

这种方式不能消除触电风险，但是可通过使用剩余电流装置（RCD）降低危险。RCD用于在小泄漏电流下的快速操作，且只能作为第二道防线。必须定期操作跳闸测试按钮以确保其有效性。

3. 安全电压使用

降压系统（110V）特别适用于建筑工程中的便携式电气设备和高导电位置，如锅炉、隧道和储罐，以及设备和拖曳电缆等风险较高的地方和身体可能受潮的地方。使用电动工具时，电池驱动的工具是最安全的。电气风险，尤其是恶劣条件下的电气风险，可通过使用空气、液压或手动工具进行消除。

1.19.3　电路系统中的人体

为了将触电和火灾风险降至最低，除载流导体外的其他任何金属制品都必须接地。电源的中性线要在配电源（即电源变压器）接地，因此，如果所有设备都接地，那么故障发生时，电流的返回路径也将接地（见图1.9）。

接地回路必须具有足够低的电阻才能生效，以便在发生故障时能够通过相对较高的电流。较高的电流将反过来作用于电路中的安全装置，并将熔体熔断。

当身体在带电导体之间形成直连时——也就是身体或工具接触到连接于电源的设备，就会发生事故。不过更常见的情况是，人体通过地板或相邻金属制品在带电导体和大地之间（见图1.10）形成直连。输送水、天然气或蒸汽的金属管道、混凝土地板、散热器和机器结构都很容易形成此类导电路径。

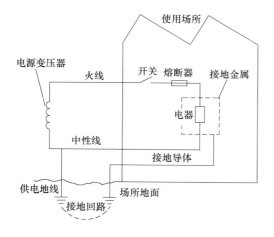

图1.9　使用场所的电路

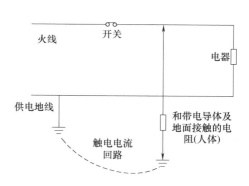

图1.10　人体作为电路中的电阻

任何含有金属部件的衣物都会增加意外触电的可能。金属配件，如纽扣、皮带扣、金属手表、手镯或狗牌，甚至戒指都可能导致电击或灼伤。

表面潮湿会降低电阻、增加电流，从而增加漏电的可能性。因此，在这些情况下的接触会增加触电的风险。

所有金属都是良好的导体，因此所有金属工具都是导体。任何靠近载流导体的工具都可能导致触电。即使是带绝缘手柄的工具也不能保证使用者不会受到电击或烧伤。

1.19.4　触电与治疗

如果人体意外地接触到与电源相连的导体，电流可视不同情况而流过人体。这种电流会使人产生剧烈的肌肉痉挛，甚至可能导致身体被甩出房间或从梯子上摔下来。在极端情况下，可能会导致心脏停止跳动。

作用于身体组织的电流会引起烧伤，内部发热也会导致通过血管的血流部分受阻。

如果有人触电，应该知道该怎么做——你应该接受过相应培训——同时不要让自己处于危险之中。

1）呼救——如果伤者仍与电流接触，请关闭或拔下插头。

2）如果无法切断电流，一定要站在干燥的非导电表面上，用干布、外套或扫帚将受害者拉出或推开。记住：不要接触伤者，因为这样做也会让你连入电路并受到电击。

3）一旦伤员获救，立即呼叫救护车并寻求帮助。只有具备必要的培训、知识和技能的人员才能进行急救。

必须在发生过触电事故的工作场所张贴永久性海报，说明发生触电事故时应遵循的详细程序。通过这种方式和已接受的培训，应该完全掌握这些程序——请谨记这可以挽救一条生命。

1.19.5　电气安全的一般规则

1）确保所有便携式电气设备（见图 1.11）使用正确接线的插头。

2）决不要凑合用钉子或火柴把电线塞进插座里。

3）模制橡胶塞优于脆性塑料塞，因为它们不易损坏。

4）所有电器连接必须牢固，松动的电线或插头可能产生电弧。

5）必须安装正确额定值的熔体，这是故障时的保护措施，切勿使用电线等物品临时替代熔体。

6）在适当的情况下使用 RCD 以提供额外的安全性。

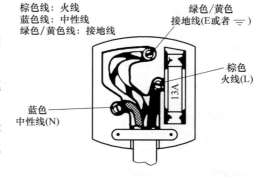

棕色线：火线
蓝色线：中性线
绿色/黄色线：接地线

绿色/黄色
接地线（E或者 ⏚）

棕色
火线（L）

蓝色
中性线（N）

13A

图 1.11　正确接线的插头

7）任何外部金属部件都必须接地，发生故障时熔体才能熔断并中断电源。

8）切勿从灯具的插座上运行电动工具。

9）插头和设备之间的连接应使用正确的、适合设备额定电流的电缆。

10）不得使用旧的或损坏的电缆。

11）对设备进行任何调整之前，即使只是更换灯具，设备也应始终与主电源断开。

12）在任何情况下，不得擅自使用任何电气设备或试图自行对其进行修理。所有电气工作应由合格的电工完成。使电气设备发挥功能通常不需要太多知识，但确保安全则需要更多的知识和经验。

1.20 《健康与安全（安全标志和信号）条例（1996 年）》

本条例涵盖了各种传递健康与安全信息的方式，包括使用照明标志、手势信号和声音信号（如火灾警报）、语音通信及对含有危险物质的管道工程进行标记。除了传统的告示牌外，还包括禁令和警告标志，消防安全标志也包括在内。

法规要求雇主在存在重大健康与安全风险，且这些风险尚未通过其他方式（如工程控制和安全工作系统）避免或得到令人满意地控制的情况下，提供特定的安全标志。每个雇主必须提供足够的信息、指南和培训，使员工了解安全标志的含义及与安全标志相关的措施。

1.21 安全标志和颜色

颜色能够提供相应信息，在预防事故、警告健康危害、识别气瓶和管道内容物和服务、识别并安全使用电子和电气装置中的电缆和组件及正确使用消防设备等方面起着至关重要的安全作用。

安全颜色和安全标志系统是为了让人关注影响或可能影响健康与安全的物体和情景。使用安全颜色和安全标志系统不能取代采取适当的事故预防措施的必要性。

英国标准 BS ISO 3864 "图形符号、安全颜色和安全标志"关注提供安全信息的系统，这些信息通常不需要使用文字，其内容涵盖安全标志（包括消防安全标志）。

表 1.2 所示为安全颜色及其含义和使用示例。标志的形状和颜色示例如图 1.12～图 1.16 所示。

红色禁止吸烟

图 1.12 禁止标志——表示禁止某些行为

红色灭火器

图 1.13 消防设施

黄色小心有毒

图 1.14 危险——表示可能存在危险警告

绿色急救

图 1.15 安全条件——传达有关安全条件的信息

蓝色必须佩戴安全帽

图 1.16　强制——指示要采取的特定行动

表 1.2　安全颜色及其含义和使用示例

安全颜色	含　义	示　例
红色（带黑色符号的白色背景色）	停止/禁止（不要做）	停止标志 紧急停止 禁止标志
红色（白色符号和文字）	消防设施	消防设备、报警器、软管、灭火器等的位置
黄色（白色符号和文字）	危险（危害风险）	危险指示（电气、爆炸、辐射、化学品、车辆等） 门槛、低通道、障碍物等警告
绿色（白色符号和文字）	安全条件（安全方法）	逃生路线 紧急出口 紧急淋浴 急救和救援站
蓝色（白色符号和文字）	强制性动作（必须做）	穿戴个人安全设备的义务

所有按照欧洲标准 BS EN 3-7 制造的灭火器均为红色，并带有图标指示其适用的火灾类型和操作方式。

欧洲标准允许在与旧版英国标准灭火器颜色编码系统相关的灭火器主体前上半部分设置一个小颜色区，用红色表示水型灭火器，奶白色表示泡沫灭火器，蓝色表示粉末灭火器，黑色表示二氧化碳灭火器，淡黄色表示湿化学品灭火器。

如果正确安装了灭火器，那么该颜色区可通过一个 180°的水平弧而看到。颜色区的面积最多可占灭火器面积的 10%，但不能小于 3%。

1.22　火灾

大多数火灾都可以通过采取正确的行为和程序来预防。发生火灾的三要素：

1）火源（热量）。

2）燃料（燃烧物）。

3）氧气。

例如：

1）火源包括加热器、照明、明火、热金属、电气设备、抽烟材料（香烟、火柴、打火机等）及任何其他可能变得非常热或引起火花的物品。

2）燃料源包括木材、纸张、塑料、橡胶或泡沫、松散包装材料、废物、油和易燃液体。

3）氧气源主要是我们周围的空气。

任何人都不应低估火灾的危险。许多材料能够迅速燃烧，并产生烟雾，尤其是合成材料（包括塑料）产生的烟雾可能会致命。

引发火灾的原因有很多。

1）恶意点火：即故意点火。

2）电气设备误用或故障：如插头和接线错误、电缆损坏、插座和电缆过载、火花和设备（如烙铁）无人看管。

3）香烟和火柴：在未经允许的区域吸烟，丢弃点燃的香烟或火柴。

4）机械发热和火花：如电动机故障、轴承过热、研磨和切割操作产生的火花。

5）加热装置：与热表面接触的易燃液体/物质。

6）垃圾焚烧：随意焚烧废弃物和垃圾。

导致火灾蔓延的原因有很多，包括：

1）没有及时发现。

2）存在大量可燃材料。

3）生产区和储存区之间没有防火隔墙。

4）部门之间的地板和墙壁上有开口。

5）粉尘沉积物的快速燃烧。

6）燃烧时流动的油脂。

7）建筑物的可燃性结构。

8）屋顶、顶棚和墙壁的可燃衬里。

1.22.1 防火

最好的预防措施是阻止起火：

1）尽可能使用不易燃材料。

2）尽量减少工作场所或仓库中存放的易燃材料的数量。

3）安全储存易燃材料，应远离危险工序或材料，并在适当情况下远离建筑物。

4）通过在每个工作场所、储存区和容器上的醒目标志警告火灾风险。

5）有些物品（如油浸抹布）可能会自燃，要将其存放在远离其他易燃材料的金属容器中。

6）在进行焊接或类似工作之前，移除或隔离易燃材料，并配备灭火器。

7）控制火源，如明火和火花，并确保遵守"禁止吸烟"规定。

8）不得将货物或废物留在过道、出口、楼梯、逃生路线和消防点。

9）确保破坏分子无法接触易燃废料。

10）遵守乙炔等高度易燃气瓶的特定预防措施。

11）每次工作结束后，检查该区域是否有阴燃物或火焰。

12）在远离建筑物的适当容器中焚烧垃圾，并备有灭火器。

13）不得用物品阻塞用于阻止火灾和烟雾蔓延的防火门。

14）有足够多的、类型正确且维护得当的灭火器，能够及时应对小规模火灾。

1.22.2 《监管改革（消防安全）法令（2005 年）》

该法令规定：应进行火灾风险评估，评估内容包括：

1）降低火灾风险和房屋火灾蔓延风险的措施。

2）与逃离该处所路线有关的措施。

3）确保在任何关键时刻，逃生手段都能安全有效使用的措施。

4）与场所灭火方式有关的措施。

5）关于探测处所火灾并在处所发生火灾时发出警告的措施。

6）与处所发生火灾时采取的行动安排有关的措施，包括：

① 员工指导和培训相关的措施；

② 降低火灾影响的措施。

应指定一名负责人进行风险评估，并证明采取了足够的消防安全预防措施，包括提供足够的安全培训。

1.22.3 灭火

每位员工都应知道手提式灭火器、软管卷盘和灭火控制装置的位置，以及如何在其工作区域内操作灭火器。必须进行在模拟火灾中使用灭火器的培训。用灭火器扑灭一场小火灾可能会阻止小事故转变为大规模灾难。手提式灭火器能够扑灭小型火灾或在消防队到达之前将其控制住，从而拯救生命和财产安全。它们只能在火灾初期用于灭火。

必须强调的是，只有在安全的情况下才能尝试灭火，并且要始终保证逃生路线可用。

同时，必须明确急救灭火的局限性，安全地进行急救灭火仍然非常必要，但是发出警报也非常重要。如果有疑问，一定要离开失火区域，及时向消防队报警并停留在外面。

如前所述，燃烧需要燃料、氧气（空气）和热量才能发生。图 1.17 中的"燃烧三要素"展示了它们之间的关系，其中一侧代表燃料，另一侧代表热量，第三侧代表空气或氧气。如果任何一侧被移走，火就会熄灭。

通常我们会通过剥夺燃烧物质的氧气并将其冷却到无法持续反应的温度来实现灭火。由于其可用性和一般有效性，水是目前最重要的灭火剂。它与任何其他普通物质相比都能更有效地吸收热量，从而降低燃烧物体的温度。产生的蒸汽还可以降低火焰附近大气中的氧含量而起到抑制燃烧的作用。

因此工厂常使用水管卷盘来应对大多数火灾，但易燃液体或带电电气设备的火灾除外。

使用相应的图标（无论使用何种语言）来识别不同类型的火灾，火灾类型见表 1.3。

1）A 类火灾——由普通可燃物（如布、木、纸和织物）引发的自由燃烧火灾。

2）B 类火灾——由易燃液体（如油、酒精和汽油）引发的火灾。

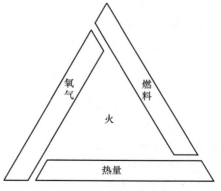

图 1.17 燃烧三要素

表 1.3 火灾类型

灭火器类型	普通可燃物	易燃液体	易燃气体	易燃金属	电气危险	食用油脂
水型灭火器	✓					
含添加剂的水型灭火器	✓					
泡沫灭火器	✓	✓				
干粉灭火器	✓	✓	✓		✓	
专用干粉灭火器				✓		
二氧化碳灭火器		✓			✓	
湿化学品	✓					✓

3）C 类火灾——以丙烷、丁烷和天然气等易燃气体为燃料的火灾。

4）D 类火灾——涉及易燃金属的火灾，如镁、锂、铝粉或切屑。

5）E 类火灾——涉及电气危险的火灾。

6）F 类火灾——由食用油和油脂引起的火灾。使用湿化学品是扑灭此类火灾最有效的方法。

1.22.4 手提式灭火器类型（见图 1.18）

1. 水型灭火器

颜色编码为红色——适用于 A 类火灾。水是一种对该类材料进行灭火的快速有效的方法，其工作原理是快速冷却火焰，从而使其剩余热量不足，无法维持燃烧，并无法再次被点燃。

2. 含添加剂的水型灭火器

也适用于 A 类火灾。它们含有特殊添加剂，对冷却和穿透火焰特别有效，比普通喷射水型灭火器的效率高出 300%。

3. 泡沫灭火器

颜色编码为红色带奶白色区域——这是在多风险情况下的理想选择，主要用于应对 A 类和 B 类火灾。喷射泡沫具有覆盖效果，通过密封材料表面，既可窒息火焰，又可防止易燃蒸汽再次被点燃。

图 1.18 手提式灭火器

4. 干粉灭火器

颜色编码为红色和蓝色区域——适用于 A 类、B 类和 C 类火灾及车辆保护。因为干粉不导电，所以非常适合用于电气危险。干粉是一种非常有效的灭火方式，因为它可以阻止燃烧过程并能快速灭火。有专门针对易燃金属进行灭火的一系列干粉灭火器产品。

5. 二氧化碳灭火器

颜色编码为红色带黑色区域——适用于 B 类火灾，也适用于电气危险的火灾，因为二氧化碳不导电。二氧化碳是一种快速控火介质。这些灭火器在高压下释放出高浓度的二氧化碳气体，通过置换火焰局部区域的空气，可以非常迅速地熄灭火焰。二氧化碳是一种无毒、无腐蚀性的气体，不会对计算机房等环境中的精密设备和材料产生伤害。

6. 湿化学品灭火器

颜色编码为红色带有淡黄色区域。这些灭火器是专门用于处理 F 类火灾。特别配制的湿化学品当应用于燃烧液体时，会冷却并乳化油脂，使其变成肥皂状，从而熄灭火焰并密封表面，并防止再次点燃。它也能扑灭 A 类火灾。表 1.3 显示了最适合各类火灾的便携式灭火器。

1.23 《危险物质和爆炸性环境条例（2002 年）》（DSEAR）

本条例用于防止在工作场所使用或存在的危险物质所引起的火灾和爆炸风险。危险物质是指工作中使用或存在，如果控制不当则会导致火灾或爆炸从而对人造成伤害的各种物质。包括溶剂、油漆、清漆、液化石油气（LPG）等易燃气体和机械加工产生的粉尘。条例要求雇主控制火灾和爆炸对安全造成的危险。

雇主必须：

1）识别其工作场所中的任何危险物质及火灾和爆炸风险。

2）制定控制措施消除这些风险，或在无法消除的情况下对其进行控制。

3）实施控制措施，减少与危险物质相关事件的影响。

4）制定处理涉及危险物质的事故、事件和紧急情况的计划和程序。

5）确保向员工提供信息和培训，使他们能够控制或处理危险物质产生的风险。

6）确定可能发生爆炸的工作场所区域并对其进行分类，控制这些区域内的火源（如未受保护的设备）。

1.24 工作中的急救

工作人员可能受伤或生病。受伤或生病是否由其工作引起的并不重要，重要的是应立即得到关注，严重的情况下需要叫救护车。

1981 年的《健康与安全（急救）条例》要求雇主提供足够和适当的设备、设施和人员，以便员工在工作中受伤或生病时能够得到急救。需谨记事故随时可能发生，因此必须在工作时时刻提供急救服务。

所有工作场所的最低急救规定为：

1）适当数量的急救箱。

2）指定专人负责急救安排。

3）向员工提供有关急救安排的信息。

指定人员是指雇主选中并执行以下工作的人员：

1）负责有人受伤或生病时的工作，包括必要时呼叫救护车。

2）照管急救设备，如对急救箱进行补给。

即使有紧急急救课程，指定人员也无须进行急救培训。

根据风险类别和雇佣人数，可能需要指定一名急救员。急救员是指已接受合格培训机构培训，能够处理具体急救事项，并且必须持有以下任意一种有效资格证书的人员：

1）工作急救（FAW）证书。

2）工作中的紧急急救（EFAW）证书。

3）任何其他符合要求的培训或资格等级证书。

雇主可以利用其急救需求的评估结果来决定急救人员应该接受的培训水平。

1）EFAW 培训使急救人员能够对在工作中受伤或生病的人员进行紧急急救。

2）FAW 培训内容包括 EFAW 教学大纲，还为急救人员配备了一系列对特定伤害和疾病进行急救的设备。

3）处理由特殊危险（如化学品）造成的伤害的额外培训。

为了帮助急救人员掌握最新的基本技能，强烈建议急救人员每年进行一次进修培训。工作急救证书的有效期为三年。在其证书到期之前，急救人员需要修读适当的资格再认证课程，以获得新的三年证书。一旦证书过期，急救员将不再被认为有能力担任工作场所的急救员。

培训机构应仅向那些在培训课程的各个方面都表现出令人满意的知识、技能和理解而被评估为合格的学员颁发证书。

1.25　事故原因

工作场所事故是可以预防的——只需要具备安全常识，并承诺遵守工作场所制定的安全规则。安全不会自己产生——这是你努力的结果。

大多数事故都是由于粗心大意、没有提前规划或疲劳造成的。疲劳可能是由于长时间工作而没有足够的休息时间，甚至是晚上兼职而造成的。

服药会影响人们安全工作的能力，酒精也有相同的作用。滥用药物或溶剂等物质也可能导致工作事故。

打闹嬉戏、恶作剧或愚蠢的把戏都有可能导致重伤甚至死亡。在工作场所不允许这些行为。

穿着不当也可能会导致严重伤害：穿着运动鞋而不是安全鞋；袖口松脱；工作服撕裂；松软的羊毛衫；戒指；锁链；表带及纠缠的长发都是可能的因素。

必须谨记，如果你没有穿戴合适的个人防护装备，这不仅仅会对你自身的健康与安全造成危险，也是犯法的行为。

无防护或有故障的机械和工具也是事故的来源之一。根据健康与安全法规，不得使用此类设备，此外，立即报告有缺陷的设备也是工作职责。

工作场所的环境因素也可能导致事故发生，如通风不良、温度过高或过低、照明不足、不安全的通道、门、地板及坠落和坠落物带来的危险。

如果工作场所、设备和设施未得到维护或不干净，垃圾和废弃物未清除，也可能发生此类情况。

许多事故往往发生在一个企业或组织的新进员工上，尤其是年轻人身上。这主要是由于缺乏经验，或者缺乏信息、指南、培训或监督所造成的，而这些都是雇主应该承担的责任。

1.26 健康与安全的一般预防措施

如前所述，必须对健康与安全采取积极的态度和方法。培训是获得能力的重要途径，有助于将信息转化为健康安全的工作实践。请谨记遵守以下预防措施。

（1）玩闹 工作场所不是打闹嬉戏、恶作剧或愚蠢把戏的场所。

（2）卫生

1）在饭前、如厕前后及每次轮班结束时，始终用相应的洗手液和温水洗手。

2）用干净的毛巾或烘干机擦/烘干双手——不要用旧抹布。

3）不能用石蜡、汽油或类似溶剂清洁皮肤。

4）使用合适的防护霜来保护皮肤。

5）洗涤后可能需要保养霜，以取代脂肪物质并防止干燥。

6）小心使用金属切削液。

（3）内务

1）绝对不要向地板上扔垃圾。

2）保持通道和工作区域无金属条、零部件等物品。

3）如果油或油脂溢出，应立即擦干净，否则可能有人滑倒。

4）绝对不要把油布放在衣服或裤子口袋里。

（4）走动

1）总是走动——永远不要跑。

2）坚持走过道——永远不要走捷径。

3）留意并遵守警告通知和安全标志。

4）不得乘坐叉车等非载人车辆。

（5）个人防护装备

1）使用所有个人防护服和设备，如护耳、护目器、防尘口罩、工作服、手套、安全鞋和安全帽。

2）如果损坏或磨损，须立即更换。

（6）梯子 请参阅第1.12.1节。

（7）机器

1）在起动机器之前确保知道如何停止机器。

2）机器运行时保持注意力集中。

3）机器运行时，切勿无人看管。

4）注意不要分散其他机器操作员的注意力。

5）切勿在机器运行时清洁机器——务必首先将其断电。

6）切勿徒手清理切屑——始终使用合适的耙子。

7）头发要短，或者戴上帽子或发网——因为头发可能会被钻头或旋转轴缠住。

8）避免穿宽松的衣服——穿一套合身的工作服，整理好衣服，并确保任何领口都折好并固定住。

9）工作时不要戴戒指、项链或手表——如果意外地卡在突出物上会造成严重的伤害。

10）不允许无防护的棒料超出普通车床等机器的末端。

11）始终确保所有防护装置正确安装并就位——请记住，机器上安装的防护装置可防止你和其他人意外接触危险的运动部件。

（8）有害物质

1）学会识别危险警告标志和标签。

2）遵守所有指示。

3）在使用某种物质之前，先弄清楚如果它溅到你的手上或衣服上应该如何处理。

4）不得在有害物质附近进食或饮水。

5）不得将任何已被有害物质浸湿或玷污的衣服带回家。

6）请勿将液体或物质放入未贴标签或标签错误的瓶子或容器中。

（9）电

1）在使用电气设备之前，确保理解所有指南。

2）不得将电气设备用于预期用途以外的任何用途，也不得在规定以外的区域内使用。

3）在连接或断开任何电气设备之前，请务必关闭或断开电源。

（10）压缩空气

1）仅在允许的情况下使用压缩空气。

2）切勿用压缩空气来清洁机器——它可能会吹到你或其他人的脸上并造成伤害。

（11）火

1）要小心使用易燃物质。

2）知道灭火器的位置。

3）掌握正确的消防演练。

（12）吸烟　在英国，在公共场所和工作场所吸烟会被视为公共卫生事件并进行处理，而不是由 HSE 部门处理。法律规定了三项具体的违法行为：

1）没有张贴禁止吸烟标志。

2）在无烟场所吸烟。

3）未能阻止在无烟场所的吸烟行为。

（13）急救

1）无论伤势多么轻微都要进行急救治疗。

2）了解工作场所的急救规定。

复　习　题

1. 说明使用电气设备可能产生的四种主要伤害。

2. 安全颜色和安全标志系统的目的是什么？

3. 通过燃烧三要素图展示发生火灾所必需的三个要素。

4. 列出可能导致事故的四种原因。

5. 陈述 HSWA 的两个目标。

6. 说明使用机器时为避免发生事故应采取的四项预防措施。

7. 列出三种类型的灭火介质及每种灭火介质最适合的火灾类型。

8. 根据 HSWA，说明员工在工作时的两项主要责任。

9. 列出 COSHH 定义的有害物质的四种影响。

10. 说明健康与安全检查员对组织采取执法行动的四种方式。

11. 说明 HSWA 规定的雇主的两项主要责任。

12. 字母 PPE 代表什么？

13. 说出雇主必须按照 RIDDOR 的要求报告的四种事件类型。

14. 根据《工作噪声控制条例》，不得超过的噪声暴露等级是多少？

15. 列举两种可能因手—臂振动而导致的受伤症状。

第2章

钳 工

手工工具一般用于除去少量的，通常是来自于工件上一小块区域的物料。如果存在没有现成机器可用、因工件太大而缺少合适的机器、工件形状过于复杂或者极其简单等情况，都可能需要手工操作[⊖]。这主要是因为为了完成上述工作而专门设置一台机器会导致成本过高。

使用手工工具是体力劳动，所以手动去除的材料数量保持最小，且为其选择合适的工具就显得十分重要。应尽可能使用电动手持工具，这样不仅可以降低劳动强度，还能够提高工作效率，进而降低成本。

2.1 钳工锉刀

锉刀能够完成多种任务，在不太适合使用机器的情况下，使用锉刀既可以简单去除尖锐的棱边，也能够加工出复杂的形状。锉削可加工长度在 150～350mm 的各种形状。当锉刀锉面上只有一个方向的齿纹时，称其为单齿纹锉刀，当锉刀锉面上有两套齿纹时，则称其为双齿纹锉刀，如图 2.1 所示。

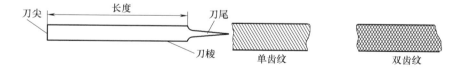

图 2.1 单齿纹及双齿纹锉刀

锉刀的锉削等级是指其齿间距，它决定了锉刀的粗糙与光滑程度。常用的锉刀一般有三个标准等级，从粗糙到光滑依次为粗齿锉、中齿锉和细齿锉。通常，粗齿锉用于粗锉，其目的是以最快的速度去除最多的材料。中齿锉用于将工件锉至接近最终尺寸，细齿锉则通过锉去微量材料而在工件表面形成良好的光洁度。

⊖ 手工操作，即钳工。——译者注

2.1.1 锉刀分类

锉刀可以根据外形分为手锉、扁锉、平锉，也可以根据截面分为方锉、三角锉、圆锉、半圆锉及刀形锉，如图2.2所示。

1. 手锉

手锉用于一般性锉削，主要用于锉平面。它的截面为长方形，沿其长度方向上的宽度一致，但在大约最后1/3长度时，厚度向尖部方向逐渐变薄。手锉的两面均为双齿纹，一个刀楞为单纹齿，另一个刀楞为平齿。平齿刀楞称为安全刃，其设计目的是可锉至表面边缘而不损坏表面。手锉尖部厚度变薄能使该锉刀伸入略小于其厚度的狭缝。

2. 扁锉

扁锉与手锉有相同的横截面，只是截面更薄一些，专门用于锉削窄缝及键槽。

3. 平锉

平锉也用于一般性锉削，主要用于锉平表面。它的横截面为矩形，在距头部约1/3的长度处，其宽度与厚度逐渐变小。平锉的两面均为双纹齿且两个刀楞为单纹齿。宽度和厚度变小的尖部使该锉可用于加工比其最大宽度和厚度更小，且需要对长宽进行锉削的狭缝。

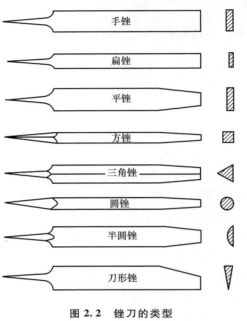

图 2.2 锉刀的类型

4. 方锉

方锉横截面为正方形，在其长度前2/3处对边近似平行，然后微向顶部收拢。它的所有锉面均为双纹齿。方锉用于锉键槽、沟槽及侧面为90°的较小方孔或长方孔的加工。

5. 三角锉

三角锉的横截面是60°的等边三角形，在其长度前2/3处三条棱近似平行，然后向尖部微微收窄，三个锉面均为双纹齿且棱边锋利。这种锉刀适于加工小于90°的角孔和凹槽。

6. 圆锉

圆锉的横截面为圆形，在其长度前2/3处边线近似平行，然后逐渐向顶部变细。中齿和细齿圆锉都是单纹齿，而粗齿圆锉则为双纹齿。这种锉刀可用于扩孔、拉长沟槽和修整内圆角。

7. 半圆锉

半圆锉有一个平锉面和一个圆锉面，在其长度前2/3处锉边近似平行，然后宽度和厚度都向尖部慢慢变细。对于中半圆锉和粗半圆锉，其平锉面为双纹齿，圆锉面为单纹齿。这是一种实用的双用途锉刀，既可以锉平面，也可以锉削对于圆锉刀来说过大的曲面。

8. 刀形锉

刀形锉有一个楔形横截面，薄边为直边，而厚棱在距尖部大约1/3处变窄。刀形锉两边都是双纹齿。这种锉用于锉一些尖角。

9. 软锉

当锉削软质材料时，由于材料容易被去除，所以刀齿会很快堵塞。如果出现这种情况，锉刀就只能在表面打滑而不能正常工作。这就需要经常停工清洁锉刀，才能正常工作。为了克服黏堵问题，开发出了这种表面铣有深曲齿的锉刀，也称无畏锉刀，如图2.3所示。

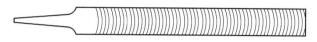

图2.3 软锉

软锉是为了更快、更省力地去除材料。因为深曲齿可形成小的螺旋锉削，从而能够清除碎屑、防止堵塞。其主要用途是锉削各种软质材料，如铝、铅、白金属、铜、青铜、黄铜等。这种锉刀也可用于锉除大面积的钢及非金属材料，如塑料、木材、纤维、石板等。

这种类型的锉刀长度为150~400mm，可以是手锉、平锉、半圆锉或方锉，所用的齿有宽齿、中齿、标准齿、细齿及超细齿。

10. 针锉

针锉主要用于工具制造和修配时的精细操作，其功能是在形状复杂或受限的空间去除微量材料。这种锉刀的尺寸长度为120~180mm，其中约一半为锉刀，剩下部分形成一个细长的圆形手柄，如图2.4所示。

图2.4 针锉

2.1.2 锉削

对于初学者来说，锉削的最大困难是难于锉出平展的表面。实际上，通过认真遵守一些基本原则并进行适当的练习，初学者也可以锉出平展的表面。

锉削是一种双手作业。第一步是正确地握紧锉刀，需要右手手掌紧握锉刀的手柄，并将拇指放于刀柄上方，左手手掌放于锉刀前端。正确握好锉刀后，第二步是正确地站在钳台旁，要求左脚向前，以便锉刀向前时支撑身体的重量，右脚向后以便向前推动身体。

应记住锉刀是在向前运动时进行切削，因此此时左手应施加压力，而向后运动时左手不加力。当锉刀退回时，不要将锉刀向上抬离工件，因为拉回的动作有助于去除刀齿上的锉屑，也能防止形成"跷跷板"动作，从而造成锉削表面弯曲不平。总之不要着急，利用锉刀的长度平稳锉削反而会比行程短、速度快的锉削操作更快地锉掉金属、形成更加平滑的表面。

如前所述，细齿锉通过去除少量材料而使表面粗糙度值较低。如果使用精锉法则使表面粗糙度更低。这种方法中，锉刀不是横向锉削的，而是沿着与其正常切削方向垂直的方向进行来回锉削。

在锉刀外包裹砂布进行锉削不仅可以获得更好的表面质量，还能使平面保持平整。砂布形制为25mm宽的卷状，砂粒有粗有细。通过将砂布条固定在锉刀下面，并使用传统的锉削动作，可以去除少量物料并使表面粗糙度值极低。实际上这种方法更像是一种抛光操作。

2.1.3 锉刀注意事项

一把好的锉刀能减少很多工作量，所以保持锉刀的所有锉齿都能正常切削非常重要。不要在抽屉里将一把锉刀码放在另一把锉刀上面，这样会磨损锉齿。不要用敲击锉刀面的方式去除留在齿间的锉屑，应使用锉刷除屑。需要定期使用锉刷除屑，否则工件表面会有锉痕，并影响锉除金属的效率。在完成锉削工作时，在收好锉刀前应先清理锉刀。如果使用的是一把新锉刀，不要用力过大，否则一些锉齿可能会因为锋利而折断。应用稍小的力进行锉削直到锉齿有轻微磨损。同理应避免用新锉刀加工粗糙铸件、焊件或硬的表面。

必须使用正确尺寸的合适的手柄，绝不要使用没有手柄或手柄开裂的锉刀。切记，一旦打滑，刀尾可能会刺穿手掌。

2.2 手锯

手锯可以用来切断金属。当有大量的无用金属要去除时，用手锯去掉多余的金属比锉削要容易得多。若工件余量不是太大，可以用锉刀获得最终尺寸和表面。

锯条要安装在锯弓的两颗锯钉上，其中一颗锯钉可以进行调节以使锯条拉紧。锯弓应具有刚性，从而使锯条能保持在合适的位置并能够轻松拉紧，除此之外，还要有一个抓握舒适的锯柄。

锯条以锯齿朝向远离手柄的方向安装于锯弓上，如图2.5所示，且通过旋转翼形螺母使锯条的松弛部分正确上紧，然后再紧拧三圈即可。锯条太松会弯曲而无法锯直，锯条过紧则可能会拉断锯条端部。

标准锯条尺寸是300mm（长）×13mm（宽）×0.65mm（厚），有每25mm 14个、18个或32个锯齿等规格，即每25mm长的锯条有14个、18个和32个齿等。

锯条的选择应考虑两个条件：一是被锯材料的类型，如硬材料或软材料；二是切割的性质，如厚截面或薄截面。选择锯条要考虑两个重要因素：一是齿距，即齿向的距离；另一个因素则是制造该锯条的材料。

当锯削软质材料时，每次锯削行程中会有较多材料被锯掉，这些锯屑需要空间容纳。唯一可容纳锯屑的地方就是锯齿之

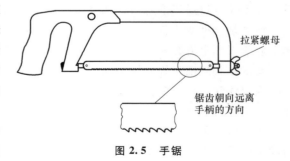

拉紧螺母

锯齿朝向远离
手柄的方向

图2.5 手锯

间。因此，锯齿间距越大，就会有越多的金属被锯掉。具有最小齿数的锯条，比如每25mm有14个锯齿，就有最大的空间。反之同理，当锯削较硬金属时，每个锯削行程被锯掉的材料较少，锯屑在齿间所需空间也较小，故锯条可以有更多的齿数。齿数越多，锯削所需的时间和精力就越少。

锯削薄板一类的薄物体时，至少应有三个相邻的齿与该金属板接触，否则截面将陷于两齿之间。此时锯齿就必须靠得更近，也就是说，锯条要包含更多的齿数，即一般每25mm要有32个齿。

和锉刀一样，手锯也是前行时锯削，也就是应在此时施加压力。在回程时则不施加压力。一定不要过快锯削，应该用长而均匀的行程（当使用高速钢锯条时应用每分钟 70 次的频率锯削）。同时，锯削时应和锉削一样保持平衡站位。

表 2.1 所示为针对不同厚度软、硬质材料锯削时每 25mm 长锯条的推荐齿数。

表 2.1　锯条的选择

材料厚度/mm	每 25mm 的锯齿数	
	硬质材料	软质材料
≤3	32	32
3~6	24	24
6~13	24	18
13~25	18	14

锯条有三种类型：全硬锯条、柔性锯条和双金属锯条。

（1）全硬锯条　这种锯条由淬硬的高速钢制成。由于硬度很大，所以这类锯条寿命较长，但很脆，锯削时易断。因此，硬锯条最适合熟练工使用。

（2）柔性锯条　这种锯条也由高速钢制成，但仅有淬硬锯齿。这就形成了带有硬齿的柔性锯条，这种锯条实际上不易折断，因而可供经验不足的人员或者在一些不便站位的情况下使用。因为该锯条只有锯齿淬硬，所以其使用用寿命有所缩短。

（3）双金属锯条　这种锯条由一个窄的淬硬的高速钢锯边与一个韧性合金锯背经电子束焊接而成。这种锯条结合了全硬锯条的硬度和柔性锯条不易折断的性能，从而既有较长的使用寿命又有快速锯削的性能。

2.3　冷錾

冷錾可用于切割金属。冷錾由高碳钢制成，其錾尖经过淬硬及回火。錾尾因需用锤子敲击，不用淬硬，但应有很好的韧性以承受锤击而不破碎。

2.3.1　冷錾的分类

1. 扁錾

扁錾又称为扁平錾、阔錾。这种錾有宽而平的錾尖，故可用来切割薄金属板、除去铆钉头或打掉被腐蚀的螺帽。錾尖应磨成约 60° 的角度，如图 2.6 所示。

2. 窄錾

这种錾的錾尖比扁錾窄，故可用于錾削键槽、窄槽、方角及金属板上太小而不能用扁錾的孔，如图 2.7 所示。

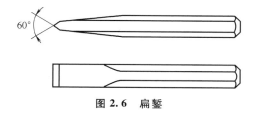

图 2.6　扁錾

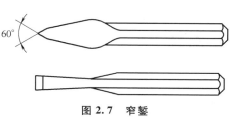

图 2.7　窄錾

2.3.2 使用冷錾

当在金属板材上使用冷錾时，必须十分小心以防止使金属变形。为防止使金属变形，应将金属板材正确夹持。小块钢板最好夹在虎钳上，如图 2.8 所示。大块板材可用两个金属夹板牢牢夹紧，如图 2.9 所示。

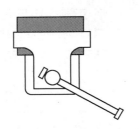

图 2.8 虎钳上夹持的板材

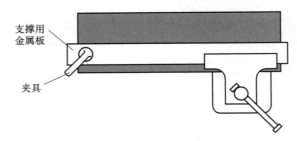

图 2.9 夹板夹持的板材

为了錾掉金属板中心的部分，该金属板可夹持于软金属板上。最好画出所需要的形状，在要去除的材料上钻一系列的孔，并用錾子打通孔间的部分，如图 2.10 所示。

錾子使用时应握紧，但也不能太紧，錾削时应用锤头猛击錾头。工作时应该眼睛看向錾尖而非錾头。握錾角度约为 40°，如图 2.11 所示。角度不要太大，否则会使錾尖插入金属太深，但角度也不能太小，太小的角度会使錾尖滑动而阻碍錾削。錾削时应使用足够大的手锤，手应紧握锤柄端部，而不是紧靠锤头的位置。绝不允许在錾头形成一

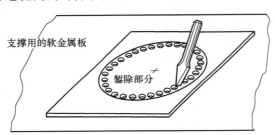

图 2.10 錾削夹持于软金属板上的孔

个大的"蘑菇头"，因为锤头上的一次偶然锤击就可能打飞錾头碎片，从而伤到眼睛或手。一旦蘑菇头形成，就应立刻将其磨掉，如图 2.12 所示。

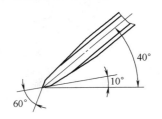

图 2.11 錾子的正确角度

图 2.12 正确的錾子

可用砂轮机打磨錾尖使其保持锋利。当打磨时，一定不要让錾尖变得太热，否则将会使錾尖回火，失去其应有的硬度，从而无法錾削金属。

2.4 刮刀

刮削不同于锉削或者錾削，它不是用来去除大量的物料，而是有选择性地去除少量物料，通常用来加工平面或良好的轴承表面。切削或锉削所形成的表面可能不足以作为轴承表

面，因为轴承表面需要相对滑动或转动。故刮削的目的就是要刮掉凸起点，使表面平坦或圆滑，同时形成小凹槽，以便于在两个平面之间放置润滑剂。当平面度是主要考虑因素时，划线平板和划线平台就是刮削操作的实例。普通车床、铣床、刨床、磨床的滑动表面就是高平整度及良好润滑性能的案例。

平刮刀可用于修平表面。它像一把在刀尖处变薄的锉刀，但刀上没有齿，如图2.13所示。尖部稍微弯曲，而刀尖借助于油石可以磨得极为锋利。平刮刀在向前时刮削，通过短的正向行程刮去凸起点，且一次除去一个。其平整度可用一个划线平板作为基准来进行检验。将一种叫"工程师蓝"膜[⊖]均匀涂在平板上，然后将被刮削的平面放于其上，从一边到另一边轻轻推磨，凸起点就会呈蓝色而显露出来，这些高点就可用刮刀来去除。刮削后再检验该表面，如果还有蓝点则再次进行刮削，重复这一过程直到获得所要求的平整度为止。当整个被刮削的区域被来自该基准划线平板的蓝色均匀覆盖时，就表明表面已经平整。

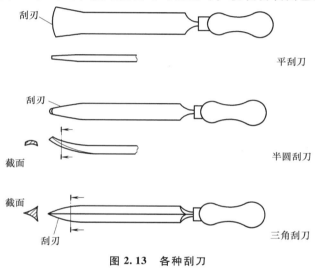

图2.13 各种刮刀

内部曲面刮削也是同样的过程。用一个半圆刮刀轻轻在下面挖削，为防止挖削过深，刮刀每边都有刮削刃，如图2.13所示。这种情况下的基准表面就是要在该曲面中运动，且涂上甲紫的轴。该轴进入轴承就会显示出要刮削去除的高点，重复这一过程直至产生所需表面为止。

如图2.13所示的三角刮刀常用于去除曲面及孔上的尖棱。它不适合用来刮削内曲面，因为三角刮刀的陡刃角易刮伤表面。但当一个曲面需要刮削至尖角时，尖锐的刀尖便能派上用场。

2.5　钳工锤

钳工锤由锤头和锤柄组成。锤头材质为淬硬并回火的钢，质量在0.1~1kg。锤柄木质通常是胡桃木或杨木。锤头牢牢固定在坚硬的木柄上。

⊖ "工程师蓝"膜在国内也称为甲紫。——译者注

平坦的锤击平面称为锤面，锤面的相反端称为锤尖。最常用的是球形锤尖，如图 2.14 所示，它有一个半球形的端部，用来铆接销和铆钉的端部。

对于软金属（如铝）或成品部件，如果被钳工锤敲击，工件可能会损坏。此时可用不同的带软面的锤子，这些锤面通常用皮子、铜，或是尼龙等结实的塑料制作。软面通常采用可更换嵌件的形式，用螺钉固定在锤头上或锤面上的凹槽内，如图 2.15 所示。

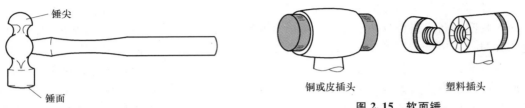

锤尖

锤面

图 2.14　圆头锤

铜或皮插头　　　　塑料插头

图 2.15　软面锤

务必要使用足够重的锤子以提供所需要的力，但是也不能使用太重的锤，以免在使用过程中疲劳。通常用于中心冲孔的是重 0.1~0.2kg 的小锤子，而 1kg 的大锤子则与大錾子联合使用，或在轴上打入大键或轴环时使用。锤柄的长度应根据锤头的质量来设计。握锤时应握住锤柄末端，以提供所需的锤击。为使锤击有效，打击应有力，如果抓握太接近锤头，便达不到此目的。

应始终确保锤柄完好，锤头固定牢固。

2.6　螺丝刀

螺丝刀是一种最常见的通用工具，不过也最容易用错。螺丝刀只能用来拧紧或松开螺钉，绝不能当錾子用，不能用于开罐头、刮油漆或撬掉太紧的部件，比如轴上的轴环等。螺丝刀头由坚韧的合金钢制成，一旦弯曲，就很难再插入螺钉头中。

螺丝刀头有多种类型，最常见的有四种：平头或一字头、十字头、十字开槽头，以及梅花头，如图 2.16 所示。一定要选择合适尺寸和类型的螺丝刀的头，使用尺寸和类型不当的螺丝刀会使其刀头和螺钉头损坏，螺钉头损坏后就很难再拧紧或松开。

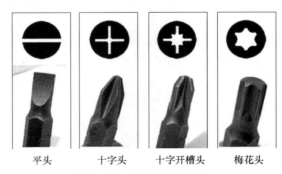

平头　　　　十字头　　　十字开槽头　　　梅花头

图 2.16　各种螺丝刀的头

十字头及十字开槽头的螺丝刀通常用 1、2、3 三个常用号码编号。梅花头螺丝刀编号最小的为 T5，最大的为 T55。

一字头或直槽的螺钉带有平行加工的边，这就要求用于该直槽的螺丝刀的两个刃面应相互平行，且头部略尖，角度最大约 10°，如图 2.17a 所示。而一个像錾子一样顶端尖锐的螺丝刀就不能正确就位，需要一个更大的力才能使其保持于槽中，如图 2.17b 所示。目前有各种不同刃长的螺丝刀，它们都有相应的宽度和厚度，可用于各种不同尺寸的螺钉。

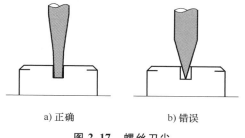

a) 正确　　　　　b) 错误

图 2.17　螺丝刀尖

为了工作人员的安全，绝不要把工件拿在手上来拧紧或拧松螺钉，这样螺丝刀的尖可能会滑动从而造成严重的伤害。在使用螺丝刀时，一般应把工件牢牢地固定在钳台上或是夹持在一个坚固的表面上。

2.7　丝锥

用丝锥作为切削工具切出内部螺纹的操作称为攻螺纹。当手工攻螺纹时，用直槽手动进行。它由淬硬的高速钢制成，三种丝锥可组成一套。这三种丝锥主要区别在于尖端处斜切长度的不同，也称为切削部分或引导部分，或顶部长度。顶部切削部分最长的丝锥叫头锥，第二长的叫中锥，最短的称为精锥或三锥，如图 2.18 所示。丝锥的端部为正方形，这样便于其夹在丝锥扳手中轻松旋转，如图 2.19 所示。夹头扳手可用于较小尺寸的丝锥。

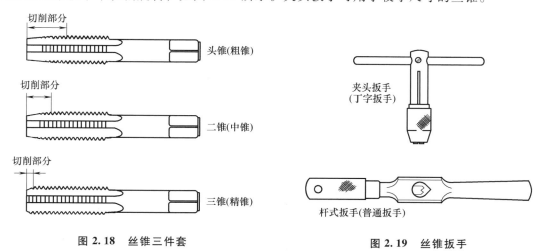

图 2.18　丝锥三件套

图 2.19　丝锥扳手

攻螺纹的第一步是先钻一个尺寸适当的孔。该尺寸即攻螺纹尺寸，它通常比螺纹内径略大一些，表 2.2 所列为 ISO 米制螺纹的攻螺纹尺寸，它已经取代了英国历来使用的大多数的螺纹尺寸。

表 2.2　ISO 米制螺纹的攻螺纹尺寸

螺纹直径/mm×螺距/mm	攻螺纹钻孔直径/mm
1.6×0.35	1.25
2×0.4	1.6

（续）

螺纹直径/mm×螺距/mm	攻螺纹钻孔直径/mm
2.5×0.45	2.05
3×0.5	2.5
4×0.7	3.3
5×0.8	4.2
6×1.0	5.0
8×1.25	6.8
10×1.5	8.5
12×1.75	10.2

　　然后使用扳手牢牢夹持头锥（或粗锥）开始攻螺纹。长的切削部分（锥顶）使它能沿着已钻好的孔向前推进，并保持与孔对正。旋转丝锥，并用向下的压力直至开始攻螺纹。此后丝锥就能自己旋进孔中，因此无须更多压力。丝锥工作时应经常反转，有利于从槽中排屑。

　　如果要攻螺纹的孔是穿过零件的通孔，只需要用中锥重复上述操作。如果不是通孔，也就是盲孔，须用精锥。精锥有一个短的锥顶（切削部分），因而就能形成非常接近孔底的螺纹。在攻盲孔螺纹时，应十分小心，以免损坏丝锥。丝锥应间断性地完全抽出，并在进入最终深度之前清除所有碎屑。

　　为使攻螺纹更加方便，并攻出高质量的螺纹，应使用专用攻螺纹油（专用攻螺纹复合剂）。

2.8　板牙

　　板牙用来套出外部的螺纹，其套出的螺纹直径最大可达约36mm。最常见的手动板牙类型为圆板牙，它由经淬硬并回火的高速钢制成，并在一端有一裂口，可小幅调整尺寸，如图2.20所示。

　　板牙装于一个支架中，通常也称为板牙扳手。它有一个中心螺钉，用于调节尺寸大小，两个侧面锁紧螺钉则用于锁入板牙外径的凹坑内，如图2.21所示。板牙被放入板牙架中，它的凹口与中心螺钉对齐。中心螺钉上紧时能使板牙扩大，同时两边的锁紧螺钉也被拧紧从而将板牙固定。

　　板牙最前面的两三条螺纹上有导线来帮助开始套丝，通常在端部也有一个倒角。在套螺纹时，应将板牙直放在棒料端部并旋转，同时向下压，直至开始切入，套螺纹时应始终将板牙架保持水平。

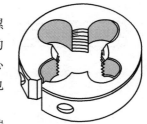

图 2.20　圆板牙

当进入套螺纹状态时就无须再加压力，因为此时板牙本身就能继续套螺纹。每旋2~3周，都应将板牙倒转，以切碎切屑并将其清除。套好的螺纹可用螺母进行检验。如果螺母和螺栓配合很紧，则应将中心螺钉旋松，并将边缘固定螺钉旋紧，用板牙再过一遍。反复操作，直到达到最后尺寸为止。

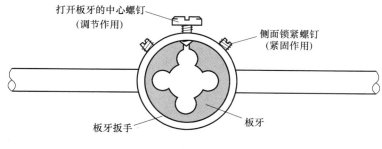

图 2.21　板牙架

跟攻螺纹一样，使用专用的切削液可使套螺纹更容易并形成更高质量的螺纹。
板牙螺母通常是用来修整及清理已有螺纹，不能用来切削毛坯的螺纹。

2.9　手用铰刀

钻削可以加工孔。如果需要尺寸更加精准和表面粗糙度更好的孔，可用铰刀来加工该孔。通常是先钻一个比要求尺寸略小的孔，具体尺寸见表2.2，然后再使用铰刀。铰刀的刀柄端部通常为一方头，从而便于装在一个丝锥扳手上。使用时，小心地将铰刀"卷入"孔中，然后去除孔中多余的材料。手用铰刀有长的导程以帮助铰削及对正。要使用合适的润滑液防止铰刀损坏，同时改进表面的光洁度并防止刮伤。切削液通常是用轻油或专门的攻牙油。在铰削时应经常抽回铰刀以防排屑槽被铰屑堵住。

2.10　手持式电动（气动）工具

手持式电动（气动）工具的主要优点是可减少工作时所需的人力并提高工作效率。如果操作人员疲劳程度较低，就能更有效地执行任务，工作效率的提升能够显著降低生产成本。因便于携带，手持式电动（气动）工具可随身携带工作，这也降低了生产成本。手持式电动（气动）工具的金属切除精确度不及手动工具，因为它较难在一个小范围内有选择地去除金属。手动工具与手持式电动（气动）工具的比较见表2.3。

表 2.3　手动工具与手持式电动（气动）工具的比较

	速度	价格	精度	疲劳度
手动工具	慢	低	高	高
手持式电动（气动）工具	快	高	低	低

手持式电动（气动）工具可以是电动或者气动形式。一般来说，电动工具比同类气动工具重，这是因为其内置了电动机。例如电动螺丝刀的质量为2kg，而气动螺丝刀的质量仅为0.9kg。手持式电动工具比同类手动工具价格高得多，因此选择工具时应将其成本因素考虑进去。

手持式气动工具能够在大多数工作条件下安全使用，而手持式电动工具则不能在潮湿、有失火或者爆炸危险的地方使用，比如易燃或者粉尘大的环境。可选的手持式气动工具如图2.22所示。

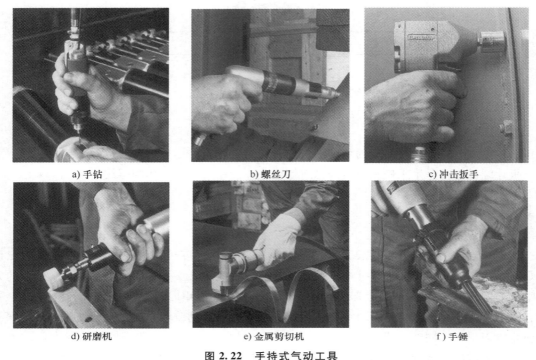

a) 手钻   b) 螺丝刀   c) 冲击扳手

d) 研磨机   e) 金属剪切机   f) 手锤

图 2.22   手持式气动工具

2.10.1 手钻

电动手钻和气动手钻都有，其中电动手钻钻取钢材的最大钻孔直径为 30mm，而气动手钻则为 10mm。气动手钻最适宜快速钻小直径的孔，如图 2.22a 所示。

2.10.2 螺丝刀

螺丝刀用于拧入各种类型的螺钉，包括机螺钉、自攻螺钉、自钻自攻螺钉和木螺钉。有一些螺丝刀可反转，能同样方便地拧松螺钉。有些螺丝刀的头可互换，以适应各种不同类型的螺钉，如凹槽形、米字形、米字孔穴形、六角凹头形、火六角头形。动力螺丝刀可拧紧螺纹的最大直径约为 8mm，为防螺母过松或过紧还具有不同的转矩设定，如图 2.22b 所示。

2.10.3 冲击扳手

冲击扳手用于拧紧，也可以用反转拧松六角螺母及螺钉。气动冲击扳手可用于最大直径为 32mm 的螺钉，且可以设定不同扭矩，以适合各种尺寸的螺钉。它们都有将螺母及螺钉拧紧至相同预定载荷的优点，如图 2.22c 所示。

2.10.4 研磨机

研磨机用于去除锻件、铸件和焊件粗糙表面上的金属，并且通常用于工件太硬或去除量对锉削或錾削太大时的情况。电动或气动手持研磨机带有最大直径为 230mm 的直柄砂轮或者各种形状和大小的小型安装磨尖，如图 2.22d 所示。

2.10.5 金属剪切机

金属剪切机用于剪切金属板，尤其是在金属板不能被拿到固定的剪板机上，或必须剪切轮廓时，都需用到动力剪切机。电动或气动剪切机通过使用往复式刀片的剪刀式动作，可剪切最大厚度为 2mm 的金属板，如图 2.22e 所示。

2.10.6 手锤

手锤可装上各种附件，从而用于铆接、切断铆钉头、去除垢皮或切割板材。气动手锤可达到 3000~4000 次/min 的锤击，如图 2.22f 所示。

复 习 题

1. 为什么必须使用尺寸正确的螺钉旋具？
2. 描述如何调节板牙加工尺寸正确的螺纹。
3. 采用动力工具的主要优点是什么？
4. 说明在锯不同材料时，锯条齿数的重要性。
5. 在加工一个内螺纹时为什么必须钻一个尺寸合适的攻螺纹孔？
6. 说出锉刀的 8 种类型。
7. 说明什么情况下要用软面锤，以及三种常用的软面材料。
8. 攻螺纹丝锥以三件套方式提供，说出每个丝锥的名字并描述每个丝锥的使用场景。
9. 为什么在重磨一个冷錾时必须保持錾刃不能过热？
10. 什么时候应使用刮刀而不用锉刀或錾子？

第3章

划　线

划线是指在工件表面刻划出各种线条，也称为刻线，仅适用于单件或小批量工件。划线有两个主要作用：

1）指示工件轮廓或孔、槽等特征的位置。若有多余的物料要去除，则可以用来指定进行锯削或锉削的范围。

2）指示将工件安装于机器上的位置。工件将基于划线位置进行安装，然后再进行加工。当加工铸件、锻件且必须建立一个基线时，划线的作用就显得特别重要。

一定要注意，刻划的线只是用于指示，最终的精确尺寸必须通过检测来确认。

3.1　基准

基准的功能是用来建立一个参考位置，据此才能得出所有尺寸从而进行全部测量。基准可以是一个点、一条边或是一条中心线，这需要依据工件形状而定。对于任一平面，通常需两条基准线来确定一个点，通常这两条基准线应相互垂直。

图 3.1 所示为基准为点的工件。

图 3.2 所示为两个基准均为边的工件。

图 3.3 所示为两个基准线均为圆的中心线的工件。

图 3.4 所示为一个基准为边而另一个基准为圆的中心线的工件。

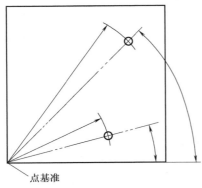

图 3.1　点基准

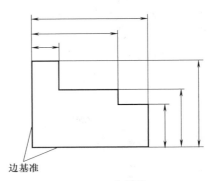

图 3.2　边基准

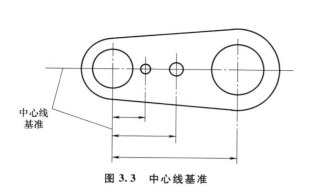

图 3.3 中心线基准

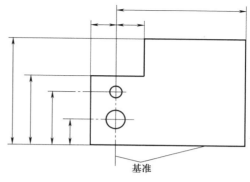

图 3.4 边和中心线基准

基准由制图人员在图样标注尺寸时确定，又因为划线只是将图样尺寸传递给工件，故图样和工件应使用相同的基准。

3.2 坐标

制图人员可以采用以下方法为图样标注尺寸。

（1）笛卡儿坐标或直角坐标 此时尺寸应相对于互成直角的基准线来测量，即一般情况下为矩形。图 3.2 及图 3.4 所示即采用此方法。

（2）极坐标 此时尺寸沿基准的一条径向线测量，见图 3.1。标出极坐标不仅需要沿径向线的尺寸精确，还要求角度本身也要准确，因为随着极距的增加，任何微小的角度误差将会大大增加最终位置的不准确性。

直角坐标系的误差可能性较小，图 3.1 所示的极坐标尺寸也可被重新绘制成直角坐标表示，如图 3.5 所示。

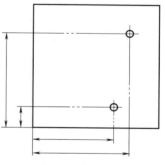

图 3.5 直角坐标

3.3 划线设备

3.3.1 划线平台和划线平板

为建立测量所依据的所有基准，必须使用一个基准平面。这个基准平面是一个大的平整表面，称为划线平台，如图 3.6 所示，测量设备要在其上面使用。

划线平板（见图 3.7）是小一点的基准平面，它可以放在工作台上用于小工件的划线。对于一般应用，划线平台及划线平板均由铸铁制成，并加工至不同精度。对于高精度的检测工作和在标准室中使用时，可用花岗岩制作的划线平台和平板。

图 3.6 划线平台

3.3.2 平行块（见图 3.7）

工件可安放于平行块上使其高于基准面但仍与其保持平行。平行块由两个尺寸精确一致的淬硬钢块制成，精修磨光，相对表面相互平行，相邻表面相互垂直。目前有各种不同尺寸的平行块可适用于划线。

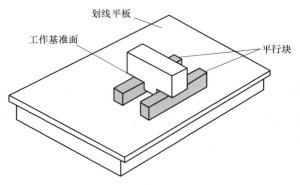

图 3.7 划线平板与平行块

3.3.3 千斤顶和楔子（斜铁）

当被划线锻件或铸件有一个表面不平或形状不便处理时，也须保持其基准和基准平面的相对关系。对于不平的表面，可通过在适当位置楔入一个钢楔或木楔来防止其滚动并使其保持在一个平行平面上，如图 3.8 所示。不便处理的形状可通过千斤顶支撑而使其处于正确位置，如图 3.9 所示。

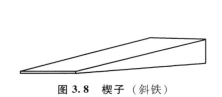

图 3.8 楔子（斜铁）

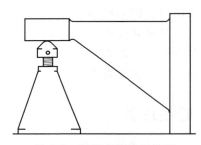

图 3.9 用于支撑的千斤顶

3.3.4 角铁

当工件必须与基准面成 90°时，可将其夹持到角铁上，如图 3.10 所示。角铁通常由铸铁制成，边缘和表面精确加工，平整、方正且平行。角铁的面上还有一些槽，以便夹住工件。角铁有简单的，也有可调式的。

3.3.5 V 形块（见图 3.11）

使用 V 形块可以简化对圆形工件划线或加

图 3.10 角铁和表面量规

工的夹持。较大尺寸的 V 形块由铸铁制成，较小的 V 形块则由淬硬和磨光的钢材制成，并配套相应的夹具。V 形块通常成对提供，并通过标记识别。V 形块的各表面在平面度、垂直度和平行度方面都具有很高的精度。90°的 V 形块的侧面中心对称，底面和侧面平行。

3.3.6　直角尺（见图 3.12）

当需要将工件与基准面设置为垂直（见图 3.13），或者划线与基准线垂直时（见图 3.14），可使用直角尺。

图 3.11　使用中的 V 形块

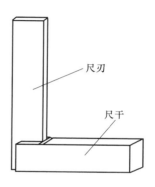

尺刃

尺干

图 3.12　直角尺

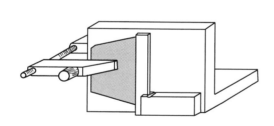

图 3.13　设置工件与基准面垂直

图 3.14　划线与基准线垂直

直角尺由尺干与尺刃组成，它们均由淬硬钢制成，并且所有的面和边均经过打磨，有非常高的直线度、平行度和垂直度。直角尺有各种长度可供使用。

3.3.7　组合角尺（见图 3.15）

组合角尺有一个带刻度的淬硬钢直尺，其上可安装三个独立的测头——量角规头、直角头和同心头。尺子上有一个槽，每个测头都可在槽中滑动并能在沿长度的任意位置锁定。

1. 量角规头（见图 3.16）

量角规头的刻度为 0°~180°，且在这个范围内角度可调。因而需要刻划与工件基准边成任意角度的线时可使用它。

图 3.15　组合角尺

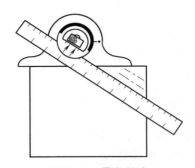

图 3.16　量角规头

2. 直角头（见图 3.17a）

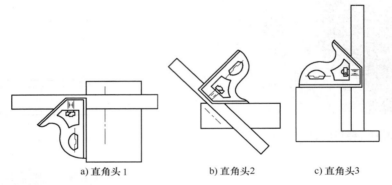

a) 直角头1　　　　　　b) 直角头2　　　　　c) 直角头3

图 3.17　直角头（方头）的使用

直角头的用法和直角尺一样，只是因为该尺可调节，故角度数不是非常准确。第二个平面为 45°（见图 3.17b）。同时还安装了一个水准仪，用于设置铸件等工件与基准面的位置关系。当旋转到终点时，该直角头还可用作深度计（见图 3.17c）。

3. 同心头（见图 3.18）

使用同心头时，尺刃会通过 V 形铁的中心，因而可用来划圆形工件或圆棒料的圆心。

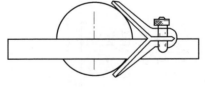

图 3.18　同心头

3.3.8　划线染料

对于表面不光亮的金属表面，刻划的线可能不够清晰易见。此时，可在划线前用快干的有色染料喷洒或涂刷于金属表面。这样能够形成明显的对比，使划线清晰可见。

3.3.9　划线器（见图 3.19）

划线器可用于在金属表面划出各种各样的线，它由淬硬并回火的钢制成，并磨出很细的尖头。尖头应始终保持锋利以划出清晰可见的线。另一种划线器如图 3.14 所示。

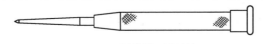

图 3.19　划线器（划针）

3.3.10 平面划规（见图3.10）

平面划规也称为划线盘，其与划线器配合使用，用于在工件表面上画出平行于基准面的线。其高度可调，并可与钢直尺配合进行高度设定。该工具预期精度为0.3mm左右，如果精细使用，其精度也可以有所提升。

3.3.11 游标高度规（见图3.20）

如果需要比平面规更高的划线精度，可用游标高度规划线。游标高度规带有一个卡脚，其上可夹持各种附件。当划线时，要附加一个錾尖划线刀。要注意考虑卡脚的厚度，这取决于划线刀是夹在顶部还是夹在卡脚下。卡脚的精确厚度尺寸被标在游标高度规上。游标高度规的读数精度为0.02mm，读数范围为0~1000mm。

3.3.12 划规与长臂划规

划规可用于划圆或圆弧，并能标出一系列长度，如孔心长度。它们都是弹簧弓结构，两个尖形钢腿都被淬硬并磨得很尖，可划圆的最大直径为150mm，如图3.21所示。更大的圆可用长臂划规画出。它的划针可沿横梁长度方向调节，如图3.22所示。

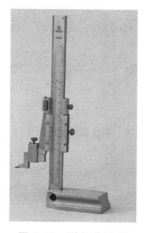

图3.20 游标高度规

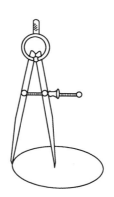

图3.21 划规

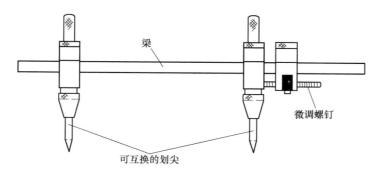

图3.22 长臂划规

划规和长臂划规均需和钢直尺配合使用。使用时将划规的一个点放在便利的刻度线上，将另一个点调整到与刻度线重合的正确距离。

3.3.13 单边卡钳（见图 3.23）

单边卡钳由一个直且尖的分规腿和一个卡钳或台阶状腿组合而成，用于刻划平行于工件边缘的线。通常又称为单脚规或单卡钳。

3.3.14 精密钢直尺

精密钢直尺由淬硬回火的不锈钢制成，经光刻处理，具有非常高的精度，并且有不炫目光滑镀铬饰面。尺子长度一般为 150mm 和 300mm，刻度刻于两个表面的每个边缘，单位通常为 mm 或 0.5mm。

测量的精度取决于尺子的质量及操作人员的技能。高质量钢直尺的标线宽度很细，可达到约 0.15mm 的精度。但是现实中使用时的测量精度大概是其两倍。

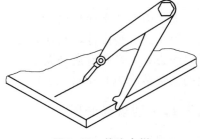

图 3.23 单边卡钳

3.3.15 中心冲（见图 3.24）

中心冲用来为划规及长臂划规划圆或弧时提供圆心位置，或通过一行中心点永久性地显示划线的位置。中心点也可用作小直径钻头的起点。

中心冲由高碳钢制成，并经淬硬及回火，当为划规提供圆心位置时其顶点角度被磨成 30°；当用于其他目的时，其顶点角度为 90°。

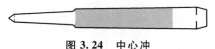

图 3.24 中心冲

应注意在加工后的仍保留的表面上使用中心点，因为这些点有深度，可能会难以去除。

3.3.16 夹钳

如要要将工件牢固地固定在另一设备，如固定到直角铁表面时，就要用到夹钳（见图 3.10）。

使用最多的夹钳类型是工具钳（见图 3.25），其调节范围大约为 100mm，但只能夹持平行表面。更大厚度的工件夹持则要用到"G"形钳，其因其外形而得名（见图 3.26）。由于装夹螺钉的末端有旋转垫，所以也可用来夹持不平行的表面。应小心操作，避免夹钳损伤工件表面。

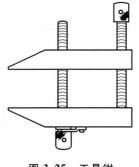

图 3.25 工具钳

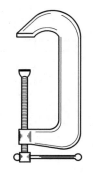

图 3.26 "G"形钳

3.4 划线示例

现在来看如何在下面零部件上划线。

3.4.1 例 3.1：图 3.27 所示零部件划线

本例第一步中所示平板已经按长度和宽度要求锉成方形，要求在各台阶处划出所需位置。

1. 第一步

在一条基准边上使用直角规，然后用精密钢直尺测量其到另一基准的距离，接着划线（见图 3.28）。

2. 第二步

用直角规在第二条基准边上重复上述步骤，刻划出相交线（见图 3.29）。

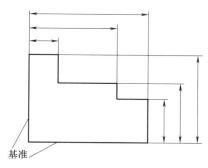

图 3.27 例 3.1 中所用零部件图

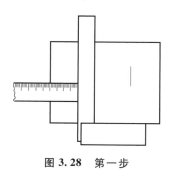

图 3.28 第一步

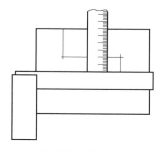

图 3.29 第二步

3.4.2 例 3.2：图 3.30 所示零部件划线

本例第一步中所示的板已在原长和宽上按多出 2mm 的余量切断，但并未锉平。四面都已锯边。

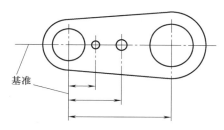

图 3.30 例 3.2 中所用零部件图

1. 第一步

从每一个长边测量并用精密钢直尺找出圆心位置。用钢直尺边缘引导划出中心线。通过从另一端量小圆半径的尺寸再加上 1mm 求得小圆半径圆心（给端部留下余量）。圆心则位于两线的相交处（见图 3.31）。

2. 第二步

使用划规，以小半径圆心到第一个小孔的圆心的距离划一条弧。对第二个小孔同样重复此操作，并得到一大圆半径。圆心位于该弧与中心线的交点。使用精密钢直尺的刻度设置划规（见图3.32）。

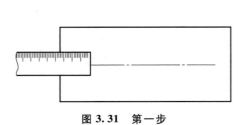

图3.31　第一步　　　　　　　　　　　　　图3.32　第二步

3. 第三步

将划规设为小半径，定位于中心点然后划出圆弧。对大半径重复该过程即可（见图3.33）。如果需要，对两个孔也可重复上述操作。

4. 第四步

用精密钢直尺的边缘进行引导，划出与两半径相切的线，即完成轮廓线的刻划（见图3.34）。

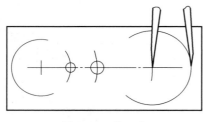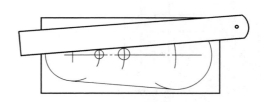

图3.33　第三步　　　　　　　　　　　　　图3.34　第四步

3.4.3　例3.3：图3.35所示零部件划线

本例第一步中所示的平面已粗略地切割到要求尺寸，接着需要画出轮廓和孔。

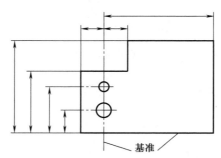

图3.35　例3.3中所用零部件图

1. 第一步

把料板夹持于角铁上，并确保夹持不影响划线。使用平面划规的划线器，并配合精密钢直尺定出高度，划出基准线。然后划出与基准保持正确距离的每一条水平线（见图3.36）。

2. 第二步

不要拆下此料板，把角铁转到侧边上（注意：第一步的装夹位置非常重要）。由于角铁的精确性，可以确保要划的线与第一步中所划的线相垂直。然后划出基准圆心线，之后再划出和基准线保持正确距离的每一条水平线，并和垂直线相交（见图 3.37）。

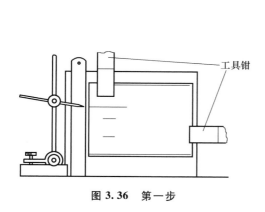

图 3.36 第一步

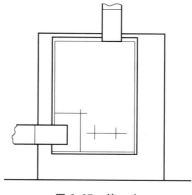

图 3.37 第二步

3.4.4 例 3.4：图 3.38 所示零部件划线

本例第一步中表示的板材应由宽度（W）正确的光亮冷轧带钢制造，并且在长度（L）上锯断，留有 2mm 余量。底边已被锉成和两边垂直，要求划出斜角面。

1. 第一步

利用精密钢直尺从两邻边进行测量，确定基准点，并在基准点上标记中心点（见图 3.39）。

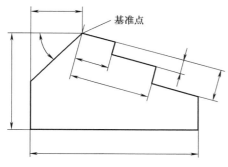

图 3.38 例 3.4 中所用零部件图

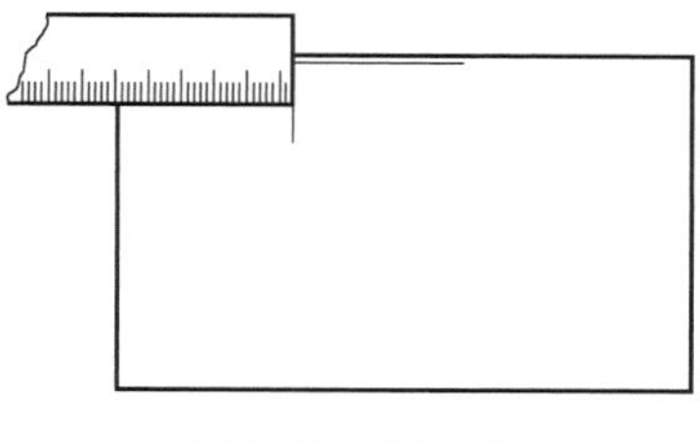

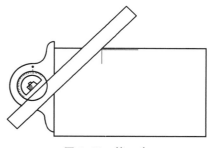

图 3.39 第一步

2. 第二步

将量角规头设定至所需角度，通过基准点划线（见图 3.40）。

3. 第三步

重置量角规头至第二个角度并通过基准点划线。将量角规头以相同的设置划出剩余的两条线，与第一条线平行且距离准确（见图 3.41）。

图 3.40 第二步

4. 第四步

将划规设置到正确距离，以基准中心点为圆心并沿所划的线划出各个位置（见图3.42）。

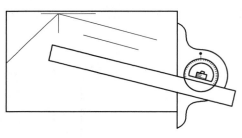

图3.41　第三步

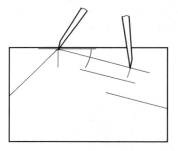

图3.42　第四步

5. 第五步

重新设置量角规头，然后通过上一步的划线位置划线（见图3.43）。

3.4.5　例3.5：图3.44所示零部件划线

图3.44所示的轴有一个键槽，其沿轴的中心线切至所需深度。通过相对于划线位置固定轴就可对其进行精确加工。

1. 第一步

使用组合套件中的圆心头在端面划出通过轴中心线的刻线（见图3.45）。

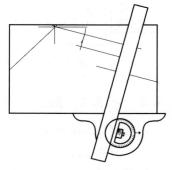

图3.43　第五步

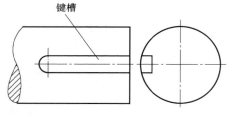

图3.44　例3.5中所用零部件图

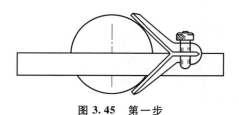

图3.45　第一步

2. 第二步

用V形铁将轴夹住，并确保在第一步中所划的线处于水平位置。可用表面量规上的划针进行检查。然后沿着轴按照所需长度移动中心线。再划两条线以表示槽的宽度（见图3.46）。

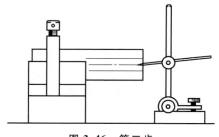

图3.46　第二步

3. 第三步

只需要转动 V 形块的端部，并在距轴端部的正确距离处划出一条水平线，即可在不拆卸轴的情况下标出槽的长度（见图 3.47）。

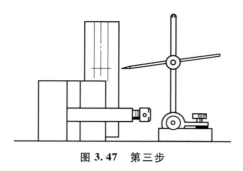

图 3.47 第三步

复 习 题

1. 说出划线时中心冲的两个用途。
2. 长臂划规的作用是什么？
3. 说出组合套件中的三个测头的名称，并说明每个测头的用途。
4. 划线时，什么情况下需要使用 V 形铁？
5. 在什么情况下必须要使用划线染料？
6. 对工程零部件进行划线的两个主要目的是什么？
7. 为什么划线时要用划线平台和划线平板？
8. 为什么划线时必须要建立一个基准？
9. 说明在什么划线场合需要用到千斤顶和楔子。
10. 说出直角坐标和极坐标的区别。

第4章

钣金操作

　　许多工业零部件由金属平板制成。金属平板经剪切成形后再折弯成为成品，然后通过熔焊、钎焊、软焊和铆接等多种方法固定其边缘。成品的尺寸和形状的精度取决于在金属平板上所绘制形状的精度，该形状称为放样。放样时要为折叠或弯曲预留余量，余量值随弯曲的半径及板材的厚度而变化。

　　金属板的厚度由一系列被称为标准线规（Standard Wire Gange，SWG）的数字来确定。表 4.1 所示为最常用的线规及其以毫米为单位的厚度。

表 4.1　最常用的标准线规

SWG	厚度/mm	SWG	厚度/mm
10	3.2	19	1.0
12	2.6	20	0.9
14	2.0	22	0.7
16	1.6	24	0.6
18	1.2		

　　对于厚度不超过 20 SWG 的薄板材，可用一般的剪刀进行剪切。踏板式剪板机可剪切 14 SWG 厚的钢板，而手杆剪板机最大可剪切厚度为 1.5mm 的板材。

　　孔或开口可用简单的手动冲头或安装在飞轮螺旋冲压机上的冲头和冲模剪切。

　　薄板材的简单弯曲可用钳台完成。对于带有特定弯曲半径的厚板材弯曲，采用剪板机不但可以得到较好的精度，而且不费力气。

4.1　钣金的剪切与弯曲

　　较薄的金属板可用剪刀轻松剪切。剪刀刃可直可弯，如图 4.1 所示，弯刃剪刀可用于剪切曲线外形。剪刀手柄的长度在 200～300mm，较长的剪刀柄能提供较大的杠杆作用，可用来剪切较厚的板材。对于厚度达 1.5mm 的金属板，可用手杆式剪板机，它通常安装于工作台之上，如图 4.2 所示。杆的长度及与运动剪刀的联动都能确保其在剪切厚板材时有足够的

图 4.1 直刃和弯刃剪刀

杠杆效力。

如果要在更大的板材上剪切出直边,就需要采用剪板机。从 600mm(宽)×20mm(厚)到 1200mm(宽)×1.6mm(厚)的板材均可用脚踏剪板机进行切割,如图 4.3 所示。这种剪板机有一个活动的上刃口,该刃口由脚踏板操作,并装有弹簧,从而使刃口可自动恢复到其行程顶部。工作台上有导向器以保持切边方正,有可调节的定位器能在剪切多个零部件时保持尺寸不变。当踏板起动时,夹具下降将工件固定于正确位置,然后再进行剪切,这样也能起到防止受伤的防护作用。如果使用不当,这种机器可能非常危险,因此应格外小心。

图 4.2 手杆式剪板机

图 4.3 脚踏剪板机

当要在最厚为 16 SWG 的薄金属板上打孔时,使用如图 4.4 所示的 Q-MAX 钣金冲头会简便有效。先在正确的位置钻一个引导孔,用冲头和冲模将螺钉插入板材的任意一侧,然后拧紧螺钉。金属板被剪开的同时会在所需位置形成一个尺寸和形状都正确的孔。

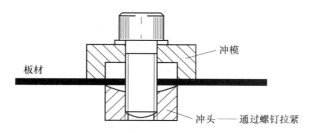

图 4.4 Q-MAX 钣金冲头

如果要对批量零部件在相同位置打大小相同的孔,专门制造一个冲头和冲模能够降低加工成本。该剪切操作可在图 4.5 所示的飞轮压力机上进行,冲头与所需孔的尺寸和形状相同，并安装在飞轮压力机的运动部件上，冲模上有与冲头有相同形状的孔，只是尺寸略大一些以留出足够间隙。冲模夹在工作台上，与冲头保持对齐。当飞轮压力机的转柄转动时，冲头下降，因为金属板插在冲头与冲模之间，因此其上与冲头形状一样材料就会被剪切下来，如图 4.6 所示。

图 4.5　飞轮压力机

配合使用一些简单工具，飞轮压力机也可用来弯曲一些小零部件，如图 4.7 所示。顶部的冲头被固定在运动部件上，底部冲模正对着顶部冲头并固定在飞轮压力机的工作台上。用这种方法弯曲的金属板会有轻微回弹，因此冲头的角度应做得比 90° 小一些。对于低碳钢，88° 的角度就足以使零件回弹到 90°。

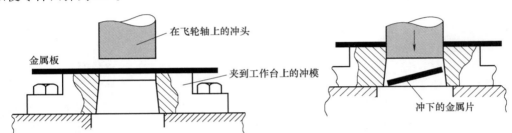

图 4.6　在飞轮压力机中的冲头和冲模

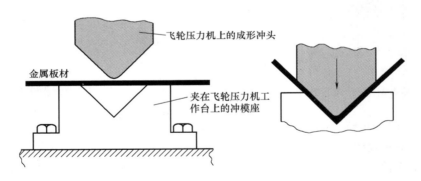

图 4.7　飞轮压力机上的弯曲工具

把工件固定于钳台上，用软锤敲击也可以实现最简单的弯曲工作。如果工件比钳台钳口宽，可将工件夹于金属条间进行弯曲。如果金属条上没有合适的弯曲度，使用这种弯曲方法常会产生一个尖锐的内角，但这并不是希望形成的结果。

板料折弯机如图 4.8 所示，可用于厚度较大的大工件弯曲，也可用于折弯箱体截面。其顶部夹梁可调，用于折弯各种不同厚度的板材，并能在截面上补充所谓的"指头"以容纳以前的折弯。指头间的狭缝允许以前的折弯不会妨碍进一步的折弯，就如箱体四个边都必须折弯这种情况。前弯折梁每端都可通过一个手柄控制进行转动，它能将金属经过夹紧刀片后折弯，如图 4.9 所示。

图 4.8　板料折弯机

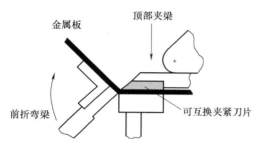

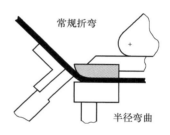

图 4.9　弯曲操作

4.2　放样

钣金零部件的放样可以很简单，也可以很复杂。可以看三个简单的案例：圆柱体、圆锥体和矩形托盘。

展开圆柱体像展开地毯一样，放样的长度就等于圆的周长，如图 4.10 所示。

若一个圆锥体绕其顶点 O 展开，那么其放样就是以 Oa 为半径的一个扇形，其弧长 ab 的长度等于底座周长，如图 4.11 所示。为求出弧 ab 的长度，可将底座周长均分为 12 等份。这 12 个小圆弧，如弧 1-2，弧 2-3，被转换到圆弧 ab 上，第 12 个点就确定了点 b 的位置。部分圆锥（即圆台）也可用同样方法放样，代表小端直径的圆弧半径为 Oc，如图 4.12 所示。

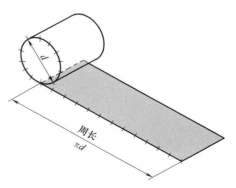

图 4.10　圆柱体放样

实际应用中，周长的计算必须要考虑材料的厚度。任何被弯曲的板材都会在弯曲外侧伸展而在内侧压缩。如果金属板材不是很薄的话，就必须考虑加工余量。余量计算基于以下假设：由于弯曲处外侧延伸而内侧压缩，则处于内外侧直径的一半处的长度即平均直径将保持不变。

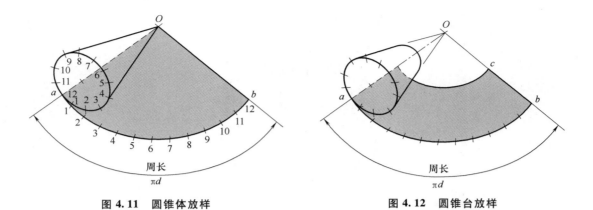

图 4.11　圆锥体放样　　　　　　　　　　　　　图 4.12　圆锥台放样

4.2.1　例 4.1

图 4.13 所示的圆柱体外径为 150mm，由厚度为 19 SWG（1mm 厚）的板材制成。因外径为 150mm，厚度为 1mm，则：

平均直径 =（150−1）mm = 149mm

平均周长 = π×149mm = 468mm

圆柱体外周长 = π×150mm = 471mm

这样，剪切长度为 468mm 的坯件，其外圆周长被拉伸到 471mm，其外径则正好为 150mm。

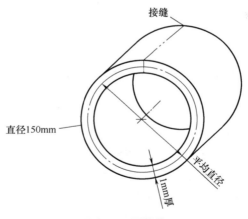

图 4.13　圆柱体

4.2.2　例 4.2

矩形托盘的放样简单地讲就是侧面及底面向下折弯的制品，如图 4.14a 所示。放样如图 4.14b 所示，其中虚线表示折弯的位置。如果允许有尖的内侧角，则折弯线就是托盘的内侧尺寸。如果托盘的尺寸是外部尺寸，则必须记住在计算长宽时应减去金属板材厚度的两倍。

使用点焊或钎焊连接的托盘需要一个接片，此时接片折弯线必须要考虑到金属板材的厚度，以便接片能够与托盘内侧面贴合，如图 4.14c 所示。有时折弯所需的尖锐内侧角无法获得或者不值得这么做。因此一般情况下，可进行内径弯曲，使内侧弯曲半径是所用金属板材厚度的两倍。

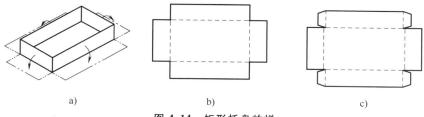

图 4.14 矩形托盘放样

为求出金属平板的放样长度，必须分别计算平直部分和弯曲部分的长度才能得出中线长度。弯曲处的伸展长度叫作弯曲余量。对于 90°的弯曲，其值为平均半径×1.57（即 π/2）。

4.2.3 例 4.3

图 4.15 中是一个由 1mm 厚的板材制成的直角支架。为求其放样，首先要获得：

ab 的长度 = 60mm−内径−板材厚度

$$= (60-2-1) \text{mm}$$

$$= 57\text{mm}$$

再求：

cd 的长度 = (80−2−1) mm = 77mm

最后求：

bc 的长度 = 平均半径×1.57 = (内径+1/2 板厚)×1.57

$$= (2+0.5)\text{mm}×1.57$$

$$= 2.5\text{mm}×1.57$$

$$= 3.9\text{mm} ≈ 4\text{mm}$$

放样总长 = (57+77+4) mm

$$= 138\text{mm}。$$

可以看出，图 4.15 表示的支架放样由 57mm 的直线段长度加上 4mm 的弯曲余量再加上 77mm 的直线段长度组成，如图 4.16 所示。弯曲处位于弯曲余量中间位置，因此弯曲线距一边的距离为 (57+2) mm = 59mm。

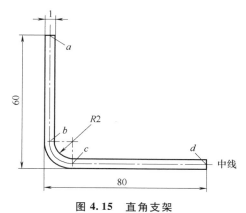

图 4.15 直角支架

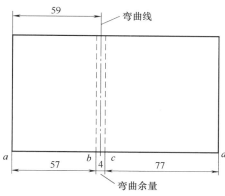

图 4.16 直角支架的放样

复 习 题

1. 在弯曲操作时，为什么必须对材料进行过弯曲？

2. 在什么情况下使用板料折弯机比使用钳台更合适折弯金属板？

3. 为什么必须用中线来计算钣金件的放样长度？

4. 如何识别金属板材的厚度？

5. 给出两种在金属板材上打孔的方法。

6. 计算用厚度为 SWG14（2mm）的板材加工出最终直径为 180mm 平面圆柱所需坯料的长度。（答案：559.2mm）

7. 一个直角支架，腿长为 90mm 及 50mm，转角半径为 3mm，用厚度为 SWG14（2mm）的板材制造，求其放样长度。（答案：138.3mm）

8. 叙述使用手剪来剪切金属板材的不足之处。

第5章

标准、测量和计量

"整个英国只应有一种计量标准。"《大宪章》（Magna Carta）的这一著名摘录清楚地表达了政府在公平贸易监管中的作用。这个任务的核心就是建立和维护长度、重量及容量的国家标准，并以其作为最终基准，从而得到整个国家的商业度量衡。

工业中必须通过标准来确保一致性并建立质量和精度的最低要求。采用标准能够从整个国家的层面上消除生产目的相同但采用各种不必要的方式和大小而造成的时间和材料的浪费。标准不仅仅被生产各种物品所需要，也被确保这些物品精度的各种仪器所需要。

"标准"可以指长度等物理标准，也可以指纸张标准等标准规范。（英国）国家计量办公室（NMO）负责（英国）国家计量系统（NMS）的所有业务。在英国，所有的计量问题都由 NMS 负责，它是英国计量实验室的国家基础设施，提供了世界级的计量、科学和技术。同时，它也为商业、工业、学术及政府部门提供可追溯且越来越精确的计量标准。

（英国）国家物理实验室（NPL）是英国的国家计量研究所，是 NMS 的核心组成部分。100 多年来，NPL 发展并维持了英国的主要计量标准。这些标准支撑了遍及整个英国及世界范围内的可追溯性基础设施，并确保了计量的准确性和一致性。构成英国计量基础的国家一级标准均基于国际单位制（SI），并与国际认可的各种规则严格保持一致。

在英国，国家一级标准是用来校准二级标准及工业界生产和使用的各种计量设备。该校准服务由 NPL 或由英国皇家认可委员会（UKAS）批准的实验室提供。

UKAS 是英国国家服务机构，针对特定计量方面，它专门负责认证相应实验室，并授权其发放官方计量证书。这些实验室分布于工业、教育和政府机构。

一旦获得经批准的实验室颁发的 UKAS 证书，就表明其计量可追溯至国家标准，并能够高度保证该证书上鉴定的设备或仪器校准的准确性。

英国标准协会（BSI）负责编制英国标准规范，其主要职能是通过利益相关方（如制造商、用户等）所达成的协定，起草相关自愿执行标准及其最佳实践规范，并促进其在业界的应用。

BSI 在欧洲和国际标准化组织中发挥着重要且积极的作用。

在英国，英国标准以 BS 为前缀发布，且主要在英国应用。

前缀 EN 表示该标准为欧洲标准，可在整个欧洲应用。

前缀 ISO 表示该标准为国际标准，可在全世界应用。

5.1　长度

长度的通用标准是米。1960年，所有国家一致同意用光的波长来定义这一标准。当时，米的长度被定义为真空中氪-86同位素橙色辐射波长的1650763.73倍。同时码被定义为0.9144m，因此可以精确换算出1in=25.4mm。

1960年也诞生了世界第一台激光器。在20世纪70年代中期，激光被用作长度标准，并在1983取代了氪-86的定义。米的新定义是在1/299792458s的时间间隔内光在真空中行程的长度。这个工作是在国家测试实验室（NTL）用碘稳定的氦-氖激光器完成的，它的误差仅为3/10″。这相当于测量地球平均周长时仅有约1mm误差的水平。激光器的再现性大于±3/10″。

使用激光器作为长度标准的最大优势就是它具有恒定性。它不像金属条等基于材料的标准会随时间发生微小变化。此外，激光标准也可以较高精度、以不同方式直接转换为基于材料的标准，可以是量块等端面规块的形式，也可以游标卡尺等带有测量刻度的线性标准。

工厂中用的长度端度标准器有两种类型：量块和长度量棒，它们应先校准并在20℃环境中使用。

5.1.1　量块

量块通常由淬硬及稳定的优质钢、碳化钨（硬质合金）、陶瓷等耐磨材料制成，其尺寸和精度符合BS ENISO 3650：1999标准。

钢制量块多年来已经证明了它们的可靠性，是最普遍接受的长度标准。它们具有很高的耐磨性并能很好地与其他量块研合，但需要进行防腐蚀防护。如果使用正确、处理恰当，可靠性可保持多年。

碳化钨量块的耐磨性是钢制量块的十倍，适合频繁使用。

陶瓷量块具有极强的耐磨性和耐刮擦性，可与钢制量块和碳化钨量块完美研合。该材料的性质决定了轻微损伤（不产生毛刺）都不大可能影响其表面的研合特性。由于其耐腐蚀，这些量块也不受潮湿或手汗的影响。尽管陶瓷是脆性材料，但最薄的陶瓷量块也能经受住正常的使用受力而不破损，只是它们的价格大约是钢制量块的两倍。

量块有两种用途，一般用途是精确测量，用于测量工件的精确尺寸；也可以作为长度标准，与高倍率比较器联用，以确定通用量块的尺寸。

所有量块的横截面都为矩形，其测量面通过精密研磨至所需间距，即量块长度，如图5.1所示。在长度公差范围内，测量面的平面度及平行度按标准设置。测量面是具有较高表面粗糙度和平面度的表面，所以量块相互间很容易研合，即当按压在一起滑动时，它们会黏附在一起。因此，一套选定尺寸的量块可通过组合进行较大范围的尺寸测量，其尺寸变化步长通常为0.001mm。

量块标准套件有不同的件数，典型的量块套件如图5.2所示。这些量块套件用一个数字表示数量，该数字

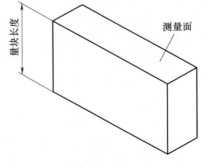

图5.1　量块

以大写字母 M 为前缀表示米制，后面又跟数字 1 或者 2，代表 1mm 或 2mm 系列，这是较小量块的基本标距长度。例如，1mm 基本标距的 88 件量块套件用 M88/1 表示，所包含的量块尺寸见表 5.1。

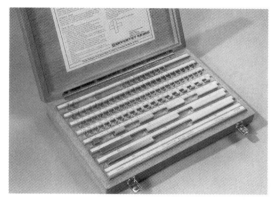

图 5.2　量块套件

表 5.1　M88/1 量块尺寸

尺寸/mm	增量/mm	件数
1.0005	—	1
1.001~1.009	0.001	9
1.01~1.49	0.01	49
0.5~4.5	0.5	19
10~100	10	10
		共 88 件

2mm 基本标距的 88 件量块套件用 M88/2 表示，其包含的量块尺寸见表 5.2。

表 5.2　M88/2 量块尺寸

尺寸/mm	增量/mm	件数
1.0005	—	1
2.001~2.009	0.001	9
2.01~2.49	0.01	49
0.5~9.5	0.5	19
10~100	10	10
		共 88 件

推荐使用 2mm 基本标距的系列，因为相对于更薄的 1mm 量块，它们的平面度不易受损。

英国标准规定了四种精度等级：0、1、2 和 K。其中 0 最精确，K 为校准级。

精度等级的选择完全取决于应用需要。

校准级量块一般不用于测量工作，它们用于标定其他量块。这意味着实际标距已知，且可以通过参照该套件中表示每个量块实际尺寸的校正图得到。因此，标距长度的公差可以相对较大，但校准级量块要求具有很高的平面度和平行度精度。

通过尺寸组合进行测量时，应尽量使用最少数量的量块。这可以通过自微米（0.001mm）、忽米（0.01mm）、丝米（0.1mm）、毫米（mm）逐级处理而实现。例如，用 M88/2 量块套件确定 78.748mm 尺寸所需要的量块如下：

$$78.748$$
$$-\quad 2.008 \qquad 第一个量块$$
$$76.740$$
$$-\quad 2.24 \qquad 第二个量块$$
$$74.50$$
$$-\quad 4.50 \qquad 第三个量块$$
$$70.00 \qquad 第四个量块$$

第二个使用 2.24mm 量块因为它能够方便地为第三个量块地留下 0.5mm 的增量。

有时会为 2mm 基础标距的量块套装提供保护量块，如果是其他套装则可能需要单独购买。保护量块成对提供，用字母 P 标记，并在套件的每一端放置一个，以防止量块磨损。如果是保护量块磨损，只需要更换这些量块即可。如果不更换，则要在使用时为累积计算留出余量。

在确立了所需量块的尺寸后，即可建立尺寸组合。从量块盒里选用所需的量块后，应盖上盒盖。不用时应始终关闭盒盖，这样可以保护量块不受尘土、脏物及潮气的侵蚀。

要用干净的麂皮或软亚麻布清洁每个量块的测量面，并检查是否受损。绝不要使用已受损量块，因为这样做会导致其他量块受损。当量块受到碰撞或跌落时，可能会造成棱边受损。如果受损，最好将其返回生产厂家修复其表面。

当两个量块被按压在一起，并沿其测量面滑动时，它们会黏附在一起，这种情况称为研合。只有测量表面干净、平整且没有破损时，量块才能研合。

将一个量块放于另一个量块顶部，并将其旋转滑动到相应位置，就可以将两个量块研在一起，如图 5.3 所示。在尺寸组合时，应从最大的量块开始，对所有量块重复采用这种方法进行研合。绝不能在打开的盒子上面进行研合，因为它们可能会偶然跌落而受到损伤。

不要用手指触碰测量面，这样会造成锈蚀风险。应该避免不必要的持拿，这会导致温度升高而使尺寸增大。

用完后应立即将量块滑动分开，仔细清洁每个量块，将其重新放回盒中并盖上盒盖。不要破坏量块研合处，只能以滑动方式将量块分开。绝不允许将量块长时间研合在一起[⊖]。

无论是单独使用或是组合使用，量块都可用于直接测量，如图 5.4a 所示；同时也可以和刀口直尺或千分表配合用于比较测量，如图 5.4b 及 c 所示。量块组合的精确尺寸通常通过尝试法得到。量块不断叠加直到工件顶部，那么其高度就是组合尺寸。如图 5.4b 所示，此时刀口直尺同时放在两个表

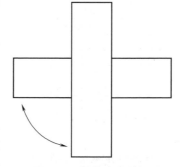

图 5.3　量块研合放置

面，通过照明良好的背景观察，直尺刀口下无可见光。该原理同样适用于千分表，当工件表面和量块组合在千分表上得到同样读数时，工件与量块组合等高，如图 5.4c 所示。

量块也广泛地与正弦规、校准钢球及滚子配合使用，也可用于直线度和垂直度检验。它们还可以与一系列附件配合使用。

⊖　这样做的目的是避免金属黏结。——译者注

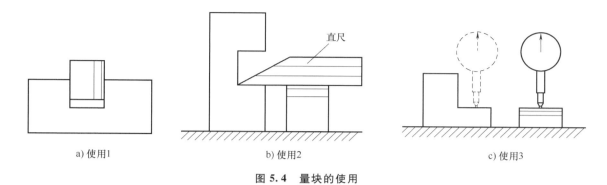

a) 使用1　　　　　　　　　b) 使用2　　　　　　　　　c) 使用3

图 5.4　量块的使用

　　量块组能够提供大至约 150mm 以内的端部标准，超过这个尺寸便难以处理。在需要更长的端部标准的情况下，可以使用长系列钢制量块（有时也叫作"长量块"），它有标准截面，长度范围为 125～1000mm。每个长量块的两端都有夹紧孔用于连接夹具，用于提高两个或多个量块研合时的堆叠稳定性。但是，最好只用一个长量块，因为无论连接得多好，都不如单个长量块操作起来更方便。长量块可以单独或者成套提供。八件套由 125mm、150mm、175mm、200mm、250mm、300mm、400mm 及 500mm 的量块组成。标准量块也可以研合到长量块上获得所需的任意长度。

　　使用各种附件可以扩展量块的测量应用范围。BS 4311-2：2009 标准涵盖了上述附件。图 5.5 所示为一套典型的量块附件，它包括：

　　1）A 型和 B 型两套夹持器，可与量块组合成外两脚规和内两脚规的形式使用，如图 5.6a、b 所示。

　　2）一个中心冲和划线器，与量块组合可划出有精确半径的圆弧，如图 5.6c 所示。

　　3）一个结实的底座，用于将量块与划线器组合为高度计，如图 5.6d 所示。

　　4）一个刀口直尺。

　　5）用于在使用时支撑各种组合的支架。

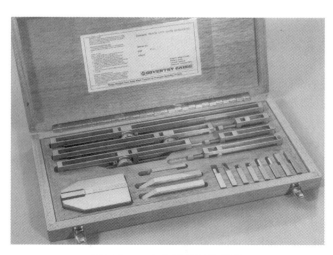

图 5.5　一套典型的量块附件

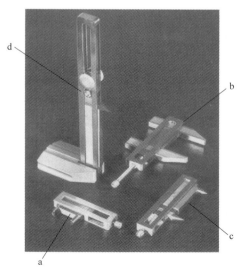

图 5.6　量块和附件的组合

除支架外，其余附件均由优质钢经硬化及稳定化后制成，其研合面也需精密研磨，与量块的平面度、平行度及表面粗糙度保持一致，从而能和量块研合构成任意组合。附件可成套或单独购买。

5.1.2 长度量棒

如果需要更长的端部标准，那么使用长度量棒能具有更好的稳定性。长度量棒截面为圆形，直径为22mm，和量块一样用优质钢制成。测量面经淬硬和稳定化处理，并精密研磨至所需长度、平面度和平行度。其精度由英国标准 BS 5317：1976（2012）"米制长度量棒及其附件规范"标准规定。长度量棒可以在10~1200mm 长度内单独提供，也可装于木盒中成套提供。图 5.7 所示为长度量棒及其附件套装，该套件含有长度分别为10mm、20mm、40mm、60mm、80mm、100mm、200mm、300mm 及 400mm 的 9个长度量棒。

英国 BS 5317：1976（2012）标准规定了四个等级的长度量棒：基准级、校准级、1 级和 2 级。

基准级长度量棒用作参考标准，具有最高的精度。

图 5.7 长度量棒及其附件套装

校准级长度量棒是用来校准长度测量标准和设备。不论是基准级量棒还是校准级量棒，都只能在室温控制为 20℃ 的"标准室"中使用。它们都有全平端面，并拥有 UKAS 校准证书。

1 级量棒用于检验部门和工具室。

2 级量棒用作量规、夹具、工件等对象的精确测量车间标准。

1 级长度量棒及 2 级长度量棒均有内螺纹端部，如图 5.8 所示。因此，每个量棒都可通过自由装配的连接螺钉与其他量棒牢固组合形成所需长度。这些螺纹连接只能用手装配。这些螺钉也能使用各种附件。量块可以和长度量棒端面研合获得所需长度。

在水平位置使用时，长度量棒应在两个对称放置的点位进行支撑，这两点称为艾里点，其间距经由计算确定。如果在两个随意选择的点处支撑长度量棒，那么其自身重量造成的下垂就会影响两端面间的长度。1922 年，英国皇家天文学家乔治·爱里爵士建立了一个用来确定两点间距的公式，使量棒两端的上下表面都处于一个水平面上，从而确定了两端面间的真实长度。这个距离就是棒长的 0.577，如图 5.9 所示。所有长度大于等于 150mm 量棒都标有艾里点，它们用对称的间隔线表示，并沿量棒径向刻制。如果使用量棒组合，那么应忽略刻在单个量棒上的艾里点，而针对该组合计算其艾里点。

使用各种附件可以拓展长度量棒的使用范围，其规格也由 BS 5317：1976（2012）标准规定。

一套典型的长度量棒及附件如图 5.7 所示，图 5.10 所示为其不同用途的装配形式。这些附件适用于有内螺纹端部的 1 级和 2 级长度量棒。附件包括：

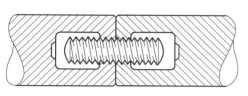

图 5.8　长度量棒的内螺纹端部

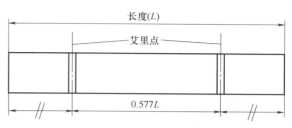

图 5.9　艾里点的位置

1）滚花螺母和连接螺钉，用于组装长度量棒和附件。

2）一个 25mm 厚的基座，其相对面经过精密研磨，具有很高的表面粗糙度、平面度、平行度和尺寸精度。可用一个连接螺钉将长度量棒组装到基座的一个螺纹孔中，这样可以在垂直使用量棒时提供良好的稳定性，如图 5.10a 所示。

3）一对大半径的卡脚与长度量棒配合使用，形成内卡钳或者外卡钳，如图 5.10b 所示。通过精密研磨，卡脚一个面被加工成平面，另一面加工成圆弧形，其宽度为 25mm。卡脚有一个普通直孔，可用连接螺钉和滚花螺母装在一起。也可用一个卡脚与长度量棒在基座上组合形成高度规。

图 5.10　长度量棒及附件

4）一对小的光面卡脚，可与长度量棒组合成精密定位规，如图 5.10c 所示。两个相对的研合面经精密研磨至高精度的平面光洁度、平面度、平行度和厚度。这两个卡脚也有一个普通直孔，能用连接螺钉及滚花螺母装配在一起。

5）一对 25mm 长的球形端块，能和长度量棒组合成精密定位杆或内部测量销，如图 5.10d 所示。端块孔有内螺纹，可用连接螺钉装配。

除螺母和连接螺钉外，其他附件均由经硬化和稳定处理的优质钢制成。

为获得特定的尺寸组合，可以将量块插入长度量棒端面及附件之间。为了能够安装于附件和连接螺钉任何一侧，这种尺寸组合需要两个量块组合。

5.2 角度

角度的测量可以用量角器轻易实现，但是即使使用游标卡尺，也只能获得最高为 5′的精度。如果使用角度量块或与量块配合使用的正弦规就可得到更高的精度。

5.2.1 角度量块

角度标准可以采用角度量块获得。它们可用来设置和校准角度、锥度、分度头、转盘等对象，以及检查垂直度。角度量块有三个精度等级：基准级，精度为 1s；校准级，精度为 2s；车间级，精度为 5s。一套典型的角度量块有 16 块，如图 5.11 所示。工作级角度量块可在检验部门、工具室及车间对工件、夹具、工具和工装进行精确地设定和测量。其典型应用如图 5.12 所示，通过角度量块和千分表配合使用，来设置可调节角度板，从而能够以精确地角度对工件进行后续加工。

图 5.11　一套角度量块

图 5.12　使用角度量块的装置

角度量块由硬化和稳定处理的优质钢制成。每一个工作面都被研磨到高精度的角度和平面度，从而使角度量块通过研合组成所需角度。

图 5.11 所示为一套角度量块，组成如下：

1）度数为 1°、3°、5°、15°、30°、45°的 6 个量块。

2）分数为 1′、3′、5′、20′、30′的 5 个量块。

3）秒数为 1″、3″、5″、20″、30″的 5 个量块。

这套角度量块通过加减组合的方式进行研合，能够形成以 1″为步长的 0°~99°间的任意角度。例如，将 3°角度量块与 30°角度量块研合在一起，如图 5.13a 所示，就行形成了一个 33°的角。如果将 3°角度量块以相反方与 30°角度量块研合，即将 3°角度量块的"−"端放在 30°角度量块的"+"端，就会减去 3°而形成一个 27°的角，如图 5.13b

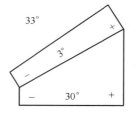

a）组合1

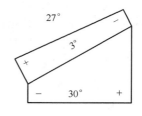

b）组合2

图 5.13　角度量块组合

所示。

5.2.2 正弦规

正弦规有多种设计规格，其由 BS 3064：1978 标准规定。标准也规定了其滚柱轴间距的三种长度规格——100mm、200mm 和 300mm。图 5.14 所示为更为常见的正弦规类型，其主体和滚柱均由优质钢制成，并经硬化和稳定处理，其所有表面均经过研磨或精磨，达到英国标准规定的公差。

主要要求如下。

1）滚柱平均直径应相等，误差应在 0.0025mm 以内。

2）上部工作平面应平行于与滚柱下表面相切的平面，误差在 0.002mm 内。

3）滚柱的轴向距离应精确至：

① 对于 100mm 正弦规，应为 0.0025mm。

② 对于 200mm 正弦规，应为 0.005mm。

③ 对于 300mm 正弦规，应为 0.008mm。

在使用时，量块放在定位柱下方，铰合柱置于基准平面上，比如放在一块平板上。然后根据正弦规的长度（L）与量块组合的高度（h）计算倾角，如图 5.15 所示。因为滚柱的直径相同，所以在 $\triangle ABC$ 中，$AB = L$，$BC = h$，则

$$\sin\theta = \frac{BC}{AB} = \frac{h}{L}$$

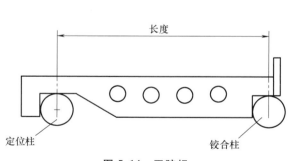

图 5.14 正弦规

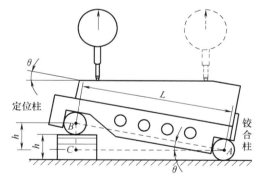

图 5.15 正弦规设置

如果需要一个已知的倾角，那么所需的量块组合就可以通过 $h = L\sin\theta$ 计算。但是，更为常见的情况是测量倾角，此时应将被测物体放置在正弦规的上工作面上，并通过尝试法组合量块。该工作与安装在表面测量仪上的千分表共同配合完成，当千分表在被测物体的每一端给出相同的读数时，正确的量块高度就可以确定下来。然后倾角就可以通过 $\sin\theta = \dfrac{h}{L}$ 算出。

使用正弦规获得的数据精度还受要检测的角度大小的影响。例如，使用 200mm 的正弦规，不同的角度所需要的量块高度如下：

1）对于 $10° = 34.73$mm。

2）对于 $10°1' = 34.79$mm。

3）对于 $60° = 173.20$mm。

4）对于 60°1′ = 173.23mm。

可以看到，在角度等于10°时，对于1′的角度差异，需要0.06mm的量块高度变化，而角度等于60°时，1′的角度差异则需要0.03mm的量块高度变化。

这意味着，至少在理论上，若可用量块的最小增量是0.001mm，且使用的是200mm的正弦规，那么在10°时有1s的角度差，而在60°时就会有2s的角度差。不过在车间实际应用中，由于量块、正弦规、安装过程和千分表等都有误差，故不可能达到上述精度。但是，这种简单的工厂级设备仍然是非常精确的，可以实现1′以内的角度测量精度。

从以上内容可以看出，较大角度的测量精度比较小角度的测量精度低。基于上述原因，以及较大角度需更多量块组合会造成整个装置不稳定的事实，建议在大角度测量时应测量其余角，即90°减去所需测量的角度。

还有一些基于相同原理的其他种类的测量设备，比如正弦台——带有更大的工作平面并可绕单轴倾斜以检查更大的工件；复合正弦台——可绕两个轴倾斜以检查复合角，以及正弦中心规——两端都有中心，因而最便于测量锥体直径。

5.3 尺寸偏差

工程中的工件不可能始终被制造成精确的设计尺寸。其原因多种多样，如刀具磨损、安装误差、操作人员失误、温差或机器性能变化。无论什么原因，都必须要为误差保留余量。被容许的误差量，即公差——取决于制造方法和工件的功能要求。例如，通过磨削最终成形的工件肯定比在车床上车削成形的工件公差更小。同样，农业设备上所需的工件也不需要与手表零件有同样小的公差。事实上，生产比正常工作所需精度更高的零件既昂贵又毫无意义。除了考虑生产方法外，对加工工件的极限和配合要求主要是批量生产时需要考虑零件的互换性而引起的。

为尺寸确定公差会形成两个极端尺寸或极限尺寸——最大极限尺寸和最小极限尺寸，最终尺寸必须要在这两个极限尺寸之内。

英国标准 BS EN ISO286-1：2010 为工程领域提供了一种公差与配合综合标准化系统。该标准涉及工件的公差和尺寸界线，以及两个工件装配时形成的配合。

BS EN ISO286-1：2010 是基于一系列公差等级制定，能适应各种工作，并覆盖尺寸最大到 3150mm 的各类工件的标准。标准提供了一系列公差质量——公差等级，涵盖了从精密公差到粗糙公差的范围。该标准规定了 20 个公差等级，表示为 IT01、IT0 等（IT 表示 ISO 公差系列），表5.3 所示为针对尺寸小于 500mm 的工件公称尺寸（基本尺寸）的标准公差值。从表中可看出，对于给定公差等级，公差的大小与公称尺寸有关。以公差等级 IT6 为例，3mm 的公称尺寸公差值为 0.006mm，而 500mm 的公称尺寸对应的公差则是 0.04mm。这实际上充分反映了制造与测量的实用性。

5.3.1 术语

（1）极限尺寸　特征允许的最大和最小尺寸。

（2）最大极限尺寸　两个极限尺寸中的较大者。

（3）最小极限尺寸　两个极限尺寸中的较小者。

表 5.3 标准公差

公称尺寸 /mm		标准公差等级																		
		IT01	IT0	IT1	IT2	IT3	IT4	IT5	IT6	IT7	IT8	IT9	IT10	IT11	IT12	IT13	IT14	IT15	IT16	IT17	IT18
		标准公差值																		
最小值	最大值	μm												mm						
-	3	0.3	0.5	0.8	1.2	2	3	4	6	10	14	25	40	60	0.1	0.14	0.25	0.4	0.6	1	1.4
3	6	0.4	0.6	1	1.5	2.5	4	5	8	12	18	30	48	75	0.12	0.18	0.3	0.48	0.75	1.2	1.8
6	10	0.4	0.6	1	1.5	2.5	4	6	9	15	22	36	58	90	0.15	0.22	0.36	0.58	0.9	1.5	2.2
10	18	0.5	0.8	1.2	2	3	5	8	11	18	27	43	70	110	0.18	0.27	0.43	0.7	1.1	1.8	2.7
18	30	0.6	1	1.5	2.5	4	6	9	13	21	33	52	84	130	0.21	0.33	0.52	0.84	1.3	2.1	3.3
30	50	0.6	1	1.5	2.5	4	7	11	16	25	39	62	100	160	0.25	0.39	0.62	1	1.6	2.5	3.9
50	80	0.8	1.2	2	3	5	8	13	19	30	46	74	120	190	0.3	0.46	0.74	1.2	1.9	3	4.6
80	120	1	1.5	2.5	4	6	10	15	22	35	54	87	140	220	0.35	0.54	0.87	1.4	2.2	3.5	5.4
120	180	1.2	2	3.5	5	8	12	18	25	40	63	100	160	250	0.4	0.63	1	1.6	2.5	4	6.3
180	250	2	3	4.5	7	10	14	20	29	46	72	115	185	290	0.46	0.72	1.15	1.85	2.9	4.6	7.2
250	315	2.5	4	6	8	12	16	23	32	52	81	130	210	320	0.52	0.81	1.3	2.1	3.2	5.2	8.1
315	400	3	5	7	9	13	18	25	36	57	89	140	230	360	0.57	0.89	1.4	2.3	3.6	5.7	8.9
400	500	4	6	8	10	15	20	27	40	63	97	155	250	400	0.63	0.97	1.55	2.5	4	6.3	9.7

（4）公称尺寸　两个极限尺寸所依附的名义尺寸。对于配合的两个工件来讲，其基本尺寸是相同的，因此基本尺寸也是公称尺寸。

（5）上偏差　最大极限尺寸减去公称尺寸的代数差。

（6）下偏差　最小极限尺寸减去公称尺寸的代数差。

（7）公差　最大极限尺寸与最小极限尺寸之差的绝对值（或上偏差与下偏差的代数差）。

（8）平均尺寸　最大尺寸值与最小尺寸值之间的中值。

（9）最大实体状态　工件具有材料量最多时的状态，即轴的上限或孔的下限。

（10）最小实体状态　工件具有材料量最少时的状态，即轴的下限或孔的上限。

5.4 测量

为加工工件确定公差时，对于每个尺寸都会形成两个极限尺寸——最大极限尺寸和最小极限尺寸，必须确保工件加工后的最终尺寸在这两个极限尺寸之间。

因此，在生产中就可以采用简单且低成本的计量检测方法，不必采用烦琐、高成本的检验测量方法。用于检验最大和最小极限尺寸的测量仪器称为极限量规。

最简单的极限量规可用于检测普通平行孔系和轴系，其他类型的极限量规也可用于检验锥形孔、轴和螺纹孔、轴。

极限量规规定的使用方式为：通端（GO）用来检验最大实体状态（即轴的最大极限尺寸或孔的最小极限尺寸），止端（NOT GO）用来则检验最小实体状态（即轴的最小极限尺寸或孔的最大极限尺寸）。

这意味着在实际使用时，如果一个工件的尺寸处于其极限尺寸范围之内，那么极限量规的通端可以通过该孔或轴，而止端则不能。

5.4.1 光滑塞规

光滑塞规用于检验孔，其端头通常可更换。光滑塞规的元件和手柄是分开制造的，所以如果元件损毁或者工件尺寸发生变化，只需更换元件即可。手柄由合适的塑料制成，既可减轻重量、降低成本，也可以避免热传递的风险。手柄的一个端部附近有斜形槽或楔孔，在替换元件时可通过它们取下元件。

通、止塞规可以是单独的单端塞规，也可以通过手柄组合形成双端塞规，如图 5.16 所示。

因为通规元件必须进入待检验孔中，所以应制作得比不进入孔的止规元件长一些。而止规则绝不能进入孔中。一些大的塞规比较重而且难于拿取，所以这类塞规没有完整的直径，而是将其切掉一部分，因而被称为节段圆柱塞规，如图 5.17 所示。

图 5.16　塞规和环规

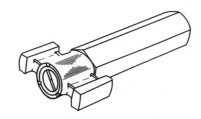

图 5.17　节段圆柱塞规

当用光滑塞规检验孔时，圆柱塞规通端应进入被检验的孔中，此时用手操作即可，无须过分用力，且应检查孔的整个长度。使用节段圆柱塞规时，其通端应至少在沿圆周等距分布的两个位置进行检测。

塞规的止端不能进入孔内，手动操作时也不能过分用力。

5.4.2 环规及间隙规

环规及间隙规可用来检验轴。光滑环规通常仅作为通规使用，如图 5.1 所示。间隙规建议作为止规使用。止规的使用限于调整气动比较仪，可以通过外直径周围的凹槽来识别这类量规。

光滑间隙规由经过适当硬化的平钢板制成，可由限规加上通间隙或止间隙其中之一，或者限规加上通、止两个间隙组合而成，如图 5.18 所示。

如图 5.19 所示，可调间隙规由一个马蹄形的框和与其配合的平砧组成。平砧的间隙可在限规范围内调整到任意特定限值。对于高质量的可调间隙规，可以将其调整到所需测量尺寸的 0.005mm 以内。

在检验轴时，间隙规通规应通过该轴。当轴线是水平的时，它应在其自己的重量下通过；当轴线是垂直时，应适量用力便可通过。圆柱环规通规应在适当用力的情况下通过轴的整个长度。

图 5.18　实体间隙规

图 5.19　可调间隙规

间隙规止规不应通过轴，并且应该沿着轴并在轴周围不少于四个位置上进行检查。

5.4.3　螺纹量规

用于检测内螺纹和外螺纹的各种限规在形式上与用于普通孔和轴的限规相似，只是带有螺纹直径而不是光滑直径。

BS 3643-2：2007 规定了内螺纹的 4 种基本偏差及公差——4H、5H、6H 和 7H，外螺纹的 3 种基本偏差与公差——4h、6g 和 8g。它们可以形成各种配合，其中一般工程工作中最常见的是 6H/5g 配合，这是一种中等配合。

当检验内螺纹时（如螺母），可用如图 5.20 所示的双头螺纹塞规。该塞规有一个通端，用于检查螺纹公称直径（大径）和有效直径（中径）是否太小（即最大实体状态）。它也可以检查螺纹的螺距和齿侧面误差。其止端只能用来检验有效直径是否太大（即最小实体状态）。

检验外螺纹可用图 5.21 所示的螺纹环规通规和止规，也可以使用带有通端和止端砧座的卡规。不过，如果条件充足，还是应使用环规来检验外螺纹，因为环规能够实现对外螺纹的全功能检验，包括螺距、角度、螺纹形状和尺寸。

图 5.20　双头螺纹塞规

图 5.21　螺纹环规

5.4.4　锥度量规

锥度量规用来检验锥度工件的凸形和凹形特征。锥度环规用来检验凸形工件的特征，即轴；锥度塞规用于检验凹形工件特征，即孔，如图 5.22 所示。

锥度量规用来检验工件锥度角的正确性，也用于检验锥体某点处的直径，通常是检验凸形特征的大径和凹形特征的小径。

锥角的正确性通过摇动锥度量规来判定，误差的大小由检验人员感受到的"摇动"程度来判定。如果没有感受到摇动，那么锥角就是正确的。也可以通过在锥度量规的锥度部分涂抹蓝油对锥度角的正确性进行更加明确的标识。涂色后将量规插入工件，并轻轻旋转量规，如果蓝油能够从量规上完全转移到工件表面的整个长度，那么就表明量规与工件完全匹配，因而其锥度角就是正确的。

图 5.22　锥度环规和塞规

在量规的两端增加一个台阶，就形成了两个面，相当于检查直径用的通端和止端。这样就可以用来检验位于锥体某点处（一般在其端部）的直径。如果相当于通端的塞规面可以通过，而相当于止端的塞规面不能通过，也就是说工件表面处于两个面之间的某个位置，那么该工件是正确的，如图 5.23 所示。（此时可能需要用指甲刮一刮工件表面来判定是否伸出）

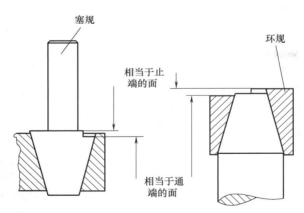

图 5.23　锥度规的使用

5.5　直线度

表面直线的直线度车间标准是用直线规（直尺）进行比较的。特征的直线度误差可以用特征表面的两条平行直线之间的距离来表示，误差就处于有间距的位置。有三种直线规：刀口平尺、铸铁平尺、矩形截面的钢或花岗岩平尺。

刀口平尺，由 BS 852：1939（2012）标准规定，长度较短，最大为 300mm，适用于非常精确的测量。它们由优质钢制成，经硬化和适当的稳定处理，工作边经研磨并搭接成"刀口"形状，图 5.24 所示为一个典型的刀口平尺横向断面图。当其长度超过 25mm 时，一端呈斜角形式。这种直尺的使用方法是将刀口放在工件上，并对着光照良好的背景观察，如果工件在该位置完全笔直，那么沿直尺长度的任何点都不应看到白光。据称，这种测试方式可达到在 1μm 精度。

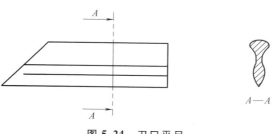

图 5.24 刀口平尺

BS 5204-1：1975 规定了弓形（见图 5.25a）和工字形（见图 5.25b）两种铸铁平尺。每种类型都有两个精度等级——A级和 B 级，A 级精度更高。铸铁平尺由细粒普通铸铁或合金铸铁制成，坚固且无砂眼及气孔。A 级铸铁平尺的工作表面需经刮削研磨制成，B 级则可由刮削研磨或平滑加工制成。弓形平尺的推荐长度为 300mm、500mm、1000mm、2000mm、4000mm、6000mm 和 8000mm，而工字形平尺的推荐长度则为 300mm、500mm、1000mm、2000mm、3000mm、4000mm 及 5000mm。

矩形截面的钢或花岗岩平尺由 BS 5204-2：1977 标准规定，它有两个精度等级：A 级和 B 级。A 级钢平尺由优质钢制成，工作面经硬化处理。B 级钢平尺可以硬化也可以不硬化。A 级及 B 级花岗岩平尺均可由质地均匀、无缺陷的细粒花岗石制成，工作面需经研磨或抛光。矩形截面平尺的推荐的长度是 300mm、500mm、1000mm、1500mm 和 2000mm。

如果直尺直立使用，它有可能因自身重力而发生偏转。偏转量取决于沿直尺长度的支撑数量和位置。为使偏转量最小，直尺由两个点支撑，这两点应距其每一端长度的 2/9 处，也就是距支持点相对方向的 5/9（0.555）长度处。因此，矩形和工字形直尺的侧面上都刻有箭头和"support"（支撑）字样，用来指示在其自身重量下保持最小偏转的支撑点位置。

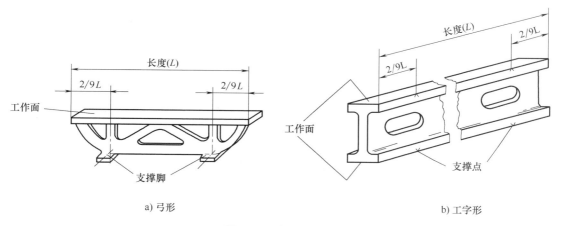

a) 弓形　　　　　　　　　　　　　　b) 工字形

图 5.25 铸铁直线规

如果矩形或工字形直尺直立使用，不应将其直接放置于被检测表面上——而应将其支撑在两个尺寸相同的量块上从而远离被测表面，量块则应放于标有"support"字样的箭头下方。然后，通过使用量块测定直尺工作面沿其长度方向各个点处的间隙宽度，就可以检测被测平面的直线度。

也可以用安装于平面规上的千分表与直尺接触并沿被测平面来回运动的方式来检测。因为直尺是直的，所以当千分表上有偏差时就表明被测表面的直线度有误差。

直线规——特别是弓形平尺，广泛用于检查机床滑块和导轨的直线度。在检验时，应先在直线规的工作平面抹一层薄而均匀的蓝油，然后将该直线规放于待测表面上，并轻轻来回滑动几次。来自直线规上的蓝油就会被传至工件表面，通过蓝色的深浅程度就可反映出直线度。因为直线规工作面具有一定的宽度，所以也能测出工件的平面度。

5.6 平面度

表面平面度的车间标准是平面平板或平面平台。特征的平面度误差可以表示为容纳该表面的两个平行平面间的距离。因此，平面度与表面的整个区域有关，而直线度只与表面上某个位置的直线有关。图 5.26 中直线 *AB*、*BC*、*CD* 及 *DA* 可能都为直线，但该表面却是扭曲的非平面。

对于精度要求较高的工作，如精密工具和量具，可使用工具平面和高精度表面平板，它们符合 BS 869：1978 标准规定。该标准推荐四种尺寸的工具平面——63mm、100mm、160mm 及 200mm 直径——均由优质钢制成并经硬化和稳定处理，也可由无瑕疵、质地均匀的细粒花岗石制成。推荐使用直径为 250mm 和 400mm 的两种高精度平板，它们由普通铸铁或合金铸铁或花岗岩

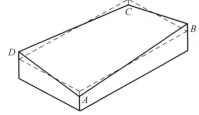

图 5.26　表面的平面度误差

制成。平面及平板均需高等级研磨精加工，且无明显刮痕。对于直径 200mm 以内的平面，平面度应在 0.5μm 以内；对于直径 250mm 的平板，平面度应在 0.8μm 以内；对直径 400mm 的平板，平面度应在 1.0μm 以内。

平面平板与平台的规格由 BS 817：2008 标准规定。该标准规定矩形及方形表面平板尺寸范围在 160mm×100mm 到 2500mm×1600mm 之间，共有 4 个精度等级——0、1、2、3，其中 0 级精度最高。其测量精度与工作表面的平面度有关。

精度等级最高的 0 级平板和平台用于检验，1 级用于一般使用，2 级用于划线，3 级用于低精度的划线或用作一般支持板。

这些平板可由优质细粒普通铸铁或合金铸铁制成，均匀且无砂眼、气孔，并且其下表面必须有足够的肋条以防止偏转。

平板也可以由细粒花岗岩制成，花岗岩应质地均匀、没有缺陷，并有足够的厚度以防止偏转。其工作表面必须较高的光洁度。

小尺寸平板可在工作台上使用，而大尺寸平板通常安装在支撑架上，故称之为平面平台。

最简单的检查平面度的方法是将其与一个已知精度的平面（即平面平板）进行比较。在平面平板的一个平面上涂抹薄而均匀的一层蓝油，将被检验的表面放于该平面上，将其轻轻地从一侧到另一侧来回移动几次。蓝油就会从平板表面传递到被检表面，被检表面的蓝油数量和位置就指示了平面程度。

平面平板及平面平台的主要作用是在使用或者检验划线设备时作为参考或基准面。

5.7 垂直度

当两个平面互相呈直角时，就表明这两个平面是垂直的。所以垂直度的测定是一种角度测量。对于角度测量来讲，不像直线测量那样有绝对标准，因为其要求只是将一个圆分成若干个相等的部分。检查直角是一项很普通的要求，检查直角的车间标准是直角尺。角尺有许多类型。BS 939：2007 规定了平面形直角尺（见图 5.27a）、圆柱直角尺（见图 5.27b）、实心矩形直角尺（见图 5.27c）和空心矩形直角尺（见图 5.27d）。

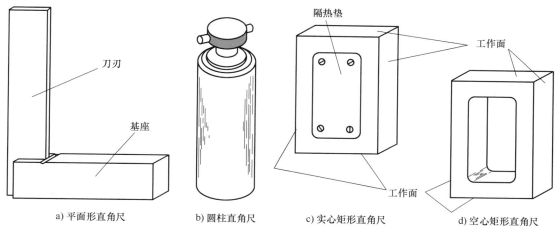

| a) 平面形直角尺 | b) 圆柱直角尺 | c) 实心矩形直角尺 | d) 空心矩形直角尺 |

图 5.27 各种类型的直角尺

平面形直角尺由刀刃和基座组成，以从刀刃顶端到基座内工作面的长度作为其尺寸命名。推荐的尺寸为 50mm、75mm、100mm、150mm、200mm、300mm、450mm、600mm、800mm 和 1000mm。它有三种精度——AA、A 和 B——其中 AA 级精度最高。平面形直角尺由优质钢制成，其中 AA 级和 A 级经硬化和稳定处理。

AA 级平面形直角尺的内外边均为斜面。平面形直角尺的刀刃和基座的所有工作表面均通过研磨、精磨或抛光至相应级别所需的特定精度。

圆柱直角尺的截面形状为圆，以其长度命名。推荐的长度是 75mm、150mm、300mm、450mm、600mm 和 750mm。只有一个精度等级：AA 级。圆柱直角尺由经硬化和稳定处理的优质钢制成，或由坚固且无沙眼和气孔的细粒普通铸铁或合金铸铁制成，也可由纹理均匀、无缺陷的细粒花岗岩制成。花岗石特别适合制作大尺寸的圆柱直角尺，因为它的重量大约只有相同尺寸的钢或铸铁的一半。为了减少重量，长度为 300mm 及以上、用钢或者铸铁制成的圆柱直角尺应为空心截面。所有的外表面均经研磨或精磨精加工。

实心矩形直角尺以其长度和宽度来命名，其尺寸在 50mm×40mm 到 1000mm×1000mm 之间。它有两个精度等级：AA 级和 A 级。实心矩形直角尺由优质钢、铸铁或花岗岩制成，要求和圆柱直角尺相同。同样，因重量较轻，也建议使用花岗岩制造。钢制实心矩形直角尺的前后表面均有凹陷并在其中安装隔热材料，以防止在持拿搬运时因热传递而膨胀。钢制实心矩形直角尺的工作面均经研磨抛光，而铸铁或花岗石制造的实心矩形直角尺可经研磨或精磨抛光。

空心矩形直角尺以其长度和宽度命名，其尺寸在 150mm×100mm 到 600mm×400mm 之间。它有两个精度等级：A 级和 B 级，A 级精度更高。它们均由细粒普通铸铁或合金铸铁制成，要求完整且无砂眼和气孔，是否硬化处理均可。其所有外表面均经研磨或精磨抛光处理。

AA 级平面形直角尺的刀刃内外边缘均为斜面，这样就形成了一个"刀口"。这会增加直角尺使用时的灵敏度。但是如果使用直角尺时，其刀刃轻微偏离被检验平面的法向，就可能会得到不正确的结果。因此，带斜刀口刀刃的直角尺不适合检验圆柱面。此时，应使用带方形刀刃的平面形直角尺或者量块，因为圆柱表面本身就能通过线性接触而提供所需灵敏度。

圆柱直角尺是检验平面形直角尺、块规及平面的垂直度的理想选择，因为圆柱形表面的线性接触能提供较大的灵敏度。

使用平面形直角尺检验工件两个表面的垂直度时，应将其基座放于一面之上，刀口靠另外一面。通过工件表面和刀刃下部透出的光量可以判断出垂直度的误差。但是这种检验方式只能判断两个表面是否垂直，而难于确定误差的具体值。

如果需要得到精确的结果，可将工件和直角尺放于平面平板上，并且将直角尺轻轻滑动直到与待测表面接触。然后对着光照良好的背景查看接触点。如果可看到一条锥状光缝，就可以在工件表面的顶端和底部用量块来测量误差的大小，如图 5.28 所示，两个量块的差值就是垂直度的总误差。

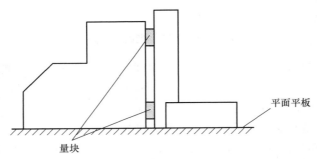

图 5.28　用直角尺及量块检验垂直度

5.8　圆度

许多工厂试验方法都可以用来确定工件的圆度，但是它们不一定都能给出精确的真实反馈。如果圆周上的所有点与其轴的距离均相等，那么该零件就为圆形。但是，由于在生产圆柱形零件时会使用不同的工艺和机床，因此可能会出现圆度误差。

最简单的检验圆度的方法是使用千分尺或游标卡尺等测量仪器，直接测量零件圆周上的多个直径上对应的点。读数上的任何差异都表明该零件的圆度有误差。不过这种方法也有可能检测不到圆度误差。例如，因安装不当，无心磨床可能加工出三叶状外形，如图 5.29 所示（图形有所夸大）。此时，直径对应点上的测量读数相同，但零件却不是圆形的。

另外，如果零件两端都有中心的话，也可以将其安装在工作台顶尖中，并在千分表下旋转以检验圆度，如图 5.30 所示。那么千分表有读数误差就表明该零件不圆。但是这种方法有时也会产生误导，因为零件的中心点可能不是圆心，也可能不是零件的中心轴，那么千分表的读数误差就可能不是该零件的圆度误差。

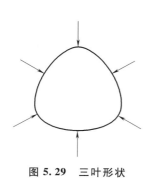

图 5.29　三叶形状

图 5.30　检查顶尖间的工件

带有直孔的工件可先装于心轴上再装到工作台顶尖中。此时，因心轴在实际顶尖间经过精确磨削，所以可以认为顶尖此时处于真正的圆心轴。如果千分表读数无变化，那么就表明该工件是圆的。同时也表明该孔和外径处于同一轴线上——这种情况称之为同心度。因此，此时千分表上的读数误差可能是同心度误差，而零件可能是非常圆的。

克服上述问题的理想车间测试方法是将工件放于 V 形块之上，然后在千分表下转动。因为 V 形块上的支持点与千分表的冲杆不是直径对置的，所以就可以识别出圆度误差。例如，三叶状态无法用直接测量法检出，但却可用该方法检出，如图 5.31 所示。

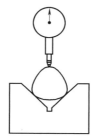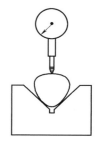

图 5.31　用 V 形块检测工件

5.9　表面粗糙度

无论用肉眼看起来有多完美，实际上没有一个加工表面是绝对完美的。一个表面的光滑度或表面粗糙度取决于使该表面产生一定的纹理的一系列波峰和波谷的高度与宽度。这种表面纹理反映了加工该表面所用方法的特点。例如，通过切削刀具所形成的表面上有在切削方法下切削方向上的刀痕，而且依据所用进给速度等距分布。

经验表明，具有特定类型和粗糙度值的表面能够以特定成本，为特定应用提供最合适的长寿命、抗疲劳性、最大效率和互换性。为了获得这些表面，就需要对其表面纹理进行控制。

并不是说表面的精度做到最高就能达到这一目的。例如，如果将两个需要相互滑动的表面抛光到和量块表面同样高的光洁度，那么它们之间就不能滑动了——它们只能黏合在一起。与其极端相反的情况，对于两个同样的滑动表面，如果其纹理结构非常差，那么就会很快磨损。生产这些极端表面的成本差异很大。对于滑动表面来讲，必须要有足够的粗糙度来保留润滑油分子。

粗糙度的测量值是给定长度上的峰值和谷值的平均值。粗糙度平均值用 Ra 表示，以微米（μm）为计量单位。

指定的 Ra 值应从表 5.4 所示的、由 BS 1134：2010 标准规定的一系列首选值中选取。给出首选值的目的是不希望工程图上的粗糙度值有过多变化。如果图纸上给出了一个粗糙度值，那么就表明从零到该值之间的任何值都是可接受的。

表 5.4　首选的表面粗糙度值

公称 Ra 值/μm
50
25
12.5
6.3
3.2
1.6
0.8
0.4
0.2
0.1
0.05
0.025
0.0125

可用触针式仪器或表面粗糙度比较样板评估表面粗糙度（见图 5.32）。

小型手持便携式表面粗糙度测量仪，如图 5.33 所示，能测出表面的平均粗糙度。测量通过一个带有钻石触针的横向驱动装置执行，该触针与加工痕迹垂直，沿被测表面选定长度（称为取样长度）移动，该过程通常叫作"横过位"。此时，测量值会在仪器显示屏上清晰地显示出来。有些型号的仪器也可以通过附加装置或者计算机存储并打印测量数据。

图 5.32　表面粗糙度比较样板

图 5.33　小型手持便携式表面粗糙度测量仪

图 5.32 所示的比较样板用于给制图人员和机床操作人员建立一种直观的感觉，从而知道普通机加工表面的外观、触感和对应的粗糙度数值之间的关系。通过目视检查及用指甲刮擦表面，就可以对样板和待测工件表面进行比较。表 5.5 所示为常见制造工艺可获得的表面粗糙度平均值。

表 5.5 常见制造工艺可获得的表面粗糙度平均值

工艺方法	粗糙度值(Ra)/μm												
	0.0125	0.025	0.05	0.1	0.2	0.4	0.8	1.6	3.2	6.3	12.5	25	50
超精加工			▨	▨	▨								
抛光				▨	▨								
金刚石车削				▨	▨	▨							
珩磨				▨	▨	▨							
磨削				▨	▨	▨	▨						
车削					▨	▨	▨						
镗削						▨	▨						
压铸						▨	▨						
拉削						▨	▨	▨					
铰削							▨	▨					
铣削							▨	▨	▨				
熔模铸造								▨	▨				
钻削									▨	▨			
刨削									▨	▨			
壳型铸造									▨	▨			
锯削									▨	▨	▨		
砂型铸造											▨	▨	

复 习 题

1. 说出制造直尺的三种材料。

2. 公差的含义是什么?

3. 用 200mm 的正弦规用来检验 30°12′的角，计算所需量块的尺寸。(答案：100.604mm)

4. 用一个简图说明锥度塞规的通端和止端的位置。

5. 英国校准服务机构的名字是什么?

6. 英国标准号前通常有前缀 BS、EN、ISO，这些前缀代表什么含义?

7. 说出量块的两种公认用途。

8. 说出工业上使用的三种直角尺类型。

9. 说明工业领域为什么需要标准。

10. 量块应在什么温度下校准及使用?

第6章

测 量 设 备

　　无论零件是否由同一个人制造，或者是由同一工厂或相距遥远的工厂制造，如果要将其按照设计预期装配在一起，就要进行某种形式的精确测量。这样的话，即使有些零件生产于多年之前，也能根据其装配要求找到备件。

　　为了获得任意等级的精度，必须参照相同的长度标准精确制造所使用的测量设备。该标准即使用激光定义的米。生产出高精度的测量设备后，还必须要正确使用它。

　　通过在仪器和工件间采用灵敏接触或"手感"的方式，就能评估出工件尺寸的正确性。这种"手感"只能通过使用仪器的经验而逐步培养出来，有些千分表上的棘轮、挡块等机构仅仅起到辅助作用。有了恰当的设备，又培养出了"手感"，就能够读出仪器读数、确定工件尺寸。目前主要有两种标准的长度测量仪器，它们的主要区别是：千分尺应用了旋转精密螺纹的线性运动，而游标卡尺则是比较了主尺和游标上的两种刻度在其长度上的微小差异。

　　19世纪末，恩斯特·阿贝博士和卡尔·蔡司博士共同创建了世界上最著名的精密光学公司之一。阿贝原理是观察测量误差的指导性原则。

　　阿贝原理指出，为获得最大精度，测量仪器的读数轴和测量轴必须同轴。两轴的任何分离都可能导致测量误差。

　　千分尺就是一种符合阿贝原理的测量仪器（见图6.1），因为进行测量时其两个刻度处于同一轴线。游标卡尺则不符合这个原理（见图6.2）。为了确保最高测量精度，被测工件应尽可能靠近主尺移动。不过，游标深度计却是符合阿贝原理的。

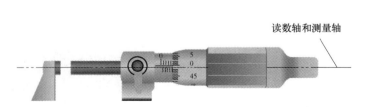

图 6.1　符合阿贝原理——千分尺

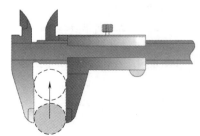

图 6.2　不符合阿贝原理——游标卡尺

　　本章中简要描述的许多电子测量仪器，如游标卡尺、千分尺及度盘式千分表，均可以通过可用的数据线或无线收发装置输出数据。这些数据可以被打印出来或输出到计算机中，由质量控制部门收集和使用，从而提供统计信息或生成检验证书。

6.1　游标量具

所有使用游标的量具均由两个标尺组成：游标尺和主标尺。主标尺的刻度单位为毫米，每 10 个刻度等于 10mm，并以 0、1、2、3、4 等数字标记直至其最大量程。游标尺分成 50 个相等部分，其长度相当于主标尺上的 49 个刻度，也就是 49mm，如图 6.3 所示。这意味着游标尺上的每刻度之间的距离为 49/50mm = 0.98mm，或者说比主标尺上每个刻度少 0.02mm，如图 6.4a 所示。

图 6.3　游标尺

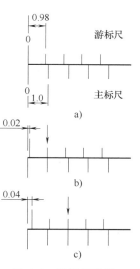

如果两个标尺最初在零点对齐，然后移动游标尺，使其第一个刻度与主标尺上的刻度对齐，那么游标尺上的零点将移动 0.02mm（见图 6.4b）。如果游标尺上的第二个刻度与主标尺刻度对齐，那么游标尺上的零点将移动 0.04mm（见图 6.4c）。依此类推。如果游标尺第 50 个刻度与主标尺对齐，那么其零点将移动 50×0.02mm = 1mm。

因为游标尺每格代表 0.02mm，所以 5 格就代表 5×0.02mm = 0.1mm。游标尺上每隔 5 格如果标记为 1 则代表 0.1mm，标 2 则代表 0.2mm，以此类推，如图 6.3 所示。

图 6.4　游标尺读数

在游标卡尺读数时，应首先记下游标尺零刻度距离主标尺零刻度多少毫米，然后再记下游标尺零刻度后面恰好与主标尺某个刻度对齐的刻度读数。

在图 6.5a 表示的读数中，游标尺在主标尺上右移了 40mm，游标尺上第 11 个刻度与主标尺刻度线对齐。因此，11×0.02mm = 0.22mm，然后加上主标尺读数，即可得出总读数为 40.22mm。

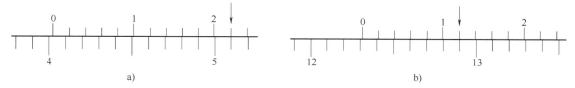

图 6.5　游标读数

同理，在图 6.5b 中，游标尺右移了 123mm，且游标尺第 6 个刻度线正好与主标尺对齐。因此 6×0.02mm = 0.12mm，加上 123mm 就可以得出总读数为 123.12mm。

因此可以看出，如果测量仪器的一部分连接到主标尺而另一部分连接到游标尺，则该仪器就具备0.02mm的测量精度。

6.1.1 游标卡尺

应用上述原理进行测量的最常见的量具就是游标卡尺（见图6.6）。因为游标卡尺能测量外径、内径、台阶及深度（见图6.7），使用方便且测量范围宽广，所以它可能是最好的通用测量仪器。其测量范围为0~150mm和0~1000mm。

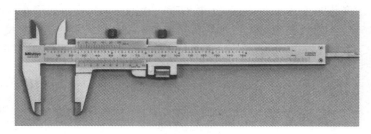

图6.6 游标卡尺

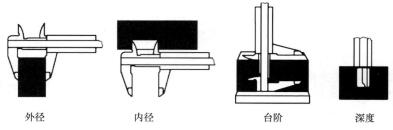

外径　　　　　内径　　　　　台阶　　　　深度

图6.7 外径、内径、台阶、深度的测量

在测量时，先松开制动螺钉A和B（见图6.8），沿尺身移动滑动测量爪直至其接触到被测工件表面。然后拧紧制动螺钉B，再调节微动螺母C，直到手感接触，然后拧紧制动螺钉A。再检查手感并确保全部部件不再移动。若确定上述操作无误，记下仪器上的读数。为提高耐磨性，测量爪可用硬质合金制造。

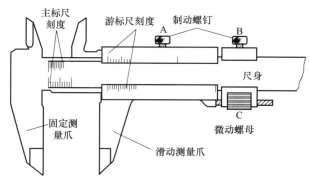

图6.8 游标卡尺调节部件

带表卡尺（见图6.9）也是一种游标卡尺，其1mm步长读数从主标尺读取，毫米以内的读数从刻度为0.02mm的表盘（圆标尺）上直接读取。

传统的数显卡尺（见图 6.10）利用了一个基本的二进制系统，该系统在滑块下有一组明暗带，当它们沿轨道运动时会对其进行计数。该系统无法判断滑块的位置，其读数完全取决于所记录的通过的带数。因此，在开始计数前必须关闭测量爪并将显示屏归零，从而重置二进制系统。目前也有无须重置归零就可以读取滑块任意位置的数显卡尺。这种卡尺使用了滑块内置的三个传感器及嵌入尺身的三个相应的精密轨道。当滑块运动时，它读取传感器下轨道的位置，并计算它的当前绝对值。因此无须在使用前将卡尺重置归零。

图 6.9　带表卡尺

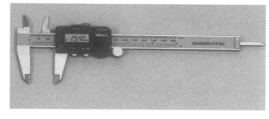

图 6.10　数显卡尺

数显卡尺的微处理器中内置了英寸/公制转换，以便选择所需单位进行测量。还有一个好处是其零点可以设置在仪器测量范围内的任何位置。利用这种能力，数显卡尺又可被用作比较器，以确定工件是否在零点之上或之下及其在上下的距离。数显卡尺的分辨率是 0.0005″ 或 0.01mm。

游标卡尺因为能够完成外径、内径、台阶、深度测量而用途极广，如果再为其配备特殊的测量爪，它还能用于一些特殊应用，其中一些应用如图 6.11 所示。

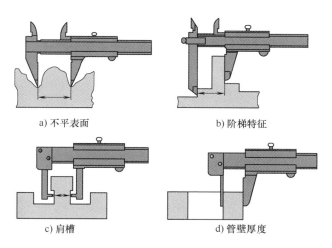

a) 不平表面　　　　　　　　b) 阶梯特征

c) 肩槽　　　　　　　　d) 管壁厚度

图 6.11　游标卡尺的特殊卡脚

1）点式测量爪——用于不平表面的测量。

2）斜偿式测量爪——用于阶梯特征的测量。

3）长颈式测量爪——用于肩槽等外径的测量。

4）壁厚式测量爪——用于管子或管道壁厚的测量。

使用游标卡尺的注意事项。

1）使用前，用测量爪夹住一张干净的纸（最好是复印纸）清洁测量表面，然后慢慢将纸拉出。测量前，确保卡尺读数为 0，始终确保数显模式归零。

2）使用前擦拭滑动表面。

3）读数时正对游标卡尺刻度观察。若斜着读数，可能会因为视差产生读数误差（见图 6.12）。

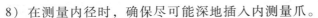

4）测量前确保被测表面干净、无切屑或砂屑。

5）测量时不能用太大的力。

6）不要在接近测量爪外端的位置测量工件，应将工件尽可能靠近尺身，以确保最高测量精度（见阿贝原理图 6.2）。

7）为保证最高精度，应使测量爪与被测表面垂直或平行。

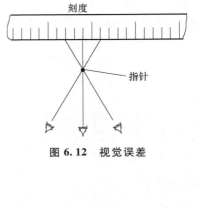

图 6.12 视觉误差

8）在测量内径时，确保尽可能深地插入内测量爪。

9）尽量小心不要跌落或碰撞卡尺，以免对其造成损伤。

10）卡尺测量爪非常锋利，要小心持拿避免造成人身伤害。

11）不使用时，应始终将卡尺存放在干净的地方，最好放在箱子或盒子中。

12）不使用时不要让卡尺测量爪夹合在一起，始终在测量面间留有间隙（如 1mm）。

6.1.2 游标高度卡尺

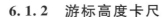

上述原理也适用于游标高度卡尺，如图 6.13 所示。此时，带有主标尺的尺身固定在重型底座上。游标尺上带有一个测量爪，其上可以夹持各种附件。它使用最广泛之处就是和凿尖、划线、刀片联用进行精确划线，也可以检查组件台阶高度。应注意，要根据附件是加持在测量爪顶部还是底部来测量爪的厚度。每个卡尺上都会标记测量爪厚度。高度卡尺的读数范围为 0~1000mm。图 6.14 所示为一种数显式高度卡尺。

图 6.13 游标高度卡尺

图 6.14 数显式高度卡尺

6.1.3 游标深度卡尺

游标深度卡尺应用了相同的原理进行精确的深度测量（见图 6.15），其主标尺和窄直尺相似，游标尺呈 T 形，既是坚固的基座，也是读数的基准。卡尺的读数就是尺子伸出基座外的量。深度卡尺的测量范围是 150～300mm。

与深度卡尺工作原理相同的还有方便读数的带表深度卡尺（见图 6.16）和具有液晶显示（LCD）读数显示功能的数显深度卡尺（见图 6.17）。

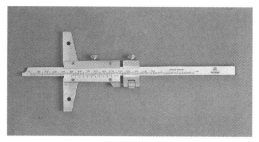

图 6.15　游标深度卡尺

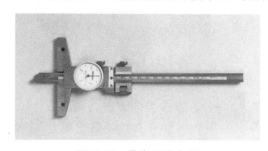

图 6.16　带表深度卡尺

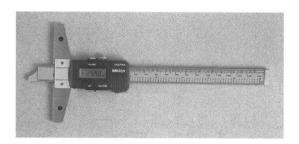

图 6.17　数显深度卡尺

6.1.4 游标量角器

除用于线性测量外，游标卡尺也能很好地用于角度测量。游标量角器（见图 6.18）也应用了一个主标尺、一个游标尺的双标尺原理。主标尺上标有角度刻度，每十刻度标注 0、10、20、30 等数字。游标尺被等分为 12 份，占用了相当于主标尺上 23° 的空间（见图 6.19）。也就是说，游标尺上每个刻度代表 $\frac{23}{12}° = 1\frac{11}{12}°$，或 $1°55'$。即比主标尺上的两个刻度少 $5'$（见图 6.20a）。

如果最初两标尺的零刻度线对齐，然后移动游标尺，使其第 1 个刻度线与主标尺的第 2 个刻度线对齐，那么游标尺的零刻度线就移动了 $5'$（见图 6.20b）。同样，如果游标尺的第 2 个刻度线与主标尺的第 4 个刻度线对齐，那就表示游标尺的零刻度线移动了 $10'$（见图 6.20c）。如此这般，直到游标尺的第 12 个刻度线对准主标尺上的零点，就表示游标尺的零刻度线移动了 $12×5' = 60' = 1°$。游标尺上每个分度代表 $5'$，所以第 6 个刻度就代表 $30'$，第 12 个刻度就代表 $60'$。

游标量角器的主标尺固定于底座。可移动刀口固定于游标尺上，游标尺上有一个中心螺钉可将其锁定在任一所需位置，且其角度测量精确度能达到 $5'$。

由于游标尺可在两个方向上旋转，所以主标尺在整个 360° 圆周上都有刻有 0～90、90～0、0～90、90～0 的刻度。这就要求游标尺在每个方向都要有刻度，所以游标尺在两个方向上都有刻有 0～60 的刻度。

读数时先记下游标尺的零刻度线距离主标尺零刻度线为多少度，然后记录在同一方向上游标尺从零刻度线到刚好与主标尺刻度线对齐的格数。

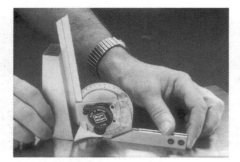

图 6.18　游标量角器

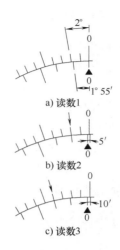

a) 读数1

b) 读数2

c) 读数3

图 6.20　游标量角规度盘读数

图 6.19　游标量角器标尺

在图 6.21a 所示的读数中，游标尺已经向左移动了 45°，以相同的方向，即左方，沿游标尺计数，可以看到其第 7 个刻度线与主标尺上的一个刻度线已对齐。所以要加上 $7 \times 5' = 35'$，总的读数即为 45°35′。

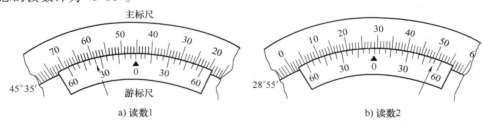

主标尺

游标尺

45°35′

a) 读数1

28°55′

b) 读数2

图 6.21　游标量角器的读数

在图 6.21b 所示的读数中，游标尺已向右移动了 28°。同样，以相同方向，即右方，沿游标尺计数，发现其第 11 个刻度线与主标尺上的一个刻度线已对齐，所以总读数为 28°55′。

数显多用途量角器的刀口形直尺有 150mm 和 300mm 两种规格，测量范围为 360°（见图 6.22）。其分辨率为 1′，精度为

图 6.22　数显多用途量角器

±2′。这些仪器一般情况下作为量角器使用，也可附加到游标高度卡尺扩大适用范围。它们都有输出功能，可以通过连接数据线传输数据。

6.2　千分尺

千分尺的测量精度依赖于其测微螺杆的螺纹精度。测微螺杆通过微分筒在固定套管中旋

转。微分筒能扩大和缩小测微螺杆与测砧端部的距离（见图6.23）。

测微螺杆的螺纹螺距，即两个连续的螺纹线之间的距离是0.5mm。这意味着，每旋转一周，测微螺杆和依附其上的微分筒将移动0.5mm的纵向距离。

对于0～25mm的千分尺，被微分筒围绕旋转的固定套管上有一条纵向线，该线一侧有以1mm为单位、标记0～25mm的刻度线，在其另一侧则以0.5mm为间隔的细分刻度线。

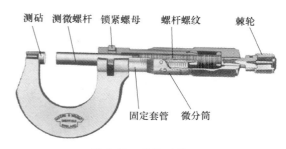

图6.23 外径千分尺

微分筒的边缘分为50个刻度，以数字0、5、10一直到45，然后再到0进行标记。因为微分筒每转动一周，测微螺杆就前进0.5mm，所以微分筒上每一个刻度必定等于0.5/50mm＝0.01mm。因此读数就是固定套管未被覆盖的1mm和0.5mm刻度数，再加上微分筒与固定套管上纵线对齐的刻度线所指示数字的百分之一毫米。

图6.24a所示的读数中，未被微分筒覆盖的固定套管的长度为9mm，微分筒刻度线与固定套管上纵线对齐的刻度是44×0.01mm＝0.44mm。所以总读数为9.44mm。

同样，图6.24b中，未被微分筒覆盖的固定套管的长度为16mm和0.5mm，微分筒与刻度27对齐，27×0.01mm＝0.27mm，故总读数为16.77mm。

在固定套管中加设游标尺可使外径千分尺获得更大的精度。该游标尺由固定套管上的5个刻度组成，记为0、2、4、6、8、0，它们占有与微分筒上9个刻度相同的空间（见图6.25a）。故游标尺上的每个刻度相当于0.09/5mm＝0.018mm，比微分筒上的两个刻度少0.002mm。

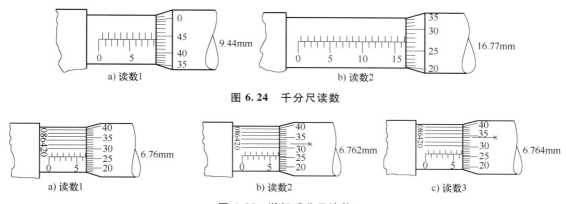

图6.24 千分尺读数

图6.25 游标千分尺读数

从游标千分尺上读数时，和普通千分尺一样，先记下固定套管上没有被覆盖的1mm和0.5mm刻度数，以及微分筒上对齐刻度的百分数。此时，可能会发现微分筒上的刻度与固定套管纵线不能完全对齐，这个差异值就可以从游标尺上得到。观察一下游标尺上哪个刻度正好与微分筒上的刻度对齐。如果是标2的刻度，则就在原来的读数上加0.002mm（见图6.25b）；如果是标4的刻度，则加上0.004mm（见图6.25c），以此类推即可。

有固定测砧的外径千分尺的测量范围从0～13mm到575～600mm。带有可互换测砧的外径千分尺（见图 6.26）测量范围比固定测砧千分尺大 2~6 倍，其最小测量范围是 0~50mm，最大测量范围是 900~1000mm。为确保可互换测砧能够精确设定，每个仪器均配备有校正表。测微螺杆和测砧的测量面可用碳化物硬质合金制作，以提升耐磨性。

可以直接在千分尺上进行机械式读数（见图 6.27）。最小的 0~25mm 型号的分辨率为 0.001mm，最大的 125~150mm 型号的分辨率为 0.01mm。

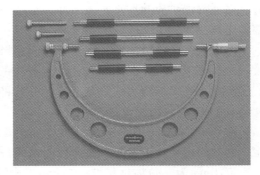

图 6.26　带有可互换测砧的外径千分尺

现代化的数显外径千分尺（见图 6.28）使用传感器和探测器。其测微螺杆上连接有微型圆盘编码器，该编码器可以沿测微螺杆轴线进行 360°旋转，此时探测器保持静止，对旋转信号进行计数，并将计数数据发送到微处理器，在 LCD 屏幕上作为读数显示。

图 6.27　可进行机械式读数的千分尺

图 6.28　数显外径千分尺

数显外径千分尺的微处理器中内置了英寸/公制转换，以便选取所需单位进行测量。还有一个好处是零点可以设置在千分尺测量范围内的任何位置。利用这种能力，数显外径千分尺又可被用作比较器，以确定工件是否在零点之上或之下及其在上下的距离。数显外径千分尺的分辨率是 0.00005″或 0.001mm。

标准的千分尺适合测量平面和平行特征及外径。但是如果被测特征是管道壁厚等弯曲特征，则无法实现精确测量。此时，可以在管道内壁放置一个球或圆柱再进行测量（见图 6.29）。测量后减去球或圆柱的直径，就可确定壁厚。如果使用数显千分尺，可先测量球或圆柱的直径，然后将千分尺调零，再继续测量的结果就是壁厚，不用再减去球或圆柱的直径。对于这种测量，可用一种"球形附件"来实现。该附件是一个固定于橡胶套中的球（直径通常为 5mm），该胶套可以在测量时将球安全地固定在千分尺测砧上。

图 6.29　测量管道壁厚

为了满足各种测量要求，千分尺可以和各种测砧配合用于各种特殊测量，其中一些特殊应用如图 6.30 所示。

1）刀口式千分尺——用于测量窄槽的直径（轴不旋转）。

2）管式千分尺——用于测量管道壁厚（测砧有一个球形表面）。

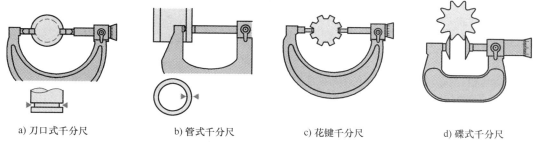

| a) 刀口式千分尺 | b) 管式千分尺 | c) 花键千分尺 | d) 碟式千分尺 |

图 6.30　千分尺特种测砧

3）花键千分尺——用于测量花键轴直径。

4）碟式千分尺——用于测量正齿轮及斜齿轮的根切线。

带有可调测量力的千分尺可用于需要恒定的低测量力、以避免工件变形的应用，如测量细线、纸张、塑料或橡胶工件。这类千分尺的测量范围为 0~10mm 到 20~30mm。

6.2.1　使用千分尺的注意事项

1）使用前，用测量爪夹住一张干净的纸（最好是复印纸）清洁测量表面，然后慢慢将纸拉出。测量前，确保卡尺读数为 0，始终确保数显模式归零。

2）读数时正对游标卡尺刻度读数。若斜着读数，可能会因为视差产生读数误差（见图 6.12）。

3）测量前确保被测表面是干净、无切屑或砂屑。

4）不能用太大的力旋转微分筒。

5）如果需要的话，使用测力装置应确保一致的测量力。

6）尽量小心不要跌落或碰撞卡尺，以免对其造成损伤。

7）不使用时始终将千分尺存放于干净之处，最好放置在盒子或箱子里。

8）不使用时不要让卡尺测量爪夹合在一起，始终在测量面间留有间隙（如 1mm）。

6.2.2　内径千分尺

内径千分尺（见图 6.31）的设计目的是用于内部测量，由千分尺测量头和杆套组成。千分尺测量头可外加接杆以覆盖较大的测量范围，杆套用以增加千分尺测量头的测量范围。小于 300mm 的内径千分尺配有把手，可以伸入深孔。

当使用特定接杆时，每个延长接杆上均标有对应的千分表测量范围。最小尺寸为 25~55mm，其测量范围为 7mm；其次尺寸为 50~200mm，其测量范围为 13mm，而最大尺寸为 200~1000mm，其测量范围为 25mm。

内径千分尺的读数和前述的外径千分尺

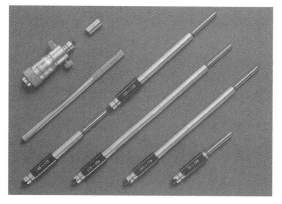

图 6.31　内径千分尺

一样，只是其测头测量范围变小了。

使用该仪器时必须十分小心，因为每个测砧都有一个用于实现点接触的球形端部。使用经验对于培养手感至关重要，因为该仪器需要在使用时进行前后上下的轻微移动，才能找到最宽处进行测量。

数显内径千分尺基于相同的操作原理，只是在其测量头上增加了一个 LCD 读数装置（见图 6.32）。数显内径千分尺的分辨率为 0.0001″或 0.001mm。

三点式孔径千分尺带有一个标准的千分尺测头或有 LCD 读数装置的数显测头（见图 6.33）。由于测量仪通过三个接触表面能够在孔内完全定位，因此使用方便，一般不

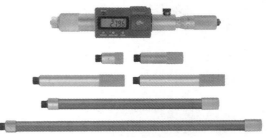

图 6.32 数显内径千分尺

会导致错误测量。这类千分尺有各种规格，能够测量内径为 6~300mm 的孔。

6.2.3 深度千分尺

深度千分尺（见图 6.34）常用于测量孔、窄缝及凹槽的深度，以及其他类似应用。目前有两种深度千分尺：一种带有固定的测微螺杆，其量程为 25mm；另一种带有可互换接杆，量程最高可达 300mm。通过拧下微分筒顶部并把接杆滑入，可将其安装到千分尺上，此时要确保微分筒顶面和接杆底面完全清洁。然后把微分筒顶部放于原处并将接杆固定于当前位置即可。每个接杆都标有各自的尺寸。

图 6.33 数显三点式孔径千分尺

图 6.34 深度千分尺

深度千分尺的原理与其他千分尺相似，但是其读数随微分筒的旋入而增加，这就导致固定套管与微分筒的刻度计数与外径千分尺和内径千分尺方向刚好相反。读数时，必须首先记下被微分筒覆盖的 1mm 及 0.5mm 的刻度部分，然后再加上与固定套管纵线对齐的微分筒刻度代表的毫米的百分数。

在图 6.35a 所示读数中，微分筒覆盖了 13mm 的刻度线，但是没有达到 13.5mm。微分

筒上与固定套管纵线对齐的刻度为 44。所以，加上 $44 \times 0.01\text{mm} = 0.44\text{mm}$，总读数为 13.44mm。

同理，在图 6.35b 中，微分筒恰好覆盖了 17mm，而微分筒与固定套管对齐的刻度为 3，所以其最终读数为 17.03mm。

深度千分尺也可以直接进行机械式读数，其分辨率为 0.01mm（见图 6.36）。深度千分尺也有数显形式，它带有 LCD 读数装置（见图 6.37），可以英制或公制范式直接给出读数，分辨率为 0.0001″ 或 0.001mm。

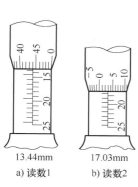

13.44mm
a) 读数1

17.03mm
b) 读数2

图 6.35　深度千分尺读数

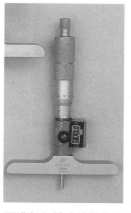

图 6.36　可进行机械式读数的深度千分尺

图 6.37　数显深度千分尺表

6.3　千分表

千分表能放大柱塞或杠杆的微小运动，并用刻度盘上的指针显示这种放大的运动。通过刻度盘和指针直接读数，操作人员能够快速、全面、准确地了解被测对象的状态。千分表可以和量块等设备配合使用，检查工件尺寸精度，以及机器和设备的直线度与对齐度；在机器中设置工件以确保平行度和同心度等其他多种用途，此处不再一一列出。

千分表的机构和手表类似，虽然是为车间使用而制造，但还是应小心不要以任何方式将其跌落或令其发生碰撞。该机构即使有轻微的损坏也会造成卡滞，并导致错误或者不一致的读数。

6.3.1　柱塞千分表

图 6.38 所示为千分表中最常见的柱塞千分表。垂直柱塞带有一个齿条，它操纵齿轮系统进行放大并传给指针。刻度盘系统附加于表圈外缘且可旋转，这样不论指针最初位置在哪里，都可将其调至零位。还配有夹子用来固定归零后的表圈不会再次移动。其刻度一般为 0.01mm 或 0.02mm，工作范围为 8mm 和 20mm，也有更大量程的柱塞千分表。

柱塞千分表与稳固的支架或表面量规结合使用（见图 6.39），可以检验直线度、同心度及工件的高度和圆度。

该类型刻度盘可能不会总是面向操作人员，这可能产生读数问题，或者操作人员因此而必须在设备或机器上面弯腰时也会产生安全问题。可用于克服这些困难的千分表为图 6.40

所示的后柱塞千分表。在仪器上方观察可以很容易地看到读数。柱塞方向移动的范围限制在3mm左右。

图 6.38　柱塞千分表

图 6.39　柱塞千分表及支架

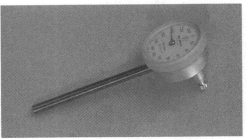

图 6.40　后柱塞千分表

现代设计的数显柱塞千分表（见图 6.41）带有 LCD 读数装置，能直接给出英制或公制单位的读数，分辨率为 0.0005″ 或 0.01mm。这些表可在量程范围中的任何一点处调零。

6.3.2　杠杆千分表

图 6.42 所示为杠杆千分表。因为采用了杠杆系统，所以其量程没有柱塞千分表那么大，通常为 0.5mm 或 0.8mm。表盘刻度为 0.01mm 或 0.005mm，其指针也可调零。这种千分表的最大优点是可以在较小空间内工作。另外一个额外的优点是其自动反转系统，它可使定位在表盘指针上的触头上下运动。能够和可转动特定角度的触头配合使用，就意味着它可以对台阶的上下面进行检测。（见图 6.43）。

图 6.41　数显柱塞千分表

图 6.42　杠杆千分表

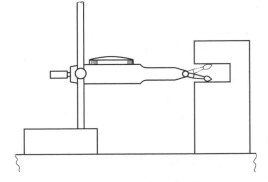

图 6.43　杠杆千分表的应用

表 6.1 所示为各种千分表的特点。

表 6.1 各种千分表的特点

量具	优点	不足
游标卡尺	自身量程大,可测量外径、内径、阶高及深度,LCD 型分辨率为 0.01mm	分辨率一般为 0.02mm,测量接触点与微动螺母不一致(阿贝原理),测量爪有跳动,缺乏"手感",测量爪的长度将测量局限在距工件末端较短的距离内,一旦磨损便无法调节
游标高度卡尺	自身量程大,LCD 型分辨率为 0.01mm	分辨率一般为 0.02mm,一旦磨损便无法调节
游标深度卡尺	自身量程大,LCD 型分辨率为 0.01mm	分辨率一般为 0.02mm,缺乏"手感",一旦磨损便无法调节
游标量角器	在 360°范围内精度为 5′,可测量内角和外角	如果不借助放大镜,读小刻度会比较困难
外径千分尺	分辨率为 0.01mm,借助游标尺可达 0.002mm,LCD 型可达 0.001mm。针对磨损可调,棘轮或摩擦微分筒可以辅助获得一致的"手感"	千分尺表头限制于 25mm 范围内,测量 25mm 的阶面需要其他仪器或可互换测砧
内径千分尺	分辨率为 0.01mm,针对磨损可调,可测定沿孔长度的不同点的内径	表头或小尺寸型号限制于 7~13mm 的范围,扩大测量范围需要接杆和杆套,难于形成"手感"
深度千分尺	分辨率为 0.01mm,LCD 型则为 0.001mm。针对磨损可调,棘轮或摩擦微分筒可以辅助获得一致的"手感"	表头限制于 25mm 的范围,需加可互换接杆增大量程
千分表	分辨率可高达 0.001mm,柱塞型测量范围可高达 80mm,工作机构能确保一致的"手感",读数容易。如果只需用作比较,使用很便捷	必须同量块联用才能确定测量值,若使用不当则易损坏,使用时必须有牢固的支撑

6.4 现代测量技术

6.4.1 激光扫描测微仪

激光扫描测微仪是一种高精度激光测量系统,使用高速扫描激光束进行非接触式尺寸测量。

由于具备非接触式测量能力,该系统可对传统测量系统难于测量的工件进行高精度测量。这些工件包括热工件、脆性或弹性工件、必须保持无污染的工件,以及可能会受测量力影响的软工件。

其基本原理是让激光束穿过工件。未被工件阻挡的光束到达接收器,然后由接收器发送信号到处理器,最后测量尺寸以数字形式显示在连接的显示单元上。

数据软件可以将一个或多个显示单元的测量数据输入到计算机上以用于统计及质量控制。

典型的测量单元和显示单元如图 6.44 所示。图示单元的量程为 0.1~25mm,可选择分辨率范围为 0.00001~0.01mm。有些测量单元的最大量程可达 1~160mm。

6.4.2 三坐标测量机

随着数控机床的出现,去除金属所需的时间大大缩减,这是因为机床采用了数字控制

图 6.44 激光扫描测微仪的测量单元和显示单元

（NC）技术。一开始是通过穿孔纸带进行数控，后来通过引入计算机进行计算机数控（CNC）。除了生产速度得到提升之外，最终产品精度的一致性也得到了显著提高。为了满足产品增加可靠性和提升性能的需求，制造公差也相应更小。最初由质检部门使用传统测量方法对这些零件进行检验，但是这些方法比较慢，已经成为生产系统中的瓶颈。因此就需要精确、可靠的高速测量方法，三坐标测量机（CMM）应运而生。计算机辅助设计（CAD）系统与 CNC 机床的引入使制造极其复杂的零件成为可能，此时只有使用计算机控制的三坐标测量机才能将这些零件的精度进行经济地测定。

三坐标测量机大体上来讲是一个通过移动测头探测工件表面坐标点的机械系统。三坐标测量机由计算机控制的机器本身与测头、控制系统及测量软件组成。

三坐标测量机的一种常见设计形式是移动桥式，其滑架可在花岗岩工作台面上方的空气轴承上自由移动。图 6.45 所示为一台 CNC 三坐标测量机，它由 X、Y、Z 三个轴组成，每个轴均正交，形成了一个典型的 3D 坐标系。每个轴都有一个能定位该轴位置的刻度系统。测头可由操作员或计算机程序控制。三坐标测量机便可以利用测头获得的每个离散点的 X、Y、Z 坐标，并以很高的精度确定尺寸和位置。图 6.45 所示的三坐标测量机在 X、Y、Z 轴的量程分别为 400mm、400mm、300mm，分辨率均为 0.5μm。目前还有更大量程的三坐标测量机。

测头安装于立柱末端，通常采用触发方式测量离散点。测头上安装有一个探针，探针端部是一个与被测表面接触的针尖，该针尖通常由合成的工业红宝石制成。

在批量生产时，全部检测路线可由测量软件直接控制。测量软件可以根据计算机辅助设计（CAD）数据直接生成检测路线，并以屏显方式验证测头运动。这些测量程序必须离线编写，以便

图 6.45 CNC 三坐标测量机

于三坐标测量机能够在其工作时间专注于测量活动。三坐标测量机的总体测量能力及其易用性几乎完全取决于测量软件。

在检测时，测头首先移动到正确位置，完成所需要的检测，并将数据发送至检测软件，然后再移动到下一个编程预定位置，重复该过程。所制造零件的被测几何信息与来自 CAD 模型的零件几何信息进行比较，即可识别出相关偏差。该结果可用软件图示化显示出来。该信息既可以用于发现制造问题，也可以用来修正刀具偏移或者是质量控制。所有这些功能互联起来就形成了计算机集成制造（CIM）系统。

除上述的大型落地式三坐标测量机外，还有一些便携式三坐标测量机，也称便携式测量臂或关节式测量臂，也可用于获得非常精确的几何信息。便携式测量臂是一种易于移动和运输的仪器，用于在一个特定的球面测量空间中进行高精度3D坐标测量。

使用时用户将测量臂的底座固定在待测量对象附近的绝对稳定位置。这种牢固定位对于获得高精度测量结果至关重要。然后再另一端安装测头，安装方式与落地式三坐标测量机相同。之后操作员引导测量臂，当探头末端处于正确位置时即可触发实际的测量。图6.46所示的型号包含一系列旋转接头和关节臂，非常适合对零件进行快速精确的测量。

图 6.46　便携式测量臂

由于便于携带，它们可以在车间地板上随意移动并可在任意位置使用，这使它们非常适合测量大型零件，因而在汽车、船舶和铁路行业较为常用。由于便携式三坐标测量机关节臂模拟了人类手臂的灵活性，所以它们通常能够进入固定床身测量机无法探测的复杂零件内部。相比大型落地式三坐标测量机，便携式三坐标测量机价格不贵且适合手动操作。

6.4.3　视觉测量机

视觉计量系统提供了一种边缘检测技术，其测量精度处于轮廓投影仪和三坐标测量机之间。能够获得高精度测量结果且无须与被测工件物理接触。无接触的优点意味着可以对薄、软、脆或弹性工件进行快速精确测量，且干净、安全、适应性广。

大型的CNC视觉测量机带有移动桥架，看起来与三坐标测量机的结构和外形相似，不同之处在于机械式触发测头被视觉系统取代。该视觉系统包括一个用于放大被检区域的物镜和一个相机［彩色电荷耦合器件（CCD）或黑白］。该相机带有接口，可以将图像信息传递到计算机视觉系统软件和照明系统中。

小尺寸、基础型的视觉测量机是二维（2D）的，只能测量X、Y轴，但是大部分视觉测量机都是三维（3D）的，能够测量Z轴。图6.47所示为一台CNC视觉测量系统，其X、Y、Z轴量程分别为200mm、250mm、100mm。

所有的视觉系统都要使用某种光源照亮工件表面，通常为LED或卤素光源。可安装各种物镜，例如0.5X、1X、

图 6.47　CNC视觉测量系统

2.5X、10X及25X。因此可以在屏幕上放大16X，最高可达4800X。

所有视觉系统都通过检测光强度的变化，也就是特征的对比度来进行测量，如白色背景上的黑点。当检测时，首先必须校准相机，将像素间距转换为长度单位。相机捕获图像后，即可使用系统软件功能对其进行处理。测量结果可以以图形方式在屏幕上显示，测量尺寸和导入 CAD 数据之间的任何偏差都可以显示出来。测量数据也可以输出到其他设备，即可用于在制品控制，也可以以所需形式用于质量控制统计分析，与三坐标测量机系统类似。

虽然以上所述主要与工程测量有关，但是由于视觉测量系统具有非接触功能，所以其应用范围非常宽广，尤其适合于零件或者产品处于移动状态的流程型制造。

视觉系统还可以用来检测：

1）形状——工件形状是否正确或者工件是否正确定位。

2）探伤——在连续生产过程中对金属板、纸张、玻璃、塑料和瓷砖中的缺陷进行检测。

3）颜色确认——在制药行业中用于确保正确颜色的药片已放入适当的包装中。

4）单一尺寸测量——测量连续滚轧或挤压的产品宽度。

5）字符识别——读取条码或格式不正确的字母。

6）零件识别——检查车辆是否为房车、轿车或掀背车，并给喷涂机器以相应引导。

7）引导——引导机器人在何处拾取/放下物体，控制机器人喷洒密封剂或黏合剂的路径。

复 习 题

1. 说出千分表的优点。

2. 没有游标尺的千分尺的测量精度是多少？

3. 描述游标卡尺的基本原理。

4. 外径千分尺和深度千分尺的刻度有什么不同？

5. 陈述可用游标卡尺完成的测量类型。

6. 说出千分表的两种类型，并说明每种类型的典型用途。

7. 使用游标量角器可达到的测量精度是多少？

8. 说出游标卡尺的四个不足之处。

9. 解释 CMM 代表的含义，并简要描述其主要功能。

10. 说出使用关节测量臂的两个主要优点。

第7章

切削刀具与切削液

由于可变因素较多，金属切削的学习十分复杂。工件材料和刀具材料的不同、是否使用切削液、工件与切削刀具的相对速度、切削的深度及机床状态等因素都会影响切削操作。不过，了解并能应用一些适用于切削的基本原理，能使我们更好地有效完成切削操作。

制造工件所用材料通常不由我们选择。所需执行的操作决定了使用什么机床。这就缩小了问题的范围——了解操作和机床就确定刀具材料、切削角度，工件或刀具的切削速度，以及是否需要使用切削液。最后，还要能在需要时使刀具处于良好的状态，这就需要掌握修磨刀具知识。磨刀通常用手完成，也称之为手工修磨。

7.1　切削刀具材料

7.1.1　切削材料的性能

为了有效切削，制造切削刀具的材料必须具有一定的性能，其中最重要的就是红硬性（耐热性）、耐磨性和韧性。

1. 红硬性

显而易见，切削刀具必须比要被切削材料更加坚硬才能完成切削。切削刀具在高温下也能保持坚硬同样重要。切削刀具在高切削温度下仍保持其硬度的能力称为红硬性。目前实践中也常称之为"热硬性""耐热性"。

2. 耐磨性

切削时，切削刀具的切削刃要在高压力下进行工作，并且会因为和被切削材料摩擦而受到磨损。总体上来讲，刀具材质越硬，其抵抗摩擦的性能就越好。

3. 韧性

不幸的是，切削刀具材料虽然很硬，但是也很脆。这意味着如果受到冲击，切削刃就会破损。例如，如果被车削的零件有一系列的槽，那么其切削就会给切削刃带来间歇性的冲击。为防止切削刃在这样的情况下受到破损，其材料必须要有一定的韧性。这只能通过牺牲其硬度而实现，也就是说韧性增加了，硬度就会降低。

显而易见，没有一种切削刀具材料能同时满足所有的条件。由于切削条件需要有韧性的切削刀具，所以切削刀具就不能达到其最大硬度，因而也就不能完全抵抗磨损。同样，需要最大硬度的切削刀具虽然具有最大的耐磨性，但是却不能有效抵抗冲击载荷。切削刀具材料的选择不但取决于被切削材料的类型和其所处的切削条件，也受刀具自身的成本影响。切记，切削刀具价格不菲，在刀具使用及随后的修磨过程中，一定要尽量避免损坏刀具及因此而造成的浪费。

7.1.2　高速钢（HSS）

高速钢由铁、碳及不同含量的金属元素，如钨、铬、钒和钴等组成。这些钢在硬化后会变脆，因此其切削刃会因为冲击或者粗暴取放而破损。它们具有很高的耐磨性，但不足以承受高冲击负荷。高速钢能在高速下进行切削，即使切削刃在 600℃ 下工作时仍能保持其硬度。

高速钢是由钨、钼或两者结合获得相应性能的合金。钨基牌号分为 T1、T15 等，而钼基牌号则分为 M2、M42 等，这些牌号是最常用的切削刀具材料。M2 牌号的成分为质量分数为 6% 的钨、质量分数为 5% 的钼、质量分数为 4% 的铬和质量分数为 2% 的钒，具有高耐磨性，广泛用于制造钻头、铰刀、丝锥、模具、铣刀及类似的切削刀具。M42 牌号也是钼基，但添加了质量分数为 8% 的钴。其成分为质量分数为 1.5% 的钨、质量分数为 9.5% 的钼、质量分数为 3.75% 的铬、质量分数为 1.15% 的钒和质量分数为 8% 的钴，被称为"超钴高速钢"或"超级 HSS"，通常以字母 HSCo 进行标识。目前也有多种硬质表面陶瓷涂层可供选择，如，氮化钛（TiN）具有金色光泽；氮化钛铝（TiAlN）具有黑色/灰色光泽；氮化钛碳（TiCN）具有蓝色/灰色光泽。它们用于强化钻头、丝锥和端面铣刀的性能，以提供不同级别的表面硬度、热性能和摩擦性能。

除了用来制造上述的刀具外，高速钢还可经过淬火或回火后，制成截面为圆形或方形的"刀条"。工作人员只需在使用前将其端部打磨成所需形状即可。

为节约成本，车刀等切削刀具通常不是由一整块昂贵的高速钢制成，而是由两部分组成。前端切削刃是高速钢，这一部分通过对焊焊接在一个硬钢柄上。这种刀具被称为对焊刀具，如图 7.1 所示。切削刃可以在用后重磨，直至高速钢部分耗尽并达到硬化刀柄为止。此时刀具也就报废了。

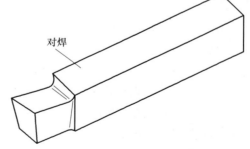

对焊

图 7.1　对焊刀具

7.1.3　硬质合金

硬质合金通过粉末冶金技术生产，也就是使用粉末形式的金属制成。最终的粉末混合物由不同比例的硬质颗粒和黏结金属组成。硬质颗粒赋予了材料硬度和耐磨性，而黏结金属则提供了韧性。它们可被制成各种尺寸、外形和几何形状的刀尖和嵌入式刀片。

最常用的硬质颗粒是碳化钨，同时也常会加入不同比例的钛、钽和铌碳化物。常用的黏结金属是钴，以不同比例混合就可以获得不同牌号的硬质合金，从而获得不同的材料硬度和韧性，用于切削不同类别的材料。一般情况下，增加钴黏结剂的数量和增加碳化钨晶粒的尺寸都有助于提高韧性，但是同时使用会降低其硬度，从而降低耐磨性。

每种工件材料都受其合金元素、热处理方式等的影响而具有独特性，这对刀具材料、牌号和几何形状的选择有着重要影响。因此，根据 ISO 标准，工件材料根据其可加工性分为六大类。每类都由一个字母和一种颜色来标识。

1）P（蓝色）——钢。

2）M（黄色）——不锈钢。

3）K（红色）——铸铁。

4）N（绿色）——有色金属，如铝、铜、黄铜。

5）S（橙色）——耐热超级合金。

6）H（灰色）——硬钢及冷硬铸铁。

因此，就出现了大量具有相应颜色编码的各种牌号的嵌入式刀片，便于在使用时提供选择。

硬质合金用于制造车削、镗孔、铣削、钻孔等切削工具。实心硬质合金钻头、丝锥和铣刀可用于切削各种材料。硬质合金可制成能焊接到适当刀柄的刀尖形式，还可制成能够装夹在合适刀柄的嵌入式刀片形式，如图 7.2 所示。嵌入式刀片是通过将金属粉末按正确比例混合，在高压下将其压制成所需形状，最后在 1400℃ 的温度下加热，即通过所谓的烧结过程而制成。烧结阶段会导致钴黏结金属熔化，并与硬质颗粒熔合或胶结形成固体块，因此称为"硬质合金"。在烧结过程中，嵌入式刀片会在各个方向收缩约 18%，最终约为其原体积的 50%。

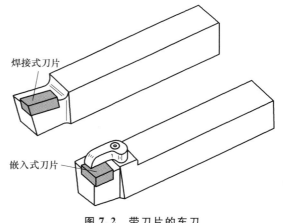

图 7.2 带刀片的车刀

焊接式刀具可以重新研磨以获得锋利的切削刃，但由于其硬度极高，必须使用碳化硅砂轮。甚至可能需要使用金刚石对其进行精加工并保持良好的切削刃。重磨时必须非常小心，以避免过热，否则会导致刀尖表面开裂乃至切削刃断裂。这种刀具必须将其从机床上拆下才能重新研磨刀刃，因此研磨后必须在机床上重新安装并复位。

夹持在刀柄上的刀片无须重新研磨。当切削刃磨损并需要更换时，只需将其松开并转动到下一个新的切削刃（刀片上可能有多达八个切削刃），便可进行加工，而无须进行任何重置。使用完所有可用的切削刃后，将刀片报废并更换新刀片即可。

刀片有各种材料、尺寸、形状和切削几何参数可选，适用于不同应用，其中一部分如图 7.3 所示。

刀具材料从韧性最高到硬度最高的顺序是：

1）无涂层碳化钨。

2）涂层碳化钨。

3）金属陶瓷。

4）陶瓷。

5）立方氮化硼。

6）金刚石。

1. 无涂层碳化钨

无涂层硬质合金嵌入式刀片（无任何附加涂层）用于适中到困难等级的应用，如在低切削速度下，以车削、铣削和钻孔的方式切削钢、耐热超级合金、钛、铸铁和铝等材料。嵌入式刀片有锋利的切削刃，并具有良好的耐磨性和韧性。

图 7.3　刀具刀片

2. 涂层碳化钨

数控钻床、车床和加工中心能够实现高速切削和高金属去除率，随着它们的使用，涂层硬质合金得到了发展，目前其使用比例已经占到了切削刀具嵌入式刀片的 80%~90%。涂层硬质合金将硬质合金与表面涂层结合在一起，表面涂层使其具有更好的耐磨性和韧性，并通过使用更高的切削速度和进给速度延长了刀具寿命，因此已经成为各种刀具和应用的首选。现代牌号的涂层硬质合金通常是涂覆了不同的碳化物、氮化物和氧化物层，或者它们的组合。最常见的涂层是氮化钛、氧化铝、碳氮化钛和氮化钛铝。这些刀片通常用于车削、铣削和钻削加工中的所有工件材料类型。它们有多种等级可供选择，耐磨性和韧性结合得非常好，因此其磨损好且刀具寿命长。

3. 金属陶瓷

金属陶瓷是一种含有钛基硬质颗粒的硬质合金。金属陶瓷的名称就是陶瓷和金属的结合体。与硬质合金相比，金属陶瓷提高了耐磨性，降低了涂抹倾向（工件材料涂抹或黏附在刀具表面的倾向）。不过这些特性因为其较低的抗压强度和较低的热冲击性能被抵消，其中热冲击可以在不使用冷却剂的情况下通过机械加工加以避免。金属陶瓷也可以增加涂层以提高耐磨性。典型应用是在精加工操作中，对不锈钢、球墨铸铁和低碳钢等工件材料，使用低进给量和切割深度获得精密公差和良好的表面粗糙度。

4. 陶瓷

所有陶瓷刀具在高速切削时都具有优秀的耐磨性。有多种陶瓷牌号可用于各种应用。氧化物陶瓷是以氧化铝为基础、添加氧化锆作为裂纹抑制剂的材料。其化学性质稳定但缺乏抗热震性。

添加立方碳化物或碳氮化物可提高韧性和导热性，可形成混合陶瓷。

晶须增强陶瓷使用碳化硅晶须可显著提高韧性，并可使用切削液。

不同的陶瓷牌号可广泛应用于不同的场景和材料，最常用于高速车削加工及开槽和铣削操作，通常具有良好的热硬度和耐磨性。它们主要用于加工铸铁和钢材、硬化材料和耐热超级合金，如高合金钢、镍、钴和钛基材料。陶瓷的普遍局限性是抗热震性和断裂韧性较低。

5. 立方氮化硼

多晶立方氮化硼（CBN）是一种具有优良热硬度的材料，可以在非常高的切削速度下使用。它还具有良好的韧性和抗热震性。CBN 由氮化硼和陶瓷或氮化钛黏合剂组成，焊接在硬质合金载体上制成嵌入式刀片。CBN 牌号主要用于精车淬硬钢和在车削和铣削时高速粗加工铸铁。CBN 用于有极高耐磨性和韧性要求的应用中，是唯一可以取代传统磨削方法的切削材料。CBN 因此也被称为超硬切削材料。

6. 金刚石

聚晶金刚石（PCD）是由金刚石颗粒与金属黏结剂烧结而成的复合材料。金刚石是最硬的材料，因此也是最耐磨的材料。作为一种刀具材料，它具有良好的耐磨性，但在高温下缺乏化学稳定性。通常制成焊接在刀片的刀尖或硬质合金基底上的薄金刚石涂层，它们仅限于有色金属，如高硅铝和非金属材料，如车削和铣削操作中的碳纤维增强塑料。PCD 与溢流冷却液一起使用，可用于钛金属的超精加工。与 CBN 一样，PCD 也被称为超硬切削材料。

多年来，天然和合成金刚石一直被用于修整砂轮。这些工具通过真空钎焊固定在所需形状的支架中，或固定在粉末金属基体中，可以制成单点工具、多点研磨工具、刀片工具或组合工具，这取决于应用类型（见图 10.10）。

7.2 切削刀具

7.2.1 后角

为了能够高效切削，所有的切削刀具，无论是手持的还是用于机床的，都必须具有一定的角度。第一个必需的角度是后角，即切削刃与被切削材料表面之间的角度。该角度可防止切削刀具除切削刃之外的任何部分与工件接触，从而消除对刀具的磨损。

如图 7.4a 所示，如果刀具端部底面与工件平行，那么刀具将沿工作表面滑动。如果刀具的背面或根部底面在切削刃以下，它将在工件表面上摩擦，如图 7.4b 所示。正确的角度如图 7.4c 所示，其中刀具的根部高于切削刃，因此只有切削刃与工件接触。

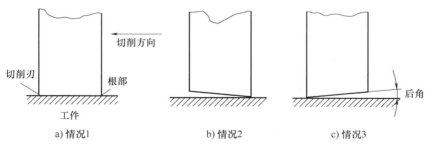

a) 情况1　　　　　　　b) 情况2　　　　　　　c) 情况3

图 7.4 后角

后角应尽量小，对于大多数用途来说 8° 就足够了。应避免磨出过大的后角——这是对昂贵的刀具材料的浪费。首先，磨削本身就很耗费时间和成本，其次也是最重要的，这会削弱切削刃。不过有时也可能需要较大的后角，如镗刀扩孔时就需要较大的后角，如图 7.5a 所示。但是，如果该增大的后角一直延伸到切削刃，如图 7.5b 所示，将严重削弱切削刃强度。因此，对于这些情况，通常是在切削刃后的短距离内制作一般后角，称为主后角，随后的第二个角称为副后角，如图 7.5c 所示。

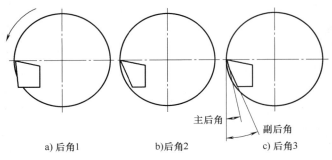

a) 后角1   b)后角2   c)后角3

图 7.5　主后角和副后角

7.2.2　前角

有效的切削还需要另外一个角，称为前角。它是前刀面与被切削材料表面垂线间的夹角。

前角底部所在的前刀面是指切屑从工件上切除时所流经的刀面。因此，该角度随着被切削材料而变化，因为一些材料比其他材料更容易滑动，而有一些材料则会碎成小块。例如，使用0°的前角切削黄铜，它就会碎成小块。又如，铝有粘在刀面的倾向，因此需要更大的前角，通常在30°以内。

在大多数情况下，前角都取正值，如图 7.6a 所示。如果使用硬质合金刀具加工硬性材料，由于硬质合金较脆，需要在刀尖处给予最大支撑。为了达到此目的，就需要使用负前角，这样切削刃就能在上面支撑刀尖，如图 7.6b 所示。

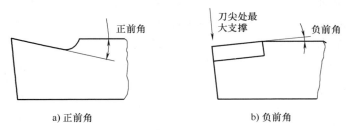

a) 正前角   b) 负前角

图 7.6　正前角、负前角

图 7.7 所示为各种切削刀具的前角和后角。许多切削刀具的切削角在制造时就已经确定，用户无法改变。这些刀具包括铰刀、铣刀、丝锥、冲模等。

当然，这些切削刀具可以重磨，但是需要专用的刀具和刀具研磨机。普通车床上使用的基本刀具和成型机上使用的基本刀具都是手动研磨的，可以磨成各种角度和形状，从而适应不同的材料和应用。

尽管麻花钻的螺旋角在制造过程中已经确定，但是通过研磨麻花钻的钻尖，其螺旋角也可以改变，以能适应不同的材料。

7.2.3　车刀

用于车削的刀具可能需要在两个方向上进行切削。因此，此类刀具必须为每个进给运动方向提供前角和后角。图 7.8 所示为用于车端面和外圆的车刀的前角和后角。

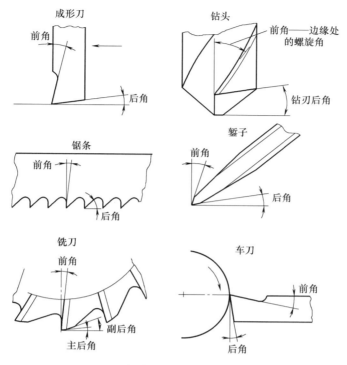

图 7.7　各种切削刀具的前角和后角

　　车端面需要副前角和副后角，这是因为车刀以图 7.9a 所示方向进给时会产生切削。车外圆则需要侧前角和侧后角，这是因为当车刀按图 7.9b 所示的方向进给时会产生切削。在同一刀面既有副前角又有侧前角，就会在此两角之间的某处形成一个实际前角，无论从哪个方向切削，切屑都会沿这个角流动。实际后角用于防止刀具的尾部或后缘与工件表面刮蹭。

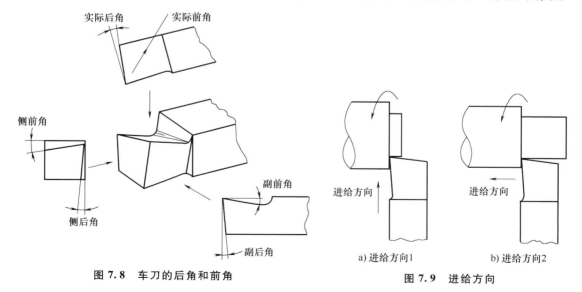

图 7.8　车刀的后角和前角　　　　　　　**图 7.9　进给方向**

　　只在一个进给方向上进行切削的刀具只需要一个前角，但是为了防止摩擦却可能需要多个后角。图 7.10a 中的刀具按图示方向切削，在同一方向只需一个前角和后角。但是仍需要一个副后角来清除工件表面。

用于切断或车槽的车刀在进给方向上需要有前角和后角，同时为了防止与已加工的槽摩擦，还需要侧后角，如图 7.10b 所示。

当从右边切削时，车刀被看作为右手车刀，从左边切削时被看作为左手车刀，如图 7.11 所示。

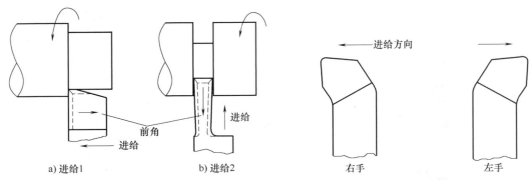

a) 进给1   b) 进给2

图 7.10　车刀及切槽刀的前角方向　　　　图 7.11　右手车刀与左手车刀

由于加工中遇到的变化因素很多，要给出精确的前角值很困难。表 7.1 所示为高速钢刀具的典型前角。

表 7.1　高速钢刀具的典型前角

被加工材料	前角/(°)
黄铜	0
软青铜	5
铸铁	8
低碳钢	12
铜	20
铝	30

7.2.4　麻花钻

麻花钻各部分命名如图 7.12 所示。麻花钻头的螺旋角相当于其他刀具的前角，在制造时已确定。麻花钻的标准螺旋角为 30°，与 118° 的钻尖角（锋角）配合，适用于钻削钢和铸铁，如图 7.13a 所示。

螺旋角为 20° 的钻头，称为低速螺旋钻，当钻尖角为 118° 时，适合钻削黄铜和青铜，如图 7.13b 所示。如果钻尖角为 90° 时，则适合钻削塑料。

螺旋角为 40°、钻尖角为 100° 的高速螺旋钻适合钻削软质材料，如铝合金和铜，如图 7.13c 所示。

带抛物线排屑槽的钻头，其排屑槽根部上翻，能够为排屑提供额外的屑槽空间，还能形成更薄的刃带。这对于在 CNC 机床上钻深孔尤其有用，能够使最大限度地减少因排屑而需

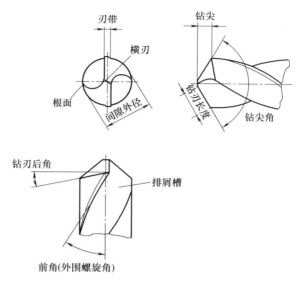

图 7.12　麻花钻切削角度命名

要不断抽出钻头的次数，从而减少切削时间。它们有 130°的钻尖角及约 38°的高速螺旋角。这些钻头可配氮化物涂层，以增强耐磨性、提升刀具寿命。

　　钻头也可修磨成分离钻尖和 135°的钻尖角。此时横刃被去掉而形成一个中心钻尖。图 7.14 就表示了 118°的传统钻尖及 135°的分离式钻尖的区别。当同高性能 CNC 机床一起使用时，这种分离式钻尖为自定圆心，所以易于钻削操作且在钻削时用力较小。

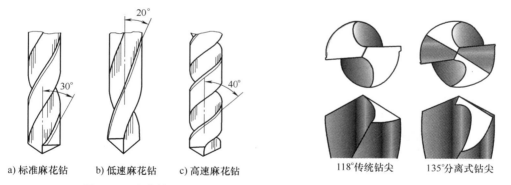

图 7.13　麻花钻　　　　图 7.14　传统的钻头及分离式钻尖钻头

　　钻头可作为普通用途的工作钻使用，具有标准长度。短钻头用于钻浅孔，但对刚性要求较高；长和超长系列的钻头用于钻深孔。根据钻头直径的不同，小直径钻头可能需要用直柄，而较大直径的钻头则需要用莫氏锥柄。为提高耐磨性，钻头可涂覆各种氧化物和氮化物涂层。

　　虽然钻头通常由 HSS 或 HSCo 制成，但是也有 1～12mm 的硬质合金钻头。这些钻头钻尖角为 118°，适用于钻削各种材料，包括碳钢和合金钢、不锈钢、铸铁和有色金属。高性能硬质合金钻头具有氮化钛（TiN）和氮化钛铝（TiAlN）涂层，可获得较高的耐磨性和较长的刀具寿命。它们有 130°或 140°的钻尖角，直径为 3～20mm。

7.2.5　钻头修磨

为了快速、准确地钻出表面粗糙度良好的孔，应对钻头进行正确地修磨。在修磨正确的钻尖时，必须控制以下三个要点：钻尖角、钻刃长度和钻刃后角。

当需要修磨的钻头数量很大时，使用钻头修磨机会比较经济，它能在修磨时确保正确的钻尖角、钻刃后角和相等的钻刃长度。不过，手工修磨钻头通常也十分必要，因此应掌握该技能来确保正确钻削。

钻刃后角用于防止磨损。如果太大会削弱钻刃强度，根本没有或者太小会导致摩擦过热。一般来说，10°~12°的钻刃后角效果最好。当加工铝合金或铜时，可增大至15°。

修磨时，确保每个钻刃的角度和长度相同非常重要。如果钻头的角度或刃长不同，或两者都不同，就会导致孔尺寸过大。钻刃长度不等造成的影响如图7.15所示。图中，钻尖被磨至正确的角度，但不同长度的钻刃会使钻孔的中心偏离钻头中心线。结果就是孔的尺寸过大，超出量是偏移量 x 的两倍，也就是说即使是小到0.25mm的偏移也会导致孔的尺寸大出0.5mm。

要形成118°的钻尖角，就要将钻头保持在与砂轮面成59°的位置。水平握住要修磨的切削刃，使钻头后端低于前端，以形成正确的钻刃长度。对准砂轮向前推钻头，同时轻轻摇动钻头离开切削刃，形成钻刃长度。然后转动钻头，对第二个钻刃重复上述动作。在每个钻刃上一次磨一点，重复上述动作直至获得正确的角度和钻刃长度。

图7.16a所示的简单量规可用来引导磨出正确的钻尖角。可以使用图7.16b中所示的简单量规检查正确的刃长。在钻柄支撑下，用每个钻刃各划一条线。如果线条重合，就说明刃长长度相等。

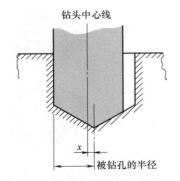

图7.15　钻刃长度不等造成的影响

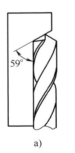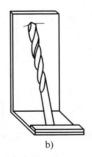

a)　　　　　　　b)

图7.16　钻尖角度和钻刃长度量块

7.3　刀具维护

手动磨床是指用手握住工件或刀具并将其作用于砂轮上的磨床。因此，其使用需要具备严格的安全预防措施。

手动磨床本质上来讲就是一台电动机，其每一端都有一个轴，每个轴上安装有一个磨轮，也叫砂轮。这种布局允许将粗砂轮装在一端，而细砂轮装在另一端。这样就可用粗砂轮完成粗磨，并用细砂轮完成精磨。

这些机器可以安装在工作台上，通常称之为台式磨床（见图 7.17），或者安装在落地式底座上，则称为座式研磨机。台式磨床应牢固地固定在坚固的工作台上，座式研磨机应牢固建造并用螺栓牢固固定在良好的基座上。

为了尽可能封闭砂轮并使开口尽可能小，必须要在机器框架上安装具有足够强度的防护装置。防护装置有两个主要功能：

1）在砂轮爆裂时容纳砂轮碎片。

2）尽可能防止操作人员接触到砂轮。

防护装置没有安装到位时绝对不允许使用磨床。

台式磨床或座式研磨机的砂轮防护角如图 7.18 所示。

图 7.17　台式磨床

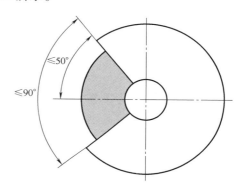

图 7.18　砂轮防护角

应为磨床提供带有强化玻璃或钢化玻璃的固定防护罩，并可以在砂轮磨损时手动调整。所有操作手动磨床的人员必须佩戴护目镜、眼罩或安全眼镜等眼部防护装置。

可调节的工作台安装于砂轮的前部或侧面，在磨削过程中用来支撑刀具。工作台的角度可调，以便置于其上的刀具可以以特定角度修磨。工作台要求必须能够调整，并使其与砂轮表面之间的间隙能够始终保持最小，同时必须正确固定。这可预防工件、刀具或手指卡在砂轮和工作台之间的风险发生。

必须经常调整工作台以补偿砂轮的磨损，并保持最小间隙。只有当砂轮静止且机器隔离开关处于"关闭"位置时，才能调整工作台。上述所有预防措施都是各种条例规定下的法定要求，不遵守这些预防措施不仅可能会导致人身伤害，还有可能被起诉。

在使用手动磨床时，应使用砂轮外径，并使刀具横穿砂轮表面移动。在一个地方进行磨削会导致砂轮表面被磨损出凹槽，从而无法将切削刃磨直。在直边砂轮的侧面进行磨削是十分危险的，当砂轮明显磨损或突然施加压力时尤其危险。需要经常修整砂轮，以保持其表面平整并能正常磨削。

如果不对刀具进行冷却，就不要长时间对其修磨。每次少磨一点并经常冷却，可以避免过热和开裂的可能性。

安装在手动磨床上的砂轮通常用于对各种材料的常规磨削。这些普通等级的砂轮不能修磨硬质合金，修磨硬质合金需要绿砂碳化硅砂轮。

磨床周围的地面空间应无障碍物和湿滑物质。机器一次只能由一人使用，不用时不得保持转动。当机器起动时，绝对不允许站在砂轮正前方。绝对不允许通过向砂轮边缘施加压力来停止砂轮。

只能由经过适当培训的人员更换砂轮。建议保存砂轮安全安装培训记录，包括受训人员的姓名和培训日期。

砂轮应始终安装在为其设计的相应类型的磨床上，主轴的速度不得超过砂轮上标记的最大速度。

如果存在噪声问题，必须佩戴护耳用品。

为了避免振动问题，不要将刀具抓得太紧，不要施加过大的力，也不要长时间使用，如果有刺痛、针扎或麻木的感觉，请采取相应措施。

可使用星形砂轮修整器在手动磨床上修整砂轮。该修整器包括一个末端装有一系列星形砂轮的手柄和位于下侧的两个挂耳，如图 7.19 所示。

图 7.19　星形砂轮修整器

当修整砂轮时，将工作台向后移动，为修整器留出空间。然后起动磨床，修整器的挂耳挂在工作台前面，手柄向上倾斜，将修整器穿过砂轮表面移动。当星形轮压在旋转砂轮的表面上时，它们会旋转并碎裂砂轮的黏结剂和磨粒，清除已经磨平的磨料颗粒，露出新的锋利磨削颗粒，再次形成平直、实际的磨削表面。这种方法的侵入性较强，适合于较大直径的砂轮。

如图 7.20 所示的修整棒可用于轻度修整。它们通常为 25mm 见方、150mm 长，其制造方法与砂轮相同。当修整时，将修整棒放在工作台上，使用一个角压在旋转砂轮的边缘，同时横贯砂轮表面移动。这能够轻轻去除已经磨损的颗粒和嵌入的材料，形成平坦、实际的磨削

图 7.20　修整棒

表面。碳化硼制成的修整棒也可用于精细修整。尺寸通常为 12mm×5mm×76mm，非常坚硬，使用寿命长，但非常昂贵。金刚石修整棒也可用于精修。

7.4　切削速度

切削刀具和工件之间的相对速度称为切削速度，单位为 m/min。在车削中，切削速度是工件的表面速度，即圆周上点的速度。在铣削和钻孔中，切削速度是刀具的表面速度。

来看一个例子，看如何计算出图 7.21 所示的直径为 d（mm）的工件在转速为 N（r/min）下的切削速度 S（m/min）。

圆周上任意一点转一圈的移动距离＝周长＝πd

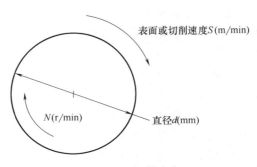

表面或切削速度 S(m/min)

N(r/min)

直径 d(mm)

图 7.21　切削速度

在 1min 内，工件旋转了 N 转，因此该点在 1min 内所走的距离 $= N\pi d$

由于切削速度 S 的单位为 m/min，因此应除以 1000，可得：

$$S = \frac{\pi dN}{1000}$$

7.4.1　例 7.1

求当直径为 50mm 的棒料在主轴转速为 178r/min 时的切削速度 S。

$$S = \frac{\pi dN}{1000} = \frac{\pi \times 50 \times 178}{1000} \text{m/min} = 28\text{m/min}$$

7.4.2　例 7.2

求直径为 15mm 的钻头转速为 955r/min 时的切削速度 S。

$$S = \frac{\pi dN}{1000} = \frac{\pi \times 15 \times 955}{1000} \text{m/min} = 45\text{m/min}$$

切削速度主要取决于使用刀具材料的类型和被加工材料的类型，但也受切削深度和进给速度的影响。当使用高速钢刀具加工铝时，就可以使用比加工钢更高的切削速度，如果使用硬质合金钨刀具，可以用更高的切削速度。

刀具材料制造商给出了不同刀具切削黄铜、铝、钢等各种工件材料的推荐切削速度。表7.2 所示为一部分参考值，供参考使用。

表 7.2　高速钢和碳化钨刀具的切削速度

被切削的材料	切削速度/(m/min)	
	高速钢	碳化钨
铸铁	20	160
低碳钢	28	250
青铜	35	180
硬黄铜	45	230
铜	60	330
铝	100	500

知道了刀具切削材料和工件材料特定组合的切削速度值，以及被加工的直径（或刀具直径），就可以求出未知的工件或刀具应运行的主轴转速 N。根据切削速度方程，可通过以下公式得出：

$$N = \frac{1000S}{\pi d}$$

7.4.3　例 7.3

使用直径为 200mm 的高速钢铣刀加工钢材工件，如果切削速度为 28m/min，那么主轴转速应为多少？

$$N = \frac{1000S}{\pi d} = \frac{1000 \times 28}{\pi \times 200} \text{r/min} = 45\text{r/min}$$

7.4.4 例7.4

使用硬质碳化钨刀具，以160m/min的切削速度车削直径为150mm的铸铁件，主轴转速应为多少？

$$N = \frac{1000S}{\pi d} = \frac{1000 \times 160}{\pi \times 150} \text{r/min} = 340\text{r/min}$$

在开始任何加工操作之前，都应该养成先进行这种计算的习惯，即使是粗略的心算也可以。这样至少可以获得一个以多少速度运行机床的基础，这肯定要比猜测的速度更接近正确速度。如果有了足够的经验，甚至可以通过观察切屑从工件上去除的方式，对主轴转速进行调整以适应不同的条件。

7.5 切削液

当金属切削时，切削刀具正前方的金属会受到严重挤压，从而产生热量。然后金属沿着前刀面滑动，两个表面之间的摩擦又产生了额外的热量。当刀具磨损时，刀具后角减小，此时刀具和切削表面之间的任何摩擦也会产生热量。这种热量通常是有害的，对高速钢刀具尤其不利。由于金属和刀具之间的高压，一些金属在被切削时，会产生黏附或焊接到前刀面切屑的倾向。这会增加切削所需功率、摩擦进而增加热量等。不仅如此，当切屑脱离刀具表面并重新成形时，还会给刀具表面造成磨损，并给工件带来较差的表面粗糙度。另外，切削过程中产生的过多热量甚至会导致工件膨胀。此时测得的工件在其冷却后可能会缩小。

切削液最基本的作用是控制热量，它可以通过直接冷却工件、刀具和切屑来控制热量，也可以通过在刀具、工件及切屑之间形成润滑来减少摩擦以控制热量。为了能够有效冷却，切削液应有高的比热容和导热率。

水和油是最常见的与冷却和润滑相关的流体。水比油具有更高的比热容和导热系数，但不幸的是，它会导致生锈，也没有润滑性能。油不会导致生锈，具有良好的润滑性能，但冷却能力却不如水。为了充分利它们各自的优点，可以将它们与各种添加剂混合，得到所需的冷却和润滑能力。因为油的成本很高，且水基切削液能够显著降低成本，所以与水混合并可提供良好润滑性能的水基切削液得到了大量的研究发展。

一般说来，使用切削液有以下作用：

1）减小刀具磨损。

2）可使用更高的切削速度和进给量。

3）提高表面粗糙度。

4）减少能量消耗。

5）改善工件尺寸精度控制。

理想的切削液除了应具有上述作用外，还应具备以下特点：

1）不腐蚀工件和机床。

2）蒸发率低。

3）性能稳定、无泡沫或烟雾。

4）不伤害或刺激操作人员。

7.6 切削液的类型

7.6.1 纯油性切削油

纯油性切削油非常纯净，用于切削时不会与水混合。其通常由多种不同类型的矿物油混合制成，并添加适用于极端压力应用的添加剂。纯油性切削油可用于切削条件非常苛刻的环境，通常在使用低切削速度和进给速度，或切削极难加工的钢材等情况下使用。这些条件所需的润滑是可溶油所不能达到的。此类切削操作包括重型车削、滚齿、拉削、攻螺纹、车螺纹和珩磨。

有些情况不能使用水溶性油，因为水可能会和液压液或机床的润滑油混合而造成危险。此时，可以使用可与机床液压或润滑系统兼容而不会产生污染危险的纯油。纯油性切削油冷却性能不好，因而难于保持良好的加工精度。纯油性切削油会从机床里流出并从工件上滴下，之后还会从大气中吸收灰尘，因此会使工作区域变脏并有一定的危险性。

低黏度或稀油易在切削期间冒烟或起雾，在某些情况下还有火灾风险。

纯油性切削油的主要优点是其具有优良的润滑性能和良好的防锈性能。然而，有些型号的切削油确实会导致金属变色。

7.6.2 水溶性切削油

水是最便宜的冷却介质，但它本身并不合适作为切削液，主要是因为它会腐蚀黑色金属。在可溶油中，或更准确地说是可乳化油中，水的优良冷却性能与矿物油的润滑和保护性能相互结合。虽然油不溶于水，但在乳化剂的帮助下，它可以被分解为微小颗粒分散在水中，形成乳液。这些切削液通常被称为"肥皂水"或冷却液。

还可以加入其他成分与油混合，以提供更好的防腐保护，防止起泡和细菌伤害，以及刺激皮肤。在切削力较高的恶劣切削条件下，需要加入极压（EP）添加剂，这种添加剂不会在极端条件下分解，从而阻止切屑焊接触刀具表面。

必须正确混合乳化液，否则会使其杂乱黏稠。选择正确的油水比后，将所需体积的水经准确测量后倒入干净的罐或桶中，并在缓慢搅拌水的同时逐渐添加经过准确测量的适当体积的可溶性油，从而形成稳定的油/水乳液，并且可以立即投入使用。

稀释度为 1∶20~1∶15（即 1 份油与 20 份水）时，乳化液呈乳白色，可用于绞盘，以及用作普通车床、钻削、铣削和锯削的通用切削液。

稀释度为 1∶80~1∶60 时，乳化液呈半透明状，而不是不透明的乳白色，可用于研磨加工。

综上所述，不难看出，当主要需求是直接冷却时，比如研磨加工，稀释度要大一些，即 1/80。当主要需求是润滑时，比如齿轮切削，稀释度要小一些。

与纯油性切削油相比，水溶性切削油的优势在于其具有更强的冷却能力、更低的成本、烟雾更少且无火灾危险，其不足是防锈性较差，乳化液会分离，会受细菌影响并变臭。

7.6.3　合成切削液

合成切削液有时也被称为化学溶液，其所包含的不是油，而是溶解在水中的化学混合物，具有润滑和防腐性能。可与水形成透明的溶液，有时还需要人工着色。合成切削液在磨削操作中非常有用，由于不含油，因此可以最大限度地减少了砂轮堵塞，而且在稀释度高达1/80时使用。因为合成切削液是透明的，操作人员可以在加工时看到工件，这对于磨削操作也很重要。

合成切削液很容易与水混合，在切削过程不冒烟，也不会在工件、机床或地板上留下滑膜，能够很好地防锈，不会变质。当其稀释度介于 1：30～1：20 时，可用于一般性加工。

7.6.4　半合成切削液

半合成切削液有时被称为化学乳状液，与合成液体不同，其存在少量的油在水中乳化。当和水混合时，会形成非常稳定的透明液体，油滴非常小。为便于识别，与合成切削液一样，半合成切削液也经常需要人为着色。

与水溶性切削油相比，半合成切削液具有更好的防锈性和酸败性，因而适用范围更广。半合成切削液使用起来更安全，不起烟，也不会在工件、机床或地板上留下滑膜。依据不同的应用，其稀释度在范围为 1：30～1：10。

7.6.5　植物油切削液

植物油切削液是一系列的特别精炼的植物油，这些植物油的提取利用了非粮食作物农业革命中的制油技术。农作物油制油技术的进步意味着润滑剂可来源于可再生资源，还能提供广泛的黏度范围。与矿物油基切削液相比，植物油切削液具有多方面的性能优势。例如其具有高天然润滑性和高闪点，可减少烟雾形成和火灾危险。当加工温度升高时，植物油具有较高的自然黏度；当温度降低时，植物油能保持更大的流动性，因而可以更快地从金属屑和工件中排出。植物油的熔点较高，蒸发和雾化的损失较小，能提高操作人员的安全性。它们作为水基乳化液使用，浓度范围为 1～10 至 10～100，具体浓度取决于应用类型和性能水平。黑色金属和有色金属都可使用植物油切削液。汽车工业中的高性能 CNC 加工中心将其用作中央系统的高级冷却液，即从中央源给各种机床供应冷却液，相应的浓度受独立控制，以最大限度地提高切削性能并降低运行成本。

7.7　切削液的使用

选择了正确类型的切削液后，如何正确使用切削液也同样重要。最好的方式是在低压下提供充足的流量来喷射工作区域。喷射的另一个好处可以冲走产生的切屑。不建议使用高压喷射切削液，因为这样会形成细沫或雾气，无法冷却或润滑切削区域。为了处理大流量的切削液，机床必须有足够的防溅装置，否则操作人员可能会减少切削液流量，从而导致切削液太少，无法改善切削过程。

目前有多种方法可将切削液从各个可能的方向引入切削区域。喷嘴的形状很重要，但更大程度上取决于正在执行的操作和工件的形状。喷嘴可以是简单的大口径圆管，也可以采用扁平的扇形来提供更长的切削液流。主流可以分成多个流向不同方向的支流——向上、向下或从侧面，也可以通过在一段管道上钻孔的方式形成级联效应。在某些情况下，尤其在磨削时，当砂轮速度形成的气流使切削液偏转时，需要将导流板安装在管道出口上。如果刀具是垂直的，可以用一根上面钻有一系列孔的管子将其包围，并将孔朝向刀具。无论采用何种方法，其最基本的要求就是能在需要时连续输送足量的切削液。

随着高金属去除量 CNC 加工中心的使用，应为必需冷却的区域提供切削液，也就是直接在刀具切削刃处提供切削液。因此就要使用带喷嘴的刀柄，通过刀柄将高压切削液直接输送到切削区域。图 7.22 所示为带有内置喷嘴的刀柄，可将高压切削液输送至嵌入式刀片的正确部位。喷嘴是固定的，且已经预定向，这样就能将高速冷却液以正确的角度冲击嵌入式刀片上的正确位置和切削刃，因此操作人员不需要做任何设置。这种方式具有改善切屑控制和确保延长刀具寿命的优点。类似的设计也可用于开槽、钻孔等各种其他刀柄。图 7.23 展示了其在加工过程中的应用。钻头也可以使用贯穿其整个长度的内孔，使切削液通过该孔输送到切削区域，进行润滑和冷却，并通过将切屑冲回排屑槽而辅助去除金属。

图 7.22　带有内置喷嘴的刀柄

图 7.23　高压切削液的应用

7.8　安全使用切削液

《有害健康物质控制（COSHH）条例》要求采取合理可行的措施，预防因吸入、摄入或皮肤接触而导致的切削液暴露，否则应进行充分控制。

为遵守上述法规要求，雇主必须：

1）进行适当和充分的风险评估。

2）告知员工面临的风险和保护其健康所需的预防措施。

3）培训员工应用控制措施及使用所需的所有个人防护设备。

4）保证液体质量，控制液体的细菌污染。

5）尽量减少皮肤接触切削液。

6）防止或控制空气中的雾气。

7）如果接触液体或雾气，应进行健康监测，如定期皮肤检查，通常每月一次。

员工必须：

1）与雇主合作。

2）充分应用所有控制措施，使用个人防护设备，并报告任何有缺陷的设备。

3）在适当的情况下，在其工作场所参加健康监测计划。

暴露于切削液会导致：

1）因细菌存在而引起的皮肤刺激或皮炎。

2）职业性哮喘、支气管炎、呼吸道刺激和呼吸困难。

暴露也会刺激眼、鼻、喉。

切削液大多以连续喷射方式使用，因而可能因以下原因进入体内：

1）吸入加工操作过程中产生的雾。

2）通过接触未受保护的皮肤，尤其是手、前臂和头部。

3）通过割伤、擦伤或其他有破损的皮肤。

4）通过口腔（如果在工作区进食或饮水），或由于个人不讲卫生，如饭前不洗手。

若能遵守以下预防措施，将能减少或消除可能的危险：

1）遵循雇主的指示和培训。

2）使用防溅装置控制飞溅和起雾。

3）使用局部排气通风来清除或控制产生的任何雾或蒸汽。

4）在打开机床床身上的门之前，要有一段时间的延迟，以确保所有的雾和蒸汽已被清除。

5）报告任何有缺陷的防溅装置、通风装置或其他控制设备。

6）在可行的情况下打开门窗，改善自然通风条件。

7）不要使用压缩空气去清除多余的切削液。

8）避免皮肤直接接触切削液。

9）穿戴足够的防护服。

10）当戴上或取下手套时，注意不要让切削液污染手套内部。

11）只能使用一次性湿巾或干净抹布。

12）绝不能将受污染的抹布和工具放入工作服口袋中。

13）开始工作前和休息后恢复工作时，在手上和手臂外露部位涂抹工前霜。这有助于更容易去除污染物，但是不能提供屏障，也不能代替手套。

14）使用合适的洗手液和温水彻底洗手，并在上厕所之前、之后、进食之前和每次轮班结束时使用干净的毛巾擦干手。

15）避免在使用切削液的区域进食或饮水。

16）在清洗后使用工后霜或护理霜，用来取代天然形成的皮肤油，预防干燥。

17）将个人防护设备存放在提供的更衣设施中。

18）应定期更换受污染的衣物，尤其是内衣，并在再次使用前彻底将其清洗。

19）工作服应经常清洗。不要将工作服带回家进行清洗等处理。

20）请勿使用石蜡、汽油和类似溶剂清洁皮肤。

21）不要将不需要的食物、饮料或其他碎屑丢弃到油底壳中。

22）混合切削液、清洁或加满油底壳时，遵循最佳工作实践。

23）如有割伤和擦伤，必须立即进行医疗护理。

24）如果发现任何皮肤异常或胸部不适，请立即就医。

复 习 题

1. 说出使用手动修磨机时应遵守的四个安全预防措施。

2. 说出三种切削液类型，并指出每一种的典型应用。

3. 使用磨制不当、钻刃长度不等的钻头有什么后果？

4. 说出刀具材料的三种性能。

5. 描述使用切削液时应遵守的五种安全措施。

6. 陈述前角与被切削材料的软度的关系。

7. 说出四种刀具材料的名称。

8. 使用直径为 15mm 的钻头以 28mm/min 的切削速度在低碳钢工件上钻孔，主轴转速应为多少？（答案：594r/min）

9. 说出刀具进行切削时必需的两个切削角。

10. 使用碳化钨刀具以 180m/min 的切削速度车削直径为 150mm 的青铜件时，主轴转速应为多少？（答案：382r/min）。

第8章

钻 削

大多数钻削工作都是在圆柱钻床上完成的，之所以称之为圆柱钻床，是因为该机床的元件安装于一根竖直圆柱上。重型钻床采用电动进给方式，由电动机通过齿轮箱进行驱动，对钢材进行钻削时可加工最大直径为50mm的孔。较小的灵敏钻床（见图8.1）采用手动进给方式，因而使用较为灵活，由电动机通过带轮带动带进行驱动，对钢材进行钻削时可加工最大直径为5~25mm的孔。这些钻床均可以以台式或落地式安装。

8.1 灵敏钻床

图8.1所示为一台典型的灵敏钻床的主要部件。

1）底座——给钻床提供稳固的基础，立柱可牢固安装其上。

2）立柱——为钻头及工作台提供牢固支撑。

3）工作台——提供与主轴正确对齐的平面，工件可在该平面上定位，平面上的T形槽用于夹紧。工作台可以升降和绕立柱摆动，并能牢固地固定在所需位置。

4）电动机——通过五级带轮系统和双速齿轮箱驱动主轴，如图8.2所示。五个带速与A和B啮合及五个带速与C和D啮合就能够提供10种主轴转速，范围为80~4000r/min。

5）手轮——通过轴套上的齿条和小齿轮为钻头提供进给，如图8.2所示。

6）轴套——是主轴在其内部旋转的外壳。轴套只用来传递纵向运动，它本身并不转动。

7）主轴——通过它定位、装夹和驱动刀具，它自身由带轮驱动。

8）深度止动器——为将多个孔钻削至固定深度提供辅助。

9）起停按钮——图示钻床由一个带盖板的隐藏式按钮

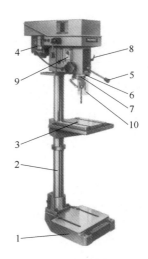

图 8.1 灵敏钻床

1—底座 2—立柱 3—工作台
4—电动机 5—手轮 6—轴套
7—主轴 8—深度止动器
9—起停按钮 10—钻床防护装置

启动器启动，盖板可以上锁，以防止未经授权操作钻床。启动器上装有一个蘑菇头停止按钮，也能用底座前的紧急停止踏板关机。安全开关也安装于带护罩的下方，如果机器运行时护罩被抬起，机器可以自动停止主轴。

10）钻床防护装置——用于防止操作员接触旋转夹头和钻头，同时保持操作的可视性。这些防护装置可以是简单的有机玻璃护罩，也可以是带有机玻璃窗口的可完全套叠的金属护罩。典型的台式钻床防护装置如图 8.3 所示。

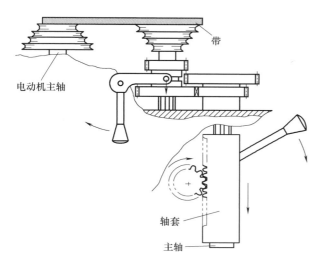

图 8.2　钻床驱动系统

图 8.3　钻床防护装置

8.2　刀具夹持

钻头及其他类似带有直柄的刀具都可夹持在钻床夹头上，如图 8.4 所示。夹头的选择有多种类型，每种夹头都在其夹持范围内可调，并具有良好的夹持力。通过旋转外部的钻套，夹爪可打开或关闭。为确保最大程度夹紧，夹头应使用尺寸合适的夹头扳手拧紧，从而防止钻头在使用过程中旋转而损坏钻柄。

使用夹头时的一个潜在风险就是误将夹头扳手留在先前位置，当钻床开动时，扳手就会朝某一方向飞出，从而造成严重伤害。从夹头上取下钻头后，务必记住取下夹头扳手，绝不能把它留在钻床夹头上，再短的时间也不行。更好地方式是使用安全夹头扳手，如图 8.5 所示，其中的中心销是由弹簧装入，必须推入才能啮合。当没有外力时，销子缩回，夹头扳手可自动从夹头落下。

夹头装有一个与主轴中相应莫氏锥度相配合的莫氏锥柄。莫氏锥度的大小由从小到大的数字 1、2、3、4、5 和 6 来标识。每个锥度的夹角都不同，但差别很小，在 3° 范围之内。如果两个配合锥面清洁且状况良好，虽然锥度不大但也足以在两个表面之间提供驱动力。在锥柄末端，有两个被加工平面，剩余部分称为锥根。此锥根安装在主轴内侧的槽中，其主要用途是拆卸锥柄。

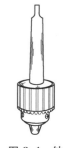

图 8.4　钻床夹头

要从主轴上拆下锥柄，需要使用称为冲销的楔键。如图 8.6 所示，冲销插入主轴中的槽即可。

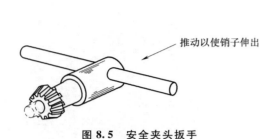

图 8.5　安全夹头扳手

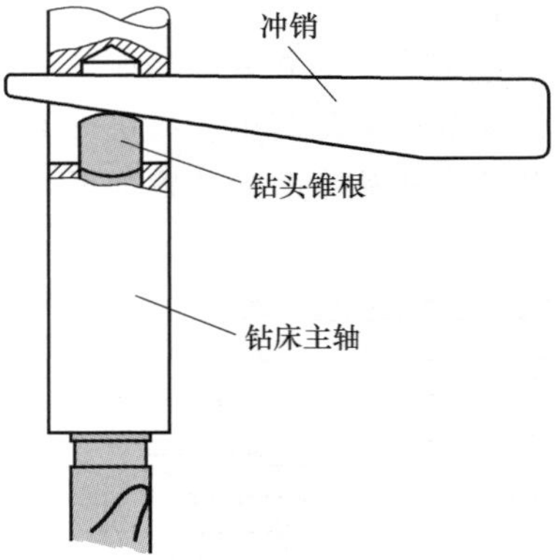

图 8.6　钻床主轴上的冲销

冲销

钻头锥根

钻床主轴

有些钻头配有莫氏锥柄，可直接装入主轴而无须夹头。莫氏锥度的大小取决于钻头的直径，其范围见表 8.1。

表 8.1　莫氏锥度的范围

莫氏锥度	No. 1	No. 2	No. 3	No. 4	No. 5	No. 6
钻头直径范围/mm	最大为 14	14.25～23	23.25～31.75	32～50.5	51～76	77～100

锥度必须保持清洁且状态良好。如前所述，驱动力是通过锥形表面摩擦而产生的，因此这些表面的任何损伤都会导致部分驱动力转移至锥根。如果此力过大，锥根便会被扭断。如果出现了这种情况，钻头只能报废，因为此时很难将其从主轴上拆下来。

如果刀具或夹头的莫氏锥度小于主轴的莫氏锥度，需要使用钻套来弥补差异。例如，如果将带有 1 号莫氏锥柄的钻头安装在带有 2 号莫氏锥度的主轴上，就需要一个 1-2 钻套，也就是 1 号莫氏锥度在内、2 号莫氏锥度在外。有 1-2、1-3、2-3、2-4 等多种钻套型号可供选择。

8.3　工件夹持

通过使用虎钳并夹紧至工作台的方式，可将工件固定在钻床上。如果是批量生产，就需要使用夹具。虽然使用夹具装夹工件进行精确钻削会比其他方法效率更高，但是只有在工件数量较多时才会使用这种方法，因为使用夹具会产生额外的成本。

任何车间都配有的标准设备包括一个虎钳和一套钳夹、螺柱、螺栓、螺母和填料等。必须强调的是，绝不能用手持拿要钻孔的工件。旋转的钻头会传递巨大的力，在钻头钻通底面时尤其显著，这样大的力可以把工件从手中猛扭出去，从而造成的伤害，轻则产生一个小伤口，重则甚至会失去手指。

永远不要心存侥幸——必须始终将工件牢牢夹紧。

带有平行面的小工件很适合在虎钳中固定。工件固定后将工件放置在钻头下方，再把虎钳固定在工作台上即可。

较大的工件和金属板最好直接装夹在工作台上，当然要注意避免钻头钻入工作台表面。必要时，可使用适当的填料或置于垫铁上将工件抬离工作台表面。工作台表面设有 T 形槽，可以装入 T 形螺栓或已拧入螺柱的 T 形螺母，如图 8.7 所示。

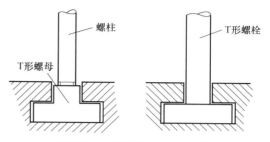

图 8.7　T 形螺母和 T 形螺栓

夹钳有各种类型和形状，其中一种如图 8.8 所示。中心槽使其能够进行调整以适应不同的工件。为更好地夹紧，夹具两端应基本上处于同一水平，可以通过夹具后部下方填充尽量和工件高度一致的填料来实现，如图 8.9 所示。

图 8.8　夹钳

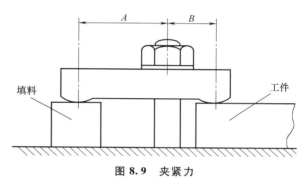

图 8.9　夹紧力

因为工件和填料受到的夹紧力与其和螺栓的距离成反比，所以夹紧螺栓应靠近工件放置。为了让工件获得最大的夹紧力，图 8.9 中的距离 A 必须小于距离 B。

8.4　钻床刀具

除麻花钻外，还有多种刀具可用于钻床，下面讲述其中一些刀具。

8.4.1　麻花钻

麻花钻有多种类型，由高速钢制成，直柄麻花钻直径可达 16mm，带锥柄的麻花钻直径最大可达 100mm。标准长度的麻花钻被称为机用系列麻花钻，短钻头麻花钻被称为短型系列麻花钻，长钻头则称为长型系列麻花钻和超长型系列麻花钻。如第 7 章所述，不同的螺旋角可用于钻削不同的材料。

组合钻（又称为阶梯钻）将多种操作组合于一个钻头中，如钻孔和铰孔、钻两个直径的孔、钻孔和倒角、钻孔和锪孔、钻孔和镗孔等，如图 8.10 所示。每个钻刃都有一个独立的刃带和排屑槽，如图 8.11 所示，这样既能进行钻削，又易于对其进行修磨。

8.4.2　机用铰刀

使用铰刀可比使用钻头获得的孔精度更高。用钻头先钻出的孔径会比设计尺寸小一些，具体小多少取决于设计尺寸（见表 8.2）；然后使用铰刀获得所需的最终尺寸。钻孔时要注

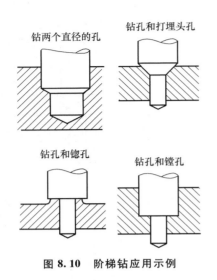

图 8.10　阶梯钻应用示例　　　　　图 8.11　阶梯钻

意孔的位置并对齐，因为铰刀可以修整尺寸、圆度和表面粗糙度，但不能纠正圆心不准的误差。

表 8.2　铰孔余量

要铰孔的尺寸/mm	余量/mm
小于 4	0.1
4~11	0.2
11~39	0.3
39~50	0.4

　　一般来说，铰孔速度应为钻孔速度的一半。

　　铰刀由高速钢制成，类型多种多样，尺寸可达 50mm。最常见的是机用铰刀，如图 8.12 所示。机用铰刀配有莫氏锥柄，但直径小于 12mm 的铰刀可配直柄。直径在其整个长度不变，切削发生在前端的倒角或斜面上，通常为 45°角。此倒角可使用刀具研磨机重新研磨。

图 8.12　机用铰刀

　　铰刀的排屑槽通常是左旋的，与钻头的右旋相反。这样会把金属切屑推到铰刀前面，而不是退到排屑槽，从而防止划伤已加工的孔表面。此功能还可防止铰刀自身"旋入"孔中，如果是右旋的话就可能出现这种情况。

　　应始终使用润滑剂来延长铰刀的使用寿命。通常情况下，40∶1 的水溶性切削液就可满足要求。不要让切屑堵塞排屑槽。

8.4.3　斜孔锪钻

　　图 8.13 所示的斜孔锪钻由高速钢制成，用来加工具有精确角度的大倒角，一般为 90°，

该倒角用作沉头螺钉的底座。斜孔锪钻应慢速运行，以避免振动。它们可配有直柄或锥柄。

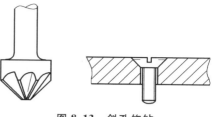

图 8.13 斜孔锪钻

8.4.4 平底锪钻

平底锪钻（见图 8.14）可用于扩大已加工孔，为沉于工件表面之下的螺钉、螺栓或螺母提供平坦且垂直的底座。平底锪钻在端面和圆周上都有钻齿，可钻削至一定深度。在锪孔时，需要在现有孔中提供一个导向装置，用于在锪孔过程中引导锪钻。当锪钻用于一系列不同尺寸的孔时，这些导向装置可以是锪钻实体的一部分，也可以是可拆卸的。

平底锪钻由高速钢制成，可配有直柄或锥柄。

8.4.5 锪孔钻

如图 8.15 所示，锪孔钻可为处于工件表面之上的螺钉、螺栓或螺母提供平坦且垂直的底座。由于这种表面本身不能作为足够精确的底座，因此这种底座主要适用于粗糙不平的铸件表面。锪孔钻和平底锪钻相似，但仅在端部有齿。它只能锪非常有限的深度，不能用于沉孔加工。而平底锪钻可以用于锪孔。

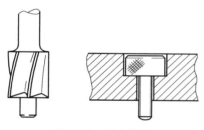

图 8.14 平底锪钻

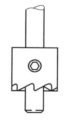
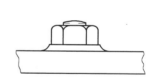

图 8.15 锪孔钻

在一些难处理的地方，如需要在背部或下部锪孔，如图 8.16 所示。此时需要将定位装置穿过孔，然后把锪孔钻固定于定位装置上，通常使用一些快锁机构或简单的平头螺钉来固定。当加工结束后，应取下锪孔钻并拆下定位装置。

8.4.6 套孔钻

如果需要在金属板上开大直径孔，可以使用套孔钻轻松实现，如图 8.17a 所示。

首先在所需开孔位置的中心钻一个适合放置导向器的小孔。然后将钻臂调至合适位置，便可用高速钢刀具切削刃的边缘加工出所需尺寸的孔。在获得正确尺寸之前，可能需要进行多次试验和调整。导向器位于导向孔内，当刀具旋转时，导向器通过工件进给，如图 8.17b 所示。

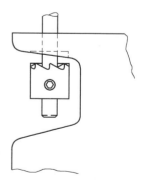

图 8.16 背面锪孔

钻臂可以调整到开孔工具范围内的任何直径位置，最大能达 300mm。开孔刀具可以研磨到任何适合被切削材料的角度。

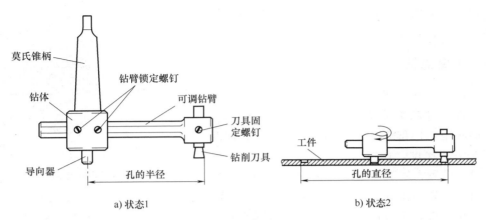

a) 状态1   b) 状态2

图 8.17 套孔钻

8.4.7 机用丝锥

使用钻床可以高效地进行攻螺纹，但需要使用特殊的攻螺纹附件。攻螺纹附件有一个离合器，该离合器可以根据所用攻螺纹的尺寸进行预设。当丝锥碰到孔底部或坚硬的材料时，离合器滑动，从而使丝锥保持静止，而主轴保持旋转。当攻螺纹完毕后，应将钻床主轴反转，并拔出丝锥。通过使用此附件，可以消除对丝锥的损伤，而且攻螺纹操作比手动方式更快、更精确。

还有钻孔、攻螺纹一体化的复合丝锥，其系列范围为 M3～M12。它由带有螺旋排屑槽的丝锥和磨得像钻头的前端组成，该钻头的直径等于适于攻螺纹的尺寸（见图 8.18）。这种复合丝锥适用于通孔，此时钻孔和攻螺纹可以一次性完成。

图 8.18 复合丝锥

直槽丝锥最为常用，也有其他类型的机用丝锥可用于高性能机床。

螺尖丝锥，通常被称为枪头丝锥，在排屑槽内侧磨有一个角度，用于将金属切屑向前推到切削刃前方的孔内，适用于通孔。

螺旋槽丝锥用于盲孔，螺旋排屑槽将切屑从孔中排出，并远离切削刃。这样可以避免切屑堆积在孔底部。

没有排屑槽的丝锥称为冷成形丝锥，通过材料的塑性变形产生螺纹，因此不会产生切屑。这种类型的丝锥可用于软钢、铝和锌合金等韧性材料。由于材料移位，这种丝锥钻头要比钻削的丝锥钻头大。例如，M10 钻削螺纹的丝锥钻头为 8.5mm，而 M10 冷成形螺纹的丝锥钻头为 9.3mm。

也有带贯穿冷却液孔的丝锥，这样能够减少切削刃的磨损，并将切屑从孔中冲出，并远离切削刃。

为提高其切削性能，一些丝锥的表面还涂有氮化钛铝（TiAlN）或氮化钛碳（TiCN）涂层。

8.5 钻削操作

如果没有将工件固定在钻模中，那么钻削时必须在工件上标出孔的位置。当确定孔的位置时，可使用中心冲头冲出中心点来标识孔的圆心。该中心点用于对准钻头，这是在正确位置启动钻头的一种方式。将工件放置在工作台上，使用中心点小心地将工件定位于钻头下方，并在该位置夹紧，如图8.19所示。此时通常需要两个夹钳，工件每侧各需要一个。

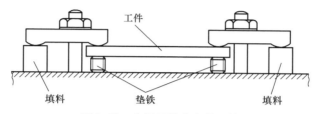

图 8.19 夹紧于钻床上的工件

当用虎钳固定工件时，应首先将工件在虎钳中定位，并将虎钳牢固拧紧。然后像上述操作一样，将工件定位在钻头下方，并将虎钳夹紧至工作台上。

在定位工件时，注意避免在钻头钻到虎钳或工作台。如有必要，可用垫铁将工件抬高，如图8.19所示。

钻孔前，应先检查钻头尺寸是否合适。因为当从一个标有5mm的地方将其拿出时，并不意味它就是一个直径5mm的钻头——也许以前用过它的人没有把它放回正确的位置。也要检查切削刃的状态是否良好，如有必要，应将其修磨。

仔细对准并夹紧工件后，就可以开始钻孔了，要注意钻头仍要保持在所需加工位置的中心。借助中心点，小直径钻头可以直接在正确的位置钻削；有长横刃的大直径钻头则需要其他方法来辅助启动。最好的方法是在中心点处使用小直径钻头钻孔，并在钻头直径全部钻入工件前停止。此时大钻头就可以在小钻头钻出的118°凹坑的引导下在正确的位置开始钻削。

如果发现横刃对特定加工来说太宽，可以通过钻尖薄化加工来减小，如图8.20所示。这可用一个精磨砂轮的轮刃来完成该项工作，不过最好让更有经验的人来做。

如果一个恰当修磨的钻头以正确的切削速度运行的话，将会在每个切削刃形成螺旋形切屑。当孔变深时，切屑会堆积在排屑槽中，可能需要定期从钻孔中取出钻头来清除切屑。

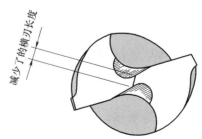

图 8.20 钻尖薄化加工

钻削的大多数问题都是在钻头钻穿工件较远表面时发生的。在钻削时，钻头的横刃居中并引导钻头穿过工件、保持孔笔直。当横刃钻透表面时，它便无法再引导钻头并使其保持在中心位置，钻头将在孔中摆动和弹跳，这种情况称为"颤振"。

当整个钻尖几乎要钻透表面时，钻头会有"抢夺"或"夺取"的趋势。在这种情况下，仍需钻削的金属非常薄，但只是被钻头推到一边而并没有被切除。并且由于螺旋角的原因，钻头仍会自动钻过去——就像螺纹旋进一样。如果此时松开工件，工件就会被钻头拉起，钻头会拧出，从而导致人员受伤或刀具断裂，或两者皆有。

因此，再次警告，应始终夹紧工件。

为防止钻透工件时产生这样的问题，一定要小心并避免进刀过快。

通过在机床上设置深度挡块，可以将孔钻至特定深度。当设置时，应先以上述方法将工件定位，然后再开始钻孔，直至钻头刚好钻至其全部直径。然后关闭机床，固定的钻头向下与工件接触。通过调整深度挡块，将其设置为所需尺寸，以便在主轴头铸件上方留出所需空间，然后将其锁定到相应位，如图 8.21 所示。

如果两个零件上的孔需要相互对齐，则需要使用一种"钻定心孔"的技术。使用前述方法标记并钻削上面零件的孔，然后小心地将两个零件定位并夹紧在一起。接着，使用"钻定心孔"方式将上面零件的孔转移到下面零件。如果已知两组孔相同，就可以继续钻底部零件。如果两个零件都需单独标记和钻孔，则不适合这种方式。

如果两个零件要拧在一起，那么下面的零件就需要攻螺纹，而上面的零件则需要一个间隙孔。其钻削过程与上述"钻定心孔"相似，只是要使用间隙钻进行定位、夹紧和钻定心孔，然后把钻头改为攻螺纹尺寸钻下面零件的孔，再攻螺纹即可，如图 8.22 所示。

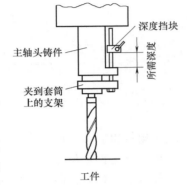

图 8.21　深度挡块

   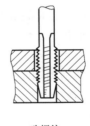

定位　　　　　钻定心孔　　　　钻孔　　　　攻螺纹

图 8.22　从已有的工件钻定位孔

8.6　钻金属板

前面已经讨论的钻头钻穿问题同样也会在钻金属板时出现。而且这些问题还会在钻薄金属板时发生更多，其原因在于钻头的长度和材料的厚度差异较大，在钻头钻至其全直径之前，横刃就已经穿透薄板了。这种情况下也无法安装导向装置——此时钻头将摆动并形成形状奇怪的孔。产生这些畸形孔过程被称为"叶瓣振动"（lobing）。

"抢夺"或"夺取"问题也同样会出现——较薄的金属被推到旁边，钻头自行钻穿。与此相关的另一个问题是金属板损坏。如果一开始就用过大的力推动钻头，往往会使薄金属板产生变形而不是切除，因此会在孔的周围产生一系列不符合要求的凸起。

可以通过将板材支撑在一块不需要的或废弃的金属板上来克服这些问题。支撑板能够防止变形，并可引导钻尖直至钻穿该孔。因为此时的操作和钻盲孔相同，所以就没有所谓的穿透问题，如图 8.23 所示。可使用图 8.17 所示的套孔钻加工大直径孔。

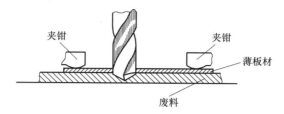

图 8.23　夹紧到废料上的薄板材

8.7　钻塑料

塑料材料种类多，用途广泛，第 15 章将对其进行详细论述。

一般来说，使用高速钢刀具就可以很容易地加工塑料材料。不过有些塑料含有研磨填料，会很快地磨损刀具，此时必须使用金刚石刀具。热固性塑料可使用标准高速钢麻花钻钻削。但热塑性材料产生的切屑会黏附并堵塞排屑槽，导致过热，从而影响材料的成分。为了防止这种情况发生，可以使用带有较宽且高度抛光排屑槽的慢速螺旋钻。也可以对钻头进行钻尖薄化加工，减少钻尖中心的摩擦和发热。如果把钻尖角磨为 90°，就可以在钻头穿透工件时获得更好的光洁度。

为避免在钻穿较脆材料（如有机玻璃）时出现缺口，应将材料牢牢固定在坚硬的背衬（如硬木块）上。使用硬木可防止损坏钻尖。

可使用套孔钻在塑料板材上加工大孔。

8.8　安全使用钻床

大多数事故源于：

1）头发夹在旋转的主轴、夹头和刀具上。

2）手套、衣物、绷带、手表及戒指发生缠绕。

3）夹紧不到位而引起工件剧烈旋转，导致骨折、脱臼甚至截肢。

4）没有佩戴护目镜。

5）钻屑——造成割伤。

切记，员工有义务遵守本书第 1 章讲过的各项健康与安全条例，为避免事故风险，应做到：

1）始终遵循雇主提供的培训。

2）始终安装防护装置并将其装于正确位置。

3）始终佩戴护目镜和任何其他所需的 PPE。

4）不要戴首饰或穿宽松的衣服。

5）必须把长发扎在脑后或发网里。

6）绝对不要把夹头扳手留在夹头中。

复 习 题

1. 用简图表示如何对夹钳定位能使其给予工件最大的夹持力。
2. 铰刀的作用是什么？
3. 钻床的轴套是什么？
4. 说出莫氏锥度的作用。
5. 为什么钻削时必须夹紧工件？
6. 陈述在金属板上钻孔时必需的预防措施。
7. 使用什么工具可将钻柄从主轴上取下来？
8. 描述钻削塑料时应采取的两个预防措施。
9. 说出平底锪钻的作用。
10. 当用螺丝将两个工件拧在一起时，为什么必须要在上面的工件上打一个间隙孔？

第9章

车　削

车削由不同类型的车床执行，车床的类型取决于工件的复杂程度和所需数量。所有车床均源自顶尖车床（普通车床），因为过去为了确保直径的同心度，大多数车削工作都是装夹于顶尖之间完成的。但如今可以使用更加精确的工件夹持方法。

顶尖车床有多种尺寸，通过其可加工工件的最大尺寸来进行划分。其最重要的能力是床身上允许工件旋转的最大直径，即最大回转直径。例如，最大回转直径为330mm的顶尖车床可以加工直径为330mm的工件，且不会碰到床身。应注意，由于横滑板升高会减小最大回转直径，因此床身并不能在整个长度上都允许该最大直径。对于330mm最大回转直径的车床来讲，其横滑板上的最大回转直径为210mm。

第二个重要的能力是能装夹于机床顶尖之间的工件最大长度。例如，最大回转直径为330mm的顶尖车床顶尖之间可容纳工件长度可为630mm。

9.1　顶尖车床的组成

图9.1所示为典型顶尖车床的主要机械组成部分。

9.1.1　床身

车床床身是整个机器的基础。为确保完全刚性且无振动，它由铸铁制成，并采用厚截面设计。其顶面有两组导轨，每组导轨由一个倒V形面和一个平面组成，如图9.2所示。不同机床上的导轨布局可能不同。外部导轨引导床鞍，内部导轨引导尾座并使其与机床主轴保持一致。导轨须经硬化和精确研磨。

床有两种类型可供选择：一种是普通床身，导轨在床身的整个长度上是连续的；另一种是马鞍床身，该床身主轴端面下的一段导轨可以移除。移除该部分导轨能扩大车床的最大回转直径，不过只能在较短长度上扩大。如图9.3所示。例如，带有马鞍床身、最大回转直径为330mm的车床可在115mm的长度上将其最大回转直径增加到480mm。

床身由螺栓牢固地固定在一个大尺寸的钢制机柜上，该机柜包含电器连接和工具柜，并提供一个全长的切削液和切屑盘。

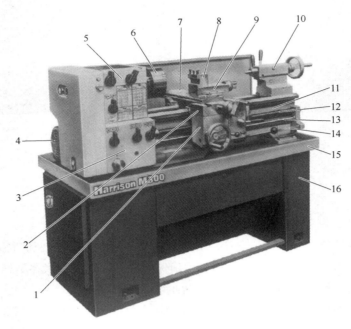

图 9.1　顶尖车床

1—溜板箱　2—床鞍　3—变速器　4—电动机　5—主轴箱　6—卡盘　7—横滑板　8—刀架　9—上滑板（小滑板）
10—尾座　11—床身　12—丝杠　13—进给轴　14—主轴控制轴　15—冷却液和切屑托盘　16—床座

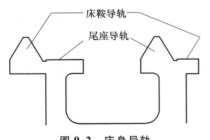

图 9.2　床身导轨

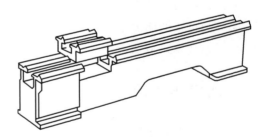

图 9.3　马鞍床身

9.1.2　主轴箱

完整的主轴箱是一个牢牢固定在床身导轨上的箱形铸件，其组成包括主轴、提供 12 级主轴转速的齿轮，以及用于选择转速的控制杆。主电动机通过 V 形带、带轮和一系列齿轮来驱动主轴。速度范围为 40～2500r/min。

主轴两端由精密圆锥滚子轴承支撑，并通过主轴孔装夹棒料。主轴端面的内部有一个莫氏锥度来容纳顶尖。主轴端面的外侧配备有定位和紧固卡盘、花盘或其他工件夹持装置。图 9.4 所示的方法称为凸轮锁紧，它通过一种快速、简单和安全的方法，能将工件夹持装置固定到主轴端面。主轴端面有一个锥度，可以精确定位工件夹持装置，主轴端面的外径上有三个凸轮，凸轮与端面上的三个孔重合。工件夹持装置有三个螺柱，其中包含凸轮锁紧的切口，如图 9.4a、c 所示。

在安装工件夹持装置时，应确保工件夹持装置与主轴端面的定位面洁净，并检查每个凸

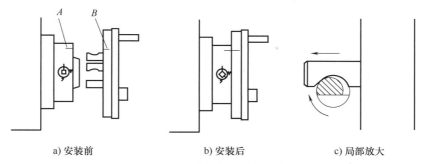

a) 安装前   b) 安装后   c) 局部放大

图 9.4 凸轮锁紧型主轴端部

轮上的分度线是否与主轴端面上的相应线对齐，如图 9.4a 所示。将工件夹持装置安装在主轴端面上，确保主轴端面上的划线参考线 A 和 B 与工件夹持装置对齐，这些线有助于随后的重新安装。可使用提供的键顺时针转动以锁紧每个凸轮，为了获得正确的锁紧条件，每个凸轮必须拧紧，并使其分度线位于主轴前端的两个 V 形标记之间，如图 9.4b 所示；如果无法达到该条件，请立刻停止并通知您的主管或导师，请他们进行必要的调整。由于每个工件夹持装置都为适应特定的主轴而经过一定的调整，因此不建议在车床之间互换安装在主轴上的设备。

逆时针旋转每个凸轮，直到分度线重合，然后将工件夹持装置从主轴端面拉出，即可将其拆卸。

变速器安装在主轴箱的下侧，通过进给轴向床鞍和横滑板来提供进给范围，并通过丝杠来提供螺纹切削范围。依据机床上的表格，通过选择合适的控制杆位置组合，便可获得大范围的进给速度和螺纹节距。

9.1.3 尾座

尾座的功能是在顶尖进行车削时夹持顶尖，或在长工件末端进行支撑。另外，尾座也可在钻孔时夹持钻头和铰刀。

尾座可以在导轨上沿床身长度方向移动，并在任意位置锁定。套筒包含一个莫氏锥孔，用于容纳顶尖、卡盘、钻头和铰刀。套筒外顶面上有刻度，可在钻至一定深度时使用。套筒可以通过后部的手轮送入或送出。通过偏心销操作手柄可实现套筒强制联锁。

9.1.4 床鞍

床鞍位于床身顶部，由两条导轨引导，这两条导轨为保持稳定而设置距离最远。因此，可在整个床身长度内，保持相对于主轴和尾座的中心线的准确移动。其顶面包括放置横滑板的燕尾形导轨和横滑板丝杠，以及手轮和刻度盘，如图 9.5 所示。

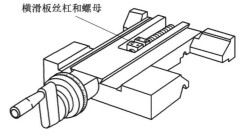

图 9.5 床鞍

9.1.5 横滑板

横滑板安装在床鞍顶面上的燕尾形导轨中，与机床主轴的中心线成直角移动。锥形镶条用于实现针对磨损进行调整，当磨损发生时，可用螺钉将镶条进一步推入滑板和导轨。连接在横滑板底部的是丝杠螺母，丝杠通过该螺母传递运动。横滑板也可采用机动方式进给。

横滑板顶面有一个径向三通槽，其中安装了两个三通螺栓。其中心插口用于定位上滑板导轨，该导轨可通过三通螺栓以任意角度进行旋转和夹紧。为此还专门提供了刻度，如图 9.6 所示。

在图 9.6 所示的车床上，横滑板的每一侧都有外部燕尾槽，用于快速准确地连接后部安装式附件。

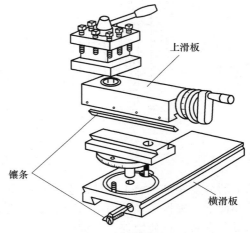

图 9.6 横滑板和上滑板

9.1.6 上滑板

图 9.6 所示的上滑板（通常称为复合滑板）安装在其导轨上，可通过镶条和调整螺钉针对磨损进行调整。其运动由丝杠通过导轨上的螺母传递。刀架通常为四向手动分度，位于其上表面，可通过锁定手柄锁定在所需位置。该滑板的移动距离通常很短，在图 9.6 所示的机床上为 92mm，且只能手动进给。上滑板与旋转底座配合使用，可用于车削短锥面。

9.1.7 溜板箱

溜板箱连接在机床前部的床鞍底部，包含用于传输丝杠和进给轴运动的齿轮。其提供了每转 0.03~1mm 的 16 种进给速度。

其前面是手柄，用于接合、分离丝杠和进给轴。前面还安装了用于沿床身纵向移动溜板的手轮，该运动通过齿轮传递到固定在床身底部的齿条上。

溜板箱、床鞍和滑板组合在一起称为溜板。溜板箱上的主轴控制装置通过提升来操控主轴反转，通过降低操控主轴前进，通过停在中间位置来操控主轴停止。

9.2 顶尖车床控制装置

典型顶尖车床的各种控制装置如图 9.7 所示。

起动机床前，确保进给接合控制杆 20 和螺纹切削接合控制杆 17 处于分离位置。

通过进给轴选择器 19 选择所需的进给轴，即溜板或横滑板的纵向行程。

通过进给方向选择器 7 选择进给方向。

通过参考主轴箱上的图表，选择进给选择器指示盘 3 和手柄 4、5 和 6 的适当位置来选择所需进给速度。

通过选择手柄 10 和 11 选择主轴速度。

打开电源隔离器 2 处的主电源。

通过抬起主轴控制杆 18 使主轴倒退，降低主轴控制杆 18 使主轴前进。中间位置是"停止"。

根据需要，通过进给接合控制杆 20 起动和停止进给运动。

当主轴运行时，不要试图改变速度和进给，必须先停止机床才能进行。

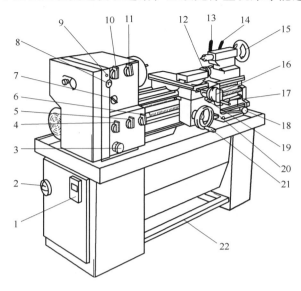

图 9.7　机床控制装置

1—冷却液泵起动器　2—电源隔离器　3—进给选择器指示盘　4、5、6—进给选择器手柄
7—进给方向选择器　8—紧急停止按钮　9—电源接通灯　10、11—速度选择器手柄
12—上滑板行程手柄　13—套筒锁　14—尾座夹具　15—套筒行程手轮
16—横向行程手柄　17—螺纹切削接合控制杆　18—主轴控制杆　19—进给轴选择器
20—进给接合控制杆　21—纵向行程手轮　22—紧急停止和制动踏板

通过将主轴控制杆 18 返回其中间停止位置，可以停止机床。或者，按下紧急停止按钮 8 或踩下紧急停止和制动踏板 22。

9.3　防护罩

防护罩是阻止进入危险区的物理屏障。《工作设备的提供和使用条例》1998（PUWER）要求雇主应采取有效措施，以防止接触机器的危险部件。这些规定也适用于防止接触伸出车床主轴箱之外的旋转杆。

对于小型手动车床，防护罩足以为操作员提供简单的保护，防止其接触卡盘、切屑和冷却液。图 9.8 显示了一个典型的卡盘防护罩。它由一个包含高冲击透明材料的金属框架组成，最大限度为操作员提供保护和良好的可视性。它安装于主轴箱后部的一个枢轴上，这样可以将防护装置抬到一边，以便快速方便地接近工作。这些防护罩可配备电气安全联锁装置，以便在其就位之前不能起动机床，或者如果在机器运行时被提起，机床会停止运行。

大型车床最好配备图 9.9 所示的滑动式车床防护屏。它们由优质钢材制成，带有聚碳酸酯窗，可最大限度地保护操作员免受卡盘、切屑和冷却液的影响，并提供极佳的可视性。当需要操作卡盘或工装时，防护屏会在主轴箱上方滑动并让开。它们还可以配备电气安全联锁装置，以防止机床在防护屏打开时起动，并能够在机床运行时，一旦打开防护屏机床就可以停止。

图9.8 车床卡盘防护罩　　　　　　　图9.9 滑动式车床防护屏

9.4 工件装夹

根据形状和所执行操作的不同，工件可以通过多种方法夹持在顶尖车床上。

夹持工件最常用的方法是在将其夹持于安装在主轴末端的卡盘中。卡盘有多种类型，最常见的是三爪自定心卡盘、四爪单动卡盘和夹头。

9.4.1 三爪自定心卡盘

三爪自定心卡盘（见图9.10）用于固定圆形或六角形工件，尺寸范围为100～600mm。它通过一个小齿轮与一个前面带有涡管的齿轮啮合来工作。所有的涡管都装在卡盘体内。卡盘卡爪都有编号，必须按正确顺序插入，其齿轮与涡管啮合，并被引导到卡盘表面的槽中。当小齿轮通过卡盘扳手转动时，涡管旋转，使三个卡爪同时移动并自动将工件居中。

通常备有两套卡爪：一套是在车外圆、端面和镗孔时从外部夹紧的卡爪，如图9.11a所示；另一套是在加工外径或端面时从内部夹紧的卡爪，如图9.11b所示。

图9.10 三爪自定心卡盘

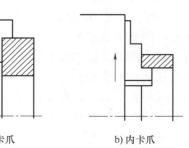

a) 外卡爪　　　b) 内卡爪

图9.11 两套卡爪

9.4.2 四爪单动卡盘

四爪单动卡盘（见图 9.12）用于夹持方形、矩形和不规则形状的工件，这些工件无法用三爪自定心卡盘夹持。四爪单动卡盘的尺寸范围为 150～1060mm。顾名思义，每个卡爪都通过螺钉独立操作——卡爪不同时移动。

虽然钳口有编号且必须在适当的槽中更换，但由于采用单螺钉操作，所以卡爪可反向移动。

其前表面加工有同心环，可以用来辅助安装工件。有时其前表面也有 T 形槽，可以用于额外夹紧或夹持难于处理的工件。

图 9.12 四爪单动卡盘

9.4.3 夹头

这种类型的卡盘安装在主轴端部上，适用于棒材和较小直径的工件，如图 9.13 所示。与活动卡爪类型的卡盘相比，其活动部件更少，因此更精确。它也更加紧凑，没有在主轴端面的突出部分，所以工件可以直接加工到夹头的前面。夹头的全方位夹持方式使其成为夹持管和薄壁工件的理想选择，这些工件如果使用三爪或四爪卡盘往往会塌陷。

在图 9.14 所示的型号中，每个夹头由多个刃片制成，可容纳 3mm 的微小尺寸变化。

图 9.13 夹头

图 9.14 多尺寸夹头

9.4.4 卡盘扳手

如果将卡盘扳手留在卡盘中，会导致机床意外打开而发生事故。

无论时间有多短暂，都不要将卡盘扳手留在卡盘中。现在可以使用如图 9.15 所示的安全卡盘扳手，它使用弹簧加载，如果留在原位的话，会弹出并从卡盘上掉落。

图 9.15 安全卡盘扳手

9.4.5 花盘

当用其他方法都无法轻松夹持工件时，可以使用花盘（见图 9.16）。当花盘固定在机床上时，其表面与机床主轴中心线成直角。为了夹紧工件，其表面上有许多槽。工件可夹持在花盘表面，但如果花盘有被切削的风险，则必须在夹持前用垫铁将工件抬起。工件的定位取决于其形状和所需的精度。

需要多个孔的平板零件很容易定位，其方法是标出孔的位置，并使用钻床上的中心钻在每个位置钻中心孔。然后，使用尾座中的顶尖定位中心孔位置，并在夹紧时将工件靠在花盘上，如图9.16所示。

如果要对已经有孔的工件进行扩孔，如铸件中的空心孔，可以在工件上划线，并在合适的位置划出方框，方框的边长与所需扩出孔的直径相同。然后对工件大致定位并轻轻夹紧，接着可以使用位于横滑板表面上平面划规中的划线器对工件进行精确设置。之后，用手旋转花盘，并轻敲工件，直到所有划线高度相同，这就表明孔已经位于中心，如图9.17所示。最后将工件牢固夹紧即可。

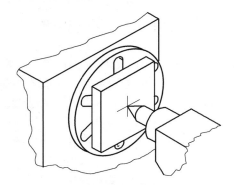

图9.16　在花盘上定位工件

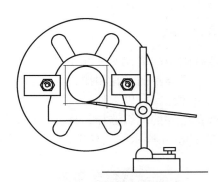

图9.17　在花盘上设置工件

借助钮形孔距规，可以精确定位板材上的孔。它们由一个已知直径的硬化磨光钢衬套和一个法兰螺钉组成。先标记出所需的孔位置，并将其钻孔、攻螺纹，用以配合螺钉。钻、攻后孔的精度并不重要，因为螺钉和孔之间要有足够的间隙，便于钮形孔距规移动。然后，通过螺钉将钮形孔距规固定在工件上，并通过千分尺测量相邻钮形孔距规的外侧以精确定位。不断调整钮形孔距规，直至达到所需距离，然后使用螺钉牢固拧紧，如图9.18a所示。待加工孔的中心距为$x-d$。

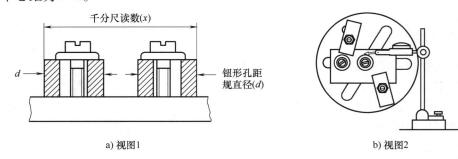

a) 视图1　　　　　　　　　　　　　b) 视图2

图9.18　使用钮形孔距规

当工件夹紧后，应检查每个螺母和螺钉，并确保其紧固。用手转动花盘，检查所有螺栓和夹具是否远离床身、横滑板或刀架。为确保这一点，应避免使用过长的夹紧螺栓。检查花盘是否"失去平衡"——否则可能需要使用平衡块。

9.4.6　顶尖

多处同心直径需要加工的零件可以在顶尖之间进行加工。为此，可用异径衬套将顶尖插入主轴端面。随着主轴和工件旋转的顶尖称为"活"顶尖。插入尾座的顶尖固定且不旋转，并被称为"死"顶尖，应防止由于缺乏润滑或压力过高而导致"死"中心过热。应用润滑脂充分润滑顶尖，不要过度拧紧尾座。

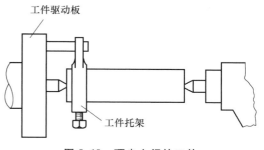

图 9.19　顶尖之间的工件

为了驱动工件，必须在主轴端面上安装工件驱动板，然后将工件托架连接到工件上完成对工件的驱动，如图 9.19 所示。

如果工件因尺寸而需要更大的压力，并且需要很长的操作时间，"死"中心可能会"烧坏"，即过热和顶尖轴磨损。为克服该问题，可以使用活动或旋转尾座顶尖，其中心在轴承中运行，轴承能够承受高压而不会过热。

夹持于卡盘中的长工件通常需要使用尾座顶尖来支撑。

9.4.7　托架

如果没有支撑，细长的工件可能会被切削力推偏变形。为了克服这一点，使用两点随动托架，在沿着工件长度进行切削时，为刀具对面的工件提供支撑，如图 9.20 所示。

直径大于机床主轴可接受直径，但需要在一端加工的工件，可以使用三点固定托架进行支撑。该托架被夹紧在机床上，并对各点进行调整，从而能够在执行加工操作之前，使工件按照主轴中心线运行，如图 9.21 所示。

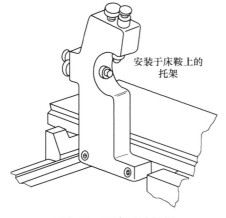

图 9.20　两点随动托架

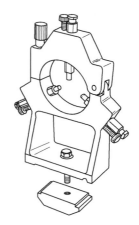

图 9.21　三点固定托架

9.4.8　心轴

有精加工孔且要求外部进行与之同心车削的工件可安装在心轴上。然后将心轴放在顶尖之间，并按照上述"顶尖之间"加工的说明对工件进行加工。

　　如图 9.22 所示，心轴是一根硬化的精磨棒，两端有中心孔，一端有加工的平面用来接受工件托架。其直径在长度上逐渐变细，通常每 150mm 直径减少约 0.25mm。当工件被推上心轴时，这种轻微的锥度足以在加工操作期间夹紧并驱动工件。

　　在心轴直径较大的端部加工出托架平面便不必通过拆下托架来装载和卸载工件。

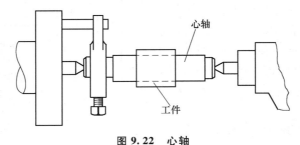

图 9.22　心轴

9.5　顶尖车床操作

9.5.1　车削

　　一般的直径和平面精确车削可以使用顶尖车床轻松完成。应尽可能使用溜板移动来车削直径，因为床身导轨的平直度确保了工件的平行度，而且还可以使用动力进给。应避免使用上滑板来加工平行直径，因为它的角度可调，如果不使用千分表，很难完全归零。而且上滑板还必须手动进给。

　　当需要在工件上车削多个直径时，应在一次装夹下进行加工，不要从卡盘上移除工件，这样才能保证直径之间的同心度。每次移除工件并将其放回卡盘时，精度都会损失。当接近最终尺寸时，应先测量工件，然后使用手轮上的刻度盘去除所剩余量，从而加工出准确的尺寸。

　　如果只需要车削直径及台阶（方肩），则可使用如图 9.23 所示的刀具 A，按照所示方向切削即可。如果在同一操作中同时车端面和外圆，则使用外圆端面车刀 B，如图 9.23 所示。在小半径刀尖可以产生更低的表面粗糙度值，但其半径会在台阶处（肩部）重现。

　　如果需要在台阶处进行倒角或者根切，如螺纹不能直接切割到的肩部位置，则应使用根切刀具

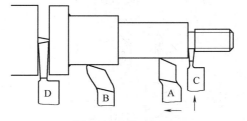

图 9.23　车刀应用

C。将该刀具研磨至正确宽度，表面平行于工作轴，并按图 9.23 所示方向进给。

　　由棒材生产的工件可以在车床上切割成一定长度，这种操作被称为"切断"。将切断刀具 D 的表面研磨成一个小角度，以便将工件从棒上干净地切断，如图 9.23 所示。

　　车床上使用的所有刀具都必须设置在工件的中心高度。过高的刀具设置会减小后角并产生摩擦，而过低的刀具设置会减小前角，如图 9.24 所示。切削刀具可以相对于插入尾座的顶尖进行安装，然后使用适当厚度的填料进行升降，如图 9.25 所示。应备有不同厚度的填料底座，使用结束后应随时返回以备将来使用。

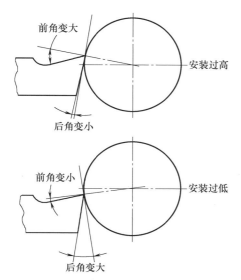

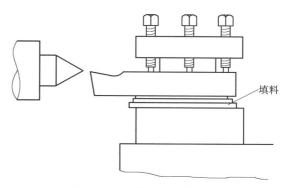

图 9.24   刀具设置低于或高于工件中心的影响

图 9.25   在顶尖上安装刀具

9.5.2   钻削

车床可以用于钻孔，其方法是将钻头固定在卡盘中，或将其直接安装在尾座的套筒中，尾座包含一个用于此目的的莫氏锥度。与所有钻削操作一样，钻头需要一定的引导从中心开始钻削，此时通常使用中心钻，如图 9.26 所示。

中心钻有各种尺寸，其目的是在工件上产生中心孔，以便在顶尖之间转动。由于其刚性设计，可以方便地使用中心钻为钻头在棒料中心钻孔提供引导。

图 9.26   中心钻

当使用中心钻时，必须非常小心地防止小钻尖断裂，由于其尺寸原因，没有深槽来容纳切屑。当使用时，尾座手轮每次会轻轻进给一小段距离，并经常在切屑填满排屑槽并折断钻尖前将钻头旋出来清除切屑。对于较小的刀尖直径，应使用较高的主轴转速。中心钻的进给深度只需刚好满足钻孔开始即可。

当钻孔至所需深度时，该深度可通过套筒上的刻度进行测量。为防止切屑堵塞排屑槽，应经常退出钻头。

9.5.3   攻螺纹

如果在车床上钻的孔需要切削螺纹，则可以使用手动丝锥进行手工攻螺纹。当钻一个正确攻螺纹尺寸的孔后（见第 2 章），必须平行于工件轴开始攻螺纹。第一步是隔离机床，因为这是手动操作，因此不需要机器的动力旋转。用攻丝扳手握住锥度或头锥，并将其送入孔的起始处。向上滑动尾座顶尖，直到其位于丝锥后部的中心位置，该设置如图

图 9.27   在车床上手工攻螺纹

147

9.27 所示。然后旋转丝锥扳手，同时通过旋转尾座手轮施加较小的力，使尾座顶尖与丝锥后部中心保持接触。一旦丝锥开始切割前几条螺纹，就可以抽出尾座顶尖，并继续攻螺纹，直到达到所需深度。一定要记得定期抽出丝锥，清除切屑，防止因丝锥堵塞而导致丝锥破裂。为了使切削和生产出高质量的螺纹，应使用专用攻丝油。根据所攻孔是通孔还是盲孔，可能需要分阶段将丝锥更换为二锥或中间丝锥，或更换为底部精锥或短锥（参见第 2 章）。在批量生产中，机器动力与攻丝头一起使用，根据螺纹的大小可以设置离合器机构，当到达孔底或遇到限制时，离合器机构将滑动，然后机构反转，丝锥收回。

9.5.4 铰孔

当需要获得比使用钻头更精确的尺寸和更低的表面粗糙度值的孔时，可以通过铰孔来完成。所钻孔应小于要求尺寸（见表 8.2），然后使用铰刀铰孔，使用的主轴转速大约为钻孔主轴速度的一半。铰刀会沿已经钻好的孔加工，因此，铰刀不会纠正孔轴的同心度或对齐误差。如果在较大尺寸上需要精确的同心度和对齐，则应先钻出小于要求尺寸几毫米的孔，然后镗孔至所需尺寸再进行铰孔，这样就可以纠正误差，并最终扩孔以达到最终尺寸和光洁度。应使用合适的润滑剂来提高铰刀的使用寿命；水溶性切削油在 40∶1 的稀释度下通常可获得令人满意的结果。铰刀的排屑槽不应被切屑堵塞。

9.5.5 镗孔

如前所述，镗孔可用于纠正之前钻孔的同心度和对齐误差。无须使用铰刀，即可通过镗孔来完成孔加工尺寸，在无法使用铰刀的情况下生产非标准直径也是如此。镗孔也可用于生产一个无法通过钻孔和铰孔实现的凹槽，如图 9.28 所示。

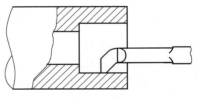

图 9.28　镗孔

镗刀必须要比它所加工的孔小，这必然会导致镗刀较薄且易弯曲。因此，通常不用其进行较深的切削，同时还必须小心避免振动。在选择镗刀时，应选择可进入孔内的最厚刀具，以确保其刚度最大。此外，还应确保与所生产的孔尺寸相关的副后角足够大，如图 7.5 所示。

9.5.6 滚花

滚花是一种在光滑（通常为圆形）表面上形成凹痕的工艺，其目的是使手或手指获得更好的抓握力。图 9.29 显示了丝锥扳手上的菱形滚纹。滚纹也可以纯粹用于装饰。凹痕是通过将滚花工具（见图 9.30）中的硬化滚花轮（称为滚花刀）压到工件上并使表面变形而形成的。滚花刀可以在工件上产生直纹、斜纹或十字纹（称为菱形滚纹），其形状可以是粗纹、中纹或细纹，具体取决于所使用的滚花刀。

在操作中，工件被固定在车床卡盘中，而滚花刀则被固定在横滑板上的刀架中。

横滑板的位置应确保滚花刀位于工件中心的上方，并使用调整螺钉调整滚花刀，使其与工件表面接触。细长工件则必须使用尾座顶尖支撑。

当车床低速运转并使用切削液时，滚花刀被拧紧，直到工件表面出现所需形状。然后，为获得所需长度，滚花刀要沿工件进给。

如果需要更深的形状，则在获得初始压痕后，将滚花刀释放并移回起始位置，增加滚花刀上的力，并重复操作即可。

图 9.29　菱形滚纹

图 9.30　基本滚花刀

9.6　锥面车削

车削锥度的方法取决于锥度的角度、长度和待加工工件的数量。通常使用三种方法：使用成形刀具、上滑板或复合滑板及锥形车削附件。

9.6.1　成形车刀

任何角度的短锥面都可以通过在刀具上研磨所需角度来加工，如图 9.31 所示。在加工时，将刀具送入工件，直到产生所需的锥度长度即可。

这种方法通常用于短锥面，如内部和外部的倒角。长锥度所需的长刃口有颤振的倾向，易造成表面粗糙度值变大。

9.6.2　上滑板或复合滑板

通过将上滑板旋转至工件所需夹角的一半，即可从上滑板进行锥面车削，如图 9.32 所示。旋转底座上设有刻度，但任何精确的角度都必须通过试错来确定。为车削锥面，应先通

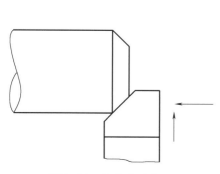

图 9.31　角度成形车刀

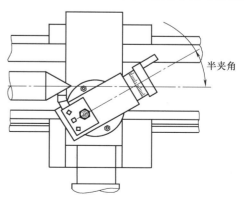

图 9.32　上滑板设置为半夹角

半夹角

过刻度设置上滑板，进行试切，并测量角度。如有必要，应进行调整，再次车削，然后重新测量。当获得正确的角度后，确保夹紧螺母牢固拧紧。

车削角度是通过手动转动上滑板手柄来完成的。刀具将以上滑板设置的角度进给。首次车削后，通过翻转上滑板将刀具返回其起始位置。第二次车削的进给通过移动横滑板来实现。

此方法可用于任何内部或外部角度，但角度长度受上滑板可用行程的限制。

9.6.3 锥面车削附件

锥形车削附件可安装在横滑板的后部，并可用于车削大约 250mm 的长度内（包括内部和外部）最大至 20°的夹角。典型锥面车削附件的平面图如图 9.33 所示。导杆围绕其中心旋转，安装在刻有刻度的底座上。底座与连杆相连，连杆穿过夹紧支架上的孔，并由夹紧螺钉牢牢固定。夹紧支架被夹紧在机器的底座上。因此，导杆、底座、连杆和夹紧支架彼此牢固地固定在机床上。

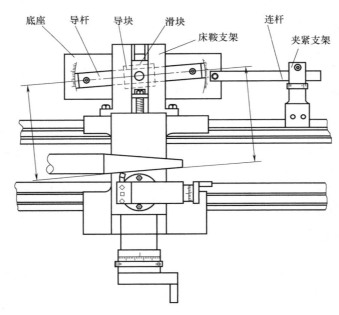

图 9.33　锥面车削附件

导块在导杆上滑动，并通过插口定位于滑块中。这既能牢固定位，又允许导块继承导杆的角度。

滑块连接到横滑板丝杠的端部，并导入支架之中，支架用螺栓固定在床鞍的背面。

因此，可以看出，如果溜板沿床身移动，导杆保持静止（即夹紧在床身上），滑块只能推动或拉动横滑板丝杠。为了将这种运动传递到横滑板，进而传递到刀具，就需要一个特殊的丝杠，如图 9.34 所示。该丝杠的前端有一个花键，它在手轮轴的内侧向上滑动。当滑块推动丝杠时，丝杠向后移动，由于它穿过丝杠螺母，螺母又被拧到横滑板上，横滑板和安装在其上的刀具也会向后移动，从而将花键向上推到手轮轴的内侧。

通过这种方法，只需旋转手轮，通过花键驱动丝杠和螺母，就可以进行车削，且不会干

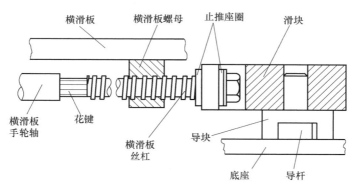

图 9.34 用于锥面车削附件的横滑板丝杠

扰锥面车削附件。若要恢复到正常工作状态，松开连杆并拆下夹紧支架即可，由于整个附件随托架一起移动，因此可以正常使用横滑板。

9.7 螺纹车削

目前，英国工业的标准化螺纹是 ISO 米制螺纹，ISO 是国际标准化组织。该螺纹的术语见附录 A。

ISO 米制螺纹具有 60° 截断形状，即螺纹未达到尖点，而是有一个平顶。螺纹的根部也有一个小平面。

如图 9.35 所示，单刃刀具进行锐化，可产生螺纹角度和根部平面，螺纹大径在车削阶段产生。要车削精确的螺纹，需要主轴中工件的旋转与通过丝杠托架的纵向运动之间存在明确的关系。所有现代顶尖车床都有一个变速器，通过变速器，再参考机床上的图表并转动几个相应旋钮就可获得大范围的螺距。

溜板的纵向行程通过位于溜板箱中的对开螺母从丝杠获得，并由溜板箱前部的控制杆操作，如图 9.36 所示。通过关闭对开螺母，驱动装置可以在任何位置起动。

图 9.35 米制螺纹车刀

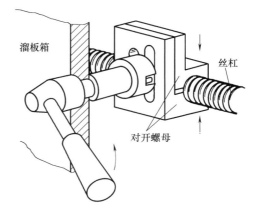

图 9.36 螺纹车削对开螺母

每次车削时，为使刀具沿着与前一次车削相同的路径移动，丝杠上对开螺母的啮合位置非常重要。为了达到这种啮合精度，在溜板箱末端安装了螺纹指示器刻度盘，如图 9.37 所示。刻度盘安装在主轴上，主轴的另一端是一个与丝杠啮合的齿轮。这些保存在主轴上的齿轮可以互换，并通过参考该装置上的图表进行选择。它们按照相对于丝杠 6mm 螺距的所需螺距倍数进行排布。

该图表显示了用于特定螺距螺纹的齿轮，以及螺纹指示器刻度盘上的数字，对开螺母应按照该数字结合。为了适应不同直径的齿轮，当齿轮啮合时，装置会转动并锁定到位。为了避免不必要的磨损，当不用于螺纹车削时，该装置应从啮合中旋转回来。

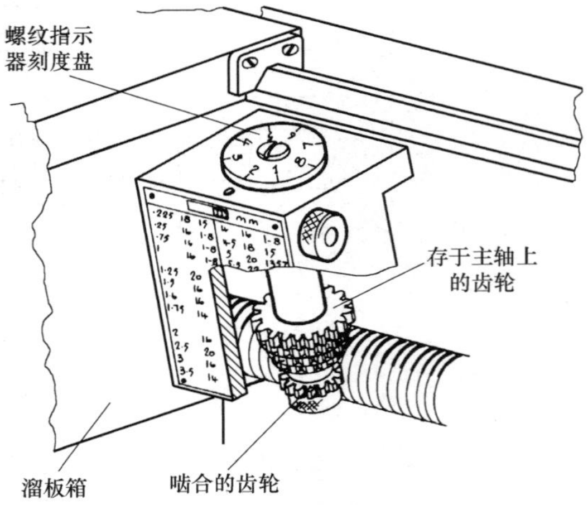

图 9.37　螺纹指示器刻度盘

9.7.1　螺纹车削方法

将工件车削至正确直径后，按以下过程车螺纹。本螺纹车削过程适用于在带有米制丝杠的机床上车削右旋米制外螺纹。

1）借助螺纹车削量规（见图 9.38）小心地将刀具研磨至 $60°$，在刀尖上留下一个平面。

2）将刀具安装在位于工件中心的刀架上。

3）使用螺纹车削量规，相对于工件轴线设置刀具，如图 9.38 所示。

4）计算所需的螺纹深度。

5）选择所需的螺距。

6）在螺纹指示器刻度盘上选择正确的齿轮，并与丝杠啮合。

7）接合较慢的主轴速度。

8）起动机床。

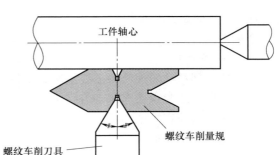

图 9.38　螺纹车削量规及刀具定位

9）转动手轮，移动横滑板直到刀具刚好接触到工件外部，并移动托架，使刀具远离工件端部。

10）停止机床。

11）将横滑板上的刻度盘设置为零。

12）重新起动机床。

13）转动手轮，移动横滑板，形成 0.05mm 的小切口。

14）等待，直到螺纹指示器刻度盘上的相应数字接近该标记，然后接合对开螺母。

15）试切。

16）当到达工件末端时，松开横滑板，将刀具从工件上拆下，并松开对开螺母。在一次运动中完成该动作。在整个螺纹车削过程中，一只手应放在横滑板手轮上，另一只手放在对开螺母操作杆上。

17）停止机床。

18）检查螺纹，确保车削的螺距正确。

19）将溜板倒回起点。

20）重新起动机床。

21）将横滑板倒回原来的刻度，再进行一次车削。

22）等待螺纹指示器刻度盘上显示正确的数字，然后接合对开螺母，并重复操作，直到达到最终深度。

根据所需螺纹的精度，应通过量规进行终检，或者使用螺母或配合工件进行检查。

内螺纹的切割方式完全相同，只是该刀具类似于磨成60°螺纹形式的镗刀。

左旋螺纹的加工方式相同，但是要反向旋转丝杠，并从工件另一端开始。

9.7.2 寸制螺纹

寸制螺纹不是由螺距指定的，而是由每英寸的螺纹数（t. p. i.）指定的。米制顶尖车床的丝杠螺距为6mm，由于t. p. i. 的数量不能安排为丝杠螺距的倍数，因此在螺纹车削操作过程中，一旦接合对开螺母，就决不能将其分离。这也意味着在米制车床上车削寸制螺纹时，螺纹指示器刻度盘没有用处。

在米制车床上切削寸制螺纹的步骤大部分与车削米制螺纹（见9.7.1节）相同，直到分离对开螺母并进行试切时才有所不同，故从9.7.1中步骤16）开始介绍。

16）当到达工件末端时，收回刀具并停止机床，但不要分离对开螺母。

17）反转主轴方向，使溜板移回起点。

18）停止机床，设置更深的切深，并向前重新起动机床主轴。

19）在分离对开螺母之前，重复上述步骤，直到螺纹车削到合适的尺寸。

9.8　安全使用车床

大多数事故因以下情况而引发：

1）缠绕在工件、卡盘、托架和从主轴尾部伸出的无防护杆上。

2）直接接触运动部件（尤其是在调整冷却液供应或清除切屑时）。

3）清洁机床和清除切屑时导致眼睛受伤和割伤。

4）卡盘扳手从旋转的卡盘中弹出。

5）与金属切削液和噪声（如机床主轴内部的金属条发出的咔嗒咔嗒声）有关的健康问题。

请记住，你有义务遵守第1章已经涵盖的各种健康与安全条例规定。为避免事故风险：

1）始终遵循雇主提供的培训内容。

2）确保卡盘防护罩就位。

3）确保防溅罩就位，以免受到切屑和金属切削液伤害。

4）始终佩戴护目镜和任何其他所需的PPE。

5）在使用自动进给及在螺纹车削时要格外小心。

6）当机床运行时，不要试图调整冷却液供应或清除切屑。

7）请勿佩戴首饰或穿着宽松的衣服。

8）始终把长发扎在脑后或发网中。

9）绝不要在旋转工件上手动使用砂布。

10）请勿将卡盘扳手留在卡盘中。

复　习　题

1. 在螺纹车削时，螺纹车削刻度盘有什么用处？

2. 说出两种用于防止细长工件在顶尖车床上加工时变形的装置。

3. 心轴的用途是什么？

4. 陈述顶尖车床的两个重要能力。

5. 使用中心钻的目的是什么？

6. 说出四种用于顶尖车床的工件夹持装置。

7. 为什么必须要将车刀设置在工件中心高度？

8. 给出两个在顶尖车床上进行镗孔的理由。

9. 为什么在螺纹切削过程中，需要工件的旋转和刀具的纵向运动之间有直接关系？

10. 描述用于车锥面的三种方法。

第10章

平面磨削

平面磨削用于生产高精度的平面表面，适用于软、硬等各种材料。甚至可能是去除淬硬工件金属的唯一方法。磨削通常被认为是一种精加工操作，但是也可使用大型磨床代替铣床和刨床进行大余量材料的去除加工。

典型的平面磨床如图 10.1 所示，该磨床使用一个直径为 300mm、宽为 25mm 的砂轮。其往复式工作台和横向滑动由液压驱动，不过也可以通过手工操作。

磨床的加工能力可用被磨削表面的最大长度和宽度，以及能进入最大直径砂轮的最大高度来表示。如图所示的磨床可磨削的最大长度和宽度为 500mm×200mm，当使用最大直径为 300mm 的砂轮时，被磨削工件的最大高度为 400mm。

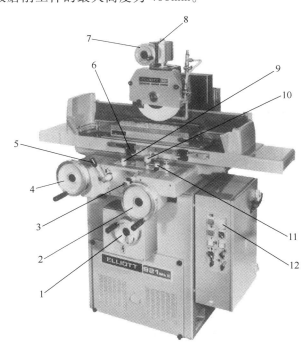

图 10.1 平面磨床

1、2、4、7—手轮　3、5、9—操纵杆　6—换向阀杆　8—刻度盘　10—脱扣器　11—速度控制旋钮　12—停止按钮

10.1　平面磨床的组成

典型平面磨床的主要部件如图 10.2 所示。

10.1.1　床身

床身为密肋箱形截面铸件，可确保刚性和完全无振动。床身底部装有液压泵和储液罐。床身后部有一个垂直燕尾槽导轨，用于引导立柱。床身顶部有两个 V 形导轨用来引导床鞍，为保持精度和刚度，它们间距很大。

10.1.2　床鞍

床鞍安装在床身顶部的两个 V 形导轨中，用来实现横向移动。可通过液压动力或手工操作手轮的方式，使床鞍在连续或增量进给中自动进行横向移动。自动横向移动距离可在 10mm 内任意变化。在工作台行程的每一端施加横向移动增量，就可以以图 10.3 中所示的方式完成工件表面的磨削。床鞍上表面带有 V 形平导轨，用于引导工作台与床鞍形成垂直运动。

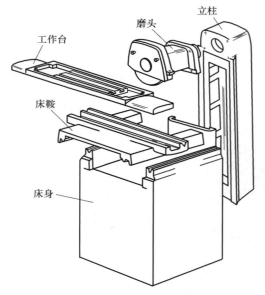

图 10.2　平面磨床的主要部件

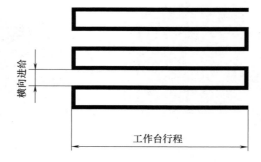

图 10.3　工作台行程横向进给运动示意图

10.1.3　工作台

工作台由鞍座上的 V 形平导轨引导，也可通过手轮手动操作。工作台的自动往复运动通过液压缸以 0.6～30m/min 的无级变速传动实现。通过操作方向换向阀的脱扣器可自动实现工作台运动的反转。可以对脱扣器进行设置，以确定所需的工作台的行程长度和反转位置。

10.1.4 磨头

磨头承载了安装在精密轴承上的砂轮主轴。整个的砂轮夹头组件安装在主轴端部的锥度上。主轴的传动装置是安装在立柱底部的电动机 V 形带和带轮。

10.1.5 立柱

立柱由燕尾槽导轨引导，其顶端装有磨头，以及电动机和砂轮主轴的带传动机构。立柱和磨头通过磨床前部手轮上的螺钉和螺母进行升降。其上还安装有伸缩式护罩，防止磨屑进入移动部件的滑动面。

简化的液压回路如图 10.4 所示，当换向阀 A 处于所示位置时，滑动阀 B 向右移动。此时液压油进入连接到床鞍的工作台液压缸的左侧，并将活塞和与其相连的工作台向右移动。

当到达工作台行程末端时，脱扣器移动方向换向阀，使液压油向左移动滑动阀。使液压油流入工作台液压缸的右侧，从而向左移动活塞和工作台。因而能够实现工作台的自动连续往复运动。和该回路连接的其他部分用于在每个工作台行程结束时自动横向移动。

控制阀 C 测量到达液压缸的液压油量，进而控制工作台移动的速度。安全阀 D 用来释放累积的压力。因为液体仅返回储液罐，所以这可防止在工作台意外过载或堵塞时发生机械损伤。

工作台上面设有一系列 T 形槽，用来夹紧工件或夹持工件设备。

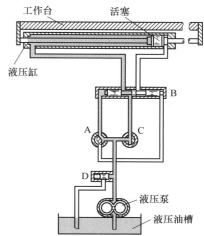

图 10.4　工作台液压系统简图

10.2　控制装置

典型平面磨床的控制装置如图 10.1 所示。

手轮 1 可升高和降低立柱。降下立柱后，砂轮就开始磨削。由于工件的精度取决于去除的金属量，因此该手轮上的刻度表示非常小的移动增量，图 10.1 中所示为 0.0025mm。

手轮 2 使床鞍横向移动，该手轮上的刻度表示 0.01mm 的增量。

手轮 4 用于手动往复移动工作台。

行程长度和工作台反转位置由脱扣器 10 碰撞换向阀杆 6 控制。

工作台速度控制旋钮 11 可调节设置 0.6～30m/min 的无级变速。

操纵杆 9 用于在每个工作台冲程结束时选择连续横向进给或增量进给。在选择连续横向进给的情况下，操纵杆 5 控制速度，速度在 0～5m/min 无级变速。

增量进给速率由操纵杆 3 控制，在 0.28～10mm 范围内可无级变化。

磨床右侧的开关面板可控制液压泵、砂轮轴、切削液等所用的电动机，并带有电源开关和一个大蘑菇头停止按钮 12。

尽管基本原理相同，但当前的平面磨床不同的型号具有不同的控制系统。典型平面磨床如图 10.5 所示。开发这些控制系统是为了在不使用全功能 CNC 系统的情况下为操作人员提供计算机控制的便利性。当然，全功能 CNC 磨床也有售。

工作台的运动（x 轴）可由手轮手动控制，也可用液压驱动作自动往复运动。床鞍横向滑动（y 轴）及砂轮向下进给（z 轴）则由数字交流电（AC）伺服电动机控制。工作台的反转由可调的工作台挡块和床鞍上的接近开关进行设置。

起动机床后，操作人员有三个选项可选：手动、修磨和磨削循环。

在手动模式下，磨床运行由手工控制，此时导轨通过手轮或者自动往复机构进行手工操作。工作速度及进给则通过控制触摸屏和电子手轮进行选择。电子手轮每个刻度的进给量是 0.001mm、0.01mm 或 0.1mm，操作人员可以选择米制或寸制单位。典型的控制面板如图 10.6 所示。

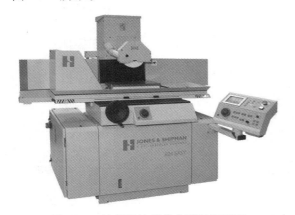

图 10.5　计算机控制的典型平面磨床

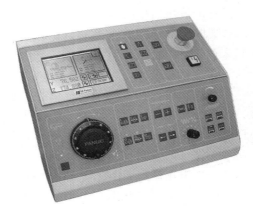

图 10.6　典型的控制面板

修磨模式下可用砂轮进行多种不同形式的修整，基本形式是直接穿过砂轮边缘进行修整。

磨削循环模式下可通过控制面板触控屏选择预置的自动磨削循环。

10.3　工件夹持

平面磨削中夹持工件的基本方法是使用永磁吸盘夹持具有平面的工件。这种吸盘不能夹紧有色金属等非磁性材料。完整的吸盘由顶板、非磁性外壳、活动栅格和底板组成，其中顶板包含多个非磁性环氧树脂填料分开的插芯，活动栅格含有与栅格绝缘并垂直磁化的永磁体，如图 10.7 所示。

永磁吸盘的工作原理是：当打开开关通电时，建立从永磁体通过工件的磁力线或磁通量，当关闭开关断电时，磁通量移开或"短路"。这是通过移动磁铁使其与顶板对齐，建立通过工件的插芯、栅格及底板回路而实现的，如图 10.8a 所示。必须把顶板、插芯接通才能夹紧工件。断开开关后，磁铁与顶板不再对齐，磁通量转移导致回路不再通过工件而仅通过顶板、插芯和底板，如图 10.8b 所示，于是工件失去磁通量而被松开。

当工件的形状或材料不能使用永磁吸盘进行直接夹紧时，需要选用别的方法。不过用于固定工件的设备本身则需要始终固定在永磁吸盘上。

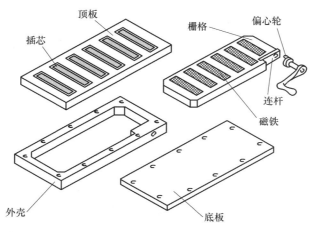

图 10.7 永磁吸盘

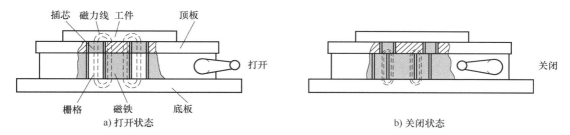

a) 打开状态 b) 关闭状态

图 10.8 处于打开或关闭状态下磁通量的永磁吸盘

虎钳也可用来装夹工件。但应谨记磨削通常是最终精加工，因此应使用高精度的虎钳，并且如果可能的话应只在磨削时使用。还应注意要避免各组件变形，因为误差会最终传递到工件成品上。

需要以直角磨削的平面可夹持在角板的竖直表面上。

V 形块可用来装夹回转工件。

10.4 砂轮

所有的机械加工都有潜在的危险——缺乏了解或过度小心已经造成了许多事故。砂轮（也称磨轮）的使用可能是其中最危险的一种，本章末尾会对其进行详细描述，其主要原因有以下两点。

1）砂轮由黏合材料黏合在一起的小磨粒制成。与金属相比，它极易碎。

2）砂轮转速非常高。当直径为 300mm 的砂轮以 2000r/min 的转速转动时，其圆周处的速度几乎高达 1900m/min。与此相比，如果用高速钢车刀在车床上切削相同直径的钢工件，其圆周的切削速度仅为 30m/min。

"工作设备提供和使用条例" 1998（PUWER）要求，除其他事项外，所有机械应适用于其预期用途，并得到适当维护，所有使用、安装和管理砂轮操作的员工都应在其使用方面得到充分通知和适当培训。

10.4.1 修整

砂轮由许多微小齿粒组成，这些微小齿粒又由硬磨料细粒经结合剂粘结形成。与其他金属切削操作一样，砂轮的齿或磨粒必须保持锋利。在一定程度上，砂轮可以自锐。磨削时的理想状态是，当正磨削的磨粒变钝时，对其施加更大的力，可以将磨钝的磨粒从黏合材料中剥落，从而露出新的锋利磨粒。

因此，当磨削硬材料时，砂轮磨粒会很快变钝，需要快速从黏合材料中剥落。为此，要用较少的黏合材料来固定颗粒，这样当磨粒磨钝时就容易脱落，这种砂轮称为"软砂轮"。相反，在磨削软质材料时，磨粒不易变钝，需要在当前位置保持更长时间，因此可以使用更多的结合剂。这种砂轮称为"硬砂轮"。

砂轮表面的锋利度和精确度可通过使用工业金刚石修整器进行"修整"来实现。进行金刚石修整时应始终使用大量冷却液，而且在金刚石接触砂轮之前就应打开冷却液。修整时，降低砂轮直至其接触金刚石，然后让金刚石在砂轮表面移动，如图10.9所示。然后再稍微降低砂轮，重复操作直到清除掉所有磨损的磨粒，露出新的磨粒，使磨轮表面平整锐利如初。

金刚石修整器可以是单点或多点的，通过改变切削深度和修整的横向速度，可形成不同的修整动作，修整不同的砂轮表面。金刚石的尺寸很重要，其大小取决于要修整砂轮的大小。例如，直径250mm、宽25mm的砂轮通常需要0.5克拉的单点金刚石，如果用多点金刚石的话，通常为1.3克拉。为了确保最大的使用寿命，金刚石修整器应有规律的在其支架中旋转，以确保其锋利边缘始终朝向砂轮。图10.10所示为一组金刚石修整器。

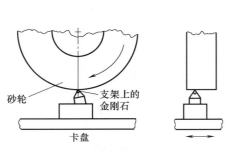

图 10.9 用金刚石修整砂轮

图 10.10 金刚石修整器

图10.1所示的磨床在磨轮上方装有内置修整附件。通过转动图10.1中的刻度盘8，金刚石下降并与砂轮顶部接触，使用手轮7操控其穿过砂轮表面。使用这种附件就不必在每次修整时对金刚石进行定位和拆卸，也不必在修整时降低砂轮，然后在其磨削时再将其抬起，从而节省了时间。

10.4.2 平衡

如果砂轮失去平衡，就会通过主轴产生振动，那么在任何磨床上都不会加工出高质量的工件。

砂轮安装在夹头上，其整体可从主轴上拆除，如图 10.11 所示。定位砂轮所用的砂轮插口有一个锥形孔，可精确定位在主轴头上。砂轮法兰位于砂轮插口上，由三个螺钉固定，拧紧后，这些螺钉将砂轮牢牢固定在两个表面之间。砂轮法兰的外表面上有一个环形燕尾槽，可用于固定平衡块，平衡块通常为两个。这些平衡块可锁定在燕尾槽的任何位置。

当砂轮正确安装且周边已修整后，将夹头组件从主轴上拆下。然后取下平衡块，将平衡轴插入孔中。平衡轴的锥度与主轴上的锥度相同，且两端的平行直径大小相等，如图 10.12a 所示。将该组件放置在预先调平的平衡支架上，如图 10.12b 所示。此时砂轮可以在刀口上滚动直至静止，且此时最重的部分就在其底部。

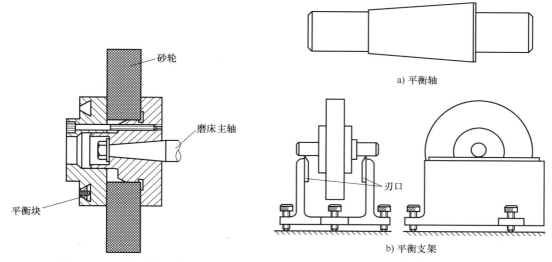

图 10.11　砂轮夹头组件　　　　　　图 10.12　平衡轴与平衡支架

此时，在砂轮顶部，也就是最重部分的对面做一个标记。然后，在彼此相对的位置且与标记成直角的位置更换平衡块。平衡块现在可以向轻的部分移动一小段距离并锁定。然后转动砂轮，让其转动直至静止。如果同样重的部分再次出现在底部，那么两个平衡块就都会移动到更靠近较轻部分的位置，然后再次滚动砂轮并直至停止。重复该过程，直到砂轮可以停止于任何位置，并且没有沿着平衡架滚动的趋势。此时，砂轮就可以使用了，将其以正确的方式换至主轴即可。

机电式砂轮平衡系统可用于测量不平衡砂轮引起的振动，可以将平衡块沿法兰移动到砂轮外侧或插入机床主轴的适当位置。这样便无须进行手动预平衡。

10.4.3　防护

由于砂轮的脆性及其运转时的高速可能导致其碎裂。依据条例要求，所有的砂轮都必须进行充分防护，并且应始终在砂轮运行前装好防护装置。

防护装置有两个主要功能：首先是在砂轮破裂时罩住砂轮碎片，其次是尽可能防止操作人员接触砂轮。砂轮应在合理范围内最大限度地封闭起来，封闭范围取决于工件的特点。平面磨床的防护装置是防护罩，防护罩围在砂轮的前面可以挡住砂轮碎片，从而在砂轮碎裂时保护操作人员。圆台平面磨床砂轮围角的详细信息由 2008 年的英国标准 BS EN 13218 规定，如图 10.13 所示。

全宽屏板装于磨床工作台的前面，保护操作人员免受从磁性夹头上飞出的工件或者或喷溅出的冷却液的伤害。

10.4.4　黏结磨料砂轮

黏结磨料砂轮有两种主要成分：磨料、黏合材料或结合剂，磨料进行实际磨削，结合剂将磨料粘结在一起并形成砂轮外形，如图 10.14 所示。

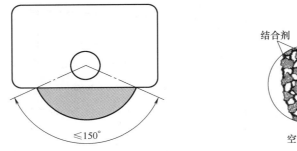

图 10.13　砂轮围角

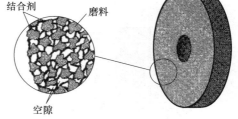

图 10.14　砂轮特征

砂轮的理想切割状态是，当砂轮完成磨削工作并变钝时，其磨粒能够破裂或从黏合材料中脱落，并在其位置露出新的、锋利的磨粒。该过程可在磨削过程中不断重复，使砂轮具有自锐效应。

如果磨粒在完成工作和变钝之前就脱落出来，那么砂轮就会迅速磨损，称为"软砂轮"。

如果黏合材料的强度太大，磨粒变钝时也不会脱落，砂轮就被称为"硬砂轮"，可通过其磨削表面光滑闪亮的外观来识别它。

在不同的黏合材料中加入不同粒度的不同磨料，能使磨轮具备各种特性，可以在各种磨削条件下有效磨削各种材料。

10.4.5　磨料

通常使用的两种磨料为氧化铝和碳化硅。

氧化铝是通过在特种电炉中熔融铝土矿制备的。它在冷却时被粉碎形成成形颗粒，然后按一系列粒度进行分级。氧化铝性质坚韧，适合磨削钢材等高抗拉强度的金属。该磨料由字母 A 标识。陶瓷氧化铝是一种获得专利的氧化铝陶瓷形式，比传统氧化铝磨料更硬、更锋利，具有较高的去除率和较冷的切割作用。不同的制造商使用不同的颜色来标识不同质量的氧化铝，如白色、粉色、红宝石色和蓝色。

碳化硅由高碳焦炭和纯硅砂在电炉中经化学反应而制成，其中加入少量盐和锯末以辅助反应。大块的合成物被压碎为正确形状的颗粒，然后按一系列粒度进行分级。它是一种硬脆磨料，对于磨削低抗拉强度材料（如铸铁、黄铜、铜、铝和玻璃）及极硬材料（如硬质合金）最为有效。所制成的砂轮通常为绿色，因此通常被称为"绿砂"砂轮。该磨料用字母 C 标识。

10.4.6 粒度

磨料颗粒的大小用一个数字表示，这个数字代表用于筛选的筛网中每英寸（25mm）的筛孔数。从最粗到最细的标准颗粒大小为 4、5、6、7、8、10、12、14、16、20、22、24、30、36、40、46、54、60、70、80、90、100、120、150、180、220、230、240、280、320、360、400、500、600、800、1000、1200。最常用的大小为 10～120。

使用粒度的大小会影响将被去除的材料量和最终表面粗糙度。对于需要去除大量材料的粗磨，要使用较大的粒度（如 10），但是工件表面粗糙。如果需要精细的表面，要使用较小的粒度，如 120。当然，小磨粒不能像大磨粒那样去除大量的材料，但是它们能形成更低的表面粗糙度值。

10.4.7 等级

砂轮的等级是指将磨粒黏固到位的黏合强度，是对黏合量的一种度量。

黏合材料越多，磨粒受到的黏合力就越大，磨粒也就越不易脱落。这就称为"硬"等级。

相反，黏合物越少，磨粒就不会受到那么大的黏合力，于是磨粒就更容易脱落。这就称为"软"等级。

当磨削硬材料时，磨粒比磨削软材料钝化得快。这意味着磨粒必须更快脱落以露出新的锋利磨粒。所以此时应使用软等级的砂轮，在磨粒变钝时容易脱落。

当磨削软材料时，磨粒要求和磨削硬料不同，因为磨粒钝化得较慢，所以不需要快速脱落。此时可以使用硬等级砂轮，这会使磨粒保持更长时间。

因此，业内有句俗语：硬轮磨软料，软轮磨硬料。

砂轮等级用大写字母 A～Z 表示，其中 A 最软，Z 最硬。

10.4.8 组织

砂轮的组织由磨料和结合剂的比例和排列方式决定。磨粒是分隔开的，它们之间留有或大或小的空隙或气孔。

若砂轮磨粒间隙较宽，存在较大的空隙，这类砂轮被称为疏结构。较大的空隙为金属屑从工件去除时提供了空间。因为从软料上去掉的磨屑较大，故对软料常用疏结构的砂轮。

在砂轮和工件间存在较大接触面积的磨削条件下，会产生更多的热量。平面磨削和内部磨削常发生这种情况。因为疏松组织砂轮有较大的空隙，所以接触的磨粒较少，产生的热也就较少。在这些条件下使用的这种类型的车轮具有一定的自由冷却磨削效果。

磨粒间隙更紧密且空隙更小的砂轮则被称为密结构。当磨削硬的金属时，产生的磨屑小，这些磨屑不需要在磨轮中有较大的空隙。因此，密结构的砂轮常用于磨削硬的金属。

由于间距较密，密结构的砂轮通常产生的热会更多，这就会造成要磨削的金属表面产生烧蚀。从金属表面是否有棕色斑点可以识别这种现象。若用紧密组织砂轮磨削较软的材料，则会造成金属磨屑所需空间不足，砂轮中的空隙被金属填充，称之为"堵塞"。

砂轮的组织用 0～18 的系列数字标识，其中 0 最紧密，18 最疏松。

10.4.9　结合剂

结合剂有两种主要类型：无机结合剂和有机结合剂。无机结合剂基本上是玻璃，即砂轮通常实在炉中烧制而成。有机结合剂一般不用烧制，而是在低温下固化而成，一般是树脂和橡胶。

1. 陶瓷结合剂

大多数的砂轮都使用陶瓷结合剂。磨粒以正确的比例和黏土及易熔材料混合，形成的混合物压入模具中得到正确的砂轮形状。然后将砂轮通过干燥室，去除潮气，随后在窑中烧制。在烧制过程中，黏土及易熔材料熔化并在相邻磨粒间形成结合剂。冷却和固化后，就形成一种类似玻璃的材料。

这种类型的结合剂用字母 V 标识。陶瓷砂轮是多孔、坚固，不受水、油和常温条件影响。通常，在磨削时其表面速度不应超过 1950m/min。

2. 树脂结合剂

为了生产树脂结合剂砂轮，需将磨粒与热固性合成树脂混合，模制成型并固化。这种结合剂非常硬，强度高，磨削时砂轮表面速度可高达 2580~4800m/min。高的表面速度可以快速磨除金属，这是因为在给定时间里有更多的磨粒参与磨削，因而使用这种结合剂的砂轮适合于需要高金属去除率的场合，是铸造厂和钢厂生产工作的理想选择。

树脂结合剂砂轮可以做得非常薄，又可以在高速下安全使用，非常适合作为金属棒、管等工件的切断砂轮。这种类型的结合剂用字母 B 标识。

如果需要更高强度的黏合，同时还要具有一定的柔性，可以在树脂中加入开放式编织物增强材料，所形成的结合剂用字母 BF 标识。

3. 橡胶结合剂

为生产橡胶结合剂砂轮，磨料颗粒应于运行在加热辊之间的橡胶和硫化剂混合。滚压至一定厚度后，砂轮被切割至正确的直径，然后进行硫化或"固化"——一种化学反应，在反应中，橡胶分子通过加热和压力相互连接，通常可借助硫黄辅助使之具有很高的弹性。

基于这种材料的弹性，可以通过该过程制造非常薄的砂轮，是切断砂轮的理想选择，切断时砂轮可以在 3000~4800m/min 高的表面速度下运行。橡胶结合剂砂轮也可用做无心磨床的控制轮。

这种类型的结合剂由字母 R 标识。

10.4.10　特性

上述砂轮的各种特性最多可用 8 个符号标识（其中有 3 个符号可选），并按以下顺序排列：

0——磨料类型（可选），制造商自己的符号。

1——磨料性质。

2——磨料粒度。

3——硬度等级。

4——砂轮组织（可选）。

5——结合剂性质。

6——结合剂类型（可选），制造商自己的符号。

7——最大允许转速，单位为 m/s。

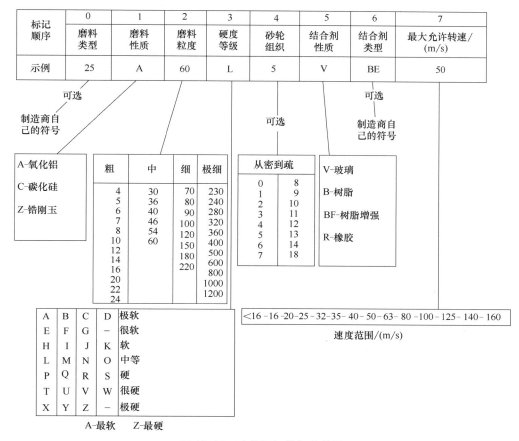

图 10.15　砂轮标记的标准符号

这些符号均选自英国标准 BS ISO 525：2013 中提出的标准符号集，示例如图 10.15 所示。正常情况下，这些标准符号由生产厂家标注于砂轮之上，对于小砂轮则可以标记于其所在的箱子或包装上。

上例显示了规格为 25A60L5VBE50 的砂轮标记，如果不带可选符号的话则是 A60LV50。

砂轮应依据图 10.15 所示的最大允许转速（MOS）制造，图中速度的单位为 m/s。

10.4.11　砂轮标记系统

砂轮的标注应符合标准 BS EN 12413：2007。

全球领先的高级磨料产品生产商成立了一个名为"磨料安全组织"（oSa）的独立国际组织，以确保其产品在全球范围内的安全性和质量始终保持较高水平。除符合 BS EN 12413：2007 标准外，磨料产品上的 oSa 标签还应显示 oSa 的附加要求。

所有标记必须：

1）肉眼可见。

2）不可擦除。

3）直径大于 80mm 的砂轮均应直接标于砂轮之上，其他砂轮可标于固定的吸墨纸或标签之上。

英国标准要求在黏结磨料上做如下标记，如图 10.16 所示：

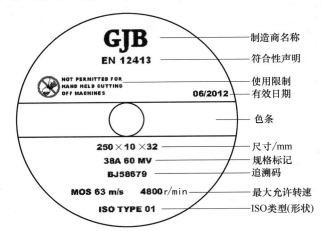

图 10.16 黏结磨料砂轮的标记

（1）商品名称 制造商名称。

（2）符合性声明 符合 BS 12413：2007 （及 oSa 成员标识）。

（3）尺寸 符合 ISO 525：2013 标准的名义尺寸。

（4）MOS 最大允许转速，单位为每分钟转数（r/min）和 m/s，绝对不能超过该速度。

（5）规格标记 符合 ISO 525：2013 标准。要求最少信息为磨料类型、粒度、等级和结合剂类型，如 38A60MV （见图 10.15）。

（6）使用限制 通过完整描述或图示说明限制。包括：

1）RE1——不允许用于手持磨机和人工引导磨削。

2）RE2——不允许用于手持切断磨机。

3）RE3——不适用于湿磨。

4）RE4——仅允许用于全封闭工作区。

5）RE6——不允许用于端面磨削。

（7）色条 最大允许转速为 50m/s 及其以上的用色条标识，含义如下：

1）最大 50m/s——一个蓝条。

2）最大 63m/s——一个黄条。

3）最大 80m/s——一个红条。

4）最大 100m/s——一个绿条。

5）最大 125m/s——一个蓝条和一个黄条。

（8）追溯码 确保产品来源及生产细节可被识别的一个代码或批次号。

（9）ISO 类型 表明砂轮形状符合 ISO 525：2013 标准。

（10）有效期 B 和 BF 等有机结合剂可能会变质。失效时间应当在其生产日期之后最长 3 年之内。它用月和年表示，如 06/2012。该日期不适用不会变质的陶瓷结合剂。

10.4.12　磨削特性总结

总结见表 10.1。

表 10.1　磨削特性总结

粒度	
使用大粒度	使用小粒度
适用于软韧性材料,如软钢、铝	适用于硬的脆性材料,如淬硬的工具钢
适用于快速去除原料,如粗磨	适用于去除少量原料
表面粗糙度不重要的场合	需要较低表面粗糙度值的场合
适用于大的接触面积	需要较小圆角半径的场合
	适用于小的接触面积
等级	
使用软等级	使用硬等级
适用于硬材料	适用于软材料
适用于快速去除原料	适用于增加砂轮寿命
适用于大的接触面积	适用于小或狭窄的接触面积
组织	
使用疏松组织	使用紧密组织
适用于软材料	适用于硬材料
适用于大的接触面	适用于小的接触面积

10.5　平面磨削操作

平面磨削用于生产高精度的平面。这可以以图 10.17 中工件所有平面的磨削进行图示说明。

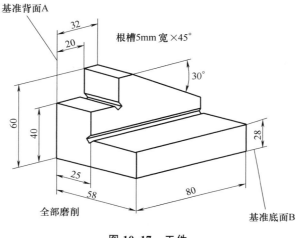

基准背面A
32
20
根槽5mm 宽×45°
30°
60
40
28
25
58
80
全部磨削
基准底面B

图 10.17　工件

首先要做的重要的事情是确定基准面 A 和 B，所有的面都以此为基准进行磨削。

然后把基准面 B 夹紧在由垫铁支撑的角板上，开始磨削 A 面，将其清理干净，如图 10.18 中的第 1 步。再把 A 夹紧在角板上，也垫上垫铁，把 B 面磨削干净，见图 10.18 中的第 2 步。通过上述步骤能确保基准面 A 和 B 相互垂直。

通常的做法是在磁性吸盘的后部安装一个"栅栏"，并使用砂轮的侧面磨削其表面。该面与工作台移动方向平行。因此推贴到栅栏上的工件表面也可以使用砂轮侧面平行磨削。

把工件 B 面放在磁性吸盘上，让 A 面紧靠"栅栏"。

打磨台阶面厚度到 28mm，小心不要让砂轮侧面碰伤相邻面。

把磨头抬高，磨削上表面至 60mm，如图 10.18 中的第 3 步。

再重新安装工件，把 A 面放到磁性吸盘上，让 B 面靠着"栅栏"。磨削上表面至

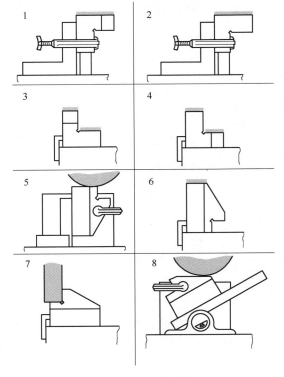

图 10.18 操作顺序

58mm。降低磨头并打磨台阶面至 25mm。小心不要让砂轮侧面碰伤相邻面，如图 10.18 中的第 4 步。

把 A 面靠着角板夹紧，用直角规把 B 面垂直放置。

打磨端面并清理干净，如图 10.18 中的第 5 步。

重新安装工件，把刚打磨的端面放在磁性吸盘上。

打磨相对端面至 80mm，见图 10.18 中的第 6 步。

再重新安装工件，把 B 面放在磁性吸盘上，让端面紧靠"栅栏"。

用砂轮侧面打磨台阶面至 40mm 及相邻面尺寸至 20mm，见图 10.18 中的第 7 步。

在 B 面下使用量角规把 A 面靠着角板以 30°角夹紧。

打磨 30°角平面至 32mm，见图 10.18 中的第 8 步。

10.6 安全使用砂轮

大多数事故发生在以下方面：

1）与旋转的砂轮接触。

2）砂轮碎裂造成的冲击伤（有时是致命的）。

3）磨尘控制不当引起的火灾和爆炸。

4）眼睛损伤。

5）金属切削液、噪声及吸入有害粉尘和烟雾造成的健康问题。

牢记，你有义务遵守在第 1 章中已讲过的各种健康与安全条例。为避免事故风险：

1）仅使用授权你使用的设备。

2）始终遵循雇主提供的培训和指导。

3）始终佩戴护目镜。

4）确保砂轮适合其预期用途。

5）切勿超过砂轮上标记的最大运行速度。

6）始终检查砂轮是否有损坏或缺陷，如果发现，请不要使用。

7）切勿使用工作状况不佳的机器。

8）始终确保防护装置就位且处于良好的工作状态。

9）在无人看管机器之前，始终确保车轮已停止。

10）确保工件牢固并得到适当支撑。

11）当机器起动时，切勿站在砂轮正前方。

12）切勿在工件与砂轮接触的情况下起动机器。

13）避免堵塞和不均匀磨损，应适时修整砂轮。

14）始终让砂轮自然停止，而不是对其表面施加压力让其停止。

15）停机前关闭冷却液并让多余的冷却液"旋出"。

复　习　题

1. 说出砂轮的两个主要成分。

2. 为什么砂轮必须要平衡？

3. 平面磨削最适合什么类型的操作？

4. 解释说明砂轮是软或硬时的原理。

5. 平面磨床上最基本的工件夹紧方法是什么？

6. 为什么必须要在平面磨床上安装正确的防护装置？

7. 砂轮的组织对去除金属有什么影响？

8. 用简图说明永磁吸盘的工作原理。

9. 磨料粒度对去除金属有什么影响？

10. 说出砂轮中使用的两种结合材料。

第11章

铣 削

铣削是一种使用多齿刀具的表面加工方式。所形成的表面可以是平面，也可以通过使用附加设备或专用刀具形成成形表面。

铣床的类型和尺寸多种多样，但大多数工厂中最常用的是升降台铣床，如此称呼它是因为其主轴固定在床身或底座上，而工作台则安装于升降台上，这样就能够在纵向、横向和垂直方向上移动。

升降台铣床分为以下型号：

1）卧式铣床，主轴水平布置。

2）万能铣床，与卧式铣床类似，但配有旋转工作台，可用来铣削螺旋槽。

3）立式铣床，主轴垂直布置。

典型的卧式铣床及立式铣床如图 11.1 及图 11.2 所示。

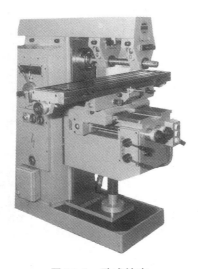

图 11.1 卧式铣床

图 11.2 立式铣床

这些铣床的加工能力用工作台工作表面的尺寸，纵向、横向及垂直移动行程，卧式铣床的主轴到工作台表面的最大距离，或立式铣床的主轴到床身的最大距离来描述。

11.1 铣床的组成

卧式铣床的主要机械部件如图 11.3 所示。立式铣床除了立铣头安装于床身顶部，其他与卧式铣床相同，如图 11.4 所示。

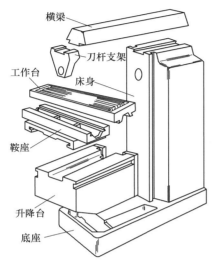

图 11.3 卧式铣床的主要机械部件

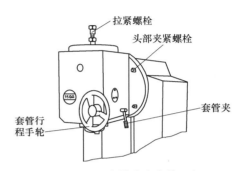

图 11.4 立式铣床床身的顶部

11.1.1 床身和底座

床身和底座是整个铣床的基础。它们均由铸铁制成，采用厚截面设计，以确保完全刚性且无振动。床身安装在底座上面，底座同时也是切削液储液罐，并含有将切削液循环至切削区域的泵。

床身包含准确安装在精密轴承上的主轴。主轴由齿轮箱驱动，驱动力来自于安装在床身底部的电动机 V 带驱动装置。使用齿轮箱可以选择一系列的主轴转速。在图 11.3 所示的机床中，有 32～1400r/min 共 12 种轴速。床身的前面有导轨，其上安装有升降台，能引导升降台在垂直方向运动。

11.1.2 升降台

升降台安装于床身的导轨上，提供工作台的垂直运动。

机床采用电动进给，可通过安装在侧面的齿轮箱，使用内置的独立电动机，提供 6～250mm/min 共 12 种进给速度。传动通过丝杠进行，丝杠的底端固定在机床底座上。通过前面用手轮操控的丝杠和螺母手动升起或降低升降台。升降台的上表面有导轨，能在整个宽度上为鞍座提供支撑，并在横向引导鞍座。

升降台上还有一个锁紧机构，可在床身上的任意垂直位置固定升降台。

11.1.3 鞍座

鞍座安装于升降台的导轨上，提供工作台的横向运动。

升降台上的齿轮箱提供电动进给，有 12～500mm/min 共 12 种进给速度可用。也可手动进给，由升降台前面的手轮经过丝杠和螺母操控。

通过鞍座侧面的两个夹钳将鞍座夹持到升降台。鞍座的上表面有和升降台导轨垂直的燕尾形导轨，用以引导工作台的纵向运动。

11.1.4 工作台

工作台为所有工件和工件夹持设备提供定位和夹紧平面。因此，工作台上有一系列的 T 形槽。其下表面的燕尾形导轨位于鞍座导轨中，使工作台可在纵向进行与鞍座运动方向垂直的直线运动。

升降台齿轮箱经鞍座到工作台丝杠提供电动进给。工作台每端都有手轮以提供手动进给。工作台前部的挡块可被设置为在每个方向上自动断开纵向进给。

11.1.5 主轴

主轴精确安装于精密轴承中，为铣刀提供驱动。刀具可直接安装在主轴前端或刀具夹持装置中，刀具夹持装置又安装在主轴上，经由穿过空心主轴的拉紧螺栓固定到位。铣床的主轴有一个标准的主轴头，如图 11.5 所示，方便用于互换刀具和刀具夹持装置。主轴头的孔呈锥形，可提供准确定位，其锥度角为 16°36′。锥度的直径取决于铣床的尺寸，可以是 30IST（国际标准锥度）、40IST 或 50IST。由于其角度陡峭，不能依靠这些被称为不黏或自释放的锥度来将驱动力传输至刀具或刀具夹持装置，而是提供了两个传动键来传动。

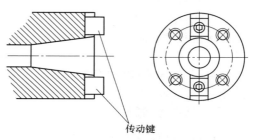

传动键

图 11.5 标准铣床主轴头

直接安装在主轴头上的铣刀定位于定心刀杆之上，由四个螺纹孔将铣刀固定到位。两个键还是用来传动。

卧式铣床的主轴是固定的，不能轴向调节，即不能沿其轴向运动。立式铣床上配备有轴向运动，由主轴头上的手轮控制。主轴在套管中运动，套管则通过一个小齿轮和齿条运动，这种运动与钻床主轴相同（见图 8.2）。有一个锁定螺栓用来将套管锁定在沿其工作长度上的任意位置。

11.1.6 横梁和刀杆支架

卧式铣床的大多数刀具夹持在固定于主轴的刀杆上。考虑到所用刀杆的长度，可能需要在其外端增加支撑以防止其在铣削时倾斜。该支撑装置是一个固定在横梁上的刀杆支架，该横梁安装在床身顶部的燕尾形导轨中。横梁可根据刀杆的长度向内或向外调节，如果不需要刀杆支架也可以完全推入。两个紧固螺栓用于将横梁锁定在任意位置。刀杆支架定位于横梁燕尾槽中并可被其紧固螺栓锁定。当主轴旋转时，刀杆运行于一个实体轴承之内。

11.1.7 防护装置

除了为刀具提供单独的防护装置（如图 1.4 所示）外，还须安装机器防护装置，将工作区域封闭起来，以保护操作人员免受切屑和冷却液的伤害，如图 11.6 所示。防护装置能够滑行并摆动到一侧，方便装卸工件、更换刀具或清除切屑。高强度聚碳酸酯面板能够提供全方位的可视性。电气安全联锁装置能够在防护装置处于打开位置时防止机器起动，在机器运行时如果打开防护装置，则机器停止运行。

图 11.6　滑行并摆动防护装置

11.2　控制装置

典型卧式铣床的各个控制装置如图 11.7 所示。它们与立式铣床的控制装置相同。

主轴转速由操纵杆 4 控制，并由转速变化刻度盘 5 显示。铣床运动时绝不能改变转速。"微动"按钮 3 位于换挡面板下方，将其按下能使主轴微动，并使齿轮在速度变化时滑动到位。"微动"按钮旁边是切削液泵控制按钮 1 及主轴旋转方向控制按钮 2。进给率通过操纵杆 9 进行选择并显示在进给率刻度盘上。

为实现工作台纵向进给，操纵杆 8 应向所需方向扳动——向右进给则向右扳，向左进给则向左扳。可调脱扣器 6 用来在横向范围内任意位置停止进给运动。限位器能够在极限位置时断开所有进给运动，防止可调脱扣器失效时损坏铣床。

为实现横向或垂直移动，操纵杆 12 要向上或向下扳动。将操纵杆 11 扳动到所需方向就可以实现相应进给。如果选择横向移动，操纵杆 11 向上扳动使鞍座向内进行横向进给，向下扳动则使鞍座向外进行横向进给。如果选择垂直运动，操纵杆 11 向上扳则使升降台向上进给，向下扳则使升降台向下进给。

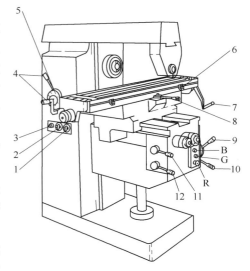

图 11.7　铣床控制装置
1—切削液泵控制按钮　2—主轴旋转方向控制按钮
3—"微动"按钮　4、8、9、10、11、12—操纵杆
5—转速变化刻度盘　6—可调脱扣器　7—单曲柄手柄

通过向上拉动操纵杆 10，可在实现在上述任何进给方向上的快速移动。只要对其施加向上的压力，快速移动就会持续。当释放压力时，操纵杆将下降到分离位置。也可以使用单

曲柄手柄 7 实现手动进给，给机床施加微小的压力就可以使该手柄啮合。为保证安全，操作完成后，弹簧弹出器将分离手柄——也就是说，当自动进给或快速移动起动时，手柄是不会旋转的。该单曲柄手柄在工作台、鞍座和升降台运动时可交换使用。

11.2.1　铣床起动及停止

开关面板安装于升降台前面，上面的黑色按钮 B 用于起动进给电动机，如图 11.7 所示。这主要是为了在主轴不转而需要进给运动时方便进行设置。

开关面板上的绿色按钮 G 用来起动主轴和进给电动机，而蘑菇头状的红色按钮 R 则用于停止铣床。

11.3　铣刀

铣刀类型多种多样，为方便起见，可按安装方法将其进行分类：安装在刀杆上、带中心孔的铣刀，安装在专用卡盘上带螺纹刀柄的铣刀，以及直接安装在主轴头上的大型面铣刀。

11.3.1　装在刀杆上的铣刀

1. 圆柱形铣刀

这种铣刀仅在圆周表面有齿，用于铣削平行于铣刀轴线的平面，如图 11.8a 所示。刀齿呈螺旋形，使每个刀齿能渐进铣削，从而减少冲击并将颤振降至最低。圆柱形铣刀有各种直径和长度，其最大尺寸可达 160mm（直径）×160mm（长）。

2. 三面刃铣刀

这种铣刀在圆周表面及两个侧面均有齿，可用于形成台阶面、同时铣削表面和侧面，或形成沟槽，如图 11.8b 所示。成对使用这些刀具进行侧面铣削的操作称为跨铣，如图 11.8c所示。刀齿在刀具上呈直线，最大宽度为 20mm，但在其厚度上则呈螺旋形。三面刃铣刀种类很多，尺寸最大为直径 200mm、宽 32mm。

还有一种错齿三面刃铣刀，它的圆周面和两个侧面都有齿，设计用于深槽加工。为了减少震颤并提供最大切屑间隙，其刀齿为左螺旋、右螺旋交错排布，每个刀齿只在一侧有端齿，如图 11.8d 所示。错齿三面刃铣刀和普通三面刃铣刀尺寸相同。

3. 角度铣刀

角度铣刀的刀齿在其角度表面上，有单角和双角两种。单角铣刀在其侧平面也有刀齿。它们用于加工角度表面或者工件边缘上倒角，如图 11.8e、f 所示。

单角铣刀的角度为 60°~85°，步长为 5°，双角铣刀有 45°、60° 及 90° 的夹角。

4. 单圆角铣刀

该刀具的一侧有一个内凹的四分之一圆弧，用于形成工件边缘上的圆角半径，见图 11.8g。这种铣刀具有 1.5~20mm 的各种圆角半径。

5. 空心端铣刀

图 11.8h 所示的铣刀通常被称为"空心端铣刀"，该铣刀在圆周和一端上有刀齿，齿端有凹槽，用于容纳将刀具固定在刀杆上的螺钉头。背面的键槽为刀杆上两个键提供传动。刀齿为螺旋形，用于加工比普通端铣刀可有效加工的尺寸更大的工件。空心端铣刀的直径尺寸为 40~160mm。

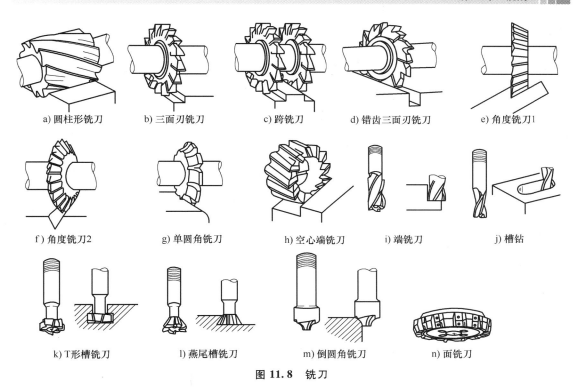

a) 圆柱形铣刀　　b) 三面刃铣刀　　c) 跨铣刀　　d) 错齿三面刃铣刀　　e) 角度铣刀1

f) 角度铣刀2　　g) 单圆角铣刀　　h) 空心端铣刀　　i) 端铣刀　　j) 槽钻

k) T形槽铣刀　　l) 燕尾槽铣刀　　m) 倒圆角铣刀　　n) 面铣刀

图 11.8　铣刀

11. 3. 2　带螺纹刀柄的铣刀

1. 端铣刀

该刀具圆周上有螺旋齿，一端有普通齿，用于铣槽、仿形铣削和狭窄表面铣削等轻量级加工，如图 11.8i 所示。非中心切削端铣刀上的端齿不能切削到中心，因此不能沿其自身轴向进给。中心切削端铣刀有中心切削齿，可以进行钻削和插入操作。

大多数端铣刀是由 HSS 和 HSCo 制造，有些带有硬化涂层。为进一步强化铣削性能，还有带有氮化钛铝（TiAiN）等表面涂层的硬质合金刀具。

2. 槽钻

该刀具在圆周上通常有两个或三个螺旋刀齿，同时在端部有可以铣削到中心的刀齿，这种刀具可以像钻头一样沿其自身的轴进给。它可用于加工键槽和盲槽，当加工时刀具像钻头一样插入材料中，以其圆周刀齿切削，再纵向进给至键槽或槽的长度，如图 11.8j 所示。它有多种尺寸，直径可达 50mm。

3. T 形槽铣刀

该铣刀用于铣削机床工作台上的 T 形槽，其圆周和两侧均有刀齿。为减少震颤并提供最大切屑间隙，刀齿按左旋及右旋螺线方式交错排列，并且每个刀齿的侧齿都被移除。为形成 T 形槽，首先要用三面刃铣刀、端铣刀或槽钻加工一个凹槽，最后用 T 形铣刀加工出底部的宽槽，如图 11.8k 所示。为清理刚开始时加工的凹槽，其刀柄部分收缩变细。这种铣刀可用于加工最大容纳尺寸为 24mm 螺栓的标准 T 形槽。

4. 燕尾槽铣刀

这种铣刀可用于铣削机床的燕尾形导轨，其角面及端面上均有刀齿。为形成燕尾形导轨，要先加工出一个具有正确深度和宽度的台阶，最后用燕尾槽铣刀加工出角度，如图11.8l所示。该刀具有多种尺寸，其直径最大可达38mm，角度为45°和60°。

5. 倒圆角铣刀

该铣刀设计用于形成沿工件边缘的圆角半径，在外边有一个1/4的圆弧开口，如图11.8m所示。它有多种尺寸，对应的圆角半径最大可达12mm。

11.3.3 直接安装于主轴头上的铣刀

通常称之为"平面铣刀"，该铣刀用于加工大型表面。刀身由韧性钢制成，其上带有高速钢或碳化钨切削刃，以嵌入式刀片的形式固定在正确位置，如图11.8n所示。这种结构使其成本比用昂贵的刀具材料制成的整个刀具要低，还可以方便地在单个切削刃损坏的情况下更换嵌入式刀片。该刀具多种尺寸可供选择，直径范围为100～450mm，较大的尺寸仅用于最大的铣床，这类机床的功率可能高达75kW。

11.4 刀具安装

11.4.1 刀杆式铣刀

1. 标准刀杆

这类铣刀中心有一个孔，铣刀通过该孔安装于刀杆上。用于卧式铣床的标准刀杆如图11.9所示。其一端有一个用于定位的国际标准锥度与铣床主轴适配。在该端部有一个螺纹孔，紧固螺栓通过该孔与机床主轴相连可把刀杆固定在相应位置。法兰上有两个键槽，通过主轴头上的两个键进行传动。为适应铣刀孔径，螺纹的长径为标准尺寸，且带有刀杆螺母以夹紧铣刀。键槽沿着安装键直径长度的方向切入，以提供驱动并防止刀具在进行重负荷铣削时滑动。为沿刀杆长度固定铣刀，需要使用一些定距环。这些定距环有多种长度，端部磨平且平行。在其尾部装有一个较大的衬套。它的外径与刀杆支架的轴承适配，称为"旋转衬套"。

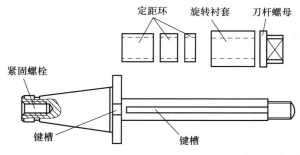

图11.9 卧式铣床标准刀杆

当安装心轴时，应将锥度插入机床主轴，并确保其表面无任何污垢和金属切屑。然后将法兰键槽固定在主轴键上，刀杆由紧固螺栓牢牢固定。将定距环在刀杆上滑动，再次确保所有表面清洁，无污垢和金属切屑。接着，定位刀具添加定距环及旋转衬套，以补足刀杆的长度。然后将刀杆螺母拧入位——只能用手拧紧。

刀杆支架现位于横梁上，与旋转衬套同心并固定到位。刀杆螺母应用合适的扳手拧紧。切忌在刀杆支架没有就位时就拧紧刀杆螺母，这样会使刀杆弯曲。

为避免刀杆在重负荷铣削操作时偏斜，有时需要在接近主轴头处再安装一个刀杆支架。此时铣刀位于两个支架之间。

2. 短刀杆

空心端铣刀等靠近主轴使用的刀具装于短刀杆上，如图11.10所示。这种刀杆的定位、固定和主轴驱动方式与标准刀杆相同。刀具位于插口或短杆上，并用一个大法兰螺钉固定到位。刀杆上的两个键通过铣刀背面的键槽进行传动。

11.4.2 螺纹柄铣刀

带有螺纹柄的刀具安装在专用卡盘中，如图11.11所示。卡盘沿前端长度方向分开，前端有一个短锥度，后端有内螺纹。卡盘有不同尺寸，可以与所用刀具的刀柄直径适配。卡盘插入锁套，并一起拧入卡盘体，直至法兰几乎与卡盘体面接触。

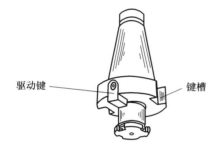

图11.10 铣床短刀杆

图11.11 螺纹柄铣刀卡盘

将铣刀插进并旋入卡盘，直到就位于卡盘体内部中心且旋紧为止。卡盘体中心固定住铣刀端部并确保刚性和正确运转，最后用扳手把锁套拧紧。

铣削操作中不能推入或拉出铣刀。当铣刀在铣削时，任何转动倾向都能使卡盘拧得更紧，并增加对铣刀柄的夹持。这种类型的卡盘在定位、装夹及在主轴驱动方式上与上述类型相同。

11.4.3 直接安装的铣刀

大型的面铣刀会直接安装于主轴头上。为确保正确的定位和同心度，需要用拉杆将带有合适的国际标准锥度的定心刀杆固定于主轴上。定心刀杆端部的直径用于定位铣刀。该铣刀由经由其背面键槽传动的主轴键驱动，并由四个螺钉直接固定在主轴头上，如图11.12所示。

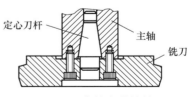

图11.12 直接安装的铣刀

11.5 工件夹持

最简单的铣削工件夹持的方法是将其直接夹紧在工作台上。为此就需要提供足够多的T形槽。应注意不要铣到工作台，如有必要，应使用一对垫铁将工件垫高。应以在钻削章节

（见 8.3 节）中描述的方法进行夹紧。

11.5.1　虎钳

虎钳是最常用的工件夹持设备。必须以能与机床运动方向精确对齐的方式对其进行定位。

11.5.2　回转工作台

图 11.13 所示的回转工作台用于加工被加工表面局部为圆形的零件。此时，工作台先带动工件移动到刀具下的恰当位置，然后，旋转工件通过铣刀，形成圆形轮廓。

回转工作台有一个带有凸耳的底座，可以将其固定到工作台上。其内部是一个圆台，通过前面的手轮进行转动。工作台圆周的圆盘上刻有刻度，通常以度为单位。有些刻度盘还配有游标，能够给出更精确的读数，有时甚至可以精确到 1 弧分（1°＝60 弧分）。

圆台上设有夹紧工件的 T 形槽，上面的中心孔可使工件围绕旋转中心进行设置，并使回转工作台能与机床主轴同心。工作台表面上的同心圆有助于对工件初步进行粗略的居中设置。

回转工作台也可用于固定需要进行孔系加工的工件，这些孔分布于节圆直径上，如图 11.14 所示。

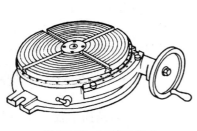

图 11.13　回转工作台

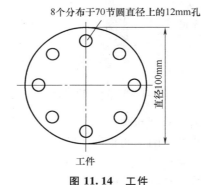

8个分布于70节圆直径上的12mm孔

直径100mm

工件

图 11.14　工件

11.6　分度头

如果需要围绕圆柱或圆盘的圆周间隔加工沟、槽或齿，如齿轮上的齿或铰刀上的槽，就需要使用分度头。如果在垂直方向使用，它可以以类似回转工作台的方式用于在节圆直径上钻孔。使用分度头可实现高精度间距。用来固定工件的分度头被夹紧在铣床的工作台上，并用中心 T 形槽来对准。如有必要，可用一个位于工作台另外一段、也定位在中心 T 形槽中的尾座夹紧工件的另一端。

分度头包含一个带有 40 齿蜗轮的主轴。同这个蜗轮啮合的是一个单头蜗杆，单头蜗杆所在的轴连接有曲柄和手柄，并从分度头的前面伸出（见图 11.15）。在分度头前面有一个分度盘，分度盘上包含多个由不同间距的孔组成的圆。连接到曲柄的弹簧销定位于所需的孔圆内。分度头主轴有一个中心孔，用于容纳莫氏锥度顶尖，而其外部有螺纹以安装三爪或单动卡盘（见图 11.16）。

因为齿数比为 40∶1，所以曲柄转 40 圈会使轴及其所连接的工件转动一整圈。或者说，转动曲柄一圈将使主轴旋转 1/40 圈或 9°。

分度盘的作用是将曲柄的一圈进一步细分。分度盘含有许多孔圆，每一个孔圆都含有不同数量的孔。曲柄半径可调节，这样弹簧销就可以安装到任一孔圆。分度盘上的两个扇形臂可以调节，能够展示所需孔数（见图 11.16）。可以达到的细分程度则取决于生产厂家为每个分度盘提供的孔数。

例如，一个厂家可能提供 3 种分度盘，分别含有以下孔数的圆：

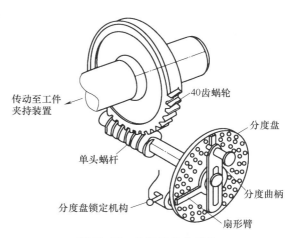

图 11.15　蜗杆蜗轮分度头

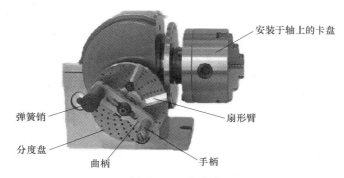

图 11.16　分度头

盘 1——15、16、17、18、19 和 20 个孔。

盘 2——21、23、27、29、31 和 33 个孔。

盘 3——37、39、41、43、47 和 49 个孔。

因为曲柄转 40 圈才能使工件转一圈，如果我们设 x 等于分度数，则每个分度为其圆周的 $1/x$，于是每个分度曲柄必须要转 $40/x$ 圈。

例：一个工件需要 12 个分度。

圈数 $= 40/12 = 3 + 4/12 = 3 + 1/3 = 3 + 5/15$，即曲柄转 3 个完整圈及 15 孔的圆上的 5 个孔（或在 33 个孔的圆上的 11 个孔）。

36 个分度与此相似，圈数 $= 40/36 = 1 + 4/36 = 1 + 1/9 = 1 + 3/27$，即有 1 个完整的圈和在 27 个孔圆上的 3 个孔（或在 18 个孔圆上的 2 个孔）。

有时可能需要相互以给定的角度加工出许多槽或沟，其原理是相同的。因为曲柄一圈是 1/40，于是 360°/40 就是 9°。因此，所需的曲柄转动将是所需角度的数值除以 9。

例：需要多个间隔 38° 的槽。

圈数 $= 38/9 = 4 + 2/9 = 4 + 6/27$，即曲柄转 4 个完整的圈及在一个 27 个孔圆上的 6 个孔。

将曲柄半径设置为所需的孔圆后，需要设置扇形臂以露出所需数量的孔。在最后一个示例中，需要在 27 孔圆中发现 6 个孔。首先调整扇形臂以露出 6 个孔。在完成曲柄的 4 次完整转动后，继续在扇形臂之间露出另外 6 个孔，并准许弹簧销进入孔中。然后，扇形臂逆着弹簧销旋转，露出接下来的 6 个孔。重复此操作，直到操作完成。

11.7 铣削操作

如图 11.17 所示的工件，请首先考虑如何使用卧式铣床对其进行加工，然后再考虑如何用立式铣床对其进行加工。对该工件加工有两个基本要求：相对面相互平行，相邻面相互垂直，在一次装夹中完成尽可能多的操作。固定这种工件最方便的方法是将其夹紧在机床虎钳中。

应使用夹紧在钳口的垫铁和相对于铣床运动对虎钳进行设置，并使用连接于铣床固定部件的千分表对其进行检查。将机床钳台可靠地设置好后，再牢固将其夹紧在机床工作台上。

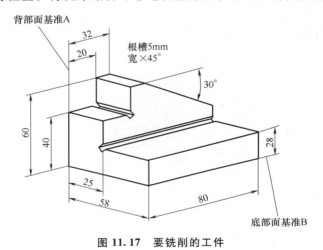

图 11.17　要铣削的工件

11.7.1　卧式铣床铣削操作

将毛坯置于垫铁之上并放于虎钳中，并确保至少在钳口上面伸出 32mm。拧紧虎钳并确保工件紧贴垫铁，可能需要用软面锤敲击以进行调整。

用圆柱铣刀将 C 面铣削平整，见图 11.18 第 1 步。

松开工件，C 面靠固定钳口重新夹紧工件。上紧钳台，确保工件紧贴垫铁。

将 B 面铣削平整，见图 11.18 第 2 步。这样可确保 B 面和 C 面垂直。

松开工件，B 面靠固定钳口、C 面紧贴垫铁重新夹紧工件。

铣削 A 面，使 A 面、C 面距离为 58mm，见图 11.18 第 3 步。这样可确保 A 面与 C 面平行、与 B 面垂直。

松开工件，A 面靠固定钳口、B 面紧贴垫铁重新夹紧工件，也就是以工件的基准面紧靠固定钳口和垫铁进行定位。

加工 D 面，使 D 面、B 面距离为 60mm，见图 11.18 第 4 步。

松开工件，借助量角规将工件倾斜30°角夹持于虎钳中。加工该角度，使斜面边缘至端面尺寸为32mm且有约1mm余量，该余量用于加工端面，见图 11.18 第 5 步。

松开工件，使其端面伸出虎钳钳口之外，置于垫铁之上再夹紧。把空心端铣刀安装于短刀杆上，然后将其安装于铣床主轴。

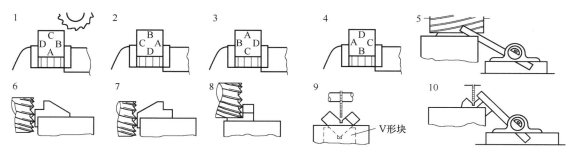

图 11.18　卧式铣床加工顺序

铣端面，使端面与斜面边缘距离为 32mm。以同样设置，铣削出 20mm 和 40mm 尺寸的梯级，如图 11.18 第 6 步。

松开工件，将其翻转，并使第二个端面伸出钳口边外。

铣削第二个端面，使两端面距离为 80mm，见图 11.18 第 7 步。

松开工件，靠 80mm 边重新夹紧。

沿长度方向加工台阶，使其左侧与 A 面距离为 25mm，下侧与 B 面距离为 28mm，见图 11.18 第 8 步。

因卧式铣床铣刀不能倾斜，只能通过倾斜工件加工根部凹槽。

根据该工件大小和形状，可以用一个 V 形块来简化设置。将 V 形块置于虎钳中，工件置于 V 形块之上，工件就可以跨过 V 形块端部夹紧于虎钳中，见图 11.18 第 9 步。

此外，也可用量角规将工件设置为 45°，见图 11.18 第 10 步。最后这两步均可使用安装于标准刀杆之上的 5mm 三面刃铣刀完成加工。

11.7.2　立式铣床铣削操作

使用立式铣床加工同一工件的各个步骤如图 11.19 所示。虽然使用了不同的铣刀，但基本原理相同。

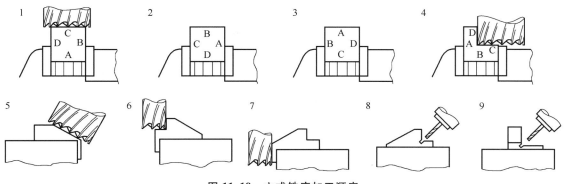

图 11.19　立式铣床加工顺序

第 1、2、3 步使用了与卧式铣床相同的设置，不同的是使用了空心端铣刀。

第 4 步，使用同一设置即可加工台阶面，加工 D 面时也可使用相同的铣刀。

第 5 步展示了角度加工。转动立式铣床主轴头，这样工件就可以紧贴垫铁并夹紧于虎钳内。如果有多个工件要加工，这是一种更便利的方法。每个工件都可以以正常的方式夹于虎钳内，这样不仅方便快捷，也能确保每个工件的角度均相同。

第 6、7 步的设置与以前相同，只是使用了端铣刀，它有足够长的切削刃来加工工件的高度，以及足够大的直径来加工台阶。

第 8、9 步铣根部凹槽要用旋转主轴头，以及直径 5mm 的端铣刀。如果主轴头是垂直的，那么工件可按卧式铣床第 8、9 步的方法进行装夹。

11.7.3　使用回转工作台

回转工作台夹紧于工作台后，其首要任务是将回转工作台的中心与机床主轴中心对齐。该工作可以借助于将一个具有精确直径的插杆插入回转工作台中心孔来完成。

在主轴头上附加一个千分表，断开主齿轮变速器就能使主轴自由转动。可能还需要用一个扳手扳动紧固螺栓来转动主轴。手动移动工作台及鞍座横梁使插头大体对准铣床主轴中心。转动主轴及附加其上的千分表，围绕插头转动并调整工作台及鞍座的运动，直至千分表读数不再变化，如图 11.20 所示。此时就说明插头和主轴中心线已经对齐。在每次横向运动时应把千分表置零。

将回转工作台定心后，考虑如图 11.21 所示的工件，要求在立式铣床上用端铣刀加工出其 40mm 的半径。

先加工一个盖板，使其一端适配回转工作台上的孔，另一端适配工件上孔的直径。将盖板定位在回转工作台，并将工件放于盖板上。然后将工件置于一对垫铁之上，抬高工件以避免铣到工作台表面，如图 11.21 所示。

将工件夹紧到位后，在铣床上安装所需尺寸的端铣刀。

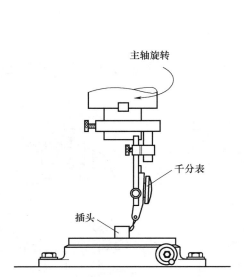

图 11.20　使用千分表对回转工作台定心

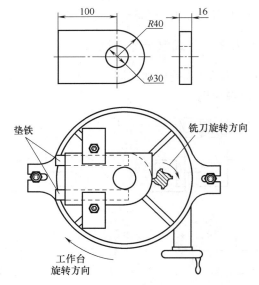

图 11.21　设置于回转工作台上的工件

将鞍座锁定在已确定的中心位置，再将机床工作台移动待加工半径加上刀具半径的距离。可以通过参考机床工作台横梁上的千分表精确地移动该距离。

根据刀具尺寸选择合适的切削速度后，起动机床主轴，升起升降台开始铣削。转动工件通过铣刀直到完整外径加工完毕。

继续升高升降台再次走刀，重复上述动作直至表面所有部分都加工至正确的半径为止。由于使用了立式铣床，也可以通过降低主轴的方式进行加工。

为了钻出图 11.14 中所示的 8 个孔，按照同样方式安装回转工作台，然后将机床工作台移动一半节圆直径的距离，即 35mm。将回转工作台刻度设置为 0 并钻第一个孔，然后旋转回转工作台 45°（360°/8）钻第 2 个孔。重复上述操作直至钻完所有孔，如此便实现了在 70mm 节圆直径上钻 8 等距孔。

11.8 安全使用铣床

大多数的事故来自于以下方面：

1）在下述情况下与旋转的刀具接触、缠绕。

① 安装/取下工件时。

② 清除切屑时。

③ 测量时。

④ 调整冷却液流量时。

这些会导致缠结损伤，如：骨折、脱臼、撕裂和截肢。

2）清理机床或清除切屑导致的眼睛损伤和割伤。

3）金属切削液、噪声及搬运大工件时引起的健康问题。

谨记，遵守第 1 章所讲的各种健康及安全条例是员工的义务。为避免事故风险：

1）应始终遵守雇主提供的培训。

2）确保防护装置到位，从而避免接触到刀具、切屑和冷却液。

3）始终佩戴护目镜及所需的 PPE。

4）在启用自动进给时要格外小心，应确保工作台横移手柄处于分离状态。

5）确保工件及工件夹持设备（如虎钳）牢固夹紧。

6）确保有安全限位器且位置正确。

7）当更换卡盘、刀杆或刀具时必须给机床断电。

8）处理铣刀时应小心，因为其刃口非常锐利。

9）应确保铣刀以正确的方向旋转。

10）绝不要使用破损的刀具（如缺口或断齿）。

11）在测量前确保机床完全停止。

12）机床运行时不要试图调节冷却液流量的大小或除屑。

13）不要戴首饰或穿宽松衣物工作。

14）始终将长发扎于脑后或使用发罩。

复 习 题

1. 说出在铣削操作时使用的两种工件夹持设备。

2. 在卧式铣床刀杆上使用"旋转衬套"的目的是什么？

3. 说出用来标识铣床性能的特征。

4. 说出铣床的两种类型。

5. 描述如何将铣刀直接安装到立式铣床的主轴上。

6. 说出卧式铣床上使用的三种铣刀类型及其用途。

7. 铣床主轴中所用的锥度名称是什么？

8. 说出立式铣床上使用的三种铣刀类型及其用途。

9. 卧式铣床刀杆上定距环的作用是什么？

10. 用简图表示如何把螺纹柄铣刀安装于铣床卡盘之中。

11. 要求工件有①14 个分度，②以 23°间隔开的多个槽，如果已有 21、23、27、29、31、33 个孔的分度盘，计算对应的分度头设置。

（答案：①2 圈及在 21 孔圈中的 18 个孔；②2 圈及在 27 孔圈中的 15 个孔）

第12章

计算机数控入门

计算机数控机床，也称 CNC 机床，指使用计算机以电子化方式控制一个或者多个轴运动的机床，包括钻床、铣床、车床等任何机床。

简单来讲，CNC 机床控制单元（MCU）通过控制板向连接到每个机床轴上的伺服电动机发送运动信号，而不是像传统机床那样需要转动手轮。此时，伺服电动机会转动附着在工作台、横向滑板或立柱上的滚珠丝杠，并使其移动。同时，轴的实际位置被实时监测，并通过连接在滚珠丝杠上的发射器的反馈与命令位置进行比较。由于滚珠丝杠几乎没有侧隙，所以当伺服系统反向运动时，发出命令和运动之间几乎没有时间延迟。

本章主要介绍钻削、铣削和车削的 CNC 加工技术。当然，CNC 在许多行业中都有广泛的应用，包括：磨削、等离子加工、激光加工、泡沫和水射流切割等方面，以及弯管机、刨刨机、转塔压力机、压力机、电火花加工（EDM）、三坐标测量机和工业机器人等领域。

数控机床的使用从根本上改变了制造业，它使曲线能和直线一样容易加工，复杂轮廓和复杂 3D 形状的零件的加工也不再困难。自动化程度的提升提高了加工的一致性和质量，同时减少了出错的概率。CNC 也使工件的装夹方式更加灵活，通常能够避免使用传统机床所需的昂贵工装或夹具。尺寸修改也因此变得快捷，而转换为加工其他零件的切换时间也会缩短。小批量生产或短期生产运行及紧急零件的生产也都可以轻松实现。

所有数控机床都有两个或两个以上可编程的运动方向，称为轴。运动轴可以是线性运动的直线轴，也可以是沿圆形运动的回转轴。机床系统能够同时控制的轴数越多，该机床就越复杂。

空间中的物体有六个自由度。因此，运动可以分解到六个轴，即三个直线轴 X、Y、Z 和三个相应的回转轴 A、B、C，如图 12.1 所示。

图 12.2 所示为铣床的轴名称及其关系。基本型铣床有 X、Y 和 Z 轴。基本型车床有两个轴，即 X 和 Z 轴，第三个轴由装夹于卡盘中的工件的回转运动形成，如图 12.8 所示。

并非所有的控制系统都能同时操作多个轴。最基本的机床控制系统只能控制 X 和 Y 轴方向上的直线运动，然后再独立控制 Z 轴的运动，这种控制系统被称为点对点控制系统。在该系统控制下，刀具沿 X、Y 轴移动到工件上方的一个位置，然后仅在该点沿着 Z 轴进行操作。在该情况下刀具移动时不与工件接触，如将刀具移动到工件上方的一个位置，然后钻孔。

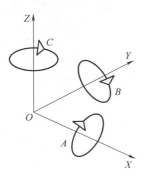

图 12.1 自由度

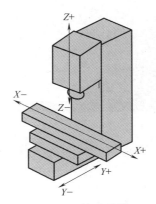

图 12.2 铣床的轴

可以同时控制 X 轴和 Y 轴的控制系统被称为连续路径控制系统。该系统可使刀具从一个位置移动到另一个位置，同时保持刀具与工件连续接触，如铣削一个沟槽或键槽。

具有能够同时控制 X、Y 和 Z 轴系统的机床称为三轴机床。同理，四轴机床和五轴机床是指能够同时控制围绕一个或两个直线轴旋转的第四和第五个轴的机床。例如四轴机床能够在 X、Y 和 Z 方向上移动的同时，还可使工件绕 X 或 Y 轴旋转（即 A 或 B 轴）。

虽然有基本型的机床，但在金属切削行业中最常用的机床是立式或卧式加工中心和车削中心。这些机床非常精密，可以配备带有许多刀具的刀库，每把刀具都可以根据加工需要自动选用。CNC 立式加工中心实例如图 12.3 所示。

对于任何要执行操作的 CNC 机床，必须要为其提供所需执行操作的相关信息。这些信息来自于零件程序，它是一系列以机床控制系统可以读取、解释和执行的格式，按照顺序编写的分步指令。当 CNC 机床执行操作时，控制系统首先读取、解释和执行程序中的第一行命令，然后再进入下一行命令进行读取、解释和执行。控制系统依据时间顺序连续执行程序命令，直到程序结束。

图 12.3 CNC 立式加工中心

操作员在传统机床上需要做的每种操作都可以在 CNC 机床上编程实现。比如，要用手工钻床钻孔，就必须装夹工件，选择和安装正确尺寸的钻头，选择正确的主轴转速，定位工件，开启主轴，手工操作操纵杆以适当的进给速率向下钻孔，然后再退出钻头，最后关闭机床。编写数控零件程序的目的就是为了以更加自动化的方式来复现并执行这些操作。

为了编写零件程序，程序员必须十分了解所需的加工操作，以及执行这些操作的顺序。此外，还要了解所需刀具及其必需的切削速度、进给量及是否需要冷却液。

机床控制系统配备有验证系统，该系统能够进行"试运行"，用以确认零件程序的正确性。此外，还配备了编辑工具，以便纠正任何程序错误。

对于简单的加工应用，可以手工编写零件程序。随着加工应用变得越来越复杂，人们投入了大量的精力来实现自动化的零件编程。人们已经开发的 CAD/CAM（计算机辅助设计/计算机辅助制造）系统中就包含能够与 CNC 零件编程集成的交互式图形功能。图形化零件编程软件使用了菜单驱动技术，提高了操作该软件的用户友好性。

零件程序员可以在 CAM 包中创建零件编程所需的几何图形，或者直接从 CAD/CAM 数据库中提取几何图形。内置的刀具运动命令能够帮助程序员自动计算刀具路径。零件编程人员随后可以使用 CAM 系统的动画功能，以图形显示的方式验证刀具路径。这大大提高了刀具路径生成的速度和精度，避免了任何潜在的刀具碰撞，还能轻松完成编辑任何所需程序。

12.1 铣削/钻削的手工零件编程

如前所述，零件程序是描述在工件上要执行的所有必需的加工数据的指令序列，其格式应满足机床控制系统的要求。加工数据应包括：

1）加工顺序。

2）所需刀具。

3）机床原点、工件零点和换刀点。

4）在 X、Y、Z 轴上的坐标值。

5）切削深度、刀具路径和刀具补偿。

6）切削参数——主轴转速和转向、进给速度和冷却液。

12.1.1 坐标系

可用以下两种方式之一来指定坐标：

1）笛卡儿坐标或直角坐标——其中尺寸基于彼此成直角的基准进行测量（见图 3.2）。

2）极坐标——其尺寸从基准面沿径向线测量（见图 3.1）。

虽然机床控制系统能够同时处理两种坐标系，但是 CNC 机床最常用的是直角坐标系，因为它能与互成直角的机床轴运动恰好关联。

机床运动之间的关系可以用图 12.4 所示的图例表示。

俯视立式铣床的工作台和横向滑板，机床工作台由水平的 X 轴表示，该轴可以从其原点进行正向或负向移动。同样，横向滑板由垂直的 Y 轴表示，它也可以从其零点进行正向或负向移动。出于 CNC 的使用目的，图例上的原点通常被称为工件原点或工件零点。工件零点为 CNC 零件程序中的运动命令建立了参考点，因此所有的运动都从一个共同位置进行编程。如果工件零点选择合理，零件程序所需坐标就可以直接从零件图中获取，也可以使 X 和 Y 轴的运动朝向正向移动。

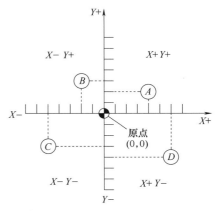

图 12.4 X、Y 轴图例

例如，如果把图例中的原点看作工件零点，那么对于位置 A、B、C 和 D 来讲，考虑它们所在的象限，到这些位置的编程移动如下所示：

1）从工件零点到位置 A 是（$X+4$，$Y+2$）。

2）从工件零点到位置 B 是（$X-2$，$Y+3$）。

3）从工件零点到位置 C 是（X-5，Y-3）。

4）从工件零点到位置 D 是（X+6，Y-4）。

可以看出，工件零点的选择会直接影响编程移动的方向，无论它们是正、负或者两者皆有。另外，移动的方向也会受增量尺寸或绝对尺寸的影响（详见本章后续描述）。

实际操作中，机床控制系统默认移动方向为正向，因此在零件程序中不需要写正号。当然，这就意味着必须要写负号，如果错认为是正号就可能会导致刀具碰撞。值得注意的是，铣削中向 Z 轴负方向（-Z）移动会使刀具靠近工件，车削中向 X、Z 轴负方向（-X，-Z）移动也会使刀具靠近工件。所以，如果忽略负号，将会使刀具远离工件进入安全位置。

必须要清楚编程移动是刀具的移动方向，也就是铣削中的主轴或车削中刀具的移动方向。正、负方向是指刀具的方向，而不是机床滑块的方向。

12.1.2　尺寸标注系统

图纸可用两种不同方式进行尺寸标注：增量或绝对。

当使用增量尺寸系统时，尺寸取自上一位置（见图 12.5）。其不足之处在于，如果一处有误差，它将在工件的整个长度中累积。当使用增量尺寸编程时，程序员必须始终明确刀具的运动方向及应该移动多远。对于图 12.5，编程可以从左下角开始，并将其设置为工件零点。如果通过编程按顺序移动到 A、B、C 和 D 点，那么程序中的 XY 坐标将会是：

1）从工件零点到 A 是（X25，Y20）。

2）从 A 到 B 是（X75，Y-10）（即从上个点 A 开始移动）。

3）从 B 到 C 是（X-25，Y58）。

4）从 C 到 D 是（X-20，Y-30）。

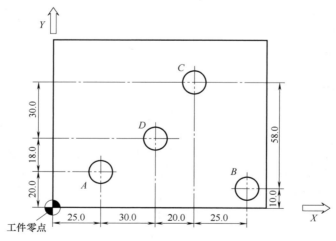

图 12.5　增量尺寸标注法

当使用绝对尺寸系统时，所有的尺寸均参考同一个单一基准（见图 12.6）。此时，程序员必须考虑"刀具应该移动到什么位置"。

对于图 12.6，还是将左下角设为零点作为编程起点。如果通过编程按顺序移动到 A、B、C 和 D 点，那么程序中的 XY 坐标将会是：

1）到 A 是（X25，Y20）。

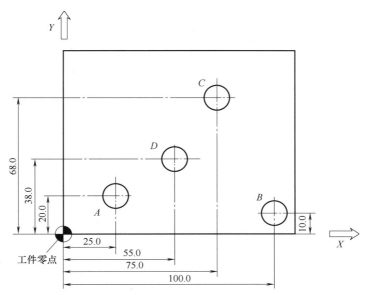

图 12.6　绝对尺寸标注法

2）到 B 是（$X100$，$Y10$）。

3）到 C 是（$X75$，$Y68$）。

4）到 D 是（$X55$，$Y38$）。

只要使用合适的编程指令，所有的控制系统都能够接受增量尺寸编程或绝对尺寸编程。

综上所述，绝对尺寸编程关注的是以固定的零点作为参考点的位置，而增量尺寸编程则关注以前一个位置为基准的移动。

12.1.3　零件编程

当前的 CNC 控制系统使用字地址格式进行零件编程。

CNC 程序按照需要执行的指令的编写顺序依次将其列出。阅读程序指令的方式就像阅读书本一样，从左到右、自上向下。每个语句都写为单独的一行，称之为段。每个段都应包含执行一个操作的足够信息。每个段必须以段结束字符（EOB）结尾。该字符告诉控制系统在何处将程序代码分隔成段。通常 EOB 符是一个分号，可以由机床控制系统上的 EOB 键或键盘上的回车键生成。

段由一系列字组成，每个字都由一个字地址和跟在后面的数字组成。**字地址**（G、M 等）告诉控制系统字的类型是什么，而后跟的数字值则告诉控制系统字的值为多少。比如，字地址为 G、后跟数字值为 01 的字可写为 G01。代码段示例如下：

N020 G01 X45.7 F150 S1200 M03

常见地址见表 12.1。

表 12.1　常见地址

字地址	功能	字地址	功能
N	顺序号	X、Y、Z	直线轴坐标
G	准备功能	I、J、K	圆弧插补的圆弧中心坐标

（续）

字地址	功能	字地址	功能
F	进给速度	T	刀具号
S	主轴转速	M	辅助功能

每个段都可能包含若干个字地址。这些字地址虽然没有明确的顺序要求，但是建议按照如下顺序编写：

N、G、X、Y、Z、I、J、K、F、S、T、M。

即使某个代码段不一定包含所有这些字地址，程序中的每个代码段也都应该按照上述顺序地址序编写代码。程序员应使用一致、有效的格式编写结构良好的程序，这样才能使所有相关人员都能够理解程序。

12.1.4 字的说明

1. 顺序号（N地址）

顺序号用来标识段，总是置于段的开头，因此可以看作是段的名称。顺序号不必是连续的。实际上，如果需要插入额外的段时，不连续的顺序号还有助于编程。例如可以按照N0010、N0020、N0030的方式编写。程序是按照段的顺序而不是顺序号的大小顺序来执行的。

2. 准备功能（G地址）

准备功能也被称为G代码，它用来确定刀具如何移动到编程位置。G代码分为模态代码和非模态代码。模态G代码会一直保持有效，直到被同一组中的另一个G代码取代。例如，一个段中的G00将在随后的段中保持有效，直到与其同一组的G01在某个代码段中出现才失效。而非模态G代码只在它所在的代码段中有效，该代码段执行完毕后会立刻被控制系统放弃。最常见的G代码见表12.2。

表12.2　最常见的G代码

代码	功　　能
G00	通过快速进给(进给速度由机床厂家设定)方式进行点到点定位
G01	直线插补(以程序指定的进给速度进行直线进给运动)
G02	圆形插补,顺时针方向(CW)
G03	圆形插补,逆时针方向(CCW)
G20	寸制数据输入(in)
G21	米制单位输入(mm)
G40	刀具补偿取消
G41	刀具补偿,左
G42	刀具补偿,右
G90	绝对尺寸
G91	增量尺寸
G92	换刀点编程偏移

3. 坐标字（X、Y、Z 地址）

坐标字指定刀具运动的目标点（绝对尺寸系统——G90），或要移动的距离（增量尺寸系统——G91），如 X95.5 表示移动到 95.5mm 的位置或者移动 95.5mm 的距离。

4. 圆弧插补参数（I、J、K 地址）

这些参数表示圆弧起点到其圆心的距离。I、J、K 之后的数值分别表示在 X、Y、Z 平面上的距离值。

5. 进给速度（F 地址）

除快速移动外，刀具进给速度都以 F 地址的方式通过编程指定。快速移动的速度由制造商设置，并使用 G00 代码进行编程设定。进给速度的单位通常为 mm/min，如 F150 表示 150mm/min。

6. 主轴转速（S 地址）

主轴转速通过 S 地址设定，单位为每分钟的转数（r/min），如 S2000 表示 2000r/min。

7. 刀具号（T 地址）

所需选择的刀具由 T 地址设定，如 T03。

8. 其他辅助功能（M 地址）

辅助功能或 M 代码用于控制机床操作，不用于控制坐标运动。与 G 代码一样，M 代码也分为模态和非模态两种类型。模态 M 代码会一直保持有效，直到被同一组中的另一个 M 代码编程取代。例如，一个程序段中的 M03 将在随后的段中一直保持有效，直到同组的 M05 写入程序将其取代。非模态 M 代码只在其所在的段中有效，该段被执行后就立即被控制系统放弃，如 M00、M06、M30。最常见的 M 功能见表 12.3。

表 12.3　最常见的 M 功能

代码	功　能
M00	程序停止(用于停止程序,如果循环启动键被按下,将会在所停止程序代码段的位置再次启动)
M03	主轴顺时针启动(从主轴向下看)
M04	主轴逆时针启动
M05	主轴停止
M06	换刀
M08	冷却液开
M09	冷却液关
M30	程序结束,程序光标返回到程序开头等待重新开始

在运行程序之前，机床控制系统需要知道机床轴的当前位置，并建立它们与工件和换刀点之间的关系，即机床坐标系统和机床控制系统必须同步。

机床坐标系统的原点被称为机床原点。这是当 Z 轴完全收回、工作台移动到 X 和 Y 轴的极限位置（如左后角附近）时机床主轴的中心位置。这个位置可能会因机床制造商不同而异。

当 CNC 机床首次开机时，它并不知道轴在工作空间中的定位。机床原点位置是通过操作人员顺序启动"通电/重启"确定的。"通电/重启"操作顺序驱动三个轴缓慢移向它们各自的极限行程位置，移动方向可能是 −X、+Y、+Z。当每个轴达到其机械行程极限时，其限位开关就会被激活。这会向控制系统发出每个轴已经到达原点位置的信号。一旦三个轴都停止移动，机床此时"回零"，同时机床坐标和机床控制系统建立同步关系。

现在可以相对机床原点确定工件零点的位置，并将其作为补偿量输入机床控制系统。

最后需要确定的位置是换刀点，即换刀时主轴应处的位置。无论是手动换刀还是自动换刀都应确定该位置。

确定了正确的相对位置后，即可运行程序并执行加工操作。

由于越来越先进的加工操作需要一系列不同的刀具，因此必须要考虑不同的刀具长度和刀具直径，这称之为刀具补偿。

现代 CNC 控制系统对此专门设计了相应功能来简化编程过程，其主要目的是避免编写重复的或者更复杂的命令，以减少程序的长度。这些功能多数都是针对特定数控系统而设计，其内容超出了本书的简介范围，因此不在本章中介绍。这些功能包括镜像、程序重复和循环、铣槽循环和钻孔、镗孔、铰孔和攻螺纹循环等内容。

下面是一个简单程序的例子，其目的是在使用一把刀具的情况下展示不同的加工操作，以及程序的总体结构。该案例不针对任何特定的机床或控制系统。

12.1.5 图 12.7 所示工件的例程

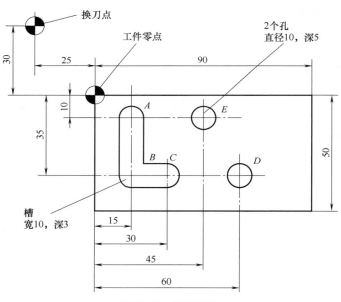

图 12.7 铣削零件

编写该程序时应谨记以下条件：

1）编程应从工件零点开始（X、Y 轴在左上角，Z 轴在工件上表面）。

2）从换刀点开始启动。

3）10mm 槽钻已经安装于换刀点。

4）编程采用绝对尺寸和米制单位。

5）材料为铝，主轴转速为 2000r/m，进给速度为 250mm/min。

6）铣槽路径为从 A 到 B 再到 C。

7）钻孔时先钻 D、再钻 E。

8）加工完成后返回换刀点。

程序：

N005 G92 X-25 Y30 Z20（换刀点补偿，Z 轴在工件上方 20mm 处）

N010 G21 G90（米制单位，绝对尺寸）

N015 S2000 M03（主轴以 2000r/min 顺时针启动）

N020 M08（冷却液开）

N025 G00 X15 Y-10 Z1（快速移动到 A 点，刀具在工件上方 1mm 处）

N030 G01 Z-3 F250（以 250mm/min 进给至 3mm 深）

N035 Y-35（进给移动至 B 点）

N040 X30（进给移动至 C 点）

N045 G00 Z1（快速移动至工件上方 1mm 处）

N050 X60（快速移动到 D 点）

N055 G01 Z-5（进给至 5mm 深）

N060 G00 Z1（快速移动到工件上方 1mm 处）

N065 X45 Y-10（快速移动至 E 点）

N070 G01 Z-5（进给至 5mm 深）

N075 G00 Z20（快速移动至工件上方 20mm 处）

N080 M09（冷却液关闭）

N085 X-25 Y30（快速移动至换刀点）

N090 M05（主轴停止）

N095 M30（程序结束）。

12.2 车削手工编程

与前述铣削一样，车床也依据其坐标系将刀具移动到特定位置进行加工。装夹于车床卡盘上的工件绕主轴轴线旋转，刀具沿 X 轴和 Z 轴运动。X 轴运动决定了直径的大小；Z 轴运动与主轴中心线平行，其决定了沿工件长度方向的位置（见图 12.8）。这些机床运动的关系如图 12.9 所示。上下运动，也就是 X 轴，对应于图例中的垂直线；而 Z 轴对应于水平线。同样，出于 CNC 的使用目的，该图例的原点通常被称为工件原点或工件零点，它是 CNC 程序中运动命令的参考点，程序中所有运动都是从基于一个共同的位置进行编程的。

想象一下站在车床前方，且刀具位置在右上方。如果 $X0$ 是旋转轴的中心线，那么所有沿着该轴的运动都将以正向远离并形成直径，即 $X+$。所有 Z 方向的移动都以负向向左方移动，也就是 $Z-$。所有的移动都在左上角的 $X+Z-$ 象限。应该注意的是，车床编程通常使用直径编程方式，此时程序中的 X 值表示直径而不是半径。

当编写旋转操作的程序时，$X0$ 总是旋转的中心。$Z0$ 通常处于工件的前端面，如图 12.10 所示。

有些 CNC 车床和传统车床一样，其刀具位于前面。带有自动换刀装置的车削中心的刀具通常以一定的角度置于机床尾部，这种床身称为斜床身。斜床身布局能使金属切屑（或碎屑）得以清除并掉落在机器底座上。在尾部的车刀可以倒置安装，如果主轴向前旋转，那么安装在前面的刀具和安装在尾部的刀具之间的作用是一致的。CNC 斜床身车削中心如图 12.11 所示。

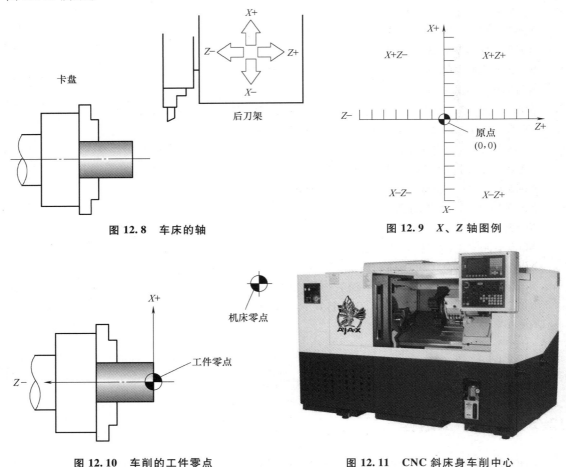

图 12.8　车床的轴　　　　　　　　图 12.9　X、Z 轴图例

图 12.10　车削的工件零点　　　　　图 12.11　CNC 斜床身车削中心

12.2.1　尺寸系统

尺寸系统和上述铣削一样，可以是绝对尺寸或增量尺寸。增量尺寸表示从上一位置开始的移动，而绝对尺寸表示的移动是到一个固定基准点（工件零点）的距离。

然而，车床与铣床在尺寸表示方式上并不相同。在字地址编程系统中，车床用 X 和 Z 表示绝对移动，用 U 和 W 表示相应轴上的增量移动。（铣削使用的对应代码是 G90 和 G91。）

车床具有同时处理绝对尺寸和增量尺寸的独特能力。这种功能在加工锥度、倒角或系列凹槽时很有用。例如，代码段可以这样编写：

G01 X50 W−15（X 轴为绝对移动，Z 轴为增量移动），或 G01 U5 Z−20（X 轴为增量移动，Z 轴为绝对移动）。

12.2.2　零件编程

车床零件编程使用与上述铣削相同的字地址系统，以同样的方式使用字和段，并由机床控制系统按顺序读取、解释和执行。车床的通用字地址见表12.4。

表 12.4 车床的通用字地址

字地址	作 用
N	顺序号
G	准备功能
X、Z	直线轴绝对坐标
U、W	分别对应于 X、Z 直线轴的增量坐标
R	指定半径
F	进给速度,单位 mm/r(毫米/转)
S	主轴转速,单位 r/min(转/分钟)
T	刀具选择,4 位数字(1 和 2 位是刀具号,3 和 4 位是刀具补偿号)
M	辅助功能

12.2.3 字的说明

1. 顺序号(N 地址)
与铣削相同。

2. 准备功能(G 代码)
和铣削相同,常见的代码见表12.5。

表 12.5 常见的代码

代码	作 用	代码	作 用
G00	快速移动	G28	快速移动至机床零点
G01	直线插补(直线进给移动)	G40	刀尖半径补偿取消
G02	圆弧插补,顺时针(CW)	G41	刀尖半径补偿,左
G03	圆弧插补,逆时针(CCW)	G42	刀尖半径补偿,右
G20	寸制数据输入(in)	G96	恒定线速度控制
G21	米制单位输入(mm)	G97	恒定线速度控制取消

3. 坐标字(X、Z 地址)
在绝对尺寸模式下指定刀具移动到相应位置的坐标字。

4. 坐标字(U、W 地址)
在增量尺寸模式下指定刀具移动到相应位置的坐标字。

5. 指定半径(R 地址)
该字可指定半径的大小。例如:

N025 G01 X20 R2 F0.3 (以进给速度 0.3mm/r、2mm 半径圆弧运动到 20mm 直径处)

N030 Z-30 (加工 30mm 的长度)

6. 进给速度(F 地址)
刀具进给速度被通过 F 地址进行编程设定,但快速移动不使用 F 地址。快速移动由制造商设置,并使用 G00 代码进行编程。进给速度单位为 mm/r,例如 F0.4 表示 0.4mm/r 的进给速度。

7. 主轴转速（S 地址）

主轴转速由 S 地址描述，单位为每分钟转数（r/min），如 S2000 表示 2000r/min 的转速。如果主轴已经启动运行，可以使用 G96 设定一个单位为米/分钟（m/min）的恒定线速度，如 S500。设定恒定线速度后，机床会根据被加工零件的直径自动改变主轴转速，从而保持程序指定的切削速度不变。

8. 刀具选择（T 地址）

T 地址用于刀具选择，并在换刀过程中设定刀补。例如，T0202 的前两位数字为所选刀具在刀架上的位置，后两位数字是对应该刀具的刀补号。

9. 辅助功能（M 地址）

与上述铣削描述相同。

常见代码见表 12.6。

表 12.6　常见代码

代码	作　　用
M00	程序停止(用于停止程序,如果循环启动键被按下,将会在所停止程序代码段的位置再次启动)
M03	主轴顺时针启动(从主轴箱看)
M04	主轴逆时针启动
M05	主轴停止
M08	冷却液开
M09	冷却液关
M30	程序结束,程序光标返回到程序开头等待重新开始

和铣削一样，在程序运行前，机床控制系统需要知道机床轴的位置，并建立它们与工件之间的关系，即机床坐标系和机床控制系统达到同步。

机床坐标系的原点称为机床原点。该位置由机床制造商设定。

当数控机床首次启动时，它并不知道轴在工作空间中的定位。机床原点位置是通过操作人员顺序启动"通电/重启"确定的。"通电/重启"操作顺序驱动两个轴缓慢移向它们各自的最大极限位置，直到其限位开关被激活。这会向控制系统发出每个轴已经到达原点位置的信号。一旦两个轴都停止移动，机床此时"回零"，同时机床坐标和机床控制系统建立同步关系。

此时，可以相对机床的原点来确定工件零点的位置。X0 始终处于零件中心线。通常情况下，将零件前端面指定为 Z0。

当设置机床时，操作人员需要确定不同的刀具从机床原点到工件零点的距离。每把刀具都可通过手动方式移动分别接触工件前端面和直径，得到该刀具在 X、Z 方向上到机床原点的两个距离值，然后在机床控制系统的刀补页面中将这两个 X 和 Z 值保存为刀具补偿值。

在确定了正确的相对位置后，即可运行程序并执行加工操作。

现代 CNC 控制系统对此专门设计了相应的功能来简化编程过程，其主要目的是避免编写重复的或者更复杂的命令，以减少程序的长度。这些功能多数都是针对特定数控系统而设计，其内容超出了简介范围，因此不在本章中介绍。这些功能包括钻孔、镗孔和攻螺纹循环，粗加工和精加工循环，以及开槽和车削螺纹循环等。

下面是一个简单的程序示例，其目的是展示使用一把刀具的多种加工操作，并仅展示代码总体结构。它不针对任何特定的机床或控制系统。

12.2.4 图12.12 所示工件的例程

起点
X200 Z100

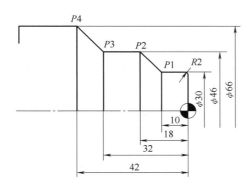

图 12.12 车削示例

编写该程序时牢记以下几点前提条件：

1）工件必须已经粗加工。

2）该程序描述了在 P4 点结束的单次精加工过程。

3）工件零点位于主轴中心线和工件前端面。

4）刀具起点为 X200 Z100。

程序

N005 T0202（刀具2，刀补2）

N010 G21 S750 M03（米制单位，主轴以 750r/min 顺时针转动）

N015 G00 G42 X0 Z1.5 M08（快速向中心移动，距前端面 1.5mm，冷却液打开，刀补打开）

N020 G01 Z0 F0.4（以进给速度 0.4mm/r 进给至前端面）

N025 X30 R2（以 2mm 半径进给至直径 30mm 处）

N030 Z-10（进给至 P1）

N035 X46 Z-18（进给至 P2）

N040 Z-32（进给至 P3）

N045 X66 Z-42（进给至 P4）

N050 M09（冷却液关闭）

N055 G40 G00 X200 Z100 M05（补偿关闭，快速回到起始点，主轴停止）

T0200（取消刀补）

N065 M30（程序结束）

制造行业虽然认可标准化的数控系统，但是机床制造商也会依据他们自身需求做出相应安排，他们可以在多种数控系统中任选一种安装于机床之上。这些控制系统可以由内部开发，也可以从第三方购买，这在某种程度上可能会受系统供应商影响。

如本章前面所述，本章内容仅供用作一般原则的指南。在实践中，可能会发现自己所使用的机床和控制系统可能在细节上会与本文内容有所不同。

复 习 题

1. 说出 CNC 机床的两种常见类型。
2. 描述增量尺寸和绝对尺寸之间的区别。
3. 缩写 CNC 是什么含义？
4. 什么是机床原点？它为什么很重要？
5. 描述 CNC 零件编程中字地址格式的含义。
6. 说明六个自由度，以及它们是如何表示的。
7. 简述模态代码和非模态代码的区别。
8. 以草图形式表示并命名两种 CNC 机床的轴的运动。
9. 什么是 G 代码？它们在 CNC 零件编程用来定义什么？
10. 什么是 M 代码？它们在 CNC 零件编程用来定义什么？

第13章

连 接 方 法

工业上广泛使用一些连接零件的方法，用于制成完整的产品或装配件。使用何种方法取决于最终产品的应用方式，以及在产品使用期间是否需要拆卸零件进行维修或替换。

有五种零件连接方法：

1）机械紧固件——螺钉、螺栓、螺母、铆钉。

2）软焊。

3）钎焊。

4）熔焊。

5）粘结。

机械紧固件广泛应用于维修或更换时可能需要拆卸零件的场合，这种连接被称为非永久性连接。不过铆钉连接是个例外，因为在拆卸零件时要破坏铆钉，所以铆钉连接其实是一种永久性连接。焊接和胶接用于不需要拆卸的永久性连接，此时任何尝试拆卸的操作都会导致连接件和零件的破坏或损毁。

虽然软焊和钎焊连接被认为是永久性连接，不过也可以通过加热将其拆卸来进行维修和更换。

13.1 机械紧固件

机械紧固件可由多种材料制成。根据其工业用途，大多数的螺栓、螺母和垫圈由碳钢、合金钢或不锈钢制成。碳钢（也称碳素钢）是最便宜和最常用的通用材料。

为了防止腐蚀，机械紧固件可以依据其用途进行电镀或涂层。最常见的表面处理材料是锌、镍和镉。磷酸盐也可用于涂层，不过其耐蚀性有限。

13.1.1 机螺钉

机螺钉用来装入已经预制的螺纹孔中，由黄铜、钢、不锈钢和塑料（通常为尼龙）制成，在其整个长度上都有螺纹。机螺钉有各种头部形状，如图 13.1 所示。

机螺钉依据其不同型号不同，螺纹直径一般可达 10mm，长度可达 50mm。在空间有限

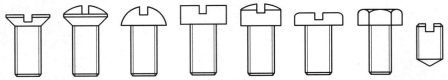

| 埋头螺钉 | 圆拱埋头螺钉 | 圆头螺钉 | 圆柱头螺钉 | 圆柱拱头螺钉 | 平底螺钉 | 六角螺钉 | 无头螺钉 |

图 13.1　螺钉头型

的轻载荷条件下，可以用一种称为无头螺钉的异形螺钉。这种螺钉的典型应用是将旋钮或轴环固定在轴上。

虽然图 13.1 显示了带槽的螺钉头型，但这些螺钉还有如图 2.16 所示的各种其他槽型，最常见的槽型有十字形、一字形和米字形。

13.1.2　内六角螺钉

这种类型的螺钉由高级合金钢制成，带有轧制螺纹，相比机螺钉适用于更高强度的应用。内六角螺钉有三种头型，所有头型均有内六角槽，可用六角扳手进行拧紧和松开，如图 13.2 所示。

无头内六角螺钉也称为内六角紧定螺钉，有不同形状的端部。和无头机螺钉一样，适用于空间有限、但强度要求较高的应用。其不同的端部要么用于咬入金属表面以防止松动，要么用于不损伤工件表面的紧固（此时端部为圆柱端），如图 13.3 所示。

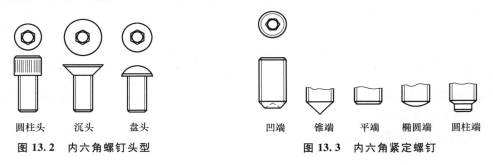

| 圆柱头 | 沉头 | 盘头 | | 凹端 | 锥端 | 平端 | 椭圆端 | 圆柱端 |

图 13.2　内六角螺钉头型　　　　　　　　图 13.3　内六角紧定螺钉

13.1.3　自攻螺钉

自攻螺钉用于快速装配工作。它们还具有良好的抗振防松性能。这些螺钉经过特殊的硬化处理，当其被拧入预制的导向孔时会自行生成与之匹配的内螺纹，因此不需要对导向孔进行单独的攻螺纹操作。

自攻螺钉有两种类型：

（1）螺纹成形型　它通过将工件材料移位而产生与之配合的螺纹，用于较软的韧性材料，如图 13.4a 所示。

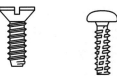

a）螺纹成形螺钉　　b）螺纹切割螺钉　　c）自钻自攻螺钉

图 13.4　自攻螺钉

（2）螺纹切割型　它通过与丝锥相同的切割方式形成与之匹配的螺纹。如图 13.4b 所示，这种类型的螺钉有产生切割作用的凹槽或沟，由于其产生的破裂力较小，所以适用于硬脆性，尤其是有薄壁的硬脆性材料。

如果使用自钻自攻螺钉，还能够获得更快的装配速度。这种螺钉有一个特殊钻尖和一个双线螺纹，如图 13.4c 所示。与专用枪配合使用时，它们可以先在金属板［钢板厚度可达18SWG（1.2mm）］或者其他薄板材料上自行钻出导向孔，然后在同一操作中直接拧紧。

13.1.4　螺栓

螺栓和螺母配合使用，适用于比螺钉负载更重的应用。与螺钉不同的是，螺栓的螺纹长度只占其总长度的一部分，通常是螺纹直径的两倍。

光制六角头螺栓适合工程应用，其直径可达 36mm、长度可达 150mm。用高强度材料制成的更大尺寸的光制六角头螺栓适用于建筑工程。

13.1.5　螺母

标准六角螺母与螺栓配合使用，用于固定零件。如果零件需要经常拆卸，且手工拧紧即可，可使用蝶形螺母，如图 13.5a 所示。如果需要美观，可以使用圆盖螺母或圆顶螺母，如图 13.5b 所示。

如果需要连接薄板，且只能从被连接零件的一侧进入时，可使用铆接套或拉铆螺母。它们能为固定的螺纹提供足够的长度和强度，因此便于组装，如图 13.5c 所示。对于负载较轻的应用，可使用螺纹尺寸可达 12mm 的盲螺母，如图 13.5d 所示。该类型的螺母被封装于一个塑性外壳中。在使用时，该塑料外壳被压入预先钻好的孔中，然后拧入一个螺钉，该螺钉将塑性外壳向上拉，导致其膨胀变形，其变形部分可卡住零件从而实现夹紧。

弹簧钢紧固件除了紧固外还能提供锁定功能。如果从两侧都可以进入，可以使用平面型弹簧钢紧固件，如图 13.5e 所示。当只能从一侧进入时，使用 J 形弹簧钢紧固件，如图 13.5f 所示。这些紧固件在自然状态下呈拱形，当螺丝拧紧时会被拉平。

a) 蝶形螺母　　b) 圆盖螺母或圆顶螺母　　c) 铆接套或拉铆螺母

d) 盲螺母　　　　e) 平面型弹簧钢紧固件　　　　f) J 形弹簧钢紧固件

图 13.5　螺母类型

13.1.6　垫圈

与螺栓头、螺钉头或螺母相比，垫圈可将紧固载荷分散在更宽的区域。它们还能防止工件表面被紧固件损伤。

平垫圈可以分散载荷并防止损坏工作表面。法兰螺母的一端有一个普通法兰，作为集成式的防滑垫圈使用。该法兰面可以制成锯齿形以提供锁定作用，但只能用于可接受工作表面被划伤的应用（见图 13.6）。

提供锁定功能的垫圈将在 13.3 节中讨论。

13.1.7　弹簧张力销

这些销钉由弹簧钢缠绕形成开槽管形，如图 13.7 所示。其外径比要将其插入的标准尺寸的钻孔要大。当插入孔时，弹簧张力可确保销钉牢固定位，不会松动。销钉两端的倒角使它可以很容易地插入并可用锤子敲入孔中。

目前，由于这种类型的销钉不需要铰孔、攻螺纹、锪孔和打沉孔，因此可用于取代实心铰链销、开口销、铆钉和螺钉。它们的直径范围为 1~12mm，长度范围为 4~100mm。

图 13.6　法兰螺母

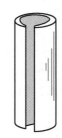

图 13.7　弹簧张力销

13.2　螺纹

自 1965 年以来，英国工业界一直敦促采用 IOS（International Organization for Standardization，国际标准化组织）米制螺纹作为首选螺纹系统，IOS 英制（统一）螺纹作为第二选择。英国惠氏标准（British Standard Whitworth，BSW）螺纹、英国细牙标准（British Standard Fine，BSF）螺纹和英国协会（British Association，BA）标准螺纹将被淘汰。英国标准管（British Standard Pipe，BSP）螺纹将被保留。这个转换过程非常缓慢，目前以上所有螺纹标准都可使用，且仍在使用中。

13.2.1　ISO 米制螺纹

ISO 米制螺纹基于 60°三角形的形式，提供了一系列粗螺距和细螺距（见附录 A）。螺纹用字母 M 表示，后面是以毫米为单位的直径和螺距，例如 M16×2.0。如果没有螺距，则默认为粗牙螺纹，如 M16 表示 M16×2.0 粗螺距。

13.2.2　统一螺纹

统一螺纹也是基于 60°三角形的形式，但牙顶和牙根为圆形。粗螺距系列（UNC）直径为 1/4~4in，细螺距系列（UNF）直径为 1/4~3/2in。以英寸为直径单位的螺纹后跟每英寸螺纹（threads per inch，t. p. i.）数，且粗、细螺距均如此，如 1/4 20 UNC、1/4 28 UNF（见附录 B）。

13.2.3　英国惠氏标准螺纹（BSW）

这种螺纹基于 55°V 形螺纹形式，牙顶和牙根为圆形，螺纹直径范围为 1/8~6in。

其螺纹由后跟螺纹系列的英寸直径表示，如 3/8 BSW（见附录 C），通常不包含 t. p. i. 数量。

13.2.4 英国细牙标准螺纹（BSF）

该标准螺纹的形式与 BSW 十分相似，只是螺距更细，直径范围为 3/16～17/4in。其螺纹由后跟螺纹系列的英寸直径表示，如 3/8 BSF（见附录 C）。

13.2.5 英国标准管螺纹（BSP）

英国标准管螺纹的形式与 BSW 完全相同，其直径范围为 1/8～6in。

BSP 平行螺纹，又称为"紧固"螺纹，以 BSPF 表示，其尺寸是指加工出螺纹的管道的孔径，如 1 寸 BSPF 的外径为 1.309（见附录 C）。

如果需要压力密封连接，则必须使用 BSP 锥形螺纹。它们的螺纹形式和数量相同，但其螺纹锥度是 1／16。

13.2.6 英国协会标准螺纹（BA）

该标准螺纹具有极细的螺距，适用于螺纹直径小于 1/4in 的应用，在这种情况下其优先级高于 BSW 或 BSF。它们常用一个数字表示，如 4 BA（见附录 D）。

在一般工程应用中，优先考虑偶数 BA 尺寸，即 0BA、2BA、4BA、6BA、8BA 和 10BA。

13.3 锁紧装置

13.3.1 自锁螺钉和螺栓

自锁螺钉和螺栓不需要螺母和垫圈，能够节省成本。其常见类型包含一个尼龙插入件[一]，可以是一个小塞子或者是一个沿螺纹长度方向的长条，如图 13.8a 所示。基于该原理，又发展出来一种把尼龙层涂覆在部分螺纹上的方式。当螺钉拧入匹配的零件时，尼龙被压缩并填满螺纹之间的空隙。这种介入方式能够阻止螺钉旋转，如图 13.8b 所示。

目前最新进展是将一种化学胶黏剂应用部分螺纹区域，该螺纹部分经完全干燥后可以触碰，如图 13.8c 所示。该液体胶黏剂此时被封装在薄膜内。当组装两个螺纹零件时，胶黏剂的微囊破裂并释放出胶黏剂。然后胶黏剂变硬，即可提供可靠的密封和锁定螺纹。

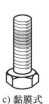

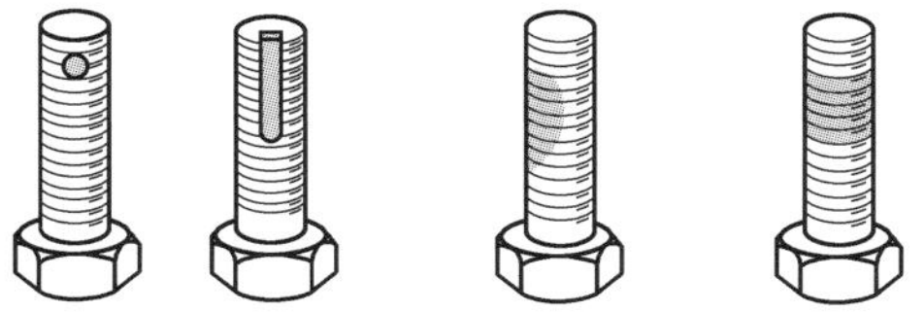

a) 尼龙插入式　　b) 尼龙涂层式　　c) 黏膜式

图 13.8　自锁螺钉和螺栓

13.3.2 锁紧螺母

将螺母锁紧到位的最简单的方式是使用锁紧螺母。锁紧螺母的厚度略大于标准螺母的一半。当和标准螺母配合使用并拧紧时，锁紧螺母被推向螺纹侧面并锁住，如图 13.9a 所示。

　　○ 尼龙插入件也称嵌件。——译者注

开槽螺母和槽顶螺母通过螺栓上的孔与金属丝或开口销结合使用，可以防止螺母松动，如图13.9b所示。

自锁螺母也有易于装配且不需要在螺栓上开孔或使用开口销的类型。其中一种类型称为尼龙锁紧螺母，如图13.9c所示。该螺母的内顶端装有尼龙嵌件。当螺母拧上时，尼龙嵌件弯曲形成螺纹，从而形成高摩擦力，实现防松。

第二种类型称为气密锁紧螺母，如图13.9d所示。该螺母顶部形成两个臂，这两个有螺纹的臂向内和向下弯曲。当螺母拧上时，两个臂被推回初始正常位置，其阻力能够紧紧抓牢螺纹，防止其松动。

第三种类型称为菲利达斯（Philidas）自锁螺母，如图13.9e所示。其直径在六边形上方减小。在减小的直径上切出两个相对的槽，槽上方的金属部分向下压，从而使螺纹螺距错乱。当螺母拧到位时，螺纹被错乱部分卡住，从而实现螺母防松。

第四种类型称为扭力锁紧螺母，如图13.9f所示。该螺母的顶部变形为椭圆形，在使用时可抓牢螺纹。这样可以确保螺纹之间紧密接触，防止螺母松动。

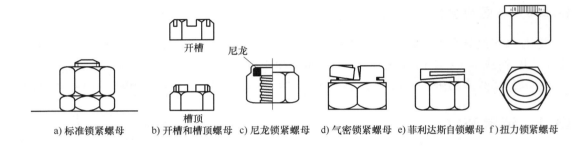

a）标准锁紧螺母　b）开槽和槽顶螺母　c）尼龙锁紧螺母　d）气密锁紧螺母　e）菲利达斯自锁螺母　f）扭力锁紧螺母

图13.9　锁紧螺母

13.3.3　螺纹锁固剂

螺纹锁固剂和前面提到的预涂胶黏剂作用一样，只是其可单独使用，用于确保螺纹紧固件不受振动和冲击载荷的影响。当它们处于易于流动的液体状态时，能够填充配合螺纹之间的间隙，而它们固化后则成为坚固的不溶性塑料。它们所形成的连接具有防震、防泄漏、防腐蚀和防振动的特点。根据使用等级的不同，可以使用手动工具或加热的方式进行拆除。

液体螺纹锁固剂有多种强度以适应不同的应用。高强度锁固剂可产生永久性连接，适用于不需要拆卸的应用，如发动机缸体和泵壳上的永久锁紧螺柱。如果需要将其拆卸，则必须进行局部加热。

中等强度锁固剂适用于所有类型的金属紧固件，并可防止振动零件松动，比如泵、电动机安装螺栓和齿轮箱等零件。建议该紧固剂用于需要用手动工具进行拆卸维修和零件被油污染的情况。此时，可以使用普通的手动工具松开零件，但不会损坏其螺纹。

低强度锁固剂推荐用于调节普通螺丝、沉头螺钉、套环和滑轮上的固定螺丝，也可用于铝和黄铜等在拆卸时可能会断裂的低强度金属。此时，螺钉可以用普通的手动工具松开，且不会破坏或损伤螺纹。

13.3.4 锁紧垫圈

锁紧垫圈安装在螺钉、螺栓或螺母的头部下方，用于防止其在使用过程中松动。

止动垫圈和平垫圈类似，只是增加了一个止动片，其在螺母、螺钉或螺栓的六角面上以弯曲的方式防止其松动，如图 13.10a 所示。

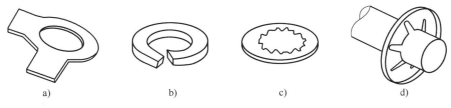

图 13.10 锁紧垫圈

螺旋弹簧锁紧垫圈一般用作锁紧装置，可用于直径最高达 24mm 的螺纹。其线圈界面面形状可以是正方形或矩形，线圈的两端朝相反方向凸起。其末端形成尖头，能够顶入接触表面。此外，在拧紧螺钉、螺栓或螺母时，锁紧垫圈被压平，从而在使用过程中产生恒定的张力，如图 13.10b 所示。

防振垫圈用于尺寸在 16mm 以下的螺纹，有外齿或内齿。由于其齿被扭出垫圈平面，故能在拧紧时被压缩并咬入表面，如图 13.10c 所示。

如果需要在轴上进行刚性永久固定，则可以使用一系列弹簧固定垫圈，而无须使用螺纹和螺母。一种弹簧固定垫圈类型如图 13.10d 所示，当它被推到轴上时，其齿尖部会变形并咬入轴中，如果不破坏轴就无法将其取出。该型号的直径可达 25mm，可用于包括塑料在内所有类型的材料。

13.3.5 弹性挡圈

弹性挡圈可用于锁紧各种工程特征。外部弹性挡圈（见图 13.11a）通常安装在轴的沟槽中，可防止其轴向移动，或安装在轴末端防止物体（如轴承或滑轮）松动。同理，内部弹性挡圈（见图 13.11b）可用于沟槽中，以防止轴承等零件从壳体的凹槽中移出，并可承受较高的轴向和冲击载荷。

弹性挡圈的尺寸为 3~400mm，甚至可以更大。其由高碳弹簧钢制造，有带孔的凸耳，以便使用卡簧钳快速安装和拆卸。较小的轴可以使用弹性挡圈的一种变体——E 形弹性挡圈或扣环，如图 13.11c 所示。它们在相对较小的直径上提供了一个较大的肩部，如旋转滑轮就可以作用于该肩部。

线环或卡环（见图 13.11d）无论是在内部锁紧或外部锁紧应用中，都可以作为传统弹

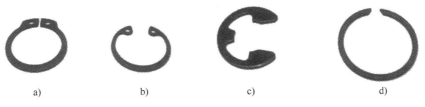

图 13.11 弹性挡圈

性挡圈的经济高效替代品，如滚针轴承和滚针保持架及密封圈的装配应用。

13.4　铆接

13.4.1　实心铆钉和管状铆钉

采用铆接方式进行紧固，具有效率高、简单、可靠、成本低的优点，工业上用于一般装配。直径最大为6mm的轻铆接采用高速铆接机进行，其循环时间可短至1/3s。铆钉一般用于零件不需要拆卸的装配，即永久连接。它们也可用作枢轴、电触点及连接器、垫片或支架。

由于不需要平垫圈、锁紧垫圈、螺母或开口销，铆接的成本低于大多数其他紧固方法。此外，使用自冲铆钉也不需要预钻孔。铆钉可由钢、黄铜、铜和铝制成，类型多种多样。使用较多的标准头类型如图13.12所示。

实心铆钉很坚固，因此需要很大的力才能形成镦头。铆钉头形成镦头的过程被称为铆接。实心铆钉适用于使用高作用力进行铆接而不会损坏被紧固工件的应用场合。管状铆钉适用于使用较轻铆接力的应用。

短孔铆钉（见图13.13a）具有实心铆钉的优点且更容易铆接。它们有一个平行孔，可以用于不同厚度的零件。

双锥度半管状铆钉（见图13.13b）有一个锥形孔，可在铆接时最大限度减少铆钉杆的膨胀，用于连接脆性材料。

牛鼻半管状铆钉（见图13.13c）用于需要最大强度的应用。其铆钉杆可在铆接时膨胀，填满工件中的预钻孔，从而确保连接牢固。

自冲铆钉（见图13.13d）专门设计用于刺穿较厚的金属板并在同一操作中实现铆接。对小于4.7mm厚度的金属，可使用由特殊钢材制成的自冲铆钉，这种铆钉经过热处理从而获得所需的冲铆硬度和压铆延展性。这种铆钉的一种用途是车库门生产中自动铆接。

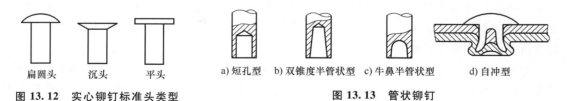

扁圆头　沉头　平头　　　a）短孔型　b）双锥度半管状型　c）牛鼻半管状型　　d）自冲型

图13.12　实心铆钉标准头类型　　　　　图13.13　管状铆钉

13.4.2　盲铆钉

盲铆钉，也称射铆钉，用于只允许从被铆接零件一侧铆入时的应用。不过它们也广泛应用于两侧均可铆入的情形。

当用于连接金属板材时，盲铆钉的直径可达5mm、长度可达12mm，可由铝、钢和蒙乃尔合金制成。镀钢盲铆钉适用于需要低成本、相对较高的强度且无特殊耐腐蚀要求的场合；铝制盲铆钉具有更好的耐大气和化学腐蚀性能；蒙乃尔合金盲铆钉具有更高的强度和耐蚀性。

盲铆钉由一个带头的空心体组成，空心体内部装配有一个中心钉或心轴。将中心钉插入具有夹持功能的工具中来设置铆钉，然后将铆钉插入装配零件的预钻孔中。操作该工具使其夹持爪将中心钉拉入铆钉，中心钉的头部在装配件的盲侧形成了铆钉的头部，同时将金属板材拉到一起。当接头紧固后，中心钉在预定负载下断裂（见图13.14），最后将中心钉断开的部分从工具中弹出即可。

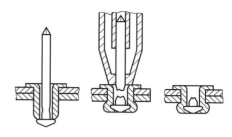

图 13.14 盲铆钉

13.5 软焊

软焊（也称软钎焊）是加热、融化低熔点合金并将其铺展在两个需要连接的表面之间从而实现连接金属零件的过程。合金在冷却后凝固，形成牢固的接头。大多数情况下，低熔点焊料合金是锡和铅的混合物。焊料在不高于300℃的温度下熔化，该温度远远低于被连接金属的熔化温度，因此可以形成低强度连接。

软焊不仅可以实现表面之间的机械连接，如果必须盛装液体时还可以提供防漏密封。它也可以用来实现永久性电器连接。为了实现牢固的连接，连接表面必须非常干净、无锈、无油脂，以及任何其他可能妨碍金属与金属之间连接的物质。如果连接表面是干净的，那么最可能导致连接失效的原因就是存在于所有金属上的氧化膜。氧化膜可以用砂布或焊剂去除。

13.5.1 焊剂

软焊所用焊剂分为活性和惰性两种。

活性焊剂以化学方式去除氧化膜，具有酸性和很强的腐蚀性。这些焊剂通常是含锌的盐酸，锌在其中溶解形成氯化锌，也称为焊液。使用活性焊剂制备的结合部分必须在焊接完成时用温水彻底清洗，清除所有焊剂残留。因此，活性焊剂不适合电气应用。

用砂布去除氧化膜后才能使用惰性焊剂，它用于防止氧化膜重新形成。惰性焊剂通常是树脂基焊剂。含有树脂基焊剂的带芯钎焊条一般足以用于电气焊接。

13.5.2 加热

焊接使用的热源类型在很大程度上取决于要连接的零件尺寸。最大的问题通常是热传导到周围区域而带来的热损失。焊接区域的温度必须足够高才能熔化焊料，使其流动并与要连接的表面结合。

如果热传导可能造成损伤，如对电气绝缘或电子部件可能造成损伤，可以将一块弯曲的铜片放置在接头和绝缘或零件之间，与导体接触。铜很容易在热量造成损伤之前将其吸收，也被称为散热片。

对于小零件，电烙铁加热就足够了。烙铁不仅能熔化焊料并加热工作，还能作为一个焊料贮存器，从而能够在所需位置均匀沉积焊料。较大的零件就需要使用天然气、空气或丁烷喷枪加热，也可将零件放置在热板上。

当被连接的表面面积很大时，焊料在它们之间的流动不尽人意。此时，应首先对表面镀锡，即在每个表面单独涂上焊料。然后将这两部分组装起来，并重新加热，直到焊料熔化形成连接。

13.5.3 接头设计

焊料不像其他金属那样坚固。当需要机械连接时，接头设计应提供尽可能多的附加强度，而不能仅依赖焊料强度。如图13.15a所示，使用互锁接头可以获得更高的机械强度，同时焊料还能提供额外的防漏密封。这种方法可用于听装饮料和食品罐头的生产。

a) 互锁　　　　b) 绕柱缠绕　　　c) 弯曲穿过连接片

图 13.15　软焊接头设计

在电器连接方面，可以通过将金属丝绕在柱子上或将金属丝弯曲穿过连接片上的孔来获得额外的机械强度，如图13.15b、c所示。

13.6　焊料

软焊料是锡和铅的合金。所有的普通锡/铅焊料都会在183℃时冷却为固体。它们受热融化完全变为液体的温度取决于其成分，该温度随着铅质量分数的增加而升高。

有些焊料从彻底的液体到成为固体要经过相当长的糊状阶段。如图13.16所示，锡质量分数为20%、铅质量分数为80%的焊料在276℃时完全为液体，在183℃时为固体。焊料在从液体到固体的转变过程中会经过一个糊状阶段。这一特性在一些管道应用或者将工件浸入熔融焊料槽中进行涂层的应用中很有用。

锡质量分数60%、铅质量分数40%的焊料熔化温度较低，完全液体和固体

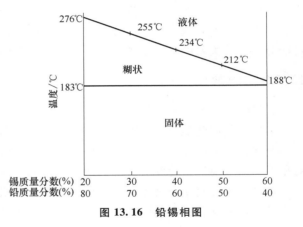

图 13.16　铅锡相图

之间的温度区间非常小，其范围为183~188℃。在较高的熔化温度和较长的冷却时间可能会导致绝缘或零件损坏的工作中，尤其是电气焊接时，该焊料是首选。如果焊接由机器执行且温度控制过于精细而无法维持时，则使用50/50、40/60范围的焊料。

表13.1所示为一系列普通锡/铅焊料合金组分的温度、强度和用途。

表 13.1　锡/铅焊料

锡质量分数（%）	铅质量分数（%）	固相/℃	液相/℃	强度/（MN/m²）	用途
60	40	183	188	58	一般用途，尤其是电气焊料
50	50	183	212	46	机器焊料
40	60	183	234	41	
30	70	183	255	38	管道焊料和浸渍槽
20	80	183	276	37	

13.7 钎焊

钎焊也是一种连接金属的过程，在该过程中熔化的填充金属在加热过程中或加热后，通过毛细作用被吸入被连接零件紧密相邻表面之间的空隙中。一般情况下，填充金属的熔点高于450℃，但始终低于被连接金属的熔点。

钎焊用于连接任意相似或不同的金属，并能够获得高可靠性的高强度连接。

为了形成牢固的连接，被连接表面必须无锈、无油脂和氧化膜。

13.7.1 钎焊合金

钎焊合金形式多种多样，包括棒材、带材、线材、箔和粉末。

钎焊合金的选择取决于所连接的材料和钎焊零件的工作温度。钎焊黄铜广泛应用于使用手持焊枪进行加热的有色金属零件的连接。钎焊黄铜的常见成分见表13.2。

银钎焊合金具有优异的钎焊性能，除铝、锌和镁外，银钎焊合金是最广泛用于连接大多数铁和有色金属材料的钎焊合金。

银钎焊合金的熔点比黄铜低，且能够穿透狭窄的连接间隙。两种典型的银钎焊合金成分见表13.3。银钎焊有时称为银软焊或硬软焊，但是不应将其与13.5节所述的软焊混淆。

虽然在钎焊合金中添加镉有特殊的优势，但其释放出的烟雾会对健康造成严重影响。因此，应尽可能在可行的情况下使用更安全的无镉合金。根据COSHH条例，必须充分控制接触含镉合金的使用。

铝硅合金用于铝及铝合金的钎焊。常用的铝钎焊合金成分见表13.4。

表 13.2 钎焊黄铜

成分(质量分数,%)		熔点/℃	
铜	锌	固相	液相
60	40	885	890

表 13.3 银钎焊合金

成分(质量分数,%)				熔点/℃	
银	铜	锌	锡	固相	液相
40	30	28	2	660	720
55	21	22	2	630	660

表 13.4 铝钎焊合金

成分(质量分数,%)			熔点/℃	
铝	硅	铜	固相	液相
86	10	4	520	585

13.7.2 焊剂

焊剂的作用是溶解或去除待连接金属表面的氧化膜和加热过程中形成的氧化物，提高钎焊合金的流动性和浸润性。理想的焊剂应在低于固相线及高于液相线的温度下保持活性。但是在钎焊使用的温度范围内，没有一种焊剂能达到这一效果，因此必须选择适合特定温度范围的焊剂。此外，不允许在食品、饮料处理设备和医疗器械制造中使用含镉合金。

一系列专用焊剂可适用于不同的应用，它们通常呈预混合的糊状或粉状，粉状焊剂可在需要时用水搅拌成糊状的混合物，直至达到类似奶油的稠度。理想情况下，组装前应将焊剂涂抹在两个结合面上。

钎焊后必须清除掉这些焊剂。可以在钎焊合金凝固后不久，通过在热水或冷水中对零件进行淬火来实现。如果这种方式不符合实际情况的话，也可以通过敲打、锉削、刮削或钢丝刷来去除焊剂。

13.7.3 加热

任何能够将温度提升到所选钎焊合金液相线以上的热源都可以用来加热。工业领域采用了多种受控自动加热方式，不过车间中使用最广泛的还是手持焊枪。手持焊枪的优点是使用灵活，但是只有经验丰富的操作人员才能保持质量的一致性。

可以使用多种气体混合物，最常见的是：

1）氧乙炔。

2）氧丙烷。

3）压缩空气+煤气。

4）压缩空气+天然气。

当使用手持焊枪时，必须注意应让热量均匀分布，特别是使用局部火焰非常热的氧乙炔时更需小心。

13.7.4 接头设计

钎焊接头的强度依赖于被连接面之间钎焊合金的毛细作用。

应尽可能确保接头的设计在使用中施加的载荷以剪切应力而不是拉伸应力的形式作用在接头上。这意味着搭接接头要优于对接接头，如图 13.17 所示。搭接接头的推荐搭接长度是装配件中最薄零件厚度的3～4 倍。

为了充分利用毛细作用，必须要在被连接的表面之间留有足够的缝隙或间隙，才能满足钎焊合金的渗透。根据连接金属的不同，连接间隙范围应为0.04～0.20mm。

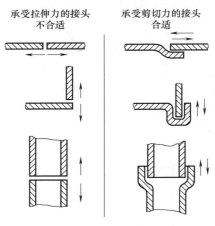

图 13.17　钎焊—接头设计

13.8　熔焊

熔焊不同于软焊和钎焊，它不使用合金将金属连接在一起。当熔焊时，被连接的金属被局部熔化，当其凝固时会形成一体化的固体物，从而获得和连接金属一样的强度。焊条有时可用于补充焊接过程中的材料损失，填补接缝表面之间的缝隙，以及形成圆角。对于某些金属或焊接方法，需要使用焊剂去除氧化膜，同时形成保护层以防止氧化物重新形成。

熔焊的定义是：金属零件在受热、受压或两者同时作用下呈现塑性或液体状态时形成的表面结合。可以通过以下方法实现：

（1）熔化焊 在不施加压力的情况下熔化金属，使其连接。

（2）电阻焊 同时加热和施加压力。

（3）压力焊 只施加压力，如旋转零件使其摩擦生热，比如摩擦焊。

本书只讨论熔化焊。

熔化焊接过程可以通过加热方法、所用电弧和气体来区分。

13.8.1 电弧焊

电弧由中间留有小缝隙的两个电极之间通过电流而产生。在电弧焊中，一个电极是焊条或焊丝，另一个电极是被焊接的金属板。

电极与电源相连，一个接正极，一个接负极。将两个电极接触，然后焊条从金属板上拉开 3mm 或 4mm 即可形成电弧。当两个电极接触时，电流流动起来；当它们分离时，电流会以火花的形式继续流动。由此产生的高温足以熔化被连接的金属。电路如图 13.18a 所示。

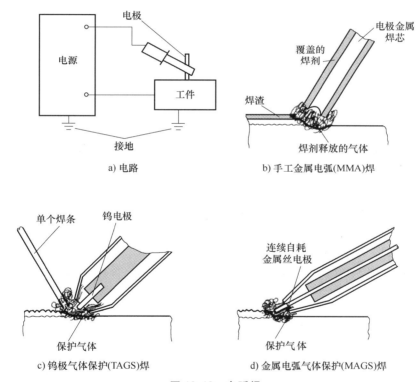

图 13.18 电弧焊

如果电极熔化并在工件上形成沉积金属，则称其为消耗性电极。由钨制成的、导电但不熔化的电极称为非消耗性电极。

最常见的电弧焊方法有手工金属电弧焊、钨极气体保护焊和金属电弧气体保护焊。

1. 手工金属电弧（MMA）焊（见图 13.18b）

在此过程中，电弧在焊剂覆盖的消耗性电极和工件之间产生。这种方法是使用最为广泛的电弧焊方式，适用于除铝以外的所有材料。焊剂会产生气体，在保护熔融金属表面的同时会留下焊渣，能够在冷却时保护受热金属不受大气影响，但必须在冷却后将其去除。

2. 钨极气体保护（TAGS）焊（见图 13.18c）

在此过程中，电弧在非消耗性钨电极和工件之间产生。钨电极被固定在一个特殊的枪中，氩气在该枪中流动以保护电极和熔融金属免受大气污染，所以该过程通常被称为 TIG 或氩弧焊。

附加的焊料可以作为棒或线型单独使用。氩气屏蔽使铝、镁合金和各种有色金属能够在不使用焊剂的情况下进行焊接。这种方法主要用于焊接金属薄板和小零件，可形成高质量的焊缝。

3. 金属电弧气体保护（MAGS）**焊**（见图 13.18d）

在此过程中，电弧在通过特殊焊枪馈送的连续自耗金属丝电极之间产生。保护气体，如氩气、二氧化碳（CO_2）、氧气或这些气体的混合物，也被送入焊枪以保护电弧和熔化的金属不受污染。该方法可以使用不同类型的焊丝和气体，适用于铝、镁合金、普通碳和低合金钢、不锈钢和耐热钢、铜和青铜的焊接。这种工艺通常称为 MIG 或 MAG 焊接。

对普通碳钢和低合金钢的焊接可使用二氧化碳保护气体，这种方法称为二氧化碳保护焊。

13.8.2　电子束焊接（EBW）

这也是一种熔化焊工艺，焊接时被焊接的接头被一束聚焦良好的高速电子束轰击。当电子撞击工件时，它们的能量转化为热量。热量从深度方向穿透进入工件从而生成侧面平行的焊缝，因此可以焊接厚工件，最大厚度可达 50mm。由于光束聚焦紧密，热影响区较小，因此热变形较小。这使其能够在靠近热敏感区域的地方进行焊接，并能够在其他无法接近的位置进行焊接。该焊接方法要求焊接的两个配合面之间具有高精度。

几乎所有的金属都可以焊接；最常见的是铝、铜、碳钢、不锈钢、钛和难熔金属。该焊接方法也可用于焊接不同的金属组合。较多应用在航空航天和汽车工业领域。

电子束的产生和焊接过程的执行都是在真空中进行的，因此会对工件尺寸产生限制。另外，真空室抽真空时也会对焊接时间造成延迟。

EBW 还有一种形式被称为非真空或真空外 EBW，因为它可以在大气压下执行。该方法能够焊接的材料最大厚度为 50mm，而且不受焊接零件的尺寸限制，因为该方法不再受焊接室尺寸约束。

13.8.3　激光焊接（LBW）

这是一种使用激光作为能量源将材料连接在一起的焊接技术。激光被聚焦并定向到一个非常小的点区域，在该区域被需要连接的材料吸收并转化为热能，从而熔化材料并将它们熔合在一起。激光焊接能以较低的热输入产生深而窄的焊缝，所以造成的变形很小。激光焊接可以实现自动化，可快速生成外观良好的接头。

常用的激光器有两种，固态激光器和气体激光器。

固态激光器使用掺钕的钇铝石榴石（YAG）合成晶体，简称 Nd：YAG。对于脉冲焊接激光器，其棒状单晶被泵腔包围，泵腔中装有闪光灯。当闪光灯闪烁时，激光器会发射出持续约 2ms 的光脉冲，并通过光纤传输到焊接区域。向整个泵腔注入流动的水可以冷却闪光灯和激光棒。固态激光器的输出功率可超过 6kW。

气体激光器以二氧化碳为介质，使用高电压、低电流的电源来提供激发二氧化碳气体混合物所需的能量。气体激光器使用刚性透镜和反射镜系统传输光束。气体激光器的输出功率比固体激光器高得多，可达 25kW。

LBW 的用途广泛，可用于焊接各种材料，包括碳钢、不锈钢、钛、铝、镍合金和塑料。由于具有较高的焊接速度和自动化水平，并可以应用于数控设备和机器人中，因此激光器通常用于大批量生产应用。该技术也可用于焊接不同的金属组合。

激光焊接工艺在汽车、航空航天、造船和电子等工业领域得到了广泛应用。

激光器还被广泛应用于医疗设备、汽车工业、电子和珠宝制造等行业的激光切割和激光标记应用。

13.8.4 气焊

气焊通常又称氧乙炔焊接，是继焊接过程中常用的气体氧气和乙炔后的又一种焊接方法。

氧乙炔焊接利用氧和乙炔这两种气体燃烧形成的一个高温热源，提供 3000~3200℃ 的火焰温度。该温度足以熔化被连接的金属表面，它们一起铺展、熔化从而焊接在一起。有时可能需要以焊条的方式提供额外的材料。

气体以高压的方式存储于按照严格规格制造的钢瓶中。有时也可使用低压系统。氧气由涂成黑色的钢瓶供应，这种钢瓶配有一个右旋螺纹阀。乙炔装在涂成栗色的钢瓶中供应，这种钢瓶配有一个左旋螺纹阀。使用相反的螺纹可防止错误连接。为了便于识别，乙炔钢瓶配件上的所有左旋螺母都有凹槽角。

压力调节器安装在每个钢瓶的顶部，能将高压降低至 0.14~0.83bar（1bar＝0.1MPa）之间的可用工作压力。这些调节器带有两个压力表，一个指示输出到焊枪的气体压力，另一个指示钢瓶内的气体压力。调节器也可通过颜色来识别：红色代表乙炔，蓝色代表氧气。

焊枪或吹管由本体、气体混合器、可互换的铜喷嘴、两个控制氧气和乙炔的阀门及两个供气连接件组成。本体可当作手柄使用，方便操作员控制和引导火焰。氧气和乙炔在混合室内混合，然后进入喷嘴，在那里点燃形成火焰。每个可互换喷嘴都有一个孔，喷嘴尺寸由孔径确定。孔径越大，通过的气体越多，其燃烧提供的热量就更多。喷嘴尺寸的选择和零件厚度相关，厚的零件需要更多热量，因此也需要更大的喷嘴尺寸。焊枪制造商应提供各种金属厚度和相应气体压力的喷嘴推荐尺寸图表。

纤维增强型合成橡胶软管用于从调节器向焊枪供应气体，其颜色编码为：红色表示乙炔，蓝色表示氧气。正确安装软管至关重要。将软管连接至焊枪的接头包含一个止回阀，以防止气体流回调节阀。在软管和调节阀之间安装有回火防止器，能最大限度降低火焰返回钢瓶引发爆炸的风险。

完整的焊接装置如图 13.19 所示。

氧乙炔焊接工艺适用于厚度不超过 25mm 的钢材，但主要用于厚度不超过 16SWG（1.6mm）的钢板，此时其热量输入范围较宽；该工艺也可用于焊接压铸件和钎焊铝合金，此时其热量输入必须保持在临界范围内。

13.8.5 火焰设置

在氧乙炔焊接过程中，本质上是火焰实现了焊接，因此它是最重要的。上述焊接设备仅仅是用于维持和控制火焰。操作人员负责设置控制装置，从而产生适当大小、形状和条件的火焰，并尽量以最大的运行效率来满足各种特定焊接条件的要求。

当开始焊接时，应首先打开焊枪上的乙炔控制阀，用合适的打火机点燃气体。然后调整火焰，使其燃烧时不产生烟雾或煤烟沉积。接着，打开焊枪上的氧气控制阀，并进行调整，使火焰形成如下节中性火焰描述中的清晰内锥。焊接完成后，应先关闭焊枪上的乙炔控制阀，然后再关闭氧气控制阀，最后熄灭火焰。

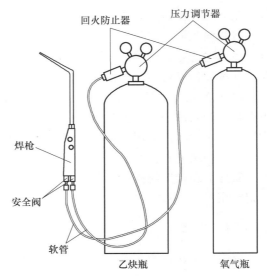

图 13.19 氧乙炔焊接装置

通过调节氧气和乙炔的供应量，可以形成三种火焰状态：中性焰、碳化焰和氧化焰。

1. 中性焰

如图 13.20a 所示，中性焰由大约等量的氧气和乙炔燃烧而形成（译者注：即氧气供给量大致等于气体完全燃烧时所需的氧气量）。依上节所述调整乙炔阀门后，再调整氧气阀门，使火焰形成一个轮廓清晰的浅蓝色内锥，其长度是宽度的两到三倍。此时就表明气体等量，燃烧完全，火焰为"中性"。这种火焰是使用最广泛的火焰之一，其优点是既不会给被连接的金属增加任何杂质，也不会带走任何物质——金属熔化后其化学性质与焊接前是相同的。该火焰通常用于钢、铸铁、铜和铝的焊接应用。该火焰最热的部分位于内锥前方约3mm 处，焊接时内锥应尽量靠近熔池但不要接触熔池。

2. 氧化焰

氧化焰，如图 13.20b 所示，即燃烧了过量的氧气。从中性火焰开始，稍微增加氧气供应量，此时内核将呈现出更尖锐的形状，火焰更加猛烈，并发出轻微的嘶嘶声。焊接黄铜时可使用这种火焰，焊接钢时应避免使用。

3. 碳化焰

碳化焰，如图 13.20c 所示，燃烧了过量的乙炔。从中性火焰开始，稍微增加乙炔的供应量。此时，内锥体会被白色羽状物包围，其长度会根据过量乙炔的供应量而变化。这种火焰在堆焊时使用——即在软金属表面沉积一层硬金属以形成局部耐磨性的工艺方法。焊接钢材时应避免使用此类火焰。

a) 中性焰　　　　　　　　　　b) 氧化焰　　　　　　　　　　c) 碳化焰

图 13.20 氧乙炔火焰设置

13.8.6　安全使用氧乙炔焊接

常见的事故原因有：

1）由火焰、火花和高温材料引起的火灾。

2）爆炸（在含有或曾含有易燃物的容器上工作）。

3）在密闭空间工作（导致氧气耗尽和窒息风险）。

4）装气体的钢瓶掉落。

5）软管、阀门和其他设备漏气。

6）吸入有害烟雾和噪音造成的健康问题（特别是在焊接准备期间）。

7）误用氧气（如果与不兼容的材料使用，氧气会与油和润滑脂发生爆炸反应）。

请记住，我们有义务遵守第1章所讲的各种健康与安全条例。为避免事故风险：

1）不经过必要的培训不允许使用氧乙炔设备。

2）始终佩戴带有正确过滤器的护目镜。

3）始终穿戴必需的个人防护装备（如：手套、围裙、护腿和靴子）。

4）小心使用点燃的焊枪，不使用时一定要关掉焊枪。

5）使用后应关闭气体供应。

6）清除工作区域内的任何可燃材料。

7）始终在远离他人的安全位置工作。

8）始终在通风良好的地方工作。

9）使用防护装置防止热颗粒通过开口。

10）要夹紧工件，但绝不能用手持拿。

11）保持软管远离工作区域，防止其接触火焰、火花和高温飞溅物。

12）定期检查是否有气体泄漏。

13）切勿让油或油脂沾染氧气阀或配件。

14）保持持续的消防值班。

15）在附近放置灭火器，并知道如何使用它们。

16）避免让钢瓶接触热源。

17）在储存、运输和使用过程中，用链条固定钢瓶。

18）直立存放和运输气瓶。

19）将易燃气体和非易燃气体分开存放。

20）将满瓶和空瓶分开存放。

13.9　胶黏剂

胶黏剂是一种用于将两种或多种材料连接在一起的非金属材料。粘结是黏合的现代术语，该技术既可用于连接金属本身，也可用于连接各种金属和非金属材料，包括热塑性塑料和热固性塑料、金属、玻璃、陶瓷、橡胶、混凝土和砖。有许多类型的胶黏剂可供选择，它们的用途多种多样，比如在外科手术中治疗内部伤口和器官，或者连接飞机的结构件。选择粘结作为连接方法时，应考虑以下因素。

1）被连接材料，如相似/不同，金属/非金属，厚/薄等。

2）接头和载荷条件：根据接头几何形状和加载方向，会产生不同类型的载荷。载荷分为拉伸、剪切、劈裂或剥离（见图 13.21）。一般来说，相比拉伸、劈裂或撕裂荷载，应优选剪切荷载。

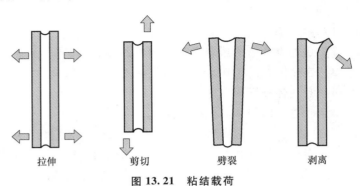

图 13.21　粘结载荷

3）运行环境，如接头所处环境的湿度或温度范围、是否潮湿等。

4）生产设施，如胶黏剂的使用方法、固化速度、健康与安全问题（当涉及溶剂时）。

所有黏结操作都需要适当的表面处理和接头设计，这对于获得良好的黏结效果至关重要。可通多种方式实现适当的表面处理。

1）清洗/脱脂——通过擦拭、浸渍或喷洒溶剂清洗或洗涤剂清洗，去除灰尘、污垢、油脂、油及手指痕迹。

2）表面粗糙化——去除不需要的金属层并产生粗糙的表面纹理，如喷丸处理。

3）化学处理——通过浸入溶液腐蚀或溶解部分表面，使表面具有化学活性，如酸腐蚀和阳极氧化。

4）底漆——通过浸渍、刷涂或喷涂的方式对表面进行化学改性或保护。底漆作为一种介质，可以很容易地粘结到胶黏剂上。

接头设计的类型取决于所形成结构的性质。如前所述，在剪切载荷下接头强度更高，所以可以通过选择接头的形状来利用这一点，如图 13.22a 中的搭接接头所示。这种搭接接头能够形成较大的承载区域，

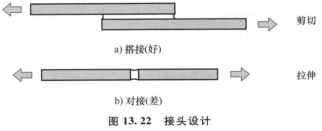

图 13.22　接头设计

受剪切时也较为牢固。图 13.22b 所示对接接头的接触面积小，受拉时接头不牢固，是较差的接头设计。

选择胶黏剂和设计接头后，粘结过程主要包括彻底清洗要粘结的表面、准备和涂胶，最后是装配零件。整个过程可以在室温或更高的温度下进行，也可使用加速剂或施加压力并持续一段时间，时间长短取决于胶黏剂凝固（或固化）所需的时间。有些胶黏剂被称为辐射或光固化胶黏剂，当其暴露在辐射，通常是紫外光下时，可以迅速固化。

胶黏剂有优点也有局限性，以下列举其中部分内容。

13.9.1　优点

1）可以粘结各种材料，材料可相同或不同，可厚可薄，可以是金属或非金属。

2）可粘结薄、易损、热敏性较强的零件，其他连接加热方法可能会使其变形或损坏。

3）当用于替代机械连接方法时：

① 无须钻孔。

a. 减少时间。

b. 降低成本。

c. 避免钻孔区域强度减弱。

② 荷载分布在整个接头区域。

③ 减轻重量。

④ 外表光滑，无螺栓、螺钉和铆钉头。

⑤ 更容易装配，一次操作可以连接多个零件。

4）黏合层能够提供：

① 良好的防潮和防漏密封性。

② 良好的隔热和电气绝缘性。

③ 具有一定柔性的接头能提供良好的阻尼性能，有助于减少噪声和振动。

13.9.2　缺点

1）可能存在以下问题：

① 需要准备结合面。

② 需要储存、准备、涂抹胶黏剂。

③ 固化需要时间。

2）胶黏剂不如金属牢固。

3）最大黏结强度一般不会立即形成。

4）装配后的接头可能需要至少支撑一段时间，以增强黏结强度。

5）黏合结构大多难以在维修或更换时进行拆卸。

6）大多数情况下，使用过程中的温度耐受性低于其他连接方法。

7）使用溶剂型液体存在健康、安全和火灾风险。

13.9.3　胶黏剂类型

目前有多种类型的胶黏剂，应用范围广泛。它们通常分为两类：天然胶黏剂和合成胶黏剂。

例如，从动物中提取的天然胶黏剂、从牛奶中分离的蛋白质中提取的酪蛋白，以及从植物中提取的碳水化合物淀粉，都可用于包装行业的纸张和卡片黏合。

工程应用需要更高的黏结强度，通常属于结构黏合剂的范畴。随着化学工业和合成聚合物的出现，合成胶黏剂（和密封剂）的范围已经急剧增加。

现在更常见的是根据黏合剂固化的方法和方式分类，即黏合是否涉及物理或化学机制，对合成黏合剂进行分类。

13.9.4　物理固化胶黏剂

这些胶黏剂在使用时已经处于最终化学状态。两种常见类型描述如下。

1. 热熔性胶黏剂

这是一种热塑性聚合物，在室温下为坚硬的固体，但在高温下呈流动性很强的液态。

它们可用于快速组装结构，其设计初衷是承受轻荷载。热熔性胶黏剂的形态可以是块状、棒状、颗粒状、粉末状和薄膜状。使用时，应将胶黏剂加热并以熔体的形式涂抹在表面上。在涂抹后立即进行连接，胶黏剂冷却并通过随后的固化产生强度。表面结合得越快，黏合效果越好。由于几秒钟内即可达到黏合强度，因此无须夹紧夹具。由于这种连接是热塑性结构，如果需要分离或重新连接，可使用这些胶黏剂。但在使用过程中，黏合接头不得加热到其熔化温度。热熔性胶黏剂广泛应用于包装、印刷、制鞋和木材加工行业，以及汽车制造和电子产品行业。

2. 接触型胶黏剂

它们是可溶性弹性体和树脂的混合物，在有机溶剂中呈溶液形式或在水中呈分散形态。原理上，溶剂蒸发后胶黏剂会固化。

使用时将胶黏剂涂在两个待结合的表面上，在结合表面之前允许溶剂接近完全蒸发。应在尽可能高的压力下进行结合，一旦表面接触，黏合聚合物就会扩散到彼此中，从而形成牢固的黏合。在过程中，重要的不是压力的持续时间，而是初始压力。

由于涂层表面在接触时立即就能黏合，因此在接触前需要格外小心地进行定位，一旦黏合几乎不可能再重新定位。有机溶剂型胶黏剂比水基胶黏剂干燥得更快，但确实会对健康与安全有影响，应小心使用。

一些接触黏合剂中使用水作为更环保的溶剂，但由于水汽有一定的影响，水无法在所有应用中取代有机溶剂。水作为溶剂时，干燥时间比有机溶剂慢，但可以通过加热或增加空气流动来缩短该时间。

接触型胶黏剂可用于木工、建筑工业和汽车制造业。

13.9.5 化学固化胶黏剂

这些胶黏剂是活性材料，需要化学反应才能将其从液体转化为固体。一旦固化，这些胶黏剂通常能提供高强度的连接。所形成的连接可柔可刚，能抵抗温度、湿度和多种化学品。

形成固体黏合的化学反应需要被阻断足够长的时间，这样才能使黏合剂达到其最终目的，即黏合接头。一些黏合剂在与反应物混合后能够在室温下自发反应，作为双组分黏合剂出售。它们以"树脂"和"固化剂"的形式存储在单独的容器中，在物理上进行隔离。在使用前，才将它们快速混合在一起。

对于单组分胶黏剂，其组分按其最终比例进行预混合。当然它们的反应是被化学阻断的，只要它们没有受到激活固化剂的特定条件影响，就不会黏合。它们需要高温或环境中的物质或介质（光和湿度）来开启固化机制。储存此类胶黏剂的容器应需仔细选择，防止出现不良反应。

1. 氰基丙烯酸胶黏剂

这些单组分胶黏剂通过与待黏合表面上的水分反应而固化。它们通常的使用状态是非常薄的液体层，这意味着其能连接的间隙宽度只有约 0.1mm。只有部分产品具有高达 0.25mm 的间隙填充特性。它们通常会在几秒钟内固化，常被称为"强力胶"。这种胶黏剂在几秒钟内便可达到手拉强度，但其最终强度需在几个小时后才能达到。固化由大多数表面上呈弱碱性的水分引起，正是这种结合产生了黏结。任何酸性表面（如木材）都会抑制固化，在极端情况下甚至会完全阻止固化。使用它们非常经济实惠，因为只需几滴胶黏剂即可提供牢固的接头。

这些胶黏剂在固化时是热塑性的，因此温度性能和耐化学性有限。它们适用于粘结所有类型的玻璃、大多数塑料和金属，通常用于粘结小零件。

处理时该胶黏剂时必须非常小心，因为此时的条件也是将皮肤与自身黏合的理想条件。

2. 厌氧胶黏剂

厌氧胶黏剂也是单组分胶黏剂，但在无氧条件下固化（因此得名为厌氧——"在无氧条件下存在"）。厌氧胶黏剂通常被称为"锁定化合物"，用于固定、密封和保持旋转、螺纹和类似紧密配合的圆柱形零件。涂抹胶黏剂后，由于接头紧密贴合，就会形成一个无氧环境。接着，为了产生固化反应，还应与金属接触。厌氧胶黏剂有多种强度等级。由于硬化只能在缺氧的情况下进行，因此接头外的任何胶黏剂都不会固化，可在组装后将其擦掉。

为了使胶黏剂不会过早固化，它必须与氧气保持接触。因此，它被保存在透气的塑料瓶中，而且只装一半，此外在装之前还要用氧气冲洗。

厌氧胶黏剂是热固性的，由此产生的黏合剂具有高强度和高耐热性。只是其接头易碎，不适合用于可能弯曲的接头。

厌氧胶粘剂除了黏合功能外，还具有耐油、耐溶剂和防潮特性，因此通常还用于密封。这些特性使这种胶黏剂适合用于汽车行业发动机装配。其他应用包括防止螺纹锁紧螺母、螺栓、螺钉和螺柱等因振动而造成的松动，故能够避免使用锁紧垫圈和其他锁紧装置。在汽车和机床行业中，它们还用于可靠地固定轴承、带轮、联轴器、转子和齿轮等圆柱形零件。

3. 增韧丙烯酸胶黏剂

这些胶黏剂是在单组分厌氧黏合剂早期研究的基础上开发出来的。增韧胶黏剂具有分散在整个胶黏剂中的类似橡胶的小颗粒，能够改善部分性能。与普通环氧树脂相比，增韧丙烯酸树脂固化速度相对较快，具有较高的强度和韧性，并具有更大的柔韧性。

有两种类型的增韧丙烯酸胶黏剂。

（1）双组分、两步增韧丙烯酸胶黏剂 这些胶黏剂在使用前不需要混合，其使用液体活化剂固化。使用时将黏合剂涂到吸收性更强（多孔性更强）的一个表面上，使其呈珠状或用平刃工具将其展开铺成薄层。活化剂应用于另一个表面，即吸收性较差（多孔性较差）的表面。为达到最佳效果，接着将这两个零件组合在一起，夹紧或固定到位。全黏结强度通常在24h固化时间内即可达到。

它们对所有金属、玻璃和复合材料都有极好的附着力。

（2）双组分丙烯酸树脂胶黏剂 这些种胶黏剂需要混合在一起，通常情况下树脂与促进剂的混合比为1:1。它们具有极好的黏结强度，具有良好的冲击力和耐久性，能很好地粘结许多金属、陶瓷、木材和大多数塑料。树脂和促进剂以双筒的形式提供，并使用带有混合喷嘴的涂抹器涂抹。如果用量较少，可以用手进行完全混合。为了获得最大的黏合强度，需将胶黏剂均匀地涂在要结合的两个表面上。然后尽快将表面贴在一起，并在16℃或更高温度下进行固化，直至彻底牢固。适当加热（49~66℃）能加速固化。

固化过程中，各零件应牢固固定，不得移动。

4. 环氧树脂胶黏剂

环氧树脂体系是应用最广泛的结构胶黏剂。在汽车制造业、飞机制造业、建筑业、金属制造业和家庭中随处可见。它们分为单组分和双组分两种。

单组分环氧树脂胶黏剂形态可为液体、糊状或薄膜状，需要加热固化。树脂和固化剂（或催化剂）预先混合，但不会发生固化，因为固化剂在室温下不发生反应。只有当温度升高（通常高于100℃）时，才会发生反应，形成一种坚硬的热固性聚合物，在进一步加热时不会重新熔化。

双组分环氧树脂的两种组分一旦混合在一起，在室温下即可反应。其树脂和硬化剂在单独的容器中提供。其内在的固化机理要求树脂和硬化剂的数量非常精确，并将它们充分混合在一起。室温下的最终固化时间从几分钟到几个小时不等。加热可以缩短固化时间，并能提高黏结强度和稳定性。

环氧树脂胶黏剂可用于粘结各种高强度材料。在特定情况下，它们可用来取代传统的连接方法，如螺母和螺栓、铆钉、焊接、钎焊和铜焊。

添加剂能为环氧树脂胶黏剂提供附加性能，如在微电子工业中，添加银粉能提供导电黏合性能，而添加氧化铝粉末则能提供导热性能。

13.10 电器连接

任何电器连接都必须牢固地固定住导体的所有电线，并且不得在端子上施加任何明显的机械应力。

13.10.1 机械连接

最简单的机械连接形式是将电线绕过螺钉直径，并通过螺钉头下方的垫圈或垫圈和螺母牢固夹紧，如图13.23a、b所示。另一种形式是对于插头、插座和灯座中的黄铜柱端子，通过黄铜螺钉将导线牢牢固定在这些端子的孔中，如图13.23c所示。

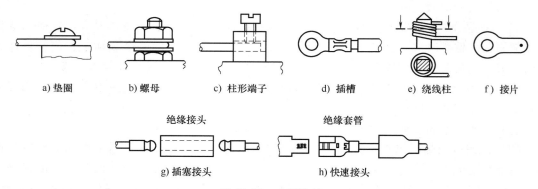

a) 垫圈　　b) 螺母　　c) 柱形端子　　d) 插槽　　e) 绕线柱　　f) 接片

绝缘接头　　　　　　　　绝缘套管

g) 插塞接头　　　　　h) 快速接头

图 13.23　电器连接

可以通过直接挤压或压接电线来连接插座。或者可也将电线焊接到插座中，如图13.23d所示。

缠绕接头用于将电线连接至接线柱，如图13.23e所示。接线柱也称绕线柱，其截面为方形或矩形。连接时使用一种特殊的缠绕工具将若干圈电线在压力下缠绕在柱子上。所以其电器连接是通过将电线缠绕到线柱到的边角来实现的。

13.10.2　软焊连接

当软焊时，不能仅依靠焊料进行安全连接。电线应弯曲或缠绕，才能提供良好的机械强度，然后再进行焊接，形成所需的电器连接。当焊接时，应使用足够的焊料，使导线能够通过焊料看到，同时还要进行充分加热，才能使焊料在接头周围自由流动（见第 13.5 节）。

软焊连接会直接连接到电路或各种设计的标签上，如图 13.23f 所示。

13.10.3　车辆连接

车辆上的电器连接在更换部件时需要易于断开，其中一种类型是插塞连接器，如图 13.23g 所示。其两端软焊或压接到电线上，然后牢固地推入绝缘连接器。如图 13.23h 所示的快速连接类型，通常是压接在电线上，再推到一起形成连接。最后，将一个绝缘套管推到完成的连接上进行保护。

13.11　连接方法的相对优点（见表 13.5）

表 13.5　连接方法的相对优点

类型	加热要求	接头类型	热传导性
软焊	低于 300℃	永久性,加热可拆	不超过 183℃
钎焊	高于 450℃	永久性,加热可拆	不超过金属固相线
熔焊	金属熔点	永久性	金属熔点以下
粘结	无	永久性	不良导体

类型	导电性	接头强度	连接材料类型
软焊	导体	低	相同或不同金属
钎焊	导体	中	相同或不同金属
熔焊	导体	高	相同金属
粘结	绝缘体	视具体而定	相同或不同金属、非金属

复　习　题

1. 通常的软焊料成分是什么？
2. 说出使用胶黏剂代替机械或热连接方法的四个优点。
3. 软焊和钎焊有何不同？
4. 列出四种连接零件的方法。
5. 说明在钎焊作业中使用焊剂的目的。
6. 说出三种螺纹标准系统。

7. MAGS 指的是什么过程？用在何处？

8. 说出四种锁紧螺母。

9. 在设计软焊接头时应考虑哪些因素？

10. 列出两种用于金属连接的胶黏剂。

11. 说出与气焊有关的两种气体。

12. 说明气焊中使用的三种火焰设置。哪种是最常用的，为什么？

第14章

材　料

　　工程中使用的材料多种多样，了解这些材料的使用方法及使其适合其应用的性能至关重要。

　　材料性能可以分为两类：物理性能和力学性能。物理性能是无须变形或破坏就能确定其值的材料特性。力学性能表明材料对力的反应，需要通过变形或破坏测试才能确定，力学性能可通过对材料进行热处理和冷、热加工来改变。

14.1　物理性能

14.1.1　线膨胀系数

　　线膨胀系数是材料温度升高1℃时的伸长量。

　　因此，伸长量＝原长度×温度上升量×线膨胀系数。

　　例如，如果铜的线膨胀系数为 0.000017/℃，则温度每上升1℃，铜的长度的伸长量将是其原始长度的 0.000017 倍。例如，100mm 长的铜棒每升高 1℃ 就会伸长 0.000017×100mm＝0.0017mm。如果 100mm 长的铜棒加热温度上升量为 20℃，则线膨胀量为 100×0.000017×20mm＝0.034mm。

　　不同的金属在给定的温度变化下膨胀或收缩的程度不同。例如，铝的膨胀率比铸铁大。不同的金属具有不同的线膨胀系数，在特定的情况下，这种特性有时是优势，有时则是劣势。

　　这种性能优势的一种典型应用是构造恒温器。该装置将两个不同材料的金属片贴在一起，加热时不同的膨胀率会导致金属片产生不同程度的弯曲，从而连接或断开电触点，如图 14.1 所示。

　　但是这种性能带来的问题也很多，必须在设计过程中加以考虑。例如，汽车发动机的铝活塞和铸铁缸体之间的间隙在发动机处于热态时就比其处于冷态时要小。

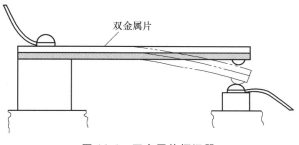

双金属片

图 14.1　双金属片恒温器

14.1.2　比热容

材料的比热容是指单位质量（1kg）的材料因单位温升（1℃）所需的热量（J）。

提高材料温度所需的热能取决于材料的类型和质量，因此，相同质量的两种不同材料就需要不同数量的热能来达到同样的温升。例如，1kg 比热容为 4200J/（kg℃）的水需要 4200J 的热能才能使其温度升高 1℃。同样，1kg 比热容为 386J/（kg℃）的铜需要 386J 的热能才能使其温度提高 1℃。

在进行加热或冷却操作时，必须要了解该性能。热处理操作后进行冷却时需要使用各种液体，所用液体必须能够吸收金属材料的热能，吸收能力取决于液体的类型及其质量。在金属切削加工中，所使用的冷却液必须是那种能够以足够的体积输送、消除刀具和切削区域的热量、不会使其本身变得太热的类型。

14.1.3　密度

不同的材料在相同体积情况下质量不同。给定体积中的质量大小由密度来度量。

材料的密度为单位体积的质量，由下式表示

$$密度 = \frac{质量}{体积}$$

由于质量用千克来计量，体积用立方米来计量，所以密度的单位是千克/立方米，记为 kg/m^3。例如，铝的密度是 $2700kg/m^3$，铅为 $11300kg/m^3$，这意味着 $1m^3$ 铝的质量是 2700kg，同样体积的铅的质量为 11300kg。

在必须限制质量的情况下，要考虑该性能。例如，在飞机生产过程中，为减小飞机质量，已经开发出了一种与钢一样坚固、但密度只有钢的一小部分的特殊材料。

14.1.4　熔点

熔点是材料从固态变为液态时的温度。在某些材料应用中，这可能是一个需要考虑的重要因素。例如，如果要把焊料用于温度接近焊料熔点的接头，那么了解焊料的熔点就非常重要了。目前，许多塑料都必须在其熔点温度范围内使用。热加工过程中使用的设备，如加热炉、铸造机和锻模，必须设计为能够承受高温。

14.1.5　热导率

当金属棒一端受热时，热量将沿棒材的长度传导。热传导速度取决于棒材材料，有些材料的导热性比其他材料要好。金属的这种导热能力由热导率度量。

热导率是热量传递的速率，单位为 J/（m·s·℃），即温度每升高 1℃ 时在每秒内通过一米长度所传递的能量焦耳数。因为 1J/s = 1W，所以热导率的单位也可以用 W/（m·℃）来表示。

像铜这样的良导体具有很高的导热性，用于易传热的地方，如电烙铁或汽车散热器。

非金属材料等不良导体的热导率比较低，用于必须保持热量的地方，如热水箱和管道上的隔热材料。

14.1.6 电阻率

有些材料很容易让电流通过，因此是电导体，包括碳和大多数金属，如铝、铜、黄铜和银。有些材料对电流有很高的阻力，它们是不良电导体，被称为绝缘体，包括非金属材料，如塑料、橡胶、云母、陶瓷和玻璃。

电导体的电阻以欧姆为单位度量，它取决于导体的尺寸及制造导体的材料。显而易见，形状相似但材料不同的导体可能具有不同的电阻。

为了比较不同导体材料的电阻效应，须考虑导体的标准尺寸和形状。所选标准形状是一个边长为1m的立方体。这种 $1m^3$ 材料的电阻就称为材料的电阻率，单位为（$\Omega \cdot m$）。因此，导电材料的电阻率低，绝缘体的电阻率高。

已知导体的面积、长度和电阻率，由下式可得其电阻 R：

$$R = \frac{\rho l}{A}$$

式中　R——电阻，单位为 Ω；

　　　l——导体长度，单位为 m；

　　　A——导体的横截面面积，单位为 m^2；

　　　ρ——导体的电阻率，单位为 $\Omega \cdot m$。

14.1.7 例 14.1

直径 D 为 1mm、长 l 为 20m、电阻率 ρ 为 $2.5 \times 10^{-8} \Omega \cdot m$ 的导体的电阻 R 是多少？

由已知，导体的横截面面积 $A = \frac{\pi D^2}{4} = 0.785 \times 10^{-6} m^2$

而电阻 R 可由公式 $R = \frac{\rho l}{A}$ 求出，即

$$R = \frac{2.5 \times 10^{-8} \times 20}{0.785 \times 10^{-6}} \Omega = 0.637 \Omega$$

14.2　力学性能

14.2.1　硬度

坚硬的材料能够抵抗磨损、刮擦、压痕和机械加工。它的硬度也是用其切割其他材料的能力的一个指标。切削刀具及必须将磨损保持在最低限度的零件都需要使用较硬的材料。

14.2.2　脆性

脆性材料在受到突然冲击时容易断裂。这种特性与硬度有关，因为硬质材料往往很脆。脆性材料不能用于压力机的工作部件，因为这些部件需要承受猛烈的冲击。

14.2.3　强度

坚固的材料能够承受负载而不断裂。载荷可能会以拉伸、压缩或剪切的形式施加，材料

对这些载荷的抵抗能力分别是其抗拉强度、抗压强度和抗剪强度的量度。内燃机中的连杆必须有很强的抗拉强度、抗压强度，而活塞销必须有很强的抗剪强度，如图14.2所示。

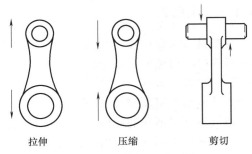

拉伸   压缩   剪切

图14.2 拉伸、压缩和剪切

14.2.4　延性

延性材料的横截面可以减小而不会断裂。例如，在拉丝过程中，通过将材料拉过圆形模具来减小其直径。此时，材料必须能够通过直径缩小的模具，并同时承受拉力。

14.2.5　展性

可展材料可以被反复地轧制或锤击成不同的形状而不会破裂。锻造时需要这种性能，因为锻造会通过锤击而改变金属的形状。铅是一种有展性的材料，因为它很容易被锤打成形，但它不具备延性，因为它没有足够的强度来承受被拉成丝时的负载。加热可以使一种材料更具展性。

14.2.6　弹性

弹性材料在承受载荷后会恢复到原始尺寸。如果载荷超过其弹性极限，材料就不能恢复到原始尺寸，而且会在载荷移除后产生永久变形。弹性对于制造弹簧的材料至关重要。

14.2.7　韧性

如果一种材料在断裂前能够吸收大量能量，那么它就是坚韧的。韧性材料在开始开裂或断裂之前能够承受反复的屈伸或弯曲。压力机的工作部件必须韧性高，才能承受冲压作业中反复的冲击。

如前所述，力学性能表明材料对其施加力的反应，其值通过一系列标准检测确定。这些试验在被测材料的小试样上进行，直到其变形或破坏为止。因此，这种试验称为破坏性试验，其类型包括拉伸、压缩、扭转、弯曲和冲击测试，用于确定上述所简述的力学性能。

14.3　性能比较

普通塑料和金属材料的力学性能和物理性能对比见表14.1。

表14.1　普通塑料和金属材料的力学性能与物理性能比较

类型	密度/(kg/m^3)	抗拉强度/(N/mm^2)	线膨胀系数/$(10^{-6}/℃)$	比热容/$[J/(kg \cdot ℃)]$	热导率/$[W/(m \cdot ℃)]$	熔点或软化温度/℃	电阻率/$\Omega \cdot m$
低碳钢	7800	505	15	463	47	1495	16×10^{-8}
灰铸铁	7000~7300	150~400	11	265~460	44~52	1100	10×10^{-8}
可锻铸铁	7300~7400	280~690	11	520	40~49	1100	—
SG铁	7100~7200	370~800	11	460	32~36	1100	—

（续）

类型	密度/ （kg/m³）	抗拉强度/ （N/mm²）	线膨胀系数/ （10⁻⁶/℃）	比热容/ [J/（kg·℃）]	热导率/ [W/（m·℃）]	熔点或软化 温度/℃	电阻率/ Ω·m
铜	8900	216	17	386	385	1083	1.7×10^{-8}
70/30 黄铜	8530	320	20	379	117	935	6.2×10^{-8}
磷青铜	8820	400	18	379	70	1000	9.5×10^{-8}
铝	2700	80	24	965	240	660	2.6×10^{-8}
铝合金	2790	250	22	965	150	600	4×10^{-8}
锌合金	6700	280	27	418	113	400	5.9×10^{-8}
铅	11300	15	29	126	35	327	21×10^{-8}
铂金	21450	350	9	136	69	1773	11×10^{-8}
银	10500	15	19	235	419	960	1.6×10^{-8}
金	19300	120	14	132	296	1063	2.4×10^{-8}
聚乙烯 LD	925	7～16	160～180	2300	0.34	85～87	10^{14}
聚乙烯 HD	950	21～38	110～130	2220	0.46～0.52	120～130	—
PVC	1390	58	50	840～2100	0.14	82	10^{14}
聚苯乙烯	1055	34～84	60～80	1340	0.11～0.14	82～103	10^{11}
ABS	1100	17～62	60～130	1380～1680	0.062～0.36	85	1.2×10^{13}
丙烯酸	1200	48～76	50～90	1470	0.17～0.25	80～98	10^{12}
聚丙烯	900	29～38	110	1930	0.14	150	10^{14}
尼龙 66	1140	48～84	100～150	1680	0.22～0.24	75	$0.45^{-4}\times10^{12}$

14.4 无损检测（NDT）

有多种不同性质和目的的检测方法用于在不破坏已制造部件和组件的情况下检查其内部缺陷及表面缺陷。因为测试不会对零部件造成物理上的损坏，这些零部件仍然可以使用，因此这些测试称为无损检测（Non-destructive testing，NDT）。这些检测方法可以检查加工、焊接、铸造和热处理过程中可能产生的缺陷，也可用于喷气发动机涡轮叶片和飞机部件等正在使用的零部件。

无损评估（Non-destructive evaluation，NDE）是一个经常与无损检测一起使用的术语。但是，NDE 用于描述本质上更定量化的测量，即仅仅进行缺陷检测并不够，还需要缺陷大小、形状和方向等定量信息，这些信息可以用来确定部件的适用性。

没有任何一种单一的 NDT 方法能够适用于所有缺陷检测应用。相比之下，每一种方法都有其优点和缺点。无损检测方法类型多样，以下六种最为常用。

1. 目视检测

包括检查人员用肉眼或光学仪器进行检测。该方法只能用于定位大到足以可见的表面裂纹或缺陷，而且必须小心检查才能成功。通过使用镜子、纤维镜、内窥镜及带有光源的光纤检查摄像头，可以进入人无法进入的区域进行检测。

2. 渗透检测

该方法使用时，先将溶有荧光染料或着色的渗透剂涂抹在预先已经清洁的工件表面上，具有高表面润湿特性的渗透剂通过毛细作用渗入工件表面缺陷中（渗透剂渗入缺陷需要一定的时间），然后仔细去除附着于工件表面上多余的渗透剂，经干燥后施加显影剂，其作用就像吸墨纸一样，将渗入的渗透剂从表面的缺陷中"拉"出。着色的染料在显影剂表面呈出血状，很容易看到。如果将荧光染料与紫外光结合使用，可提高灵敏度，更容易发现瑕疵，还能避免使用显影剂。渗透检测用于定位断裂材料表面的裂纹和其他缺陷，如疲劳、淬火和磨削裂纹，焊缝中的气孔和针孔，也可用于大面积检查。其主要缺点是只能检测表面缺陷，对表面预处理要求较高，而且需要通过后期清洗来去除化学品。

3. 磁粉检测

该方法在由铁磁材料（即可被磁化的材料）构成的部件中建立磁场，该磁场可以使用便携式或固定式设备建立。然后在被检测表面撒上涂有染料颜料铁颗粒，其状态可以是干燥的，也可以悬浮在液体中。被检测表面或近表面的裂纹或空洞会扭曲磁场，并在缺陷附近聚集铁颗粒，因此便可以作为缺陷的视觉指示。该方法仅适用于铁磁性材料，用于检测铸件、锻件和焊接零件的表面或近表面缺陷。通常需要退磁和后期清洁。

4. 超声检测

该方法通过换能器将高频声波发送到材料中来实现。声波在材料中传播，然后从内部底面反射回来，由同时起到接收器作用的探头接收。反射波信号或回声被转换成电信号并显示在屏幕上。从信号产生到回波返回所需的时间与材料的厚度成正比。如果波的路径中存在不连续性（如裂纹），脉冲将中断，并从缺陷表面反射回来。由于此时回波会在较短的时间内返回，因此能够显示出缺陷与表面的距离。该方法也可以用来测量材料厚度和材料特性的变化，还可以用于定位金属、塑料和木材等材料的表面和亚表面缺陷。

5. 涡流检测

其原理是交变电流通过线圈产生磁场。探头和试件共同构成磁路的部分。根据试件的结构和缺陷的特点，可以选择不同尺寸的探头进行检测。当被测试件与探头非常接近时，就会在其中感应形成电流，该电流被称为涡流。由缺陷、尺寸变化或材料导电性能变化引起的涡流中断可以被检测出来，并在仪器显示屏上进行监控。该方法对检测表面和近表面缺陷非常敏感，可立即获得检测结果。涡流检测设备非常便携，可用于检查复杂形状和尺寸。其局限性在于只能检测导电材料，而且探头必须接触到被检测表面，同时设置时需要参考标准。该方法可用于各种检查和测量。

这些检测包括：

1）裂纹检测。

2）材料厚度测量，如管材。

3）涂层厚度测量，如油漆和塑料。

4）用于以下目的的电导率测量。

① 材料识别。

② 热损伤检测。

③ 渗碳层深度检测。

④ 热处理监控。

6. 射线检测

包括使用穿透 X 射线或 γ 射线检查部件是否存在缺陷。辐射源要么来自 X 射线发生器，要么来自放射性同位素 γ 射线。射线通过被测部件直接照射到胶片或其他对射线敏感的成像介质上。射线需要穿透材料的厚度和密度会影响到达胶片或其他成像源的辐射量。辐射量的变化会产生一张图像，显示测试部件包括内部缺陷在内的内部特征。除能在胶片上产生类似于骨折 X 射线的图像外，随着技术的发展，还产生了可以在计算机屏幕上立即查看的电子图像，与机场安检系统类似。射线照相技术可用于检查绝大多数材料的表面和亚表面缺陷，也可用于定位和测量内部特征及测量厚度。其缺点是须对操作人员进行大量培训、对操作人员技能要求较高及相对昂贵的设备和潜在的辐射危害。

14.5 普通碳素钢

普通碳素钢本质上是铁和碳及其他不同数量的元素（如锰、硫、硅和磷）的合金。这些额外的元素存在于炼钢时所用的原材料中，是碳素钢中的杂质。硫和磷都极其有害，会使钢变脆，因此它们应被控制在最低限度。锰的存在则会抵消这些影响。碳素钢中碳含量（均指碳的质量分数）最高可达约 1.4%，正是碳使钢变得更硬、更坚韧，并能对各种热处理过程做出反应。

低碳钢包括一系列碳含量最高为 0.3% 的钢。这种钢不能通过直接加热和淬火进行硬化，但可以进行表面硬化。碳含量为 0.2%~0.25% 的钢称为低碳钢，用于应力较小的应用，易于加工和焊接。它们用于一般工程用途，如棒材、板材、薄板和带材及冷成形操作。当碳含量为 0.2% 时，其轧制型材的抗拉强度为 $300N/mm^2$；当碳含量为 0.25% 时，抗拉强度为 $430N/mm^2$。

中碳钢包括碳含量为 0.3%~0.6% 的一系列钢。它们可以通过直接加热和淬火进行硬化，并可通过回火来提高力学性能。锻件、杠杆、轴和车轴等需要更高的应力和韧性的零件，则应使用碳含量为 0.4% 的钢。在正火状态下，其抗拉强度约为 $540N/mm^2$，在淬火和回火状态下，抗拉强度可升高至 $700N/mm^2$ 左右。

碳含量为 0.6% 的钢具有更高的抗拉强度，在正火状态下为 $700N/mm^2$，并且可以淬火和回火至 $850N/mm^2$。它们用于链轮、机床零件和弹簧等磨损性能比韧性更重要的零部件。

高碳钢包括碳含量为 0.6%~1.4% 的钢材。碳含量 0.6%~0.9% 的钢广泛用于淬火和回火条件下的层压弹簧和钢丝弹簧及弹簧夹头的制造。碳含量超过 0.9% 的钢在硬化和回火条件下用于硬度更重要的手工和切削工具，如冷凿、冲头、锉刀和木工工具。

14.6 普通碳素钢的热处理

热处理是指对处于固态的金属进行一次或多次加热和冷却以获得所需力学性能的过程。第 14.2 节所列的力学性能可以通过改变组成材料的晶粒的大小、形状和结构来改变。

当普通碳素钢加热到足够的温度范围时，在某一特定温度下其内部晶粒结构开始发生变化。这一温度称为下临界温度，所有碳素钢的下临界温度大约都为 700℃，如图 14.3 所示。

当进一步加热时，钢的晶粒结构继续变化，直至达到第二个温度，钢的组织变化完成。该温度称为上临界温度，对普通碳素钢来说，它随碳含量的百分比而变化，如图 14.3 所示。

碳含量的影响非常大，钢的热处理和后续使用都和该因素密切相关。

上临界温度和下临界温度之间的温度范围称为临界温度范围。

如果将钢在其上临界温度之上的某一温度浸入冷液中，即淬火，其结果是永久固化这种新结构，即该结构在变回原始状态之前突然"冻结"。

如果把钢加热到超过其临界温度的上限，不进行淬火而是让它慢慢冷却，组织变化的顺序就与加热时相反。因此，冷却后钢就会恢复到正常的组织。

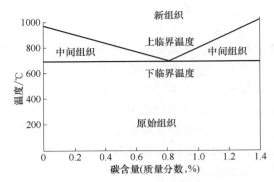

图 14.3　临界温度和碳含量关系图

由此可知，如果改变冷却速度，钢的组织会发生相当大的变化，因此可以获得所需力学性能的变化。

应该注意的是，在加热和冷却循环过程中，钢一直处于固态，所发生的变化只是内部组织的变化——钢尚未达到它的熔点。

工业中的热处理操作是在受到正确控制的加热炉中进行的，最常见的过程是退火、正火、淬火和回火。

14.6.1　退火

该过程可用于软化钢材，以便对其进行机械加工，或在此基础之上进行轧制和弯曲等操作。

该过程包括如下主要内容：首先依据钢的不同碳含量将其加热到某个温度（见图 14.4），然后根据钢的厚度将其在该温度保持一段时间以使其整体都能达到正确的温度（称为"浸泡"），最后使钢尽可能地缓慢冷却。这种缓慢的冷却速度可通过关闭加热炉实现，此时加热炉中的钢和加热炉本身以同样缓慢的速度冷却。

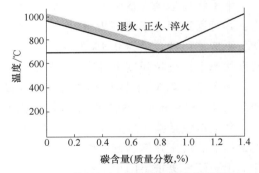

图 14.4　热处理温度和碳含量之间的关系

退火的结果是使钢的组织中具有大的晶粒，从而使钢软化，延性增加，强度降低，因而易于通过切削、轧制和弯曲而成形。

14.6.2　正火

正火是为了使钢具有"正常"的组织。例如，锻造后钢的晶粒结构由于热加工而变形，此时就需要通过正火使晶粒恢复到正常、未变形的组织，以达到最佳使用状态。

正火与退火的区别仅在于冷却速度的不同。和退火相同，正火是基于钢的碳含量将其加热到所需温度，如图 14.4 所示，并对其进行保温，然后把钢从加热炉中取出，使其在空气中冷却。此时冷却速度比退火要快，会导致钢的晶粒更小，因而正火钢比退火钢强度更高，但延性更小。

14.6.3　淬火

与退火不同，淬火是为了生产高硬度钢。钢的硬度随碳含量的增加而增加，如图14.5所示，但是随着硬度的增加，钢的脆性也会增加，在决定材料用途时必须要考虑这一点。

淬火可通过提高温度来实现，但同样也取决于碳含量，如图14.4所示。它与退火、正火的方式相同，需要对钢进行保温。不同之处在于冷却的速度。淬火时，从加热炉中取出钢，将其浸泡在水或油等合适的液体中，迅速将其冷却从而实现淬硬。

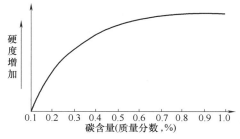

图14.5　普通碳素钢淬火得到的硬度

因为碳含量很少，所以碳含量低于0.3%的普通碳素钢不能通过这种方法进行有效硬化。低碳钢可以用一种称为表面硬化的方法进行硬化。如果在钢与富含碳的材料接触时将其加热至高于临界温度，碳会被吸收在钢的表面，钢就会被硬化为碳含量为0.9%的钢，这一过程就是上述的表面硬化。

渗碳可以使用固体、液体或气体来实现。固体渗碳是通过将钢包装在固体富碳材料中进行的，类似于将木炭装在钢箱中，箱盖用耐火黏土密封。将箱子放入加热炉中，将温度升高至900~950℃，并根据所需的渗碳层保温一段时间，之后关闭加热炉，让箱子及其内含物缓慢冷却。因此，渗碳后的钢是由原来低碳含量（通常为0.15%）的钢芯和一个达到所需厚度的高碳含量外壳组成的。

该热处理会形成坚硬的芯（0.15%碳）和坚硬的耐磨外壳（0.9%碳）。这种方法可用于轴和主轴的热处理，它们除需要坚硬耐磨外，还需要有一定的韧性来抵抗弯曲和扭转载荷。

14.6.4　回火

这种热处理在钢淬火后进行。钢在硬化状态下是脆性的，使用时容易断裂。回火能够降低其部分硬度，使钢脆性降低、韧性提高。这是通过将淬硬钢再加热至200~450℃来实现的，因为这样能够产生所需的组织变化。然后，可以缓慢地对钢进行淬火或冷却，因为是钢的升温带来了必要的织组变化，而不是冷却速度。一般来说，淬火钢的加热温度越高，钢的韧性就越好，硬度和脆性也会相应降低，如图14.6所示。

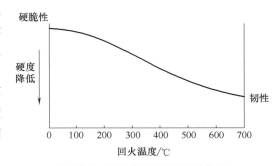

图14.6　回火温度和硬度的关系

对于要求硬度高但不能承受冲击载荷的部件（如划针），可以通过重新加热到较低温度进行回火。对于要求有硬度且能够承受冲击载荷，但又不需要太高硬度的零部件（如锤头），故可以通过重新加热到更高的温度进行回火。

工业回火应在准确控制的加热炉中进行，其中一个有趣的现象是，钢被加热时表面氧化引起的颜色与回火温度关系非常密切见表 14.2。

表 14.2　表面氧化物的颜色和回火温度

温度/℃	230	240	250	260	270	280	300
氧化物的颜色	淡黄色	深黄色	棕色	棕紫色	紫色	深紫色	蓝色

如果用砂布摩擦硬化后的钢材，使其表面光亮，然后再加热，则光亮表面将呈现氧化物颜色——其下端为淡黄色，约230℃。当温度升高到大约300℃时，颜色会变成蓝色。当然，这些颜色不能用来给出准确的结果，但可以作为车间中有用的辅助工具。

使用热蜡笔可以获得更精确的结果。根据所需温度选择合适颜色的蜡笔，并在未加热的金属表面摩擦标记，然后加热金属，当其达到合适的温度时，蜡笔沉积物会变成相应的颜色，可根据提供的颜色表来查找对应的温度值。

14.7　铸铁

铸铁有多种类型，且具有不同的力学和物理性能。它们均易于铸造成各种简单或复杂的形状。铸铁和钢一样都是铁和碳的合金，但其碳含量为 2%~4%。

14.7.1　灰铸铁

因为价格便宜且易于铸造，灰铸铁广泛用于一般工程应用。它有多种不同牌号，既有相对较软和低强度的牌号，也有相对较硬和高强度的牌号。其抗拉强度为 $150\sim400\text{N}/\text{mm}^2$。

灰铸铁中含有以石墨薄片形式分布的碳，这种形式会造成薄弱的结构，如图 14.7a 所示。灰铸铁中存在的其他元素包括：

a) 灰铸铁　　b) 可锻铸铁　　c) 球墨铸铁

图 14.7　铸铁

1）硅，有助于形成游离态的石墨，质量分数最高可达约 3%。

2）磷，有助于使铸铁更具流动性，质量分数可以达到 1.5%。

3）硫，作为加热炉中的杂质存在——过多的硫容易导致不合格的铸件，所以硫的质量分数应保持在最低水平，约 0.1%；

4）锰，可以提升铁的韧性和强度，部分原因是它可与多余的硫结合，其质量分数约为 1.5%。

灰铸铁是脆性材料，抗压强度高，是抗拉强度的 3~4 倍，易于铸造成型，易于加工。

灰铸铁零件没有尺寸限制。虽然灰铸铁并不是一种耐蚀的材料，但它确实对化学物质、水、气体和蒸汽都有不错的抵抗力，因此可以用于阀门、管道及其配件。

灰铸铁具有良好的耐磨性，可用于机床中的铸件，包括无法得到连续润滑的导轨等零件。灰铸铁表面的游离石墨可以充当临时润滑剂，用完后会形成微小的凹槽，可以充当机器润滑剂的微型容器。

合理的机械强度和良好的导热性使灰铸铁适于制造汽车气缸盖、制动器和离合器。

14.7.2 可锻铸铁

所有等级的可锻铸铁都始于不含石墨的白口铸件，然后通过退火处理使其变得坚韧并可进行机械加工。由于热处理设备容量有限，可锻铸铁分段铸件通常较轻，质量很少超过 50kg。

可锻铸铁可用于代替灰铸铁，因为其具有更高的抗拉强度、冲击吸收能量和疲劳强度。

可锻铸铁的三种主要类型是：白心、黑心和珠光体可锻铸铁。这是因为对初始白口铸铁进行了不同的热处理，形成了花状或簇状的石墨，因而具有了不同的性能，如图 14.7b 所示。

白心可锻铸铁适用于需要小型可锻铸件的地方，尤其是薄壁件。用途包括摩托车上的管件、车架套筒、转向柱壳体和发动机轴承，以及农业和纺织机械零件。抗拉强度为 340 ~ 410N/mm^2。

黑心可锻铸铁铸件的抗拉强度比灰铸铁略高，但延展性和机械加工性能要好得多。它们可以在冲击载荷条件下使用，并广泛用于汽车工业中的小型部件，如门铰链和托架，这些部件的耐磨性并不是首要要求。其抗拉强度为 290 ~ 340N/mm^2。

珠光体可锻铸铁铸件可用于要求高强度和良好耐磨性的场合。其应用范围很广，尤其是在汽车工业中的应用，如汽车中的轴、差速器外壳和齿轮等。其抗拉强度为 440 ~ 690N/mm^2。

14.7.3 球墨铸铁

球墨铸铁结合了钢的强度、韧性、延展性及灰铸铁的易铸性，通常缩写为 SG 铸铁，也称为韧性铁或结状铁。

在 SG 铸铁中，因为在铸造前添加了镁而使石墨以球状或结状存在，如图 14.7c 所示。这使其力学性能高于大多数其他铸铁。

SG 铸铁件的截面尺寸或质量没有实际限制，因此它们的应用范围比可锻铸铁更为广泛。在许多情况下，SG 铸铁可用来代替钢和锻件，其铸件形状和可减少机械加工的优点使其成本较低。其用途包括煤气、石油、水、污水和化学品的管道及其配件。在机动车辆中，SG 铸铁的用途包括缸体、曲轴、连杆、排气歧管、水泵、调速齿轮、变速器外壳、转向箱和许多其他零件。在农业中，它的用途包括各种拖拉机部件，如前轴、转向和悬架装置、变速器外壳和传动齿轮，以及犁股、中耕机转盘和割草机零件等。

SG 铸铁广泛应用于土木、采矿、电力工程、建筑、钢铁和机床制造行业。其抗拉强度变化范围很大，为 370 ~ 800N/mm^2。

14.8 铜及其合金

14.8.1 铜

铜是一种软韧性材料，在进行弯曲、扭转和拉伸等冷加工时，其硬度和强度会增加。铜的主要优点是具有高的导热性和导电性，以及对化学物质、水和大气的良好耐蚀性。

除银以外，高纯铜的导热性和导电性比任何其他金属都要大。有多种等级的商业纯度可供选择。

1. 硬沥青铜

硬沥青铜纯度为 99.85%（质量分数），用于不需要最高导电性的化学和一般工程领域。如果导体和电气元件需要最高导电性，则使用纯度为 99.9% 的高导电性硬沥青铜。

2. 含砷磷脱氧铜

含砷磷脱氧铜纯度为 99.2%（质量分数），含质量分数为 0.3%~0.5% 的砷，广泛用于铜管和需要钎焊和熔焊的一般工程应用。

3. 黄铜

黄铜本质上是铜和锌合金，但也可能包含少量的其他合金元素来提高强度、耐蚀性和机械加工特性。

4. 70/30 黄铜

这种合金含有质量分数为 70% 的铜和质量分数为 30% 的锌，具有很高的延展性，通常称为弹壳黄铜，因为它常用于制造弹壳。由于它具有延展性，可以对其进行冲压、旋压和拉伸。

加入质量分数为 1% 的锡来替代锌，可使其具有更好的耐蚀性，由此形成的材料称为海军黄铜，可用于制造冷凝器管。

5. 60/40 黄铜

这种合金含有质量分数为 60% 的铜和质量分数为 40% 的锌，用于需要对材料进行热加工的场合。它是用于生产热冲压件及挤压杆材、棒材和型材的理想选择。添加质量分数为 2%~3% 的铅即可造出具有优良高速加工性能的黄铜，即易切削黄铜。

6. 高强度黄铜

这种合金基本上是添加了锡、铁、锰和铝等合金元素的 60/40 黄铜。这些合金元素的作用是提高强度和耐蚀性。

这种材料可以进行铸造、锻造和挤压。用途包括高压阀门、泵部件和船用螺旋桨的制造；可用于天然气、石油和炸药工业的无火花刀具生产，以及螺母、螺栓和销的制造。

14.8.2 青铜

青铜本质上是铜和锡的合金，但也可能含有锌、磷等其他元素。含铜、锡、磷的青铜称为磷青铜，含铜、锡、锌的青铜称为炮铜。通过添加合金元素可形成种类繁多的青铜材料，其应用范围十分广泛。这些材料包括铝青铜、镍铝青铜和锰青铜。

1. 磷青铜

磷青铜在锻造条件下可制成薄板、带材、板材、棒材、线材和管材，也可用作铸造材料。

当其含质量分数为 5% 锡、质量分数为 0.4% 磷，其余为铜时，磷青铜可用作线材和带材形式的锻造合金，可进行热处理。在热处理条件下，它具有良好的弹性和耐蚀性，用于制造弹簧、膜片、离合器片、紧固件和锁紧垫圈。

含有质量分数为 10% 的锡和质量分数为 0.5% 的磷，剩余为铜的磷青铜可作为铸造材料，用于轴承制造。

2. 炮铜

这种合金最常见的种类是海军炮铜，含质量分数为88%的铜、质量分数为10%的锡和质量分数为2%的锌。这种合金铸型性能优异，具有很好的耐蚀性和良好的力学性能。

炮铜铸件主要用于海军产品——用于水或蒸汽的阀门、泵体及其配件。

通过最高添加质量分数为5%的铅可改善其气密性，从而易于铸造和加工，并具有耐磨性。

14.9 铝及其合金

14.9.1 优点

纯铝轻、软、延展性好，耐腐蚀，导热、导电性能好。在强度不是很重要的地方可以使用纯铝，如可用作包装箔。通过添加铜、镁、锰、硅和锌等其他元素，形成铝合金，可以提高其材料强度和硬度，经过热处理后还可以获得额外的性能。

铝及其合金最重要的特性之一是当其表面暴露于空气时能形成一层薄薄的氧化膜。如果氧化膜破裂，它也能迅速重新形成，这就使这些材料具有优异的耐蚀性。这种氧化膜可以通过人为增厚来提供额外的保护，这一过程称为阳极氧化，而且也可以很容易对其着色来提供高度装饰性的外观。

14.9.2 供应形式

铝及其合金有各种各样的形状和形式。

1) 铝箔——厚度为0.005~0.2mm，通常由纯度为99%的铝制成。

2) 铝片——标准尺寸有1000mm×2000mm和1250mm×2500mm，厚度为0.5~3.0mm。

3) 铝带——宽度可为500mm、1000mm和1250mm，厚度为0.25~2.0mm。铝片和铝带的表面都可以预先涂上各种颜色，可用于制造房车。

4) 铝板——其最小厚度为3mm，有多种尺寸。

5) 铝棒——其截面为尺寸大于6mm的圆形、正方形、矩形和多边形实体，并以直线长度的方式提供。

6) 铝挤压型材——通过挤压可以生产出各种各样的形状。挤压模具的成本很高，为了经济起见，型材的生产批量必须要大。虽然也有像角铝等一些标准的挤压型材，但大多数还是根据客户要求定制。

7) 铝管——可以用各种尺寸的铝带通过挤压、拉伸或缝接而制成。

8) 铝丝——直径可达10mm，可用于生产金属喷涂及电缆所用的铆钉、钉子、螺钉、螺栓和焊条。

9) 铝锻件——许多铝合金非常适于锻造。该工艺最初是为满足飞机部件高强度和小质量性能要求而开发的。

10) 铸铝——在需要复杂形状的地方可以使用各种铸造铝合金。可以采用砂型铸造、重力模铸造和压力铸造及其他更专业的工艺方法进行铸造。

14.9.3 应用

铝及其合金的用途几乎是无限的，包括运输；电气、结构、土木和一般工程；家居用品；工业和食品行业的包装等领域。运输方面的应用包括商用车辆的覆层和地板部分、房车的预涂板、船舶和气垫船的上部结构及飞机的各种部件。电气工程用途包括用于线圈和变压器的大小电缆、箔和带状绕组。结构和土木工程用途包括屋顶和结构应用、门窗框架和各种装饰物品。一般工程用途包括手表、摄影设备、纺织机械、印刷和机床部件。使用铝的家庭用品包括电器、平底锅和家具，食品、饮料、烟草和化学品的包装用铝箔等。

14.10 压铸合金

压铸工艺使用一个对分的金属模具，熔融的金属采用以下方式进入模具：
1）在重力作用下浇入（重力压铸）。
2）在压力下压入（压力压铸）。
当金属凝固时，分离模具打开，铸件弹出。
压铸中常用的金属是锌和铝基合金。

含质量分数为4%铝、其余为的锌的锌合金是大批量生产造型精确、表面美观的铸件中应用最为广泛的金属。这种合金在400℃左右的温度下铸造，在熔融状态下流动性很好，这使得它可以用于制造复杂的形状和薄片。

锌合金易于电镀或涂漆，可以达到装饰或保护效果。其用途包括大批量生产门把手、锁具零件、汽化器、液压泵和灯具等汽车零部件，以及相机部件、电动工具、时钟部件和家用电器。

铝合金通常含有质量分数3.5%的铜和质量分数8.5%的硅，虽然其比锌合金的韧性低，但有密度较小的优势。铝合金的铸造温度要求在650℃左右。铝合金也有多种用途，包括汽车曲轴箱、变速器、定时箱盖及电气和办公设备的部件。

14.11 铅

纯态的铅非常软，机械强度低。纯铅的耐蚀性很好，因此在化学工业中被广泛使用。由于其机械强度较低，它可以作为其他强度更高材料的衬里以应用。它也可用于屏蔽辐射。当加入锑时，其强度和硬度会较高，可生产用于核屏蔽的铅砖。它最大的两个用途是作为电力电缆的护套及铅酸电池的连接器和栅极。

铅锡合金可用作一系列的软焊料。

14.12 触点金属

触点用于需要接通和断开电器连接的地方。在高温热、低温、潮湿、振动、灰尘和腐蚀性气体等各种条件下工作时，它们必须可靠且具有较长的使用寿命，才能抵抗机械磨损、高温、疲劳、金属迁移和腐蚀。

14.12.1 铂

纯铂作为触点材料时有两个重要特性：它的熔点高达1770℃，因此能够抵抗穿过表面的电流电弧的影响；此外，它还具有很好的耐蚀性。

纯铂相对柔软，可用于灵敏继电器和仪器等轻型应用。当与铱形成合金时，能够获得更高的硬度和力学性能，从而用于中等负载用途。

14.12.2 银

在所有金属中，银具有最高的导热性和导电性，并且还耐腐蚀。纯银可以以电镀膜的形式用于触点。它被用于电话继电器、滑动触点、恒温器和电压调节器等各种轻型和中等负载的应用。加入铜后，会降低电导率，但是能提高硬度和力学性能。

14.12.3 金

金的导电性很高，仅次于银和铜，加上它的抗褪色性，使它很适合作为触点材料。金和铜、银的合金具有良好的耐磨性，可用于轻型应用中的滑动触点。有一种质量分数为5%镍的金合金应用广泛。

14.12.4 钨

钨在所有已知金属中具有最高熔点：3380℃。它与其他金属以粉末的形式通过烧结工艺进行合金化。钨与银或铜进行合金化可使其具有不同程度的导电性、硬度和耐磨性。

14.13 轴承材料

滑动轴承是最古老的轴承形式，它们可以全部由单一的轴承材料或组合材料制成，也可将一层薄的轴承材料附着在通常由强度更高的材料形成的背衬上而制成。

当金属轴承材料与金属轴一起使用时，必须避免金属与金属的接触，以防止两种金属卡住。可以在两个表面之间提供一层润滑剂来避免金属接触。如果无法提供润滑膜，就必须使用非金属轴承材料。

理想的轴承材料应具有以下特性：

1）良好的导热性，能将热量从轴承上带走。
2）有足够的强度，能够承受轴或滑动部件的载荷而不产生永久变形。
3）能够耐受润滑油或大气的腐蚀。
4）能在一定温度范围内运行（熔点和膨胀系数是重要因素）。
5）轻微变形的能力，以补偿小的偏差或表面变形。
6）可让污垢、沙砾或碎屑嵌入表面，而不将其拾取并附着在轴或滑动部件上的能力。
7）抗磨损能力。

1. 磷青铜
铸造磷青铜轴承强度高，可在低速下承受重型载荷，并具有优异的耐蚀性能。
轴承和轴必须精准对齐。必须提供充分可靠的润滑——轴承孔中通常会有油槽或凹痕，用来使润滑剂能够均匀分布在整个表面。

多孔青铜轴承可用粉末金属制成。粉末被压制成型，留下空隙或气孔。当轴承随后浸入油中时，这些孔会吸收油。在运行过程中，油从孔中渗出，形成防止金属与金属接触的油膜。另外，也可以将石墨加入到原始粉末中来提供自润滑性能。

多孔青铜轴承可用于高速、低负载场景，并具有良好的耐蚀性。它们在设计时就考虑了在不需要额外润滑的情况下延长轴承装配总成的使用寿命，可用于家用电器、起动电动机和汽车零件。

2. 铸铁

铸铁不用作制造旋转零件的轴承材料：它具有高负载特性，所以主要用于滑动表面，如铣床滑块、车床床身等机床零部件。

由于含有游离石墨，铸铁具有一定的自润滑性能，但还是需要额外的润滑，因为这种材料有容易吸附并快速黏附的倾向。

3. PTFE

这是一种热塑性材料，尽管通常称为 PTFE，不过其正确的名称是聚四氟乙烯。

它具有 $-200 \sim 250℃$ 的宽泛使用温度范围，对大多数化学品耐腐蚀，且易于加工。作为轴承材料，它的主要优点是摩擦系数低。

但是 PTFE 作为轴承材料也有很大的不足，它的耐磨性不高、导热性差且膨胀系数高。这些缺点的影响可以通过添加玻璃纤维、石墨、青铜和二硫化钼等添加剂来适当减轻；另外以钢为背衬的聚四氟乙烯薄膜具备较高的强度、耐磨性、良好的导热性和低热膨胀系数。

PTFE 适用于在没有润滑剂情况下运行轴承及桥梁伸缩缝的静态轴瓦。

4. 尼龙

尼龙是一种热塑性材料，可在轻至中等负载下工作，韧性强、耐磨、耐化学侵蚀、无毒，可以高达 90℃ 的温度下连续使用。

和其他热塑性材料一样，尼龙具有高膨胀系数和低导热系数。它也很容易吸收水分。加入玻璃纤维、石墨和二硫化钼等添加剂可减轻这些缺点的影响，并能提高耐磨性和工作温度

尼龙轴承的用途包括家用电器中的衬套，纺织机械用衬套、导纱器、滚筒和滑轨，汽车悬架和转向系统的球关节和轴承。

5. 聚酰亚胺

热固性聚酰亚胺是性能最好的工程塑料之一。它们具有耐高温性能，可在高达 315℃ 的温度下工作，力学性能损失可忽略不计。聚酰亚胺相对容易加工，具有良好的耐化学性，尺寸稳定，并具有良好的热、电性能。它具有很高的耐磨性，再加上耐高温性，使它能够作为轴承材料在航空航天和汽车工业中得到使用，尤其是在需要减重的高温环境中。它可以用来替换金属和陶瓷零件。使用石墨和二硫化钼等添加剂可以进一步提高聚酰亚胺材料的摩擦性能。

6. PEEK

这是一种热塑性材料，正确的名称是聚醚醚酮，也被认为是一种高性能聚合物，具有优异的耐化学性、极低的吸湿性和良好的耐磨损性、耐磨蚀性和抗电阻性。它可以在热水和蒸汽中连续使用至 250℃，仍不会造成永久性的物理性能损失。它可用于替代航空航天、汽车、石油和天然气工业中的金属零件，并可用玻璃和碳纤维进行强化。

7. 石墨

石墨用作需要在没有润滑剂的情况下运行的轴承的添加剂。将石墨添加到 PTFE 和尼龙中，能使其摩擦系数降低。

石墨的减摩性能可以通过在平板上滑动一块金属来演示说明。先在平板上撒上一些含有石墨的铅笔芯的碎屑，然后在平板上滑动金属块，可以看到滑起来容易多了。

14.14　金属防护

由于腐蚀，每年都会造成成千上万的损失。腐蚀造成的后果多种多样，对设备和结构的安全、可靠和高效运行造成的影响往往比简单的金属质量损失更为严重。腐蚀的一些有害影响包括：

1) 因金属厚度减少而导致机械强度降低和结构失效或损坏。

2) 因结构故障或损坏（如桥梁、汽车及飞机）而对人员造成的危险或伤害。

3) 由于外观变差而导致货物价值降低，如生锈的汽车。

4) 容器或管道内液体的污染。

5) 容器和管道穿孔使内容物逸出，并对周围环境造成危害或损坏，如油箱泄漏而损坏地板，有毒液体逸出。

6) 表面特性损失，如摩擦和轴承性能、管道内流体流动和电触点性能。

7) 轴、阀门和泵的机械损坏。

8) 为便于更换腐蚀部件而增加了设计和制造的复杂度及成本。

通过应用已知的腐蚀控制技术，可以很容易地防止很多腐蚀问题。腐蚀肯定会发生，但可以得到控制。因此，工程技术人员必须了解腐蚀的原因及可用的控制方法。

工业上最常用的控制腐蚀方法之一是在材料表面涂覆防护涂层。防护涂层的类型和应用方法取决于多种因素，包括操作条件、室内或室外的直接环境、可能的损坏风险及外观。

14.15　腐蚀

腐蚀是一种电化学过程，在该过程中金属与周围环境发生反应，形成氧化物或化合物，这有些类似于从矿石中提取金属氧化物或化合物的过程。

金属的耐蚀性差异很大，铬和钛的耐蚀性较好，而钢则易腐蚀。对于铬和钛来讲，其上形成的氧化膜紧密附着在表面，可以保护金属不被进一步氧化。而对于钢来讲，铁锈形式的氧化膜是松散的，还能保留水分，因而会进一步促进腐蚀。如果腐蚀持续不断，钢铁最终将被完全消耗掉，也就是说，金属将恢复到从矿石中提取出来时的状态。

电化学过程是由一系列被称为腐蚀电池的电池引起的。电池由以下几部分组成：

1) 阳极——腐蚀发生的区域。

2) 电解液——导电溶液。

3) 阴极——构成腐蚀电池，不会在腐蚀过程中消耗。

阳极和阴极可以是彼此接触的两个表面，也可能因为金属结构的微小变化而出现在同一个表面上，如图 14.8 所示。

图 14.8　腐蚀电池

电解液通常是水，可能是水气、雨水或海水，水中也可能含有能加速腐蚀过程的灰尘和气体元素。金属可能会与电解液持续接触，如地下结构、管道、储罐和各种容器中的液体。金属也可能在室内经受不同程度的湿热和潮湿，或室外的各种天气条件。电解液的导电性对腐蚀速率有影响，如在盐溶液中速率高，而在高度纯水中速率低。

腐蚀可以通过使用具有高电阻的材料来进行控制。但不幸的是，耐蚀性好的材料往往比那些耐蚀性差的材料昂贵。因此，用高成本的耐蚀性材料替换所有材料既不可能也不可取，必须考虑其他方法。

如前所述，腐蚀只有在电解液存在的情况下才会发生。控制腐蚀显而易见的方法是防止电解液接触金属表面，即将金属与环境隔离。实现该目标的一种方法是在金属表面涂覆一层防护涂层，该方法取决于要保护的金属类型、金属工作的环境和涂层材料。涂层可能包括：

1）另一种金属，如在钢上涂锌。

2）由该材料制成的保护层，如"阳极化"铝表面的氧化铝。

3）有机涂料，如树脂、塑料、油漆、搪瓷、油和油脂。

14.16　防护涂层

14.16.1　电镀

电镀涂层通常既可用于满足各种使用要求，也可用于装饰目的。使用要求包括耐蚀性、耐磨性及与化学品和食品的接触。本节描述的涂层主要考虑其耐蚀性。

1. 镀铬

铬是一种广泛使用的电镀涂层，其具有明亮的、缎面的、亚光的或黑色的外观。它具有耐蚀性、耐磨性和耐热性，能用于和食品接触的应用，以及装饰作用。它本身不能提供高水平的防腐蚀保护。为了获得高水平的腐蚀保护，可将铬沉积在镍涂层上。镍的沉积本身便具有良好的耐蚀性，可保护基底金属，并防止铬的表面氧化。作为装饰面使用时，也可将铬镀于塑料之上，塑料通常是丙烯腈-丁二烯-苯乙烯（ABS）。硬铬沉积物的厚度通常为 $150 \sim 500\mu m$，用于形成滚柱、液压柱塞、阀门等坚硬的耐磨表面，还可以继续对其研磨，以获得低表面粗糙度值。

2. 镀镍

镀镍沉积层被广泛用作镀铬的基底；沉积物越厚（通常为 $20\mu m$），耐蚀性越强。镀镍用于要求耐磨性、硬度和耐蚀性的工程领域，如油阀、转子、驱动轴和印制电路板的制造。它还可用于门把手等装饰品。

3. 镀镉

镀镉主要用于为钢提供耐腐蚀涂层，不过也可用于黄铜和铝。它为底层的钢材提供牺牲性保护，因为镉在电化学上更活跃，能以非常缓慢的速度"牺牲"自身来保护底层金属，而且涂层的轻微损坏不会导致钢材失去保护。

涂层的正常厚度为 $5\sim25\mu m$，具有低摩擦性能，由于它能降低拧紧力矩并防止卡扣，使其成为紧固件的理想表面。它还能提供一个有效屏障，从而防止钢紧固件和铝之间的双金属反应，如在零件固定于铝框架的场合发挥作用。镀镉表面无须使用腐蚀性焊剂即可轻松焊接。

电镀后，通常应用铬酸盐对涂层进行转化，使涂层具有彩虹绿、彩虹棕等颜色的外观，并增加其耐蚀性。

镀镉零件的使用和搬运都很安全。但在某些条件下，镉会对健康造成危害（在 COSHH 条例中提及）。当焊接或加热温度超过其熔点 320℃ 时，应按照指示使用排烟装置和防毒面具，因为镉会释放出剧毒的氧化镉烟雾。在处理粉末形式的镉金属时也存在危险，因为它们很容易产生粉尘。镉受到严格控制，只能用于特定用途。它的主要应用领域是飞机、采矿、军事和国防、海上、核能和电气行业。

4. 镀锡

锡主要用于制造食品罐用镀锡钢板，其涂层厚度通常为 $0.4\sim2\mu m$。该材料光亮、易于焊接且易于成形。锡涂层适用于食品工业中使用的容器和设备，如最小涂层厚度约为 $30\mu m$ 的烘焙罐。

锡/锌合金涂层含有质量分数约 25% 的锌，能在某些环境中能提供良好的保护，可用于液压元件。这些涂层因其耐蚀性和易于焊接也可用于电气部件。

5. 镀锌

镀锌非常适合大规模生产，通常为锌或锌合金，即锌铁和锌镍。锌铁和锌镍比锌具有更强的防腐性能。它们广泛用于螺母、螺栓、螺钉等紧固件，以及汽车行业的金属冲压件，并可着色为黑色、蓝色和彩虹色等颜色。

锌片非电解系统能用作底漆和面漆的最高防腐保护，并可提供多种附加性能，颜色范围包括黑色、银色、蓝色、红色、黄色和绿色。

将锌涂覆到低碳钢上的热浸工艺称为镀锌，它能提供一层牢固的防护涂层。经过一系列严苛的清洁操作后，先将材料浸入 450℃ 的熔融锌中，直到其达到与锌相同的温度，然后逐渐取出，让多余的锌排出。该工艺可以保护低碳钢在英国的外部环境中 $40\sim70$ 年不受腐蚀，在室内环境中可达 100 年以上。

14.16.2 阳极氧化

阳极氧化广泛应用于铝及其合金的保护膜和装饰膜的生产。在阳极氧化过程中，自然形成的氧化铝膜可通过电解过程被人为地增厚以提高其耐蚀性。该过程是基于生产要求，通过将物品作为阳极，浸入硫酸、铬酸、草酸或磷酸的弱溶液中来实现的。薄膜的厚度取决于电流和使用的工艺。天然膜的颜色为灰色，正常厚度为 $1\sim50\mu m$。阳极氧化提供了一种装饰性的表面处理，可以对表面进行染色，能提供各种吸引人的颜色。

硬阳极氧化是一种改变阳极氧化参数的过程，可以形成更厚、更硬、耐磨和耐腐蚀的薄膜。形成的薄膜颜色较深，所以黑色是其唯一合适的薄膜颜色。

硬质阳极氧化复合涂层含有聚合物颗粒，具有增强的润滑和耐磨性能。聚合物颗粒被永久锁定在阳极氧化层内，具有不黏特性和低摩擦系数，可减少磨损。这些涂层为航空航天、汽车、气压传动、船舶和电子等多种行业的导轨和轴承表面提供了理想的表面。

14.16.3　等离子体电解氧化（PEO）

等离子电解氧化物涂层的专有名称为"卡罗耐（keronite）"，其工艺步骤包括在部件周围进行高能等离子放电，浸入专有电解液中而形成表面氧化，最终在铝、镁和钛的轻合金上形成超硬陶瓷层。该过程基本上在 $15 \sim 20 ℃$ 的室温下进行，不同金属需要使用不同的电解液。该工艺与阳极氧化有些类似，因为它也会使用电源和电解液槽。但由于其会产生更硬、更厚的层（通常为 $50 \sim 70 \mu m$，但也可能为 $150 \mu m$），因此也存在显著不同之处。在涂覆之前，部件需要脱脂，不过并不需要进行表面蚀刻，因为电解液的放电会充分清洁表面。处理后，要将组件在温水中清洗几分钟。专用电解溶液不含重金属和有毒或侵蚀性化学品，对人体无害。

作为一种陶瓷，卡罗耐对大多数化学物质都有抵抗力，因此在大多数腐蚀性环境中表现良好。由于该镀层十分坚硬，目前经过镀层的铝合金不仅可以作为钢的直接替代品，还能减重。

虽然有许多行业仍在评估其应用，但是已经在如下行业得到了应用：

1）汽车——活塞、活塞顶、气缸套和镁制轮毂。

2）消费品——镁制自行车架、MP3播放器、笔记本计算机和双筒望远镜。

3）纺织机械——和坚硬、耐磨表面配合的轻质部件。

4）塑料成型——延长模具寿命。

此外，还应用于军事和国防、航空航天、石油和天然气、核能、化学、海洋和电子工业。

该工艺的主要特点包括：

1）良好的耐蚀性。

2）硬度极高。

3）涂层较厚，可达 $150 \mu m$。

4）可预测的覆盖范围和尺寸控制。

5）耐磨性高。

6）可作为油漆和聚合物的有效底漆。

7）超强的耐热性。

14.16.4　化学涂层

金属表面可以用适当的溶液进行化学处理，从而提供有限的防腐蚀涂层。这些涂料也能为喷漆提供良好的基础。化学涂层和油漆涂层的结合作用使其具有极高的耐蚀性。

1. 化学发黑

这是一种非电解工艺，能够生成一种黏附力很强、有深黑色表面的黑色氧化物涂层，通常用于钢材，也可用于其他材料。可以在室温（20℃）或141℃左右的温度下进行处理。该工艺涉及一系列清洁和冲洗操作，然后浸入含有发黑溶液的槽中小于10min。进行进一步冲洗后，最终浸入脱水油、重油或蜡中以进一步增强耐蚀性。

2. 磷化处理

该工艺主要用来在含有铁、锌或磷酸锰的磷酸溶液中喷涂或浸渍钢构件。最常见的工艺是使用磷酸锌或磷酸锰，用于车身和家用电器喷漆前的处理。如果需要长期防腐，必须用油漆或涂料对磷化层进行密封。

3. 铬化处理

经常会使用多种专用的铬酸盐膜对铝、镁、镉和锌合金进行处理。该过程包括一系列清洗和漂洗操作，然后浸入强酸性铬酸盐溶液中，之后进行更多漂洗。由此产生的薄膜的颜色取决于基底金属，如果金属为铝则为金黄色。该膜含可用作腐蚀抑制剂的可溶性铬酸盐，虽然该膜具有一定的耐蚀性，但其主要目的是为密封树脂、油漆或为粉末涂层提供合适的表面。

锌合金的铬化处理工艺包括在室温下浸入添加其他添加剂的重铬酸钠溶液，然后进行冲洗和干燥，从而在最后产生暗黄色铬酸锌涂层。

14.16.5 自动沉积

自动沉积是一种水性工艺，它利用化学反应而不是电能在金属上涂覆一层防腐涂料。这些涂层可以用作独立涂层，也可以用作后续面漆的底漆。由于是利用了化学反应，这种工艺便可能均匀涂覆那些通常会引起腐蚀的隐藏或凹陷区域。涂料有丙烯酸、聚氯乙烯（PVDC）和环氧树脂基聚合物。热固性环氧—丙烯酸混合涂料可作为单一涂层或底漆使用，颜色为黑色、灰白色和灰色。

这个过程包括四个基本步骤：

1）清洗金属。

2）应用涂料。

3）冲洗掉未经处理的材料。

4）烘干。

在22℃的温度下，涂层槽中含有一种由专用化学品组成的弱酸性乳液。当金属成分（必须是黑色金属）浸入溶液中时，它会受到化学品的侵蚀，从而使乳液在金属表面局部失稳，从而导致涂层沉积。最初，沉积速度会十分快，但随着薄膜厚度的增加，沉积速度逐渐减慢。可以在镀液中使用搅拌器来调整沉积速率（3min内可沉积30μm）。在30~100s的沉积时间内，能形成的典型薄膜厚度为12~25μm。

该工艺适用于自动化生产线，广泛应用于汽车行业的车架、底盘、座椅框架和悬架部件，以及建筑、农业机械、家用电器、电动机和压缩机等领域。

优点包括：

1）比传统的喷涂步骤少。

2）处理成本低。

3）工艺设备简单。

4）水性工艺/不用电。

5）生产批量灵活。

6）耐蚀性增强。

7）浪费少。

14.16.6　电泳涂层

电泳涂层也被称为 E 涂层或电沉积，这是一种利用电能在金属表面沉积涂料的方法。该过程基于基本的物理学原理，即异性相吸。当处理时，金属零件用直流电充电，并浸入一个悬浮着带相反电荷的涂料颗粒的槽中（涂料对要涂覆的金属零件起到磁铁的作用）。这种方式可以实现对最复杂的零件和组装产品进行涂层处理，即使是拐角、边缘和凹陷区域也能得到完全保护。然后控制直流电流，使涂膜达到所需厚度，然后直至该涂层成为绝缘体而停止沉积过程。典型的薄膜厚度范围为 $18\sim30\mu m$。

有两种类型的系统可以使用：阳极和阴极。阴极电泳涂层系统最为常见，当零件带负电荷时，会吸引带正电荷的涂料颗粒。阴极电泳涂层系统能提供高性能的涂层，具有优异的耐蚀性、韧性和室外耐久性。

在浸渍之前，首先要对零件进行清洗，并用磷酸盐转化涂层进行预处理，使零件做好进行电泳涂层的准备。磷酸铁和磷酸锌较为常用。

电泳槽由 80%～90% 的去离子水和 10%～20% 的涂料固体物组成。水是涂料固体的载体，涂料固体需要持续搅拌。涂料固体由树脂和颜料组成。该树脂是一种环氧树脂或丙烯酸基热固性树脂，是最终漆膜的骨架，能提供腐蚀防护能力及持久坚硬的漆面。颜料用于提供颜色和光泽。

当零件从浴槽中取出时，冲洗掉附着在表面的涂料固体。然后，对漂洗液进行过滤，将过滤出的涂料固体返回槽中，将浪费降至最低。

最后漂洗后，零件进入烘箱，交联和固化漆膜，确保达到最高性能。烘箱温度为 85～204℃，具体温度取决于所用涂料。

电泳涂层可应用于成千上万种日用品中。其中一个主要应用领域是汽车行业，绝大多数车身都使用这种工艺进行预处理。电泳底漆可以保护汽车不生锈，还能延长现有的腐蚀保修期。其他在汽车行业的用途包括转向器零件、发动机缸体、座椅部件、散热器、后视镜支架和拖车。

电泳涂层广泛应用于洗衣机和烘干机滚筒等家用电器，割草机、拖拉机和手推车等办公室和庭院家具、园艺设备，以及高尔夫手推车和雪地摩托等运动设备。

电泳涂层的优点包括：

1）能均匀涂覆复杂表面。
2）消除滴漏。
3）通过清洗和过滤回收使材料利用率高、损耗低。
4）有害的空气污染物含量低。
5）易于实现自动化。
6）由于能够均匀地覆盖，可以进行预先装配。
7）薄膜厚度可精确控制。

14.16.7　粉末涂层

粉末涂层是一种将干燥的涂料以自由流动的干粉形式涂抹在零件上的技术。在传统的液体涂料中，固体颜料悬浮在溶剂中，溶剂必须蒸发才能形成固体涂料，而干粉则不含溶剂。

有两种粉末可供选择：

（1）热塑性粉末　加热时熔化，通常为聚氯乙烯（PVC）、聚乙烯和聚丙烯。它们需要在 250~400℃ 的温度才能熔化和流动，具体温度取决于所需涂层。热塑性塑料具有良好的耐蚀性、耐清洁性和耐水性，可用于洗碗机篮、冷冻食品架、家具和一些汽车零件。

（2）热固性粉末　加热时不会再次熔化。在加热或固化过程中，达到固化温度时便会引发化学交联反应，正是这种化学反应赋予了粉末涂层许多理想的性能。热固性粉末的应用比热塑性塑料广泛得多。热固性粉末配方中使用的主要树脂是环氧树脂、聚酯和丙烯酸树脂。有些粉末使用不止一种树脂，因此称为混合物，例如环氧树脂—聚酯。固化过程因使用的树脂而异，但通常为 180℃ 并持续 10min。也有多种特种粉末，其配方可提供多种纹理、结构、锤纹和仿古饰面。热固性粉末具有韧性、耐化学腐蚀性和电气绝缘性，可广泛应用于家用电器、园艺工具、散热器、办公家具、仪表外壳、车辆部件、窗框、电动机和交流发电机等领域。

任何良好涂层的基础都依赖于准备工作。在涂层工艺之前，必须去除油、油脂和氧化物，这需要通过一系列清洁、冲洗和刻蚀操作来完成。如前所述，磷化和铬酸盐处理等化学预处理可改善粉末与金属的结合效果。另一种表面预处理方法是喷砂（也称为喷沙或喷丸），它不仅能够清洁表面，还可以为粉末提供良好的黏合。当粉末涂层应用于未镀锌的外部钢结构时，不具备防腐蚀效果，但在镀锌钢上则能够防止腐蚀，其防护效果可长达 25 年。

在粉末涂层中，粉末涂料可用以下两种技术中的一种进行涂覆：

（1）喷涂　此时，粉末涂料通过静电充电，并喷涂在接地电位或接地电位的零件上。喷枪对粉末施加电荷，粉末被吸引并缠绕在接地部件上。只要粉末上还有静电电荷，粉末就会一直附着在零件上。为了获得最终的坚固、坚韧、耐磨和耐腐蚀涂层，可以根据粉末的不同将零件加热至 160~210℃ 的特定温度。固化可以通过对流烘箱、红外线及两者的组合或紫外线（UV）辐射来完成。如果采用自动化生产线生产，紫外线（UV）辐射处理步骤处于最后阶段。典型的涂层厚度为 50~65μm。

（2）流化床涂覆　这是一个简单的浸渍过程，可以采用传统方式，也可使用静电方式。传统的流化床是一个装有塑料粉末的槽，底部有一个多孔的底板，可在底板上均匀地施加低压空气。上升的空气包围并悬浮着细小的塑料粉末颗粒，因此粉末/空气混合物类似于沸腾的液体或流体，所以称为"流化床"。将预热至粉末熔化温度以上的产品浸入流化床中，粉末在其中熔化并熔合成连续涂层。该方法可以在复杂形状的零件上均匀涂抹较厚的涂层（75~250μm）。静电流化床在底板上方有一个高压直流电网为粉末颗粒充电。当空气使粉末流体流动时，未预热的零件浸入床中，并以与喷涂相同的方式吸引粉末。然后再进行固化。电气元件等小型产品可以得到均匀、快速的涂覆。

与传统的液体涂料相比，粉末涂层的优点如下：

1）无须使用溶剂。

2）单涂层即可达到较高的膜厚。

3）粉末涂层可以产生更厚的涂层，且不会脱落或下垂。

4）几乎所有过量喷涂的粉末都可以回收再利用。

5）粉末涂层易于自动化，可实现大批量生产。

6）粉末涂层生产线产生的危险废物较少。

7）资本设备和运营成本一般较低。

8）粉末涂料在水平和垂直涂层表面的外观差异一般较小。

9）可实现多种特殊效果。

10）减少废品——加热前可以将受损涂层吹走。

11）粉末涂层无须预混合、黏度调整或搅拌。

14.16.8　卷材涂层

卷材涂层是一种先进的技术，能够连续将有机涂层作为液体或薄膜涂覆到金属板上。该过程也称为预覆、预涂或预装。这项技术基于一个简单的事实，即在平面上进行涂层比在零件成型后对其单个不规则形状进行涂层更容易。

可对以下四种材料进行卷材涂层：

1）铝及其合金。

2）热浸镀锌钢——通过热浸镀锌工艺涂覆了一层锌。

3）电镀锌钢——通过电解工艺涂覆了一层锌。

4）冷轧钢。

铝的金属卷质量为 5~6t，钢的金属卷质量可达 20t，这些金属卷被运送到涂装线起点。新金属卷可以通过金属缝合工艺连接到之前的金属卷上，因此不会减慢或停止生产线，因此该工艺可以以高达 220m/min 的速度连续进行。当金属卷松开时，它会进入一个拉伸矫直机，金属带进入预处理段之前会被压平，然后为在涂层和金属之间提供良好的结合，在预处理段会对其进行化学清洗和化学处理，清洗剂通常是磷酸锌或铬酸盐。然后，在金属带穿过底层辊涂层之前将其表面干燥，之后底漆辊涂层在一侧或两侧涂上底层。金属带经过固化炉，通过加热涂层去除溶剂，并固化涂层以达到所需性能。穿过烤炉的时间为 15~60s 不等，底层的厚度通常为 5~35μm。

然后，金属带穿过第二组辊子，在经过第二个固化炉之前，将面层再次施涂到一侧或两侧，以提供涂层系统的最终颜色和外观。最终涂层厚度为 15~200μm，具体厚度取决于所用涂料和预涂层金属的最终应用要求。

在该阶段，可以通过安装压花机或层压机在涂层表面上产生压花图案，也可在涂层表面上涂覆塑料膜。最后进行水淬处理，然后即可进行检查和重新卷绕。

全涂层金属卷具有良好的可锻性、耐蚀性和耐风化性，既可以这种形式交付客户，也可切割成更窄的线圈或薄片以备使用。不同的批次之间的各种颜色、光泽度、纹理和图案都可以保持非常优秀的一致性。

使用的液体涂料类型包括丙烯酸树脂、环氧树脂、PVC 塑性溶胶、聚酯和聚氨酯等。涂层必须易于涂覆且固化时间要非常短，并应具有足够的柔性，才能使涂层金属在弯曲或成型时不会开裂或失去涂膜的附着力。

在最后阶段使用的塑料薄膜或层压板具有很高的灵活性和适用性，可用于拉深，而其他塑料薄膜或层压板则耐雨水、阳光、高温、火灾、染色、磨损和化学品。预涂层金属还具有其他功能特性，如抗菌、防指纹、防污垢、易于清洁、不黏和热反射。

预涂层钢和铝有数百种应用，其最大的用户是利用其建筑特性优势的建筑行业。应用对象包括覆层、填充板、隔板、雨水物品、屋顶瓦和吊顶。

其在汽车行业也有各种各样的独立应用，范围涵盖一系列产品，包括面包车、房车、拖车车身和汽车面板、公共汽车和客车、仪表板和汽车牌照。厢式货车、拖车和房车车身是其应用的理想产品，因为它们具有较大的表面积和一些成型要求。涂层通常为聚酯或聚氨酯，用来提供有吸引力的、光滑的、有光泽的或无光泽的饰面，以及抵抗冲击损伤的优异耐磨性。在预涂面板的背面，可涂上与隔热车身结构使用的泡沫和黏合剂相容的合适涂层。

家用和消费类产品是卷材涂层技术的进一步应用，其中的涂层系统已发展为具有高度灵活和坚韧性能，能够抵抗持续的操作和清洗，能够抵抗可能会与涂层接触的一系列家用产品的染色和侵蚀，并且能够在潮湿和潜在腐蚀性环境中运行等特点，例如：

1）洗衣机——潮湿和腐蚀。

2）冰箱——频繁操作。

3）炊具——受热。

4）微波——湿热。

背面的涂层也起着重要的作用，比如提高洗衣机的耐蚀性，以及提升冰箱中泡沫衬垫的附着力。

办公室家具和文件柜也是其进一步的应用，同时电信产品，如 CD 播放机盒、录像机、电视机、DVD 播放机和解码器盒，都有涂层系统。这些涂层系统赏心悦目，能够在恶劣环境中工作的同时保持功能的稳定性。

14.16.9 油漆

可用于工业用途的油漆种类繁多，其主要功能是增加金属表面的耐蚀性，并提供装饰性外观。随着粉末涂料使用量的增加，这种涂料通常称为"湿"或"液体"涂料[○]。

油漆由颜料混合物和树脂或黏合剂组成，颜料混合物能赋予主体和颜色，树脂或黏合剂是真正的成膜成分，起到"黏合剂"的作用，能将颜料黏在一起并黏在表面上。黏合剂包括合成树脂，如丙烯酸树脂、聚氨酯、聚酯和环氧树脂；也可以是树脂的组合，如环氧树脂/丙烯酸树脂和聚氨酯/丙烯酸树脂。通过使用溶剂或载体可以调整固化性能并降低黏度，从而便于涂覆油漆。它们在涂抹后会蒸发，不会形成漆膜的一部分。在水性油漆中，载体是水。对于溶剂型油漆，也称为油基油漆，载体是丙酮、松节油、石脑油、甲苯、二甲苯和白酒等溶剂。

近年来，由于考虑环境、健康与安全的要求，要减少有机溶剂产生的挥发性有机化合物（VOCs）排放，水性油漆增长、溶剂型油漆下降已成为显著的发展趋势。

需注意，干燥和固化是不同的过程。干燥通常指溶剂或载体的蒸发。涂层的固化（或硬化）则是通过化学反应交联（或聚合）黏合剂树脂得以实现。这些油漆通常是双组分油漆，通过化学反应将树脂和硬化剂以正确的比例混合而得以聚合。在 UV 固化油漆中，溶剂会首先蒸发，然后通过紫外光开始固化。

与防护涂层相同，适当的表面处理至关重要。

任何油漆涂层的成功都完全取决于涂覆前表面正确和彻底的预处理。因此，第一阶段必须脱脂，即去除所有油、油脂和表面污染物。这可以通过使用专用脱脂液或蒸汽脱脂设备实

○ 这种涂料也可将其称为油漆，属于涂料的一种。——译者注

现。对于较大的物品，应使用具有防锈性能的乳液清洁剂。所有水基清洁剂都应彻底冲洗干净。之前涂漆或生锈的表面可以通过喷丸处理方式进行处理。

为了提供最大限度的保护，理想的油漆系统应该包括三种类型的涂层：

1）底漆——适用于干净的表面，设计用于牢固黏附并防止腐蚀。如前所述，它们可以是铬酸盐或磷酸盐涂层，也可以是刻蚀底漆溶液和防腐底漆，含有磷酸锌或氧化铁，可以是单组分或双组分。有一些水性底漆可供选择。

2）内涂漆——用作中间膜，为最终颜色提供基础。

3）面漆或顶漆——该漆的选择将取决于保护程度和所需装饰效果。可以形成光滑、有光泽、半光泽、哑光、平滑无光或有纹理的饰面，且有多种颜色可供选择。

14.16.10 环氧涂料

这是一种双组分（基底和硬化剂）冷固化溶剂型涂料，使用时喷涂在适当预处理表面上，用于钢、铝和轻合金涂层。制造商推荐以 2∶1 或 3∶1 的体积比将两部分充分混合在一起来使用。使用时应只混合满足当前即时应用的材料即可，因为该混合物只能在有限的时间（即适用期）内保持可用状态。适用期因制造商而异，正常工作条件（20℃）下的适用期为8～24h，超过规定时间后不应再使用。

环氧树脂涂层具有极强的韧性和耐磨性，对各种化学品、溶剂和切削液具有优异的耐受性。它们有光泽或哑光饰面，可用作底漆或面漆。尽管它们是在环境温度为 20℃ 的空气中冷固化的，但在溶剂蒸发大约 10min 的"闪蒸"期后，可以通过在高达 120℃ 的温度下加热来加速固化。如果喷涂后的涂层在 140℃ 的对流烘箱中烘干 30min 之前，可以留出 10min 的"闪蒸"时间，那么便可以使用单组分环氧树脂烘干饰面。

14.16.11 聚氨酯涂料

这种双组分冷固化溶剂型涂料具有优异的耐久性和耐磨性。它们适用于经过适当预处理的钢、铝和轻合金表面的喷涂应用。制造商建议基底和硬化剂应以 3∶1 或 5∶1 的比例混合，在正常工作条件（20℃）下的适用期约为 2h，且不得在规定时间后使用。也可使用聚氨酯/丙烯酸树脂组合。双组分聚氨酯广泛用于车身维修，其中含有异氰酸酯。异氰酸酯是聚氨酯生产中的基本成分，不仅是工业哮喘的最常见致因，也是皮肤刺激物。因此，容器上的标签应注明"含有异氰酸酯，吸入和接触皮肤有害"。

聚氨酯涂料可形成水性双组分聚氨酯饰面。

它具有良好的柴油和汽油耐受性能，应用范围包括农业设备、建筑设备和工业机械。

14.16.12 丙烯酸涂料

同样，丙烯酸涂料为其双组分，即基底和硬化剂，应按照制造商建议的比例充分混合，如 4.5∶1 的基底与硬化剂。它们的典型适用期约为 12h，不应在规定时间后再使用。它们具有快干性、高度耐久性和抗冲击性，具有高光泽饰面，应用范围包括农业和建筑设备、商用车辆、工厂和机械以及街道家具。

它可形成低温丙烯酸烘干饰面。在适当的预处理表面上喷涂后，为使溶剂在烘干前蒸发，应允许组件有 10min 的"闪蒸"时间。然后，根据所需的成品特性，通常在 120℃ 的对流烘箱中烘焙或烘干组件 30min。

水性丙烯酸可用作底漆和面漆，具有干燥快、气味低和 VOC 低的特点。所用设备易于清洁。

14.16.13　氯化橡胶涂料

这些单组分防护涂料以氯化橡胶为基础，干燥速度快，具有良好的耐水性、耐化学性和耐腐蚀性。它们适用作钢和混凝土表面的涂层，建议在充满化学物质的大气中或沿海环境中使用，并可通过喷涂、滚筒或刷子进行涂覆。典型用途包括桥梁、化工厂、海洋结构、船舶和钢结构工程。

复 习 题

1. 什么是退火，为什么要退火？
2. 普通碳素钢的定义是什么？
3. 列举材料的四种物理性能。
4. 铝的主要特性是什么？
5. 说出材料的六种力学性能。
6. 描述一块高碳钢的淬火过程。
7. 说明轴承材料所需的四种性能。
8. 说明腐蚀电池的组成。
9. 描述钢和铸铁的主要区别。
10. 说出黄铜的两种主要成分。
11. 列举两种类型的电镀工艺，以及它们的适用用途。
12. 列举粉末涂层的四个优点。
13. 简要介绍卷材涂层工艺。
14. 给出一种塑料名称，并说明使其适合作为轴承材料的特性。

第15章

塑　　料

目前所用的大多数塑料都是人造的，称为合成材料，也就是说它们都是由简单的化学物质通过合成而制成。

有些塑料柔软而有弹性，有些则又硬又脆，还有许多塑料坚固而有韧性。有些具有良好的热性能和电性能，而另一些则在这些方面较差。既有像水晶般透明的塑料，也有许多五颜六色的塑料。大多数塑料都易于通过加热、加压或者两种方式并用而成型。

所有塑料制品都是由基本聚合物与复合材料（统称为"添加剂"）混合而成。如果没有添加剂，塑料就无法工作。有了它们，塑料就可以变得更安全、清洁、坚韧和鲜艳。添加剂包括：

（1）抗菌剂　有助于防止微生物侵蚀塑料从而导致感染和疾病。微生物还可能造成产品降解、变色和食品污染等不良影响。

（2）抗氧化剂　氧是聚合物降解的主要原因，抗氧化剂可以减缓这种降解。

（3）抗静电剂　添加抗静电剂是为了最大限度地减少塑料积聚静电的自然趋势，静电会导致灰尘积聚。

（4）可生物降解增塑剂　用于垃圾袋、食品包装和购物袋等，能在规定的条件下以预先设定的方式分解。

（5）填料　白垩、滑石和黏土等天然廉价物质，通过加入这些物质来增加总体积，从而提高强度，降低原材料成本。

（6）阻燃剂　防止塑料着火或火势蔓延。

（7）芳香剂　用于制备芳香塑料制品。而除臭剂可以用来吸收更多不需要的气味。

（8）热稳定剂　防止聚合物在加工过程中分解。

（9）冲击改性剂　使塑料制品吸收冲击并抵抗冲击而不开裂。

（10）颜料　用来产生带颜色的微小颗粒。

（11）增塑剂　用于使塑料更柔软、更有弹性。

（12）UV稳定剂　紫外线辐射对聚合物材料有破坏性。这些添加剂可以"吸收"紫外线辐射。

塑料材料具有广泛的特性，这对于工业而言非常有价值。这些特性包括绝缘、隔热性能，在生产中具有轻质、耐用、可回收和节能的特点，使设计师可以自由发挥。

塑料的最大应用领域是包装行业，利用其柔性和轻量化、透明性、耐用性和成本效益等优势，可生产瓶子、板条箱、食品容器和薄膜。它们安全卫生，十分牢固。

建筑行业是塑料第二大用户，生产用于门、窗、屋顶和内衬的管道、覆层、隔热材料、密封件和垫圈。

运输业利用塑料的轻质性，减轻了汽车、船只、火车和飞机的重量，从而降低了燃料消耗和运营成本。复合材料现在广泛应用于军用飞机和直升机，以及商用客机的机身和机翼蒙皮、机舱、襟翼和各种内部配件。最新的波音 787 客机被称为"波音塑料梦想机器"，因为它主要由复合材料制成。塑料复合材料占飞机蒙皮的 100%，占飞机所有材料的 50%。由于所需零件少，因此螺栓连接更少，维护成本也随之降低。任何减重都意味着将消耗更少的燃料。

电气和电子行业也受益于塑料的使用，因为它使电气产品更安全、轻便、吸引人、安静和耐用。其应用领域几乎无穷无尽，包括电视、DVD 和 CD 播放机、洗衣机、冰箱、水壶、烤面包机、吸尘器、割草机、电话、计算机和打印机等。

15.1 热塑性和热固性塑料

塑料是碳与氢、氧、氮、氯和氟中的一种或多种元素组成的化合物，只有极少数例外。这些化合物形成了各种不同的材料，每种材料都有自己的特性和用途。所有塑料材料都以大分子为基础的，大分子则由大量小分子连接而成。这些被称为单体的小分子源于天然气和原油，在合适的条件下结合形成长链分子产物，即聚合物。将分子连接在一起的过程称为聚合，以这种方式制造的塑料的名称通常包含前缀"聚（poly）"。例如，单体乙烯聚合形成聚合物聚乙烯（PE，也称为"聚乙烯"）的长链分子。

塑料大多是固体且在常温下状态稳定，在其制造的某些阶段，它们才是"塑料"，即柔软且能够成型的材料。成型过程通过加热和加压来实现，材料在加热时的行为可将塑料区分为两类：热塑性塑料和热固性塑料。

塑料是由排列成长链状结构的分子组成的，这些结构彼此分离，加热时软化，冷却时再次固化。通过进一步加热和冷却，材料可以制成不同的形状，这个过程可以反复进行。具有这种特性的塑料被称为热塑性塑料，包括聚乙烯（PE）、聚氯乙烯（PVC）、聚苯乙烯（PS）、丙烯腈-丁二烯-苯乙烯（ABS）、丙烯酸、聚丙烯（PP）、尼龙和聚四氟乙烯（PT-FE）等。

其他塑料虽然在第一次加热时会软化，可以成型，但在进一步加热时会变硬，无法再次软化。因为在加热过程中，会发生使长链状结构交叉连接的化学反应，从而将它们永久性地牢固连接在一起，这一过程称为固化。这类塑料被称为热固性塑料或热硬化塑料，如酚醛塑料和三聚氰胺甲醛。

15.1.1 热固性塑料

1. 酚醛塑料

酚醛塑料以酚醛树脂为基础，通常被称为"电木"。该材料的颜色种类不多，仅限深色，主要是棕色和黑色。

酚醛是良好的电绝缘体，对水、酸和大多数溶剂具有良好的耐受性。它们是刚性体，导热系数低。酚醛模塑件的正常工作温度限值为150℃，不过也有可在高达200℃下有限时间内运行的型号。其典型用途包括手柄、电气插头和插座。

苯酚和脲醛树脂在铸造行业中常用于生产型芯和模具，尽管尚未证实甲醛会导致癌，但加热后其会刺激眼睛、皮肤和呼吸道。

酚醛层压板应用广泛，它是通过对浸有酚醛树脂的纸、亚麻布、棉或玻璃布层进行加热和加压而制成的。这些层压板牢固、坚硬，具有很高的抗冲击和抗压强度，易于加工。它们有各种板材、棒材和管材尺寸，可用于齿轮、绝缘垫圈、印制电路板和端子板制造。它们的商品名多种多样，如"Tufnol（吐弗诺）""Paxolin（巴素林）""Richlite（富莱特）"和"Novotext（诺纺丝）"。

2. 三聚氰胺甲醛

三聚氰胺甲醛通常简称为三聚氰胺，通常用于厨房用具、餐具和电气绝缘部件。它坚固而有光泽，具有良好的耐热性、耐化学品性、防潮性、抗电性和耐刮擦性，具有优异的成型性能，有多种鲜艳的颜色可供选择。

三聚氰胺树脂是高压层压板的主要成分，具有耐热和清洁的表面，其广为人知的商品名为"Formica（福米加）"。

三聚氰胺泡沫是三聚氰胺的一种特殊形式，可用作绝缘和隔音材料及清洁磨料。

3. 聚酰亚胺

热固性聚酰亚胺是性能最好的工程塑料之一，它在要求低磨损和长寿命的恶劣环境下表现出优异的性能。聚酰亚胺材料的特点：

1）耐高温（最高可达315℃，力学性能损失可忽略不计）。

2）耐磨性高。

3）热膨胀小。

4）尺寸稳定。

5）良好的隔热和电气绝缘性。

6）抗辐射。

7）耐化学性好。

8）相对容易加工。

聚酰亚胺可用作不加填料的基础聚合物，或通过添加石墨、PTFE和二硫化钼来进一步降低摩擦，并可用于替代金属和陶瓷零件。材料可制成模制毛坯形状，如杆、环和板，然后加工成最终的具有精确尺寸的产品。一些牌号可以通过模压成型加工，而其他牌号可以通过直接成型加工成成品。

直接成型是一种利用粉末冶金技术生产最终零件的工艺。将粉末状聚合物装入模具中并压缩从而产生固体压块。然后将"原型件"零件转移到烤炉中，在高温下加热（或烧结）。几个小时后烧结完成，零件便获得所需的各种性能。

热固性聚酰亚胺广泛应用于航空、航天、汽车、电气和工程等行业，包括旋转密封圈、轴承、止推垫圈和衬套。在许多情况下，尤其是在高温环境或者需要减重的情况下，它可以作为金属零件的替代品。

在喷气发动机中，为减轻重量并发挥其耐磨性和低热膨胀性，它们被用作耐磨垫和耐磨带、止推垫圈、衬套和轴承。

其他航空航天用途包括利用其耐磨特性来制造控制连杆组件、门机构和衬套。

它们也可用于对温度性能、耐磨性和尺寸稳定性要求更高的车辆和其他工业设备。

热塑性聚酰亚胺具有与热固性塑料相似的高温和高性能特性，但可以使用典型的熔体加工技术（如注射成型）成型。这些材料可以用作未填充的基础聚合物，也可填充玻璃或碳纤维，或添加 PTFE 和石墨。使用注射成型工艺可以生产出复杂形状的零件。

4. 聚合物复合材料

聚合物复合材料是嵌入纤维的塑料。塑料被称为基体（树脂），分散在其中的纤维被称为增强体。热固性基体材料包括聚酯、乙烯基酯和环氧树脂。对于更高的温度和极端环境，可以使用双马来酰亚胺、聚酰亚胺和酚醛塑料。该复合材料可以用来代替金属零件，但在设计过程中必须小心谨慎。因为大多数工程材料在任何方向（称为各向同性）都具有相似的特性，而复合材料却没有。不过这可以通过在不同方向上布置加固层来弥补。

增强材料通常是玻璃、碳（石墨）和芳纶纤维。最常见的是玻璃和碳。玻璃纤维比碳纤维便宜，形式多样，适合多种用途。碳纤维比玻璃纤维具有更高的刚度和强度，因此适用于需要刚度的轻质结构。芳纶纤维通常用于需要高能量吸收的高价值产品中。

5. 玻璃纤维

玻璃纤维是最常见的增强材料。玻璃纤维增强塑料（Glass fibre reinforced plastic，GRP）通常被称为玻璃钢，具有许多有用的特性，如高抗拉强度和抗压强度、对化学品不起反应的坚硬光滑表面、耐火、隔热、隔音、防水、易于成型和着色，使用寿命长，维护费用低，可加工成各种产品。它可以是半透明、不透明或彩色的，可平坦可成型，可薄可厚，且零件大小几乎不受限制（已经造出了长度超过 60m 的船体）。其最常见的基体是聚酯树脂。如果用酚醛树脂的话，则具有很高的抗燃性，不支持燃烧，在要求耐火性、低烟毒性和低烟排放要求高的地方使用，如在运输系统、国防、航空航天和公共建筑中。

GRP 模塑件可以通过手工层压、喷射沉积、树脂转移注射及热压机或冷压机生产。GRP 需要某种可以非常简单和便宜的模具或工具来成型，这些模具或工具可由木材、石膏、塑料或玻璃钢本身制成。生产 GRP 零件最常用的方法是手工层压，通常称为手工铺层。

当制造时，首先应清洗模具，涂上几层蜡脱模剂（类似于汽车抛光剂）。将含有所需颜色颜料的增稠树脂涂抹在模具表面，称为"胶衣"。凝胶涂层为零件提供了光滑、保护性、耐用的最终彩色表面。然后进行固化，之后将短切毡层与层压树脂一起重叠，直至达到所需厚度。树脂应与硬化剂（或催化剂）按一定量混合，使树脂硬化（或固化）。成品由树脂和玻璃硬化成的完整成模型塑件。固化后，成品从模具中取出，多余的部分按要求进行修整。在制造标牌时，标牌图形可以封装在层压板内，即可将其保护起来，也可背光显示。

喷射沉积可加快成型过程。将玻璃纤维粗纱（绳索状）送入专用喷枪上的切碎器中，并以正确的比例将合成的粗纱吹入液体树脂和催化剂流中。像以前一样先对模具进行预处理，然后将混合物喷到而不是手工敷设到模具上，从而形成一种玻璃纤维随机排列的复合材料。

GRP 的应用极其广泛，涵盖非常多的行业，包括：

1）汽车——驾驶室面板、车门、发动机盖、外部车身和仪表板。

2）建筑——顶棚、门、灯外护板、水箱和招牌。

3）国防——装甲车、军舰、卡车和潜艇。

4）电气——定制设计的外壳。

5）工程——机器防护罩和盖板。

6）运输——火车车身端部、外部面板和船体。

7）水工业——水箱。

6. 碳纤维

碳纤维（有时被称为石墨）是"高级"复合材料的增强材料。碳纤维与玻璃或芳纶相比具有更高的抗疲劳性能。

碳纤维的性能取决于所用碳的结构，通常可将其定义为标准、中等和高模量纤维。几千根纤维缠绕在一起形成一根纱线，既可以单独使用，也可以织成织物。纱线或织物与树脂（通常是环氧树脂）结合，然后卷绕或模制成型，从而形成各种各样的产品。

可将碳纤维浸入通常为改性环氧树脂的反应性树脂，形成被称为"预浸料"的预浸渍板材。这些树脂可以加工、层叠和成型，并加热固化。它们也可与玻璃纤维/苯酚和芳纶纤维/苯酚组合使用。

碳纤维上可用于飞机零件、航天零件，下可用于网球拍和高尔夫球杆。

在航空工业的应用包括军用和民用的机身部件、机翼和控制面板、发动机罩和起落架门。

运动和休闲用途包括船壳、传动轴、球杆、舵、自行车架、高尔夫球棒和网球拍。

7. 芳纶纤维

与其他纤维相比，芳纶纤维的强度重量比最高，但抗拉强度与玻璃纤维大致相似。芳纶纤维有很多制造商，"Kevlar（凯夫拉）"和"Nomex（诺梅克斯）"是最为大家熟悉的品牌名称。

凯夫拉纤维的应用范围包括飞机内饰、导管、直升机旋翼叶片、雷达罩和航空电子设备。

凯夫拉纤维的一个主要用途是用于坚硬或柔软的装甲防护应用。凯夫拉纤维具有防弹、防碎片、轻质、柔韧、舒适、热性能优异、耐切割、耐化学品、阻燃和自熄性能。因此其用途包括防弹背心、链锯护腿，以及头盔、装甲车、集装箱、装甲盾牌和驾驶舱门等军事用途。

凯夫拉和诺梅克斯纤维还可用于制造石油和石化作业中使用的阻燃防护服，供公用事业工人、宇航员、赛车手及其工作人员、军方及任何可能发生闪光或电弧闪光、爆炸的行业使用。

这些玻璃纤维、碳纤维和芳纶纤维可以通过拉挤工艺制成连续型材。拉挤工艺首先通过树脂浸渍系统将增强材料和织物拉成连续的纤维。所有这些材料都涂有树脂，并在通过树脂固化的加热模具之前通过预成型导轨进行预成型。模具的横截面决定了成品的尺寸和形状，可以是实心圆形和方形、圆形和方形管及角形、槽形和工形等各种截面形状。在工艺结束时，按规定长度将各部分切割。树脂通常是聚酯、乙烯基酯、环氧树脂或酚醛树脂。合成的复合材料坚固、硬度高，耐蚀性强。重量比钢轻80%，比铝轻30%，其高强度重量比使其成为运输、航空航天、建筑和土木工程应用中结构部件的理想选择。它具有良好的电气、隔热和阻燃性能，且无磁性。

拉挤成型材料可以进行机械加工（钻孔、锯切等），也可进行螺栓连接、铆接和黏合进行装配，可以制成结构梁、扶手、地板支架和梯子等产品。

15.1.2　热塑性材料

热塑性塑料种类繁多，下面介绍几种应用使用比较广泛的热塑性塑料。

1. 聚乙烯（PE）

聚乙烯是应用最广泛的塑料之一，有低密度（LDPE）和高密度（HDPE）两种。

LDPE 具有优异的耐水性和耐油性，坚韧、柔软且部分透明，主要用于薄膜应用。它在需要热密封的应用中很受欢迎，其应用包括干洗、面包、冷冻食品和新鲜农产品所用袋子，以及纸杯、玩具和可挤压瓶的收缩包装薄膜。

HDPE 具有优秀的耐受大多数溶剂的性能，与其他 PE 相比具有较高的抗拉强度。它是一种具有实用温度性能且相对坚硬的材料。其应用包括牛奶瓶、果汁瓶、化妆品瓶、洗涤剂瓶、家用清洁剂瓶、挤压管和导管。

2. 聚氯乙烯（PVC）

聚氯乙烯既是历史最悠久、价格最便宜，也是用途最广泛的塑料之一，其有多种形式，硬度和柔性范围宽泛，可大致分为刚性和柔性两类。PVC 具有良好的物理强度、耐用性、耐水性和耐化学品特性，是一种良好的电绝缘体，并有多种颜色可供选择。

软质 PVC 可作为软包装材料，其用途包括袋子、收缩包装、肉类包装、电线电缆安装及墙壁和地板覆盖物。

硬质 PVC 在室温下重量轻、不易弯曲、硬度高，经适当稳定后可在室外使用。应用包括管道、排水沟和配件、门窗、框架、瓶子和容器。

3. 聚苯乙烯（PS）

PS 是一种多用途塑料，可以是硬质形式，也可以是发泡形式。通过添加橡胶或丁二烯可使其具备高冲击等级（HIPS），能够增加其韧性和冲击强度。

通用的 PS 是一种经济型材料，用于生产塑料模型组装套件、塑料餐具、酸奶和干酪容器、杯子、CD 盒及许多其他需要具有较高刚性和经济性的物品。

聚苯乙烯泡沫塑料（EPS）通常是白色的，由发泡聚苯乙烯珠制成。它重量轻，能吸收振动，是一种非常好的隔音隔热材料。它很容易破碎，如果不经过防火处理则容易燃烧。常见的用途包括用于缓冲盒内易碎物品的模制包装材料，以及在建筑行业中用作隔热材料。它还被广泛用于制造泡沫杯、盘子、食品容器、肉托盘和鸡蛋盒。

PS 可被大多数溶剂和氰基丙烯酸酯（超级胶水）熔化。

4. 聚对苯二甲酸乙二醇酯（PET）

这是聚酯系列的热塑性聚合物树脂，通常称为聚酯。PET 根据厚度不同可以呈半刚性或刚性。PET 非常轻、透明、坚固、耐冲击，具有良好的抗气防潮性能，广泛用于软饮料瓶。

当它被制成薄膜时，通常用于磁带应用，如磁带的载体和压敏磁带的背衬。

如果将其制成合成纤维，其主要用途是地毯纱线和纺织品，包括用于家居装饰的机织聚酯织物，如床单、桌布、窗帘和打褶装饰物。工业聚酯可用于轮胎加固、传送带和安全带的绳索和织物。

5. 丙烯腈-丁二烯-苯乙烯（ABS）

这种材料具有非常好的冲击强度，耐低温且耐化学品，可以生成各种颜色的高光泽度表面。

如果需要更大的韧性，可以用 ABS 代替 PS。它的用途包括乐器，尤其是录音机、单簧管、车顶盒、刚性行李箱和家用电器外壳（如食品搅拌机）及儿童玩具（如乐高积木）。

6. 聚甲基丙烯酸甲酯（PMMA）

这是一种透明的热塑性塑料，通常被称为亚克力[⊖]，或者它被人所熟悉的商品名 Perspex（珀斯佩）。因其具有光学透明性，常用作玻璃的替代品。PMMA 对室外天气具有优异的稳定性，因此广泛用于标识、显示器和灯具。它被用作外部车灯、飞机窗户的透镜，以及水族馆中的大型平板和隧道。它在室温下呈刚性，易于加工，可以通过黏合或加热（熔化）连接。它在加热后变得柔韧，易于成型。在使用 PMMA 时必须小心，因为它很容易碎裂和被划伤。可以通过抛光或轻微加热材料来去除表面划痕。

PMMA 有多种形式：

1）厚度为 3~30mm 的彩色板材，以及厚度为 35~150mm 的透明亚克力板材。

2）各种形状和尺寸的棒材，如圆形、方形、三角形和半圆形。

3）外径为 5~650mm、壁厚不等的管材。

7. 聚丙烯（PP）

PP 是最轻的塑料之一。它具有良好的耐化学性、强度和高熔点，非常适合需要热灌装的容器。它具有良好的抗疲劳性，能够承受反复弯曲，是易拉盖瓶中整体（"活的"）铰链的理想选择。

PP 广泛用作酸奶、人造黄油、外卖餐的容器，以及微波餐盘、瓶盖和外壳及椅子。它还被广泛用作一种用于生产地毯、家用地毯和垫子、麻袋和布料及绳索和缠绕物的纤维。

这种材料以挤出双壁凹槽 PP 片材的形式供使用，其商品名为 Correx（科雷克斯），厚度通常为 2.5mm 和 4mm，颜色多样。用途包括包装和低成本展示，如房屋出售标志。

膨胀聚丙烯（EPP）是 PP 的一种泡沫形式。它重量轻，强度重量比非常高。它非常耐用，能够承受冲击而不会造成严重损坏。其应用包括汽车工业和包装中的模制座椅芯、保险杠，以及运动和休闲行业中的防护装备。由于其撞击特性，它广泛用于无线电控制的模型飞机。

8. 尼龙

尼龙是聚酰胺（PA）合成聚合物家族中的一员，最初用于商业上的尼龙鬃毛牙刷，然后用于女士长袜。尼龙坚韧、耐油、耐燃料、耐化学品、耐热。尼龙可形成良好的自润滑轴承表面，并具有高熔点。

尼龙纤维用途广泛，包括织物、地毯、乐器、弦和绳索。

尼龙无毒，可以以薄膜形式用于食品包装。再加上它具有韧性和耐温性，还可用于袋装食品的煮沸。

当尼龙呈固体形态时，它可用于许多工程应用，包括衬套、轴承、齿轮、耐磨垫和螺纹零件。

⊖ 亚克力即有机玻璃。——译者注

尼龙有各种尺寸的板材、棒材和管材,通常为奶油色或黑色,易于加工。为了进一步增强其性能,尼龙还被开发出玻璃填充型、油填充型和热稳定型等不同型号。

9. 聚四氟乙烯（PTFE）

PTFE 具有优异的耐化学侵蚀性、极低的摩擦系数和优异的电气绝缘性,可在高达260℃的温度下连续使用。它以 "Teflon（特氟隆）" 品牌而闻名。

PTFE 的不足之处是耐磨性差,膨胀系数高,导热性差。通过添加玻璃纤维、碳和细金属粉等填充材料,可以改善和提升这些性能。

PTFE 以各种尺寸的板材、棒材和管材供应,通常是白色的,但因填充物不同也可能为黑色和棕色。

它主要应用于化学工程领域,因其特殊的耐化学侵蚀性,可用于处理高度腐蚀性的化学品和溶剂,也可以作为玻璃的替代品用于医药产品,如烧杯、瓶子、蒸发皿、漏斗、罐子、容器和注射器。在电气工程中,它可用作绝缘材料。在机械工程中,它的低摩擦特性使其成为轴承、球阀座、耐磨条和活塞环的理想选择。因为它稳定且不会对任何东西产生反应,也可用于医疗应用。它还被广泛用作平底锅和其他炊具的不黏涂层。

10. 聚醚醚酮（PEEK）

聚醚醚酮被认为是性能最好的聚合物之一。它可以作为颗粒和粉末用于模塑和涂层,也可以作为纤维和薄膜。作为板材和棒材,它有未填充、玻璃纤维和碳纤维增强和耐磨等不同牌号。

PEEK 对常见溶剂（包括酸、盐和油）具有优异的耐化学性,吸湿性极低,耐磨损性、耐磨蚀性和绝缘性良好。它具有优良的强度和刚度特性,摩擦系数和热膨胀系数低。它可以连续使用直至温度高达 250℃,并且可以在热水和蒸汽中使用且不会造成永久性物理性能损失。

与钢、钛和铝合金相比,PEEK 重量更轻,通常可用来替代在各种高性能应用中使用的机械加工金属零件。

它在航空航天工业中的用途包括油冷却和通风系统风扇、油箱盖、门把手、天线罩、紧固系统（螺母、螺栓、插件和支架）、管道和卷曲管道（防止化学品和湿气）、电线和电缆夹。

在汽车行业,PEEK 已成功替代了很多金属零件,包括液压泵、凸轮轴轴承、涡轮增压器叶轮、变速器密封件、止推垫圈、转向零件、座椅调节齿轮、离合器摩擦环、真空泵和制动器零件。

在电子产品领域的用途包括移动电话、激光打印机、音频扬声器、电路板和硬盘驱动器。

还广泛应用于石油天然气、食品饮料和半导体行业。

PEEK 也被用作金属医疗器械的替代品,这些医疗用品会因为会暴露于腐蚀性化学物质和辐射之下而被极端消毒。

PEEK 基生物材料可用于各种外科植入物。

15.2 塑料回收

塑料回收是回收废旧塑料并将其再加工成有用产品的过程。据估计,每回收 1t 塑料瓶可节省约 3.8 桶石油。因此，回收是非常环保的。

在大多数情况下，不同类型的塑料必须单独回收，这样的话回收材料才能具有最大利用价值和潜在使用性。1988 年，美国塑料工业协会（SPI）推出了一种自愿性树脂识别系统，该系统可指示物品所用的塑料类型。这些代码的主要目的是为便于回收而有效分离不同类型的聚合物。代码中使用的符号由顺时针循环的箭头组成，形成一个圆形三角形，三角形内是 1 到 7 的数字，通常在三角形下方用字母表示聚合物，如图 15.1 所示。这些编号除了识别聚合物类型外没有其他意义，分别为：

图 15.1　树脂识别系统代码

1）1——PET。

2）2——HDPE（聚乙烯）。

3）3——PVC。

4）4——LDPE（聚乙烯）。

5）5——PP（聚丙烯）。

6）6——PS（聚苯乙烯）。

7）7——其他塑料，包括丙烯酸、ABS、尼龙、玻璃纤维和聚碳酸酯。

对于地方政府来讲，其回收的主要目标是瓶子和容器，因为它们的使用量最大，而且容易识别和分离，通常其识别码为 1 和 2。

如果你看塑料瓶或塑料容器的底部，你会看到一个里面有数字、下面有字母的三角形，这些数字和字母就是塑料类型的标识。

PET 或 1 号被回收用作地毯、抓绒夹克的纤维和食品、饮料的容器，以及编织成服装行业的织物。

HDPE 或 2 号是最常见的回收塑料，回收物品包括用于非食品容器的瓶子，如洗发水和洗涤剂、花园桌子和长凳、回收箱和桶。

15.3　塑料的加工

在传统车间里，有多种无须昂贵的设备就可以将塑料成型的技术。

易于模制和成型是塑料系列材料的主要优点之一。通常出于成本原因，有些成型要求不一定方便生产，如批量较少时使用高成本的模压设备或制造大尺寸零件就不划算。此时可能需要使用小型铸造或成型技术。

铸造可能达不到所需精度，此时可能需要进行机械加工。

有时需要对塑料板材进行加工，此时可以使用焊接技术对其进行连接。

15.4　塑料焊接

有多种经济高效的焊接方法适用于塑料工程部件的工业批量生产，其中包括超声波、激光、旋转、热板、线性和轨道振动焊接。本节我们只讨论可在小型车间或现场进行的小批量、低成本手工方法。

15.4.1 热气焊

这是一种手工焊接工艺，其主要过程是加热和软化两个待连接表面和一根填充棒（通常为相同材料），直至其完全熔合。这与焊接金属的过程相似，只是为了避免燃烧塑料而没有使用明火。取代明火的是由特殊焊枪引导的热气流。热源可以是电或气体，温度约为300℃。

要焊接的表面必须做好预处理来接受焊条。如果是对接接头，则需将边缘倒角至约60°。对于角接接头，则使用45°角，如图15.2所示。待焊接的表面必须清洁且无油脂。焊条的截面通常为圆形，如果是小工件则直径通常为3mm。

要连接的表面应夹紧在一起。然后，将热空气对准表面和焊条，当焊接区域变得黏稠时将焊条压入接头中。焊条向下的压力形成焊缝，并随着焊接的进行熔合并固化，如图15.3所示。根据材料的厚度，可能需要进行不止一次的焊接。

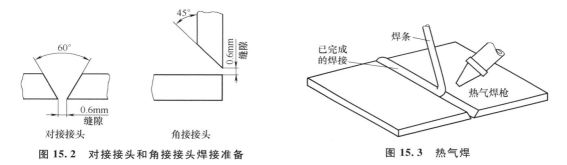

图15.2　对接接头和角接接头焊接准备　　　　　图15.3　热气焊

该方法用于焊接硬质PVC、PP和PE（聚乙烯）板，用来制造可用于各种类型流体的储罐、容器、管子，以及管道，焊接效果良好。

为了加快焊接过程，可以使用快速端焊。该工艺需要装一个特殊喷嘴，该喷嘴有一个用于塑料焊条的进料管。快速焊嘴加热焊条和焊接材料，并将软化后的塑料条压入接头，在接头处熔合所连接的零件。

15.4.2 热封焊

这种焊接方法使用的是温度为180~230℃的加热金属条或棒材，用压力将其施加到待焊接表面上。为了防止被密封的塑料黏在加热棒上，需在塑料和加热棒之间放置PTFE等材料。该方法可用于焊接尼龙和PE板，如制造聚乙烯袋。

15.4.3 溶剂焊

溶剂可以用来软化热塑性材料，如果把它们放在一起，当溶剂蒸发时它们就会完全熔合。溶剂焊的主要缺点是有溶剂可能接触到连接表面以外的表面并留下痕迹。

这种技术通常用于连接PVC和ABS管道，制造展示物品的亚克力，以及黏合聚苯乙烯和ABS模型套件。

使用溶剂时必须小心，因为许多溶剂易燃并会释放有毒气体。

15.5 机械加工

如果要生产的工件数量较少，而且购买昂贵的成型设备不够经济，就需要采用塑料加工技术。另外，如果成型技术无法达到所需精度要求，或不能生产螺纹孔等特征时，就必须进行机械加工。

大多数塑料材料都可以用金属加工工具和机床进行加工。由于塑料材料具有较低的导热系数和较高的热膨胀系数，加工过程中产生的热量必须保持最低。为了将这种热量降到最低，建议使用切削液，并以比切削金属时更大的后角研磨所有刀具。当加工塑料材料时，应采用小切深、低进给率的高切削速度。

塑料材料种类繁多，难以一一具体说明，以下内容仅作为通用加工技术的一般指南。

15.5.1 锯削

一般来说，对于所有软塑料材料，为防止堵塞锯齿，应使用粗齿钢锯片。对于丙烯酸树脂（有机玻璃）等易碎材料，为避免边缘裂开，可能需要使用更细的锯齿。

15.5.2 钻削

标准高速钻头可满足加工塑料的要求，但必须经常清除切屑。慢速螺旋钻（20°螺旋角）可以减少切屑在凹槽中的堵塞影响。如果钻尖约为90°，钻穿较软塑料时可获得更好的光洁度。所有钻头的钻尖后角都应增加15°~20°。

在钻削薄塑料板时，应在大直径钻头上使用大至150°的钻尖角。只有这样，钻头才能在开始切割其全直径时，保证钻尖仍与材料接触。

另外，也可以像钻薄金属片一样将塑料板夹在一块废料上进行钻削。

使用的切削速度一般约为40m/min，进给速度一般为0.1mm/r。其他与钻削塑料有关的问题请参见8.7节的讨论内容。

15.5.3 铰孔

铰孔时应始终使用螺旋槽铰刀。铰刀必须锋利，否则材料容易被推开而不是被切割。

15.5.4 车削

普通车床可使用高速钢刀具车削塑料材料。刀具后角应增加至20°左右。0°的前角可用于较脆的塑料，15°的前角可用于较软的塑料，这有助于材料在刀具表面上流动。刀刃必须保持锋利。切削速度为150m/min及以上，进给速度为0.1~0.25mm/r。

15.5.5 铣削

可在标准铣床上使用高速钢刀具铣削塑料材料。此时，刀具应保持锋利并处于良好状态。

为了避免高切削力作用而导致的变形，刚性较低的塑料材料应在其整个区域上进行支撑。可以使用与车削相似的切削速度和进给速度。

15.5.6 攻螺纹和套螺纹

在塑料上钻出或模制的孔可以使用高速钢磨制的螺纹丝锥进行攻螺纹。对于较软的塑料，其材料有可能被推开而不是切割，因此可使用尺寸约为 0.05~0.13mm 的特殊丝锥。另外，在其装配过程中也可以使用螺纹成型和螺纹切割螺钉。螺纹成型螺钉会使塑料材料变形，产生永久螺纹，可用于尼龙等不太易碎的材料。螺纹切割螺钉类似于磨制螺纹丝锥，可以从物理上去除材料，可用于亚克力等更易碎的材料。

在普通车床上使用单头刀具进行螺纹加工，应保证其角度与车削角度相同。也可以使用高速钢板牙，但必须注意确保螺纹被切削，而不是材料仅被推到一边。

直接在塑料材料中切削出的螺纹无法承受高负载，如果多次拆卸和更换螺钉紧固件，螺纹会磨损。因此，在需要高强度和可靠性的地方，使用螺纹插入件。

插入件具有螺纹内孔，可容纳标准螺纹螺钉，可以是自攻型、膨胀型、加热型或超声波型，也可以是有头的或无头的。

图 15.4a 所示的自攻插入件可以自行切削螺纹，尺寸为 M3~M16，材料有黄铜、表面硬化钢和不锈钢，可用于更脆的热塑性塑料和热固性塑料中。

膨胀插入件，如图 15.4b 所示，被推入预钻孔或预成型孔中，并在装配过程中随着螺钉胀开插入件而锁定到位。它们被用于较软的塑料中，这些塑料具有足够的韧性，可以让外部的滚花咬入塑料。它们材质为黄铜，尺寸为 M3~M8。

a)　　　　　b)　　　　　c)

图 15.4　螺纹插入件

图 15.4c 所示的加热和超声波插入件只能用于热塑性材料，材质为黄铜，尺寸为 M3~M8。热插入件可用于小批量生产。根据塑料部件的类型，将插入件放置在热插入工具的端部，并加热至正确的温度，然后压入预钻孔或预成型孔中。与插入件相邻的塑料被软化并流入凹槽，从而将插入件锁定到位。移除热插入工具后，塑料会重新固化。

超声波插入件具有更高的生产效率，原理与热插入件相同，只是热源由超声波振动产生。

15.6　热弯曲

热塑性塑料的成型可以很容易通过加热（通常为 120~170℃）和弯曲成型来实现。但必须注意不能过热，否则可能会对材料造成永久性损坏。如果没有造成永久性损坏，成型的热塑性塑料板在进一步加热后可以恢复为平板。

简单弯曲可通过使用带状加热器沿着弯曲线从两侧进行局部加热，直到材料变为可塑状态来实现。通过把加热元件放入顶部用耐热材料制成的盒状结构内，可以很容易地制造出带状加热器。盒子顶部中心有一个 5mm 宽的槽，热量就通过该槽传递，如图 15.5 所示。当材料变软时，可将其放置在成型机中并弯曲至所需角度，图 15.6 所示的例子是为车床制作防溅罩。当温度降至约 60℃时，可将材料从成型器中移除。成型器可以仅由木材等任何实用的材料制成。对于批量生产，可使用有多个弯曲区域和先进加热控制的大型工业机器。

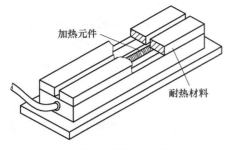

图 15.5　带状加热器

图 15.6　车床防溅罩的弯曲成型

除了简单的弯曲成型外，其他形状还可以通过在烤箱中加热整个材料来实现。为了避免在表面留下痕迹，可以将材料放在一张棕色的纸上。烤箱中的时间取决于材料类型及其厚度，必须留出足够的时间使材料在整个过程中达到均匀的温度。

亚克力板材在 170℃ 温度下容易加工，3mm 厚的板材需要在烤箱中加热约 20min，6mm 厚的板材需约 30min。同样，可以使用一个简单的成型器来获得所需的形状，图 15.7 所示为钻床防护罩成型。

热片材垂帘成型（也称为烘箱成型）是针对小型和大型零件的商业化成型技术，其中塑料材料在烤箱

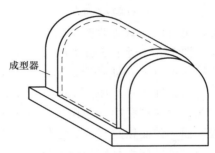

图 15.7　钻床防护罩成型

中预热至成型温度，放置在模具中，并在冷却时固定到位。其应用包括挡风玻璃、座椅靠背和底部、盖子和车门。

15.7　塑料成型工艺

如前所述，塑料材料的成型是通过加热、加压或两者兼施来实现的。根据聚合物的性质、产品的类型和尺寸及所需的数量和尺寸精度，有很多方法可以做到这一点。本节讲述通过压缩、传递、注射和低压工艺进行成型的工艺。

金属有一定的熔点，通常在熔融状态下会自由流动。但是，聚合物没有明确的熔点，但可以通过加热使其软化，从而使其成为"可塑之料"。在这种状态下，它们可被认为是非常黏稠的液体，因此其成型需要高压。

聚合物的黏度会因加热而降低，但是其有一个温度上限，在这个上限温度下，聚合物会以某种方式开始分解，这种分解被称为退化。所有聚合物都是热的不良导体，因此容易过热。如果聚合物在模具中温度过高或时间过长，就会发生降解。

聚合物还有一个温度下限，低于该温度，聚合物将不会软到足以流入模具。所以模塑温度必须在上限和下限之间，它将直接影响聚合物的黏度。

所有的成型过程都需要需要三个步骤：

1）加热软化模塑材料。

2）在模具中成型至所需形状。

3）散热。

下面所要讨论的成型技术只是在成型材料加热方式和输送到模具的方式方面有所不同。

15.7.1 成型工艺类型

1. 模压成型

模压成型主要用于热固性塑料，如尿素和三聚氰胺甲醛、环氧树脂和酚醛树脂。该工艺在带有加热压板的液压机中进行。模具的两半部分由构成所需成品形状型腔的凸模和凹模组成（即分模），并连接到压力机的压板上，如图 15.8 所示。根据产品的尺寸和形状及所需数量，模具可能包含一个腔或多个腔，如果是多个腔则被称为多腔模具。模具型腔的设计应允许模塑材料收缩，且拔模角度至少为 1°，以便于气体逸出，以及在模塑后易于移出产品。模具由工具钢制成，经过淬火和回火，具有强度、韧性和良好的耐磨表面。凸模和凹模经过高度抛光，一旦确定其形状符合要求，这些表面将进行镀铬（厚度约为 0.005mm），这样能够使产品具有较高的表面光泽度，并便于移出，还能保护表面免受模塑材料的腐蚀影响。

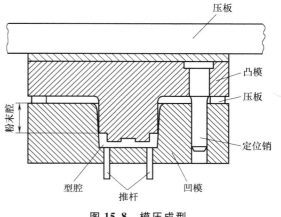

图 15.8 模压成型

模塑材料通常是松散的粉末或颗粒。这些材料的体积系数很高，即松散材料的体积远大于成品的体积。颗粒材料的体积系数约为 2.5∶1，细粉的体积系数可高达 4∶1。考虑到这一点，在连接到底部压盘的凹模中内置了一个粉末腔。而且，为了防止过多的松散材料被装入工具中，每次装料都要称重，可以用磅秤，也可以用一些自动方法来称重。

也可以将松散的粉末材料压缩形成较小的颗粒或预制件，使其大小和形状适合模具型腔。这种操作于低温下在特殊的预成型或造粒机中进行，不会引发固化。预制件易于处理，还能提供一致的装料质量。根据材料的不同，这些预制件可在高频烤箱中预热至 85℃ 左右——因为预制件在装入工具之前需部分加热，所以这样做可以缩短循环时间，还能降低成型时的压力要求。

模压成型的典型操作顺序如下：

1）将模塑材料——如松散粉末、颗粒或加热的预制件——装入已加热的型腔。模塑温度因材料而不同，如尿素粉末的模塑温度为 135～155℃，三聚氰胺材料的模塑温度为 140～160℃。

2）关闭压板之间的分模。压力约为 30～60N/mm²（预热颗粒的压力较低）。模塑温度和压力的综合作用使模塑材料软化并流入模腔。进一步暴露在模塑温度下会导致交联或固化等不可逆化学反应。固化时间取决于壁厚、质量、成型材料和成型温度。例如，截面为 3mm 的尿素在 145℃ 下固化约 30s，在 150℃ 下同样截面的三聚氰胺固化则最多需 2min。

3）打开分模。

4）将产品从模具中推出。根据工具或产品的复杂性，可以手动完成，也可自动完成。由于材料具有热固性且已经固化，因此无须等待模塑件冷却，便可在高温状态下立即将其取出。

5）吹干净上次成型时留下的任何颗粒。

6）润滑工具，为下次模塑推出工件做准备。

7）重复该过程。

在模塑过程中扩散的材料会在模塑件上形成羽状边缘，称为飞边。操作人员可在下一个模塑件的固化期内将其去除。

模压成型可生产种类繁多的产品，包括电气和家用配件、马桶座和马桶盖、各种瓶盖和餐具。

2. 传递模塑

传递模塑可用于热固性塑料。除了塑化和模塑功能分开进行之外，这个过程与模压成型相似。将模塑材料在传递罐中加热至可塑状态，由柱塞通过一系列流道将其推入加热的分模中固化，如图15.9所示。模具的两半部分与液压机的加热压板相连，方式与模压成型相同。

关闭分模，将粉末、颗粒或加热的预制件模塑材料放入传递罐中，并施加压力。传递罐区域上的压力大于模压成型过程中的压力，但由于模塑材料进入模具型腔时是可塑状态的，所以型腔内的压力要小得多。因此，该工艺适用于包含小型金属插入件零件的生产。通过这种方法可以生产复杂的零件和截面厚度变化的零件。与模压成型相比，固化时间更短，精度更高。

该工艺的主要的不足在于浇口、流道和阀门中的材料损失——由于热固性材料在成型过程中会固化，因此不能重复使用。其模塑工具通常比模压成型工具更复杂，因此成本更高。

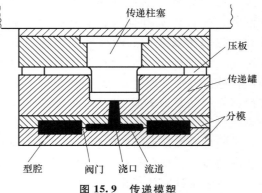

图 15.9 传递模塑

树脂传递模塑（RTM）是传递模塑的一种低压变体，它不使用颗粒或预制件，而是将预混合的树脂和催化剂（硬化剂）注射到含有玻璃、碳或芳纶等纤维增强材料的封闭模具中。待树脂冷却后，打开模具，复合材料零件弹出。使用的树脂包括聚酯、乙烯基酯、环氧树脂、酚醛树脂和甲基丙烯酸甲酯及颜料和填料。应用领域包括小型复杂飞机和汽车零部件，以及汽车车身零件、浴缸和容器。

3. 注射成型

注射成型可用于热塑性塑料或热固性塑料，但在热塑性塑料中应用最为广泛，包括聚碳酸酯、聚乙烯、聚苯乙烯、聚丙烯、ABS、PEEK和尼龙。

这种成型工艺的主要优点是生产率高，尺寸精度高，适用于各种产品。

模塑材料在重力作用下从料斗进入圆柱形加热室，在加热室中被塑性化，然后在压力下注射到封闭的模具中，并在其中凝固。固化后，模具打开，模塑件弹出。

使用最广泛的注射成型机类型是卧式注塑机，如图15.10所示。机器另一端与模具相对

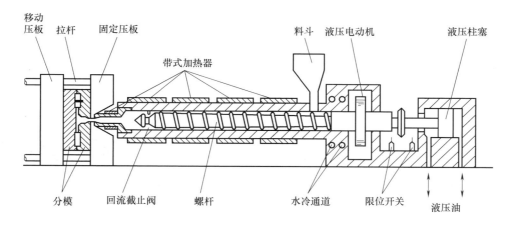

图 15.10 卧式注塑机

的料斗装有粉末或颗粒形式的模塑材料，通过重力将其送入加热室。电热带式加热器连接在加热室的外壳上，加热室内有一个类似于家用切碎机的挤出机式螺杆。当螺杆旋转时，它会将材料输送到加热室的前部。

在带式加热器和旋转螺杆在材料中产生的摩擦力共同作用下，材料在通过时变成可塑状态。

当塑化材料在螺杆前面堆积时，螺杆在轴向向后移动，停止旋转。注射到模具中的材料量（称为射出量）通过在预定位置停止螺杆旋转来进行控制。此时，上一次注射填充的模具被打开，模塑件被弹出。然后关闭模具，并将固定的螺杆轴向移动至模具，在压力下将塑化材料推入型腔。然后，螺杆旋转，沿着加热室输送更多的模塑材料，使其塑化，材料在料斗中不断更换。然后，材料堆积使螺杆轴向向后移动，然后重新开始该操作序列。加热室温度取决于模塑材料的类型和射出量的大小，其范围一般为 120~260℃。

模塑工具的材料和表面处理与模压成型工具相同，但是，它不需要粉末腔。它们通常比模压成型工具更昂贵，但由于注射成型的生产率更高，因此可以使用更小的型腔，即单腔。因此在使用同样压力机的情况下，当每小时成型数量相同时，其工具成本更便宜。

使用热塑性材料要求模具保持恒定温度（通常为 75~95℃），以便在模具内冷却和固化材料，然后才能弹出模塑件。恒温的保持是通过在模具中采用水循环来实现的，这就使其成型过程比模压成型快得多。虽然浇口和流道中使用了部分材料，但由于可以重复使用，材料损耗其实很低。

热固性材料的注射成型方法与热塑性材料的注射成型方法相同，只是温度的使用更为关键。加热室的温度很重要，这是为了避免使模塑材料在进入和填充型腔之前固化，如尿素材料的温度为 95~105℃，三聚氰胺材料的温度为 100~110℃。模具温度也很重要，因为它用来确保模塑材料的正确固化。对于超过 3mm 的截面，尿素材料的模具温度为 135~145℃，三聚氰胺材料的模具温度为 145~155℃；对于小于 3mm 的截面，模具温度应增加 10℃。由于模塑材料进入模具的温度非常接近固化温度，因此循环时间较短。

注塑组件的范围非常广泛，包括玩具（如模型套件）、家居用品（如桶和碗）、汽车组件、手机、计算机外壳、电动工具外壳、板条箱和容器。

15.7.2 低压成型（LPM）

LPM 主要是封装、密封和保护电子组件的单步骤工艺。该过程也被称为过模塑或热熔模塑。将电子组件放置在铝模中，然后关闭铝模，并将热塑性化合物注入封装组件的型腔中。模具由通过模板循环的冷冻水冷却至约 20℃。当零件冷却时，将其从模具中取出。循环时间根据部件的尺寸和厚度而不同，约 15～45s。由于压力低（可低至 2bar），该工艺可对易碎部件进行非常温和的封装。图 15.11 显示了封装前后的 U 盘。该工艺使用高性能聚酰胺热熔胶模塑化合物，能实现对湿气、化学品和振动的最终防护和密封。

图 15.11　封装前后的 U 盘

当用于将电缆和连接器包胶成型时，它能实现手指抓握、应变消除、弯曲控制和防振的一体化处理，从而防止在使用过程中损坏电缆（见图 15.12）。

LPM 通常用于取代烦琐的灌封操作。灌封是将电气/电子组件放入罐中，然后倒入两组分混合物（通常为环氧树脂），直到灌满为止的过程。然后让树脂固化，工艺结束。图 15.13 所示的变压器已封装，以提供防潮密封。

图 15.12　模块化连接器

图 15.13　灌封前后的变压器

15.7.3 插入件模塑

插入件的主要目的是加强塑料材料中相对薄弱的区域，并促进模塑件的连接或其他零件与模塑件的紧固。插入件通常由钢或黄铜制成，如图 15.14 所示，可在成型操作时加入，或在成型后插入预成型或钻削的孔中。15.5.6 节描述了后一种方法。当作为成型工艺的一部分时，插入件可以通过自动方式或由工艺操作人员装入。应认真考虑包括模塑成型时插入件的经济性，因为增加了装入插入件的模具及其装入方法的附加成本。循环周期根据每次射出的不同（即不同的部件）而变化是不好的做法，因为这可能会对质量产生不利影响。这种情况可能会因工艺操作人员的手动装入操作而发生。

图 15.14　典型的插入件

图 15.15 展示了在电气元件中的插入件。

图 15.15　电气元件中的插入件

15.7.4　塑料成型的安全问题

　　任何带有运动部件的机器都有潜在危险，因此必须妥善防护。与塑料一起使用的成型机基本上就是在成型操作进行时使用高压将模具锁定到位的压力机。因此，必须提供并使用足够的防护措施来防止操作员接触运动部件，从而消除手指和手被卡住的可能性。大多数事故是由以下原因造成的：

　　1）防护装置不足。

　　2）防护装置被拆除或年久失修。

　　3）防护装置在设置时失控。

　　热是任何成型过程中必不可少的一部分。模塑材料的热容很高，在热塑状态下会黏在皮肤上，很难去除。可以使用合适的工业手套进行防护。有些材料会导致皮炎，使用手套可以预防皮炎。

　　一些塑料材料会释放有害气体和蒸汽，因此必须为成型机配备足够的抽气设备。

　　通常情况下，噪声会带来问题，因此工作场所和机器的设计必须要考虑减少噪声暴露（见第1章）。在适当情况下，必须提供并佩戴个人听力保护装置。

复　习　题

　　1. 列举两种热固性塑料材料。

　　2. 为什么金属插入件经常用于塑料部件？

　　3. 热固性塑料的定义是什么？

　　4. 说出三种塑料成型工艺。

　　5. 热塑性塑料的定义是什么？

　　6. 加工塑料材料时需要注意什么？

　　7. 列举四种热塑性塑料。

　　8. 说明用于连接塑料的两种焊接方法。

　　9. 说出两种塑料添加剂，并说明它们的功能。

　　10. 什么是聚合物复合材料？它们的优点是什么？

　　11. 说出亚克力的优点和不足。

　　12. 陈述回收塑料是环保行为的原因，并说明树脂标识码的重要性。

第16章

初级成形工艺

大多数金属制品都会在制造过程中的某个阶段通过将熔化的金属倒入模具进而凝固、成形。固化后如果不需要进一步成型，则该制品被称为铸件——它可能只需要通过机械加工来形成成品。铸件的生产方法多种多样，如砂型铸造、压铸和熔模铸造。如果在凝固后，还需要通过轧制、挤压、拉拔或锻造进一步成型，根据金属类型和后续成形过程可将其称之为锭、铸铁、板坯、坯料或棒材。这些铸件形状简单，便于后续的特定成形过程处理。

除一些贵重金属外，大多数金属都以矿物或矿石的形式存在。然后矿石被冶炼成金属，如铁来自铁矿石（赤铁矿），铝来自铝土矿，铜来自黄铁矿。

铁矿石和其他元素一起在高炉中冶炼，可以得到生铁。根据工厂的类型，熔化的生铁被浇铸成铁锭或被转移去炼钢。在冲天炉中对生铁锭进行精炼得到铸铁，铸铁被铸造成具有相对较小横截面的缺口锭或棒材，以便根据需要在铸造厂重熔。在炼钢过程中，生铁以熔融状态被制成钢，浇铸成钢锭，现在更常见的做法是通过连铸过程制成钢坯，用于后续的轧制、拉拔或锻造。

铝通过电解法从铝土矿中提取而出。商用纯铝柔软而脆弱，可通过合金化来提高其力学性能。铝合金可锻制或铸造成各种型材，便于在后续进行轧制、拉伸、铸造或挤压加工。

铜是从黄铁矿中提取出来的，然后可在熔炉中或以电解方式重熔，进行精炼。将铜合金化可以生产一系列黄铜和青铜。然后可对这些材料进行轧制、拉伸、铸造或挤压。

16.1 原材料供应方式

当金属因铸造等要求而必须重新熔化时，通常以缺口锭或横截面相对较小的棒材的形式供应给铸造厂。为了便于搬运并装入小型熔炉，可以将其分解成更小的分块。

如果金属要经过轧制、挤压、拉伸或锻造等进一步的成形处理，那么从能量消耗及对物理和力学性能的影响来看，重熔其实是一种浪费。此时原材料应以最方便工艺处理的形式供应，即可用于轧制成棒材、型材等及锻造和挤压所需初轧坯和坯料（较小截面）的板材（宽度大于厚度的三倍）。热轧棒材可用于冷拔成棒材、管材和线材。

16.2 原材料的性能

16.2.1 流动性

该特性是铸造金属所需的要求。金属必须能在熔融状态下自由流动，才可完全填满模具型腔。

16.2.2 延性

延性材料的横截面会减小但不会断裂。延性是材料拉伸时的一个基本属性，因为材料必须能够流过缩小的模具直径，同时还要承受拉力。单通道模具横截面积比材料截面积通常减少为 25%~45%。

16.2.3 展性

展性材料可以被轧制或锤击成不同的形状而不会断裂。轧制和锻造时需要该性能。

16.2.4 可塑性

该性能与展性相似，可永久变形而不断裂。这是锻造和挤压工艺所需的特性，在锻造和挤压过程中，金属通过加热变得可塑，即变得更柔韧。

16.2.5 韧性

如果一种材料在断裂前能够吸收大量能量，那么它就是具有韧性。锻造时需要此属性。

16.3 砂型铸造

铸造是用金属制造成品最简单、最直接的方法。有多种工艺可将液态金属铸造成形，其中最简单的就是砂型铸造。

如果生产小型铸件，可采用一种称为砂箱造型的方法。箱子由两个每端都有凸耳的框架组成，凸耳中装有插销以确保框架放置在一起能准确对齐。顶部框架称为上砂箱，底部框架称为下砂箱。

模具内有一个可移动的模型，用来创建所需的型腔形状。为了便于从模具中取出来，模型在一个方便的位置分为两部分，这个位置被称为分型线。模型的两个部分使用销或榫进行精确对齐。

图 16.1a 所示为齿轮坯料，图 16.1b 所示为其模型。在铸造时，将模型的一半放在板上，然后把下砂箱也放在板上，使半模大致位于中心位置。然后将型砂倒入下砂箱中，并以手动或振动辅助的方式将其牢牢地压在模型上。然后逐步将下砂箱完全填满，并使用打夯机将型砂填充牢固，如图 16.2a 所示。夯实的量应足以使型砂保持在一起，但又不会妨碍浇注熔融金属时产生的气体逸出。压实完成后，将沙子与下砂箱边缘齐平。可以在模型几毫米范围内开一些穿过型砂的小通风孔来帮助气体逸出。

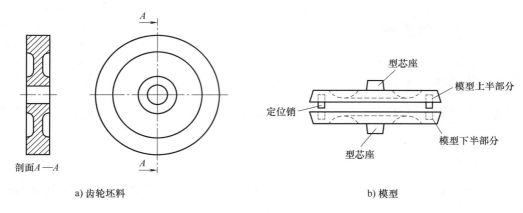

a) 齿轮坯料

剖面 A—A

b) 模型

图 16.1　齿轮坯料及其模型

　　然后翻转下砂箱，并通过定位销定位另一半模型。然后，在向上翻起的表面上覆盖一层精细干燥的"分型砂"，以防止上砂箱中的砂和下砂箱中的砂发生粘结。之后，通过定位销将上砂箱准确定位在下砂箱上。为了让熔化的金属进入模型，在其一侧放置一个称为浇口棒的锥形塞。然后将称为冒口棒的第二个锥形塞放置在模型的另一侧，如图 16.2b 所示，这会形成一个开口，当浇注时其中充满熔融金属，而当铸件冷却收缩时，可以提供熔融金属进行补偿。然后对上砂箱进行和下砂箱一样的填充、夯实和通风操作。之后，取下两个锥形塞，扩大流道孔顶部，为浇注金属提供大的开口。

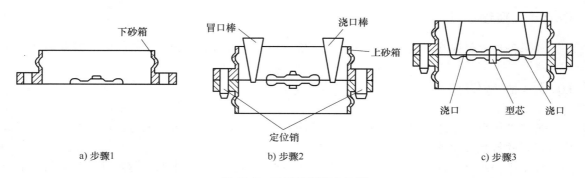

a) 步骤1

b) 步骤2

c) 步骤3

图 16.2　砂型铸造基本步骤

　　然后小心地将上砂箱取下并翻转，将两半模型都移走。然后从流道和冒口的底部切割出一些称之为浇口的小通道，这些小通道能让金属填充模具型腔。吹走所有松散的型砂，使模具型腔保持干净。将型芯放置在模箱下半部分（下砂箱）的适当位置，在定位销的帮助下小心地将模箱上半部分（上砂箱）替换到位并夹紧，以防止在浇注金属时被抬起，如图 16.2c 所示。型芯需要单独制造，它用来形成铸件的内腔部分，在本例中就是齿轮毛坯上的孔。

　　现在，模具已经做好准备可以进行浇注了。金属凝固后，即可打碎模具释放出铸件。最后，打掉浇口和冒口部分，通过修整（即手工打磨）去除铸件的粗糙边缘。

　　可采用自动砂型铸造系统实现零件的大批量生产，其生产成本很低。

16.3.1　模型

如果用于小批量铸件生产，模型可由木材制成，为使铸件表面光滑，需对模型进行平整、涂漆或上漆。为了便于铸件冷却时收缩，模型应做得比成品更大。有一种称为缩尺的特殊规则可用来应对不同金属的收缩——模型制作者使用缩尺中的测量值制作模型，无论尺寸大小，缩尺都能够适当考虑收缩并自动给出正确的模型尺寸。

有些情况下，如有些表面要求尺寸精度、平整度或表面粗糙度比铸件更高，铸件的某些表面可能需要后续加工。因此必须在这些铸件表面上留有金属余量以便于后续加工去除，这就要求必须在适当的模型表面留出该余量。

如果要将型芯并入铸件中（见第16.3.3节），则必须在模具上提供固定位置。添加到模型中的这部分称为型芯座。

为了便于从模具中取出模型，应在垂直于分型线的所有表面上加入一个称为拔模角的小角度或锥度。

模型可以无限次地重复生产新的砂型。

16.3.2　型砂

为允许气体和蒸汽逸出，型砂必须具有渗透性，即多孔性；其强度应足以承受大量熔融金属；能耐高温且其颗粒大小应适合铸件表面要求。

硅砂用于制模，其砂粒可以不同的方式结合在一起。

在湿砂型具中，砂粒由潮湿的黏土黏合在一起。为了产生令人满意的结果，必须小心控制湿度水平。

干砂型具开始制作时的方式与湿砂型具相同，但在模具制作到略高于100℃后，将水分通过加热排出。这样能使模具更坚固，适用于较重的铸件。

用CO_2（二氧化碳）砂是以硅酸钠代替黏土来包裹二氧化硅颗粒而制成的。当模具制造时，通过让二氧化碳气体快速通过模具而对其进行硬化。沙子"凝固"成型，但铸造后很容易破碎。

树脂成型或自焙成型使用含有有机和无机黏合剂的型砂，通过化学作用黏附在砂上来强化模具，可生产出尺寸控制良好和表面粗糙度值较低的高强度模具。

可以紧贴模型使用特制饰面砂来改善铸件表面。最后使用底砂填充模具。

16.3.3　型芯

如果铸件有空腔，必须在模具中加入型芯。型芯可以由金属制成，不过通常都由型砂制成。型芯在型芯盒中单独制作，并在移除模型后、闭合模具之前放入模具中。它们以模型上的型芯座为底座，支撑定位于模具之中。型芯必须足够坚固，才能支撑自身并耐受熔融金属的流动，有时可能需要用钢丝来强化强度。可用CO_2砂来制作更复杂的型芯。

16.3.4　激冷板

为了控制金属的凝固结构，可以在模具中放置金属板（称为激冷板）。快速的局部冷却可以形成更细的晶粒结构，从而能在这些位置形成更硬的金属表面。

16.3.5　优点与不足

砂型铸造工艺可用于低成本小批量金属铸件的生产，各种金属、大小尺寸均可。

砂型铸造的主要优点有：

1）数量多少均可。

2）可以使用复杂型芯制造出复杂形状。

3）模具成本低。

4）大型的黑色金属和有色金属铸件都可铸造。

5）模具和铸造材料都可回收。

6）易于适应高生产率的自动化方法。

7）适用于多种金属。

可铸造的金属包括铸铁、低碳钢和合金钢、铝合金和铜合金（如青铜和磷青铜）。

不足之处有：

1）铸造生产效率低。

2）单个铸件生产成本高。

3）不能生产薄壁件（最小 4~5mm）。

4）线性公差较差（如 4mm/m）。

5）表面粗糙度差。

6）粒度较粗。

16.4　真空铸造

真空铸造是砂型铸造的一种变体，用于铝合金铸造，在业内被称为 V 法铸造。该工艺使用不含水分或黏合剂的干燥硅砂。模具型腔通过真空保持一定的形状。

在铸造时，将一个特殊的通风模型放置在中空的托板上。然后加将热软化的特殊塑料片（约 0.2mm 厚）覆盖在模型上，同时用真空将塑料紧紧地贴到模型周围。在模型上放置一个特殊的带有四壁、内部真空的砂箱，里面填充自由流动的型砂（与砂型铸造中的上砂箱相同）。通过振动压实型砂，并制出浇口和浇铸漏斗。然后将第二片塑料放在型砂顶部，并施加真空抽出空气，加固未黏合的型砂。然后从模型托板释放真空，并从模型上剥离顶部模具（上砂箱）。底部模具（下砂箱）的制作方法与其完全相同。之后，将所有型芯放置就位，两半模具闭合。然后在两半模具仍处于真空状态时浇注熔化金属。此时，塑料会蒸发，但在金属凝固时真空会使型砂保持原有形状。在金属凝固后，关闭真空，型砂即可自由流出并释放铸件。

V 法铸造的工艺不需要拔模角，因为塑料膜可以很容易地从模型中去除。这就使壁厚可以保持不变，壁厚最小可达 2.3mm。同时，表面粗糙度值较低，尺寸精度也较高，细节重现性好，因而可降低加工要求。模型寿命无限，因为型砂不会与之接触。如果使用干砂，还可以降低型砂成本，因其无须混合、无须回收、无废砂、无摇出和无砂块，还可简化型砂控制，不过还是需要通过简单的筛分来去除金属碎片。

16.5 轧制

原材料生产商生产的铸锭在成形为合适的形状（如薄板、板材、带材、棒材、型材等）之前，在制造过程中几乎没有什么用处。

轧制是一种能够满足随后进行的制造工艺要求、形成上述形状的一种方法。轧制可分为热轧和冷轧两种方式——无论哪种情况，都是对固态金属进行加工，并通过塑性变形来成形。

在固态下对金属进行加工，首先是为了生产出用其他方法难以生产或成本很高的形状，如长度很长的板材、型材、棒材等，其次是为了改善力学性能。

将钢锭转化为所需形状的第一个阶段是对其进行热轧。在热加工过程中，金属处于塑性状态，并且很容易在压力下通过轧辊而成形。热轧还有许多其他优点。

1）大多数铸锭在铸造时都含有许多小孔，这种情况称为气孔。在热轧过程中，这些孔能被压在一起并消除掉。

2）铸锭中包含的任何杂质都会被分解并分散到整块金属中。

3）金属内部的晶粒结构得到改善，从而能够提高延展性、强度等力学性能。

然而，热轧确实也有不少缺点。高温会使金属表面氧化而产生氧化皮，这会导致表面粗糙度差，且难以保持尺寸精度。如果尺寸精度和表面粗糙度要求不太高，如建筑工程的结构形状，可以进行除锈操作，并可以作为轧制品直接使用。或者，如果需要的话也可以通过冷轧进行进一步加工。

对金属进行冷轧时，需要用更大的力，而且在形成所需形状之前需要多次轧制。冷轧后的材料强度大大提高，但其延展性同时也会降低。根据生产形状所需的轧制次数，可能需要在轧制操作之间进行退火（或软化）处理。除了能够提高力学性能外，冷轧还可以获得尺寸精度较高的良好表面粗糙度。

在转化为更合适的形状之前，铸锭首先被轧制成初轧坯、小型坯或大板坯等中间形状。初轧坯的截面为正方形，最小尺寸为 $150mm^2$。小型坯比初轧坯小，其方形横截面从 40mm 到初轧坯大小不等。大板坯的横截面为矩形，最小宽度为 250mm，最小厚度为 40mm。这些钢坯随后被切割成合适的长度，进行后续的热加工或冷加工。

大多数初级热轧是在二辊可逆式轧机或三辊连续式轧机上进行的。

在如图 16.3 所示的二辊可逆式轧机中，金属沿一个方向通过轧辊之间。然后停止轧辊，根据所需锻造比确定的量将两个轧辊间隙调小，然后反转运动方向，使材料反向返回。重复该过程，每次将两轧辊间隙调小一点，直到达到截面的最终尺寸。在整个过程中，每隔一段时间就要把金属侧翻一下，从而始终都可形成均匀的结构。为了在适当的情况下满足各种减径要求和最终形状要求，在上辊和下辊上都留有凹槽，如图 16.4 所示。

在如图 16.5 所示的三辊连续式轧机中，轧辊不断旋转，金属以一个方向的中心辊和上辊之间进给，然后接着再以另一个方向在中心辊和下辊之间进给。旁边设置有一个平台，它可以升高并以一个方向两辊之间送入金属，以及支撑以相反方向从两辊之间出来的金属，或者可以降低并送回金属，以及支撑金属以相反方向从两辊之间出来的金属。

冷轧时的轧制压力比热轧要大得多——这是因为冷金属的变形抗力更大。在这种情况下，通常使用四辊轧机，如图 16.6 所示。在这种结构中，两个大直径的外辊作为支承辊，用来支撑较小的工作辊并防止其偏转。

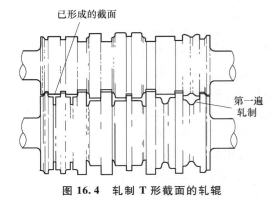

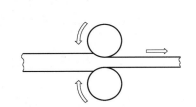

图 16.3　二辊可逆式轧机

图 16.4　轧制 T 形截面的轧辊

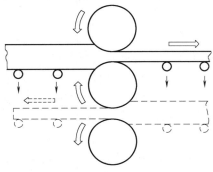

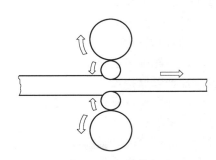

图 16.5　三辊连续式轧机

图 16.6　四辊轧机

在轧制带材时，一系列轧辊排列成一条直线，连续生产带材。带材每通过一组轧辊就被压缩一点，当其达到最终厚度时，会在最后被缠绕成卷。

16.6　挤压

由于在挤压成形过程中会发生很大的变形，挤压通常是一个热加工过程。当成形时，将金属圆坯加热，使其处于可塑状态，然后将其放入容器中。接着，使用通常由液压驱动的冲头向圆坯端部施力。该作用力推动金属穿过模具开口，形成所需形状的金属长条。所产生的挤压件在其整个长度上都具有一样的横截面。模具可能有多个开口，可以同时生产多个挤压件。

挤压工艺有多种变体，两种常见的方法是直接挤压和间接挤压。

16.6.1　直接挤压

图 16.7 所示的这种工艺适用于大多数挤压制品。将加热的坯料放置在容器中，并在其后面放一个挤压垫。容器靠着固定的模具向前移动，冲头推动金属穿过模具。挤压后，容器向后移动，剪切机下降，在模具表面切断坯料的粗头端。然后使用新坯料不断重复该过程。

在挤压过程中，由于坯料的外部沿着容器内衬移动，必须克服较高的摩擦力，所以需要使用很高的挤压力。

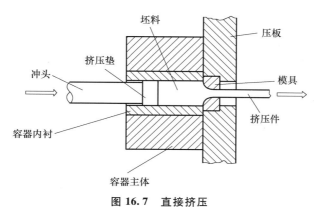

图 16.7　直接挤压

16.6.2　间接挤压

如图 16.8 所示，当间接挤压时，加热的坯料被装入一端由密封盘封闭的容器。容器紧靠位于空套筒末端的固定模具向前移动。因为容器和坯料一起移动，并且它们之间没有相对运动，所以不会产生摩擦。因此，与相同功率的直接挤压机相比，间接挤压机可以使用更长和更大直径的坯料。或者说，相同尺寸的坯料需要较低的挤压力。

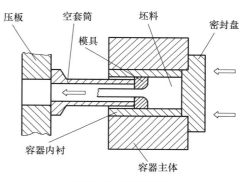

图 16.8　间接挤压

然而，间接挤压工艺也有其局限性。金属流常常会将表面杂质带入挤压金属中，所以坯料必须经过机械加工或化学清洗。另外，挤压的尺寸仅限于空套筒的内径，且更换模具比直接挤压更麻烦。

挤压工艺的重要特点是：

1）可以生产任意复杂的形状，可以直接生产成品，如图 16.9 所示。

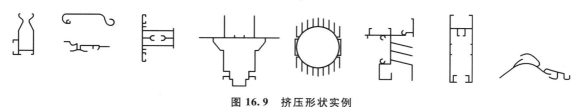

图 16.9　挤压形状实例

2）能保持良好的表面粗糙度。

3）可获得良好的尺寸精度。

4）可以实现横截面积的大幅度缩减。

5）金属在挤压过程中处于压缩状态，因此可以挤压相对脆性的材料。

6）材料的力学性能可得到改善。

然而，挤压工艺仅限于具有恒定横截面的产品。任何不平行于纵轴的孔、槽等特征必须进行机械加工。由于挤压机的功率受限，可生产的形状尺寸也有限。由于模具成本原因，该工艺通常仅适于长期运行。但是，如果模具形状比较简单的话，短期运行也是经济的。

使用的典型材料是铜、铝及其合金。

16.7　拉拔

拉拔的主要工艺是在室温下进行的冷加工。主要用于生产线材、棒材。

线材是将热轧棒材通过一个或多个模具（见图16.10）进行冷拔制造而成，模具的作用是减小材料尺寸并改善其物理性能。热轧棒材直径通常在10mm左右，先对其进行酸洗（即在酸浴中对其进行清洗来去除氧化皮，这样能够确保最终拉制的线材表面光洁程度良好），然后用水清洗棒材，去除并中和酸，再将棒材末端做尖形，使其能够穿过模具孔，然后被安装在拔丝机上的虎钳上。之后，将棒材拉过模具，使其截面按需缩小。拉拔过程中的润滑对于保持良好材料的表面和较长的模具寿命至关重要。

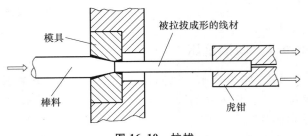

图 16.10　拉拔

在连续拉丝过程中，线材通过一系列越来越小的模具，直到达到最终尺寸。

材料的强度会限制将线材拉过模具的力，而材料的延展性则会限制线材通过每个模具可能的缩小量。典型的拉拔材料有钢、铜、铝及其合金。

16.8　锻造

锻造是一种热加工工艺，必须加热才能使金属变得可塑，更容易成形。最古老的锻造方式是由铁匠完成的手工锻造。手工工具用于操纵熔融的金属，以弯曲、扭转等方式来改变截面和形状。手工操作不可能实现高精度或极端复杂的形状。这种方法仅限于一次性或小批量生产，而且还需要高超的技能。

当锻件较大时，便会使用某种形式的动力。如果使用了机械锤、液压锤或锻造压力机，则称为自由锻。在该过程中，使用垂直移动的模具和固定在铁砧上的固定模具对热金属进行挤压，将其加工成所需形状，如图16.11所示。该锻造方法要在锻工师傅的指导下进行，锻工师傅指导各个阶段的转动和沿长度方向的移动，直到获得最终的形状和尺寸。同样，这也需要高超的技能。该方法可用于生产船舶螺旋桨轴等大型锻件。

当需要大量精确成形的产品时，应通过称之为闭式模锻或模锻的工艺进行生产。采用这种方法时，将热金属置于上下模

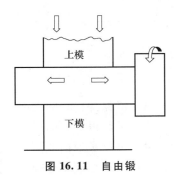

图 16.11　自由锻

之间，上模和下模都包含模腔。因此，当金属被挤压到模腔中时，就会产生所需形状的完整锻件，如图16.12所示。金属会受到通常来自于锻造压力机的反复打击，确保金属适当流动以填充模腔。该过程可能需要使用一系列模具并经历多个道次，每个道次都会逐渐改变金属的形状，直到获得最终形状。道次数取决于零件的尺寸和形状、金属流动方式及所需的精度。

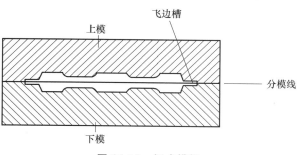

图 16.12 闭式模锻

上模连接压力机的移动部件，下模连接砧座。模具中模腔的设计应确保分模线能够使成品锻件被顺利取出，并在模具移动方向上设模锻斜度与砂型铸造中的模式和模具相同。模腔的尺寸还应该为需要后续加工的表面留出余量。

由于无法判断恰好能将模腔填满所需的精确体积，因此应提供额外的金属材料，当上、下模闭合时，多余的金属会被挤出，这会导致多余金属在分模线上形成一个薄的凸起，称为"飞边"。锻造后，通过修整操作去除飞边，在修整操作时，将推动锻件穿过安装于压力机上的模具中有正确形状的开口，就可去除飞边。

锻造用于生产必须承受重载或不可预测负载的零件，如杠杆、凸轮、齿轮、连杆和轮轴。锻造可以改善锻件的力学性能，这是因为锻造控制了金属的流动，使晶粒流动方向得到改善，从而提高了锻件的强度。图16.13a为齿轮轴锻造毛坯，图16.13b为轧制的实心棒材经切削加工而成的齿轮轴毛坯。采用锻造毛坯加工的齿轮比采用切削加工的毛坯制造的齿轮强度高。对于锻造来说，材料的结构因热加工而细化，密度也因锻造过程中的压力而增加。

由于模具成本的原因，模锻通常用于大批量生产。

镦锻通过压缩工件的长度来增加其直径。这是一种在特殊的高速机器中进行的冷加工过程。该工艺以棒料为加工对象，棒料被送入一个夹紧棒料的分模中。然后将冲头压在工件上，使工件变形，并将工件头部扩大为模具形状，如图16.14所示。因此就能形成晶粒线向沿头部形状流动且强度和韧性都较高的部分。

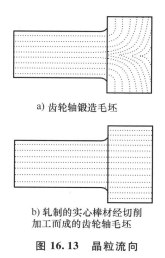

a) 齿轮轴锻造毛坯

b) 轧制的实心棒材经切削加工而成的齿轮轴毛坯

图 16.13 晶粒流向

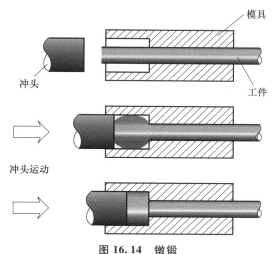

图 16.14 镦锻

该工艺用于高速批量生产螺钉、螺栓和其他紧固件，以及发动机阀和众多类似头形的部件。

16.9　初级成形工艺选择

在为给定的零部件选择工艺之前，必须考虑多种因素。例如，必须考虑使用材料的类型、所需的力学性能、形状、精度、表面粗糙度和生产数量等。为有助于正确选择，表16.1为一些因素及适合的初级成型工艺。例如，如果需要形状发生三维变化，那么就会排除轧制、挤压和拉伸；较高的精度要求会排除砂型铸造和锻造等。

表 16.1　初级成形工艺的特征

	砂型铸造	热轧	冷轧	挤压	拉拔	锻造
改善力学性能		√	√	√	√	√
三维形状变化	√					√
截面不变		√	√	√	√	
生产批量大		√	√	√		√
表面质量高	√	√	√	√		
尺寸精度高		√	√	√		
工具成本高				√		√

复 习 题

1. 说明热轧的两个优点。
2. 有哪两种挤压工艺？
3. 列出五种初级成形工艺。
4. 哪种类型的零件最适合锻造，为什么？
5. 列出五种适合初级成形法的原材料的特性。
6. 砂型铸造的模型是用什么材料做的？制作模型时应主要考虑什么？
7. 请说出轧制过程中使用的机器类型。
8. 为什么在砂型铸造过程中有时会用到型芯？
9. 绘制简略图描述金属拉拔过程。
10. 说出挤压工艺的四个重要特征。

第17章

冲 压 加 工

本章使用术语"冲压加工"来描述对金属板施加力而使其被切割（即落料或冲孔）或成形（即弯曲）的过程。

冲压加工过程是通过将金属板料放置于安装在压力机之上的凸模和凹模之间而实现的。凸模连接在移动部件（滑块或顶杆）上，并在每个行程上施加必要的力。凹模与凸模准确对齐，固定在压力机的固定部件或底座上。

当用压力机加工小型工件时，可以手动或脚踏操作，有时也可利用动力操作，通常采用机械或液压方式驱动，可达到较高的生产率。

生产一个零件的时间是压力机滑块一次行程所需的时间再加上上料/下料时间或进料时间。如果使用电动压力机的话，单件加工时间可能不到1s。

压力机可执行很多操作，包括落料、冲孔和弯曲。落料用于生产外部形状，如垫圈外径。冲孔用于生产内部形状，如垫圈上的孔。弯曲（本文主要指简单弯曲）仅限于金属板一个面上的直弯。

17.1 压力机

17.1.1 飞轮压力机

小型工件的落料、冲孔和弯曲等压力较小、生产率要求不高的场合可以使用螺旋压力机。

图17.1所示为手动台式飞轮压力机。机身为具有刚性比例的C形铸件，该造型设计用于抵抗冲压操作期间的作用力。C形提供了足够的入口深度（入口深度是从滑块中心到铸件内表面的距离），能适应各种工作尺寸。铸件的底部形成了连接模具的底座。铸件的顶部带有螺纹，可接受多头方螺纹螺钉，该螺钉在其顶端承载手柄，在其底端承载滑块。螺钉顶端安装了一个可调螺纹环，可将其锁定在所需位置，以避免操作过程中螺钉过度移动。滑块包含一个孔和一个夹紧螺钉，用于定位和固定凸模。手柄的水平部分装有球块，当需要更大的力时，球块会产生飞轮效应。这些球块安装在尖头上，当需要较小的力时，可以移除其中一个或两个。

当操作时，抓住垂直手柄并将其部分旋转，通过多头螺纹使滑块形成一种垂直运动。此时，安装于滑块和底座上并相互准确对齐的凸模和凹模即可执行所需的冲压操作。

飞轮压力机可以轻松快速地进行一系列落料、冲孔和弯曲操作，手工操作的灵敏度经常比电动压力机还要高。此类压力机也可用于将定位销和钻套压入各种工具的类似操作。由于是手工操作，所以生产率较低。

图 17.1　飞轮压力机

17.1.2　电动压力机

电动压力机适用于需要高生产率的地方。电动压力机可通过其机架的设计及其承载能力来识别，即工作时能够传递的最大力，如 500kN（50t）。动力来源可以为机械或者液压。不同类型的压力机有不同的承载能力，如何选择取决于操作的类型、操作所需的力及所用工具的大小和类型。

电动压力机的主要类型之一是前开式或间隙式框架压力机，其可能是固定或可倾斜形式。可倾斜式的特点是能够让成品在重力作用下从背部自行脱落。图 17.2 所示为机械前开式固定压力机。所示型号的承载能力为 1000kN（100t），每分钟工作 60 次（为便于观察，所示型号没有安装防护装置）。开放式设计的目的是让工具易于使用，可从任意一侧或前部操作压力机。

前开式压力机会受限于可以施加的力。较大的力会使框架弯曲，从而使滑块和底座之间形成间隙。在大承载能力压力机的底板和机架顶部之间安装拉杆，可以克服这种弯曲，如图 17.2 所示。

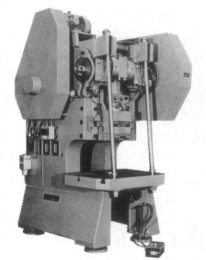

图 17.2　机械前开式固定压力机

随着压力机承载能力的增加，有必要增加其框架的强度和刚度——原因如上所述。另一种主要的电动压力机——直边压力机或立柱压力机，因为其侧架在垂直方向上承受了较大的力，因此采用了强化方式。图 17.3 所示为 3000kN（300t）承载能力的机械直边压力机。

直边压力机为获得机架刚度而牺牲了适应性和便利性，最适合在重型金属和大型表面上工作。由于两侧被侧框封闭，只在前、后开放，所以这些压力机只能从前面操作。

1. 机械压力机

机械压力机的能量来自电动机驱动不断旋转的飞轮。飞轮通过离合器与曲轴相连，离合器可设置为连续行程或单行程两种模式。在单行程模式下，离合器在每个行程结束时自动分离，如果操作人员不将其激活，压力机不会重新起动。连杆一端与曲轴相连，另一端与滑块相连。滑块位置可以调整，在某些压力机中，行程长度也可以通过曲轴上的偏心装置进行调整。压力机上安装的制动器可使曲轴停在正确位置。

机械压力机在滑动行程底部时力最大。在落料和冲孔操作中，加工操作是在非常接近行程底部的位置完成的。然而，如果零件需要先落料，然后沿着行程再执行弯曲等进一步向下移动的操作，其落料操作所需的力会小一些，这是因为落料操作是在距行程底部上方一定距离处执行的。例如，行程为120mm的500kN压力机在其行程的一半只能施加120kN的力。

2. 液压机

液压机的动力来自于操作滑块的高压液压泵。所施加的载荷完全独立于长度和行程，即可在行程的任何点施加全部载荷。施加的载荷由一个安全阀控制，该安全阀提供过载自动保护。同样，通过阀门也可以使滑块快速接近工件，然后在接触工件之前将其改变为较低的速度，从而延长模具的使用寿命，但仍能提供较快的工作速度，也可控制滑块进行快速转向。压力机配有确定这

图17.3 机械直边压力机

些控制装置有效位置的开关，因而可以通过加快模具设置速度和将实际工作行程保持在最小值来提高生产率。

液压机的运动部件数量很少，并且这些部件在加压油的流动中得到了充分润滑，因而降低了维护成本。与机械压力机相比，液压机的运动部件少且无须使用飞轮，从而降低了整体的噪声水平。

液压机比机械压力机行程更长，因此其模具在高度具有更大的灵活性。

图17.4所示为典型的100kN（10t）液压机。该型号滑块前进速度为475mm/s，冲压速度为34mm/s，回程速度280mm/s。图17.4中所示型号配备了由连续红外光幕操控的光幕防护装置。

图17.4 液压机

17.1.3 安全

电动压力机是工业领域所使用的最危险的机器之一，对操作人员和模具安装人员造成过许多严重的伤害，主要的伤害发生在装卸工件或安装机器的过程中，操作人员的手指和手因处于闭合的模具之间而被切断或挤压。

《工作设备使用条例，PUWER 1998》的主要目标是无论工作设备、年龄、状况和来源如何，都要确保所有工作设备（包括电动压力机）都不会对健康与安全造成风险。

虽然PUWER第四部分包含了对电动压力机的具体要求，但是雇主仍然必须遵守整个条例（见第1章）。

PUWER第四部分仅适用于机械动力驱动、带有飞轮和离合器的压力机，该压力机全部或部分用于金属加工。这些规定不适用于没有离合器机构的压力机（如气动和液压电动压力机）。

PUWER 规定的雇主责任包括：

1）电动压力机及其所有防护装置、控制系统和辅助设备（如自动送料系统）必须进行维护，确保不会将人员置于危险之中。

2）电动压力机的维护工作应安全进行，即在机器处于关闭和隔离状态，且由具有合格技能和知识的人员完成。

3）为"指定人员"提供培训，帮助他们履行职责。

4）向使用该工艺或监督和管理其使用的所有人员提供充分的健康与安全信息，以及适当的书面说明。

5）在开始使用压力机的每班或每一天后的 4h 内，或在模具设置或调整后，由指定人员进行检查和测试，并签署证书以确认压力机可以安全使用。

6）任何现有的维护日志应保持最新。

7）压力机和安全装置由合格人员按要求的时间间隔进行彻底检查。

在员工面临受伤风险之前，应识别潜在故障，并进行预防性维护。磨损或有缺陷的零件需要修理或更换，并且需要按照设定的时间间隔进行调校，以确保压力机能持续安全工作，尤其是那些在发生故障或性能退化时可能造成危险的零件，如制动器、离合器、防护装置和安全相关的控制系统零件。

每名雇主必须指定一人在以下时刻检查和测试每台压力机上的防护装置和安全装置：

1）开始使用压力机的每班或每一天后的 4h 内。

2）设置、复位或调整模具后。

被指定的人员必须受过充分的培训，有能力胜任该项工作。

指定人员必须在留存于每台机器旁的每日记录证书上签字，表明压力机适合使用。若没有签名证书，则不允许运行压力机。

在电动压力机首次投入使用之前，必须由合格人员对其进行彻底检查和测试，以确保压力机及其安全装置安装安全且操作安全。为了有能力检测缺陷或弱点，并评估它们对安全操作的影响，该人员需要具备足够的实践或理论知识及经验。

为确保健康与安全条件得到维护，每台有固定防护装置的电动压力机至少每 12 个月进行一次彻底检查，在其他情况下（如联锁防护或自动防护），至少每 6 个月进行一次彻底检查。

必须向雇主提供并由其保存一份经签署的彻底检查和测试报告。

17.1.4　电动压力机机构

离合器、制动器、连杆和飞轮轴颈等冲压机构，以及防护装置和防护机构，必须符合法规的要求。许多冲压操作涉及手动送料和卸下工件，必须尽一切努力确保这些操作可以安全完成，而不会存在操作人员的手在模具空间内时压力机被无意操作的风险。避免操作人员发生事故的最为显而易见的方法，就是模具的设计应确保操作人员无须将手指或手放在模具空间内就可以进行进给或移除作业。该设计通常可以通过提供送料机构来实现，这样可以确保操作人员的手处于模具工作区域外。

压力机的所有危险部位都必须加以防护，防护工作区域的主要方式有：

1）封闭式工具，模具的设计应确保手指没有足够的空间进入。

2）固定的防护装置，随时防止手指或手进入模具空间。

3）联锁防护装置，允许接近模具，但在防护装置完全关闭之前防止离合器接合——在循环完成、离合器分离和曲轴停止之前，防护装置无法打开。

4）自动防护装置，可在发生夹持之前将手推开或拉开。

5）光幕防护装置——由连续的红外线光幕操控，如果光幕破裂，机器将停止运转。

17.2 冲模设计

压力机床上使用的工具是凸模和凹模。凸模连接在压力机滑块上，并移动到凹模中，凹模固定在压力机底座上。在落料和冲孔中，凸模和凹模是所需毛坯和孔的形状，通过凸模穿过凹模来剪切金属。在弯曲过程中，凸模和凹模被制成所需的弯曲形状，而且不会进行切割。无论哪种情况，凸模和凹模必须完全对齐。凸模和凹模的完整组合称为冲压模具。

17.2.1 落料和冲孔

在落料和冲孔操作中，工作材料放置在冲压模具中，通过凸模和凹模相邻的锋利边缘间的剪切作用而被切割。当凸模下降到材料上时，材料表面发生初始变形，随后两侧开始断裂，如图 17.5 所示。当材料达到抗拉极限时，便会发生破裂并完全断裂。

该操作产生的侧壁形状虽然不像机加工操作中那样笔直，但图 17.6 中显示的形状还是被大大夸大了。确切的形状取决于凸模和凹模之间间隙的大小。间隙过大会导致大角度断裂和大毛刺，而间隙过小则会导致刀具过早磨损和刀具断裂的风险。

凸模和凹模之间的间隙以每侧加工材料厚度的百分比来表示。根据给定的落料或穿孔操作来准确确定间隙，会受所需切边的特性及工作材料厚度和性能的影响。表 17.1 所示的冲模设计典型间隙值仅供一般性参考。

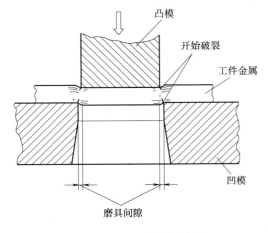

图 17.5 凸模和凹模的剪切作用

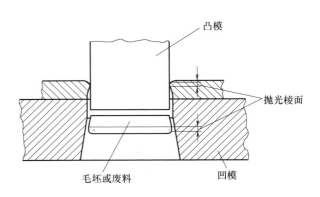

图 17.6 剪切边的特点

表 17.1　冲模设计典型间隙值

加工材料		每边间隙（工件厚度的%）	加工材料		每边间隙（工件厚度的%）
低碳钢		5～7	磷青铜		3.5～5
铝合金		2～6	铜	退火	2～4
黄铜	退火	2～3		半淬火	3～5
	半淬火	3～5			

　　在落料和冲孔操作中，凸模确定孔的尺寸，凹模确定坯料的尺寸。因此，如果在冲孔时需要精确的孔尺寸，则凸模应达到所需的孔尺寸，并在凹模上留出间隙，如图 17.7a 所示。相反，在落料过程中，如果需要精确的毛坯尺寸，则将凹模制成所需的毛坯尺寸，并在凸模上留出间隙，如图 17.7b 所示。因此，冲孔时冲出的材料为废料，落料时留在凹模中的材料为废料。

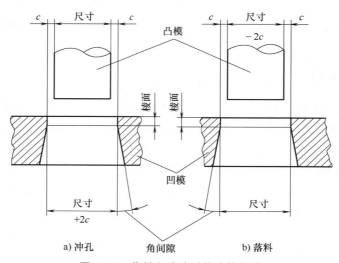

a) 冲孔　　　　　角间隙　　　　b) 落料

图 17.7　落料和冲孔时的冲模间隙

17.2.2　例 17.1

　　要求用 2mm 厚的低碳钢生产直径 50mm 的毛坯，如果间隙取 6%，则
凹模直径＝毛坯直径＝50mm
每边间隙＝6%×2mm＝0.12mm
故直径间隙为 2×0.12mm＝0.24mm
凸模直径应小于凹模直径，因此凸模直径＝50mm−0.24mm＝49.76mm

17.2.3　例 17.2

　　要求在 1.5mm 厚的铜料上冲出直径 20mm 的孔。如果选择 4%的间隙，则
凸模直径＝孔的直径＝20mm
每边间隙＝1.5mm×4%＝0.06mm
故直径间隙为 2×0.06mm＝0.12mm

因此，凹模直径比凸模直径大一个直径间隙：

凹模直径 = 20mm + 0.12mm = 20.12mm

为了防止凸模冲出的毛坯或废料卡在凹模中，通常在如图 17.7a 所示的凸模切削刃处提供一个角间隙。如此，工件就可以通过凹模和底板上的孔落入料仓中。可以在凹模顶面上设置一个宽度约为金属厚度两倍的棱边，并通过对其进行多次重磨以保持切削刃锋利。

17.2.4 脱模

凸模在落料或穿孔操作中进入加工材料时，会与材料紧密配合在一起。要在不把材料与凸模一起提升的情况下取出凸模，则必须提供一种在凸模向上收回时保持材料的方法。这种方式称为脱模，可以通过固定脱模器或弹簧式脱模器实现。

如果加工材料呈条状且穿过凹模顶部进给时，使用固定脱模器，如图 17.8 所示。此时，脱模器是一个用螺栓拧到凹模顶部的脱料板，包含一个供凸模穿过的孔。当凸模处于向上返回行程时，脱料板会阻止材料抬升，并将其从凸模上剥离。

如果加工材料不是条状，必须手动加载到凹模中时，应使用弹簧垫式脱模器，如图 17.9 所示。脱模垫安装于凸模前部，通过弹簧将材料固定在凹模表面，并在操作过程中保持平整。脱模螺栓将脱模垫固定到位。当凸模处于向上返回行程时，脱模垫将材料固定在凹模上，并将其从凸模上剥离。

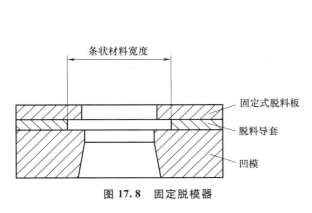

图 17.8　固定脱模器

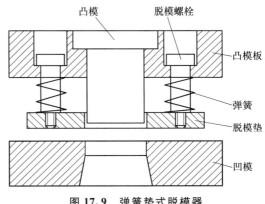

图 17.9　弹簧垫式脱模器

17.2.5 弯曲

本文所述弯曲仅指简单弯曲，仅限于在一个平面穿过加工材料的直弯曲。在弯曲操作中，不会进行金属切割，而是将前文所述已切割的材料放置在凸模和凹模之间，并施加力形成所需弯曲。

金属带材或板材应尽可能以横过材料晶粒而不是沿着晶粒的方向弯曲。晶粒的方向是在轧制过程中形成的，通过横过其方向进行弯曲，可以降低材料开裂的可能性。保持尽可能大的弯曲半径也会减少材料断裂的倾向。

弯曲的位置不应靠近孔，因为孔可能会被拉成椭圆形。一般认为，从弯曲中心到孔边缘的距离应至少为加工材料厚度的 2.5 倍。

在弯曲操作中，必须计算毛坯在弯曲前的长度。任何弯曲的金属都会在弯曲的外部拉伸、内部压缩。在内外面之间的某个点，通过该点的层长度保持不变，该点所在的轴称为中性轴。对于弯曲半径超过材料厚度两倍的弯曲，可以假设中性轴位于材料厚度的中心，如图 17.10a 所示。对于弯曲半径小于材料厚度两倍的比较尖锐的弯曲，中性轴向内表面移动。在这种情况下，从中性轴到内表面的距离可以假定为材料厚度的 0.33 倍，如图 17.10b 所示。

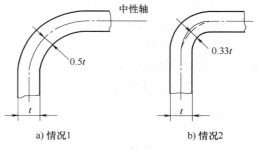

图 17.10　中性轴的位置

毛坯的长度由通过计算弯曲半径两侧平直部分的长度加上弯曲半径的伸长长度（称为弯曲余量）来确定。

17.2.6　例 17.3

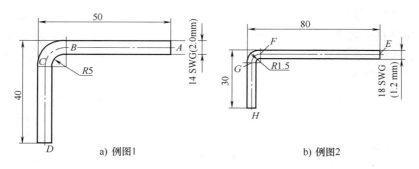

图 17.11　弯曲例图

确定图 17.11a 中直角架的毛坯长度。

$AB = 50\text{mm} - $ 内径 $-$ 材料厚度 $= 50\text{mm} - 5\text{mm} - 2\text{mm} = 43\text{mm}$

$CD = 40\text{mm} - 5\text{mm} - 2\text{mm} = 33\text{mm}$

由于弯曲半径大于材料厚度 t 的两倍，我们可以假设内表面到中性轴的距离为 $0.5t$。

中性轴半径 $= 5\text{mm} + (0.5 \times 2\text{mm}) = 6\text{mm}$

因为它是一个 90° 的弯曲，BC 等于半径 R 为 6mm 的圆周的 1/4，

$$BC = \frac{2\pi R}{4} = \frac{\pi R}{2} = \frac{6\pi}{2}\text{mm} = 9.4\text{mm}$$

毛坯长度 $= 43\text{mm} + 33\text{mm} + 9.4\text{mm} = 85.4\text{mm}$

17.2.7　例 17.4

确定图 17.11b 中直角架的毛坯长度。

$EF = 80\text{mm} - 1.5\text{mm} - 1.2\text{mm} = 77.3\text{mm}$

$GH = 30\text{mm} - 1.5\text{mm} - 1.2\text{mm} = 27.3\text{mm}$

由于半径小于材料厚度 t 的两倍，我们可以假设从内表面到中性轴的距离为 $0.33t$。

中性轴半径 $R = 1.5\text{mm} + (0.33 \times 1.2\text{mm}) = 1.9\text{mm}$

$$FG = \frac{\pi R}{2} = \frac{1.9\pi}{2} = 2.98\text{mm} \approx 3\text{mm}$$

毛坯长度 = 77.3mm + 27.3mm + 3mm = 107.6mm

弯曲操作中必须考虑的另一个因素是回弹量。被弯曲的金属保留了一些原来的弹性，因此在凸模被移除后会有一些弹性恢复，这就是所谓的回弹。在大多数情况下，可以通过过度弯曲来克服回弹，即将金属弯曲到更大的程度，就能使其回弹到所需角度（参见17.3.3节）。

17.2.8 模架

凸模被固定在凸模板上，其最简单的形式是一个台阶，如图17.12所示。该台阶可防止凸模在操作过程中从凸模板中拉出。

为了确保在压力机中完美对准，凸模板和凹模被固定在模架中。标准模架可采用钢或铸铁，典型示例如图17.13所示。顶板带有一个插口，位于压力机滑块中并固定于此。垫板包含用于夹紧压力机底板的槽。垫板有两个导向销，顶板在导向销上通过球衬套上下滑动，这样既可减少摩擦，又能确保两个零件之间位置准确。

凸模板固定在顶板的底面上，凹模固定在垫板上，因此凸模和凹模能准确对齐。

模架作为一个完整的独立组件安装在压力机中，可以根据需要经常拆卸和更换，且始终保持凸模和凹模的精确对准。因为更换时会将整个模架拆除，并被另一个带有用于不同零组件加工的凸模和凹模的模架完整替换，所以更换时间很短。

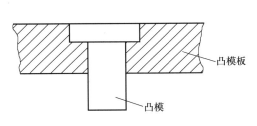

图 17.12　凸模在凸模板中的位置

图 17.13　标准模架

17.3　落料、冲孔和弯曲

17.3.1　简单落料

如前所述，落料是将金属板材加工成外部形状的操作。该操作最简单的形式只需要一个凸模和一个凹模。

对于以手动方式进行送料的带材的简单下料，冲压模具由一个顶部连接脱料导套和脱料板的凹模。凹模固定在凹模固定板中，其布局如图17.14所示。

为帮助进行设置和后续操作，需要一些挡块。在设置时，将滑动挡块推入，并用手将加工金属条推到挡块上，如图17.15a所示。凸模下落冲出第一个毛坯，然后毛坯从凹模开口落下并穿过底板。在向上返回冲程中，加工材料由脱料板从凸模上剥离。然后，滑动挡块缩回，加工材料被推到位于下料操作所产生的孔中的固定挡块，如图17.15b所示。这将使毛坯之间间距保持不变。然后凸模下降，冲出另一个毛坯；凸模再升起；金属带料靠着固定挡块向前移动；然后重复操作。因此，每次凸模下降时都会冲出毛坯。

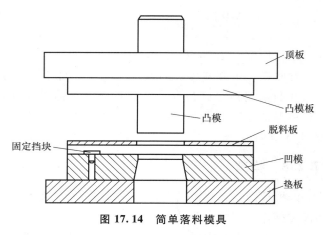

图17.14　简单落料模具

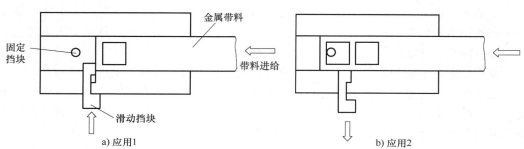

图17.15　挡块在简单落料中的应用

17.3.2　冲孔落料

如果所需工件既有外部形状也有内部形状（如垫圈），则可以使用相同的冲压模具完成两个操作，即冲孔和落料。这种类型的冲压模具称为连续模具。

其原理与简单落料相同，但凸模板上装有两个凸模——一个用于落料，一个用于冲孔——凹模中有两个所需形状的孔，如图17.16所示。加工材料同样是条状且手动进料。

需要两个滑动挡块进行设置。将第一个滑动挡块推入，并将加工金属条推到其上，如图17.17a所示。凸模下降，第一个工件被穿孔。然后升起凸模，缩回第一个滑动挡块，推入第二个滑动挡块，并将加工材料推到其上，如图17.17b所示——同样保持不变的间距。在该阶段，已经冲好的孔现在位于下料凸模下方。凸模再次下降，下料凸模产生一个完整的工件，同时另一凸模完成冲孔。第二个滑动挡块被取出，加工材料现在紧靠固定挡块向前移动，如图17.17c，再次将已经冲好的孔定位于下料凸模下方。然后重复该操作，这样可在压力机的每个冲程中生产出一个完整的工件。

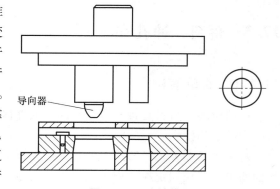

图17.16　连续模具

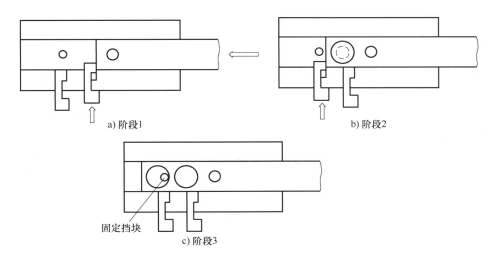

a) 阶段1

b) 阶段2

固定挡块

c) 阶段3

图 17.17　利用挡块冲孔并落料

通过在落料凸模上安装导向器，可以获得更高精度的工件内外轮廓（见图 17.16）。在这种情况下，固定挡块用于近似定位，这样设计的目的是当导向器进入已经冲好的孔时，加工材料可稍微远离固定挡块。

17.3.3　弯曲

常用的弯曲方法有两种，一种是 V 形弯曲，另一种是侧面弯曲。

V 形弯曲模具包括 V 形凹模和楔形凸模，如图 17.18 所示。将要弯曲的金属放置在 V 形凹模顶部——进行适当定位以确保弯曲处于正确位置，并将楔形凸模压入 V 形块中。为应对回弹，楔形凸模的角度要小于成品所需的角度。该角度需根据经验确定。例如，对于低碳钢来说，88°的角度通常足以使金属回弹至 90°。

侧弯模具要比 V 形弯曲中使用的模具更加复杂，但弯曲精度更高。将要弯曲的金属放置在凹模顶部，并推到导向块上，导向块决定了弯曲侧边的长度。如果侧边长度较短，可以使用定位销。当凸模板下降时，压板在凸模之前接触金属表面，并在凸模形成弯曲时将其固定在凹模上。导向板防止凸模在弯曲过程中从被加工材料上脱开，并帮助凸模在凹模侧面压平材料，从而防止回弹。这种模具的布局如图 17.19 所示。

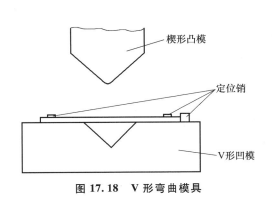

楔形凸模

定位销

V 形凹模

图 17.18　V 形弯曲模具

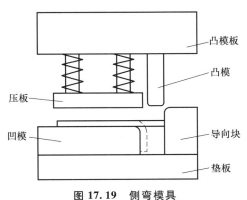

凸模板

凸模

压板

凹模

导向块

垫板

图 17.19　侧弯模具

17.4 落料排样

如果要从带材中进行零件落料，必须将毛坯在带材内进行合理排样，通过最小化废料来获得经济最大化。最终的排样将决定金属带的宽度，进而决定冲压模具的总体设计和尺寸。

排样可能会受到后续操作（如折弯）的影响。在这种情况下，有必要考虑如前面所述的晶粒流动方向。

同时还需要考虑毛坯之间、毛坯与带材边缘之间的最小距离——这个距离必须足够大，以便在落料期间支撑带材。距离不足会导致金属带变形或断裂，从而导致送料故障。实际距离取决于多种因素，但就本书所讲而言，其距离等于工作材料厚度便可。

材料利用率可以通过零件面积除以生产中使用的带材面积来计算，并用百分比表示。使用的带材面积等于带材宽度乘以进给距离。较为经济的排样应该至少达到75%的材料利用率。

由于形状不同，有些工件很容易排样，而有些则不那么容易。

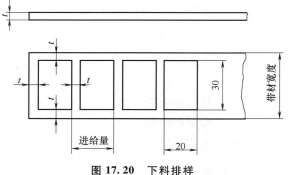

图 17.20　下料排样

如果用 14SWG（2.0mm）材料制作一个 30mm×20mm 的毛坯，则可以简单地沿直线进行排样，如图 17.20 所示。

由于工件材料厚度为 2mm，故假定毛坯之间、毛坯与边缘之间的距离为 2mm；因此，

带料宽度 = 30mm+2mm+2mm=34mm

为了产生一个毛坯，带料在压力机的每个冲程必须进给的距离为 20mm+2mm=22mm

$$材料利用率 = \frac{工件面积}{可用料带面积} \times 100\%$$

$$= \frac{工件面积}{带宽 \times 进给距离} \times 100\%$$

$$= \frac{30mm \times 20mm}{34mm \times 22mm} \times 100\% = 80\%$$

现在考虑图 17.21 所示的毛坯，由 19SWG（1.0mm）材料制成。一种可能的简单排样如图 17.22a 所示。该排样要求带料宽度为 32mm，进给量为 31mm，允许毛坯之间、毛坯与带材边缘之间的间距为 1mm。

因此，每个毛坯使用的带材面积为 32mm×31mm=992mm^2。

毛坯面积 = 675mm^2

$$材料利用率 = \frac{675mm^2}{992mm^2} \times 100\% = 68\%$$

图 17.22b 显示了将毛坯翻转 45°的另一种排样。该排样中，带料宽度为 45mm，进料 23mm。因此，每个毛坯使用的带材面积为 45mm×23mm=1035mm^2

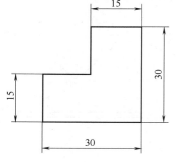

图 17.21　毛坯

毛坯面积 $= 675\text{mm}^2$

材料利用率 $= \dfrac{675\text{mm}^2}{1035\text{mm}^2} \times 100\% = 65\%$

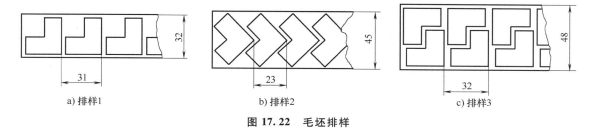

a) 排样1   b) 排样2   c) 排样3

图 17.22　毛坯排样

另一种排样如图 17.22c 所示，毛坯呈交替模式布置。这会形成 48mm 的带料宽度和 32mm 的进料长度，在这种情况下会冲出两个毛坯。因此，每个毛坯的进给量是这个量的一半，即 16mm。因此，每料块使用的带材面积为 48mm×16mm＝768mm²。

毛坯面积 $= 675\text{mm}^2$

材料利用率 $= \dfrac{675\text{mm}^2}{768\text{mm}^2} \times 100\% = 88\%$

这种排样可以最为经济地使用材料，因此是最佳选择。不过在这种排样下，料带必须两次通过模具进行加工，第一次通过模具加工下面一排毛坯，然后带材调头再次通过模具加工另外一排毛坯。

复　习　题

1. 前开式压力机的缺点是什么？如何克服？
2. 请列出四种用于防止操作人员接触电动压力机危险部件的保护措施。
3. 说明使用手动螺旋压力机的主要好处。
4. "冲压"术语的含义是什么？
5. 电动压力机最适合什么类型的生产过程？
6. 说出执行落料操作所需模具的两部分名称。
7. 说明液压力机的四个特点。
8. 分别陈述落料及冲孔操作时需要哪种模具间隙，及其原因。
9. 解释标准模架的用途。
10. 解释落料及冲孔中对带材进行毛坯排样的重要性。

第18章

熔模铸造、消失模铸造及壳型铸造

如果需要获得比砂型铸造更高的制造精度，可采用熔模铸造、消失模铸造和壳型铸造，尤其是复杂的小型铸件和难以对材料进行加工的铸件。这几种工艺中的模具和砂型铸造一样，都是消耗性的，与砂型铸造相比这些工艺通常被称为"精密铸造"。

因为所用设备和材料比砂型铸造昂贵，所以只有大批量生产才经济可行。然而，由于这些工艺能够形成较高的尺寸精度和表面粗糙度，从而减少或消除后续加工操作，所以这些节省的成本可以抵消小批量生产时所需的较高成本。

任何可被铸造的金属都可以通过这些方法进行铸造，当然只有用于铸造那些用其他方法难于成型的金属时才能发挥其最大优势。英国标准 BS 3146 规定了熔模铸造用金属的规范。

18.1　熔模铸造

熔模铸造工艺（也称为失蜡铸造）是最古老的铸造工艺之一，已经实践应用了数千年。如今，该工艺使用高度复杂的工厂、设备，以及从高温镍基或钴基合金（被称为"超级合金"）到有色金属铝和铜合金等各种各样的材料，用来生产用途广泛的产品。

该工艺首先要制造所需形状的可消耗蜡模，然后涂上耐火材料制成熔模，并让其干燥。然后加热熔模，熔化蜡并让其流出，从而产生一个称之为型壳的空腔。在浇铸金属填充型壳之前，还要进一步对其加热。当熔化的金属凝固时，打破耐火材料型壳、释放铸件。把铸件从浇道上切下，并按照要求进行修整或抛光。

消耗性蜡模的形状和尺寸与所需铸件的形状和尺寸完全相同，用分体式蜡模模具生产，为模型收缩和凝固过程中的铸件收缩留有余量，如图18.1所示。蜡在压力下以可塑状态注入模型模具，并快速固化，然后将其从模型模具中弹出，如图18.2所示。可将预成型的陶瓷或水溶性型芯置入蜡模中，用于生产需要空心或复杂内部形状的铸件。当蜡模较小时，多个蜡模通过热焊接连接到蜡模浇口和冒口系统，从而形成便于铸造的蜡模组件，如图18.3所示。

图 18.1　分体铝模及其所制蜡模

图 18.2　取出蜡模

图 18.3　用蜡模制作浇冒系统

模型模具由各种材料制成，所用材料取决于所需的蜡模数量、复杂性和所需的尺寸精度。所用的模具材料包括铸造用低熔点合金、环氧树脂和铝合金。

现有技术可以依据 3D CAD 数模直接生成蜡质的三维模型，从而为使用熔模铸造工艺开发新产品提供了最佳途径。该方法所用时间仅占用传统方法生产模型或模具所需时间的一小部分。

已完成的蜡模组件首先会被浸在颗粒极细的陶瓷浆料中，得到一层基础涂层或熔模，并形成一个完整的整体模具，如图 18.4 所示。第一层涂层非常重要，因为它决定了铸件的表面粗糙度和最终质量。当基础涂层干燥后，应涂覆第二层熔模或支撑涂层，从而将型壳构建至所需厚度。这是通过将其连续浸入浆料中，然后涂上干燥的粒状耐火材料或大颗粒的灰泥来实现的——这一过程被称为"撒砂"。一个完整的外壳由六到九层这样的支撑层组成，每层之间均需干燥，最终厚度约为 6~12mm。

在蜡模周围形成外壳并干燥后，将其加热到大约 150℃ 进行脱蜡，蜡流出后在型壳内留下所需的型腔形状，如图 18.5 所示。然后在大约 1000℃ 火烧型壳，使其达到最大机械强度，然后把铸造金属浇入其中，并尽快把型壳从燃烧炉中取出。

熔模铸造可以在空气、惰性气体或真空中进行。真空铸造是铸造镍基和钴基"超级合金"的首选，其不仅可以避免合金污染，还可以确保模具能得到完美填充，并减少铸造后部件的氧化。

图 18.4　蜡模组件浸浆

图 18.5　型壳脱蜡

当铸造金属凝固时，打破模具释放铸件，如图 18.6 所示，将这些铸件从其浇道上切下。然后，通过打磨、使用移动砂带进行精加工或蒸汽喷砂（松散磨料在压力下被压到表面上）等方式对铸件进行精加工。最后使用苛性碱溶液去除铸件中的所有型芯。

典型的熔模铸造零件如图 18.7 所示。

图 18.6　从铸造金属中去除耐火材料

图 18.7　典型的熔模铸造零件

熔模铸造的尺寸精度取决于蜡模收缩、型壳膨胀和收缩及铸造金属的收缩。一般来说，相对较小的铸件可以达到 ±0.13mm/25mm 的公差。通过熔模技术将蜡模的良好光洁度转移到型壳型腔表面，可以获得与机械加工相当的表面粗糙度。

大多数熔模铸件质量在几克到十千克之间，最高可以生产高达 150kg 的铸件。在生产过程中，薄壁厚度可以达到 1.5mm，甚至更薄。

虽然这种工艺可以用于制造原型铸件，但其生产数量主要还是在 50～50000 件。

目前已开发出了一种称为反重力低压空气熔融（CLA）的铸造工艺专利，该工艺在金属浇注阶段之前都与上述常规工艺相同。

一旦完全干燥的型壳脱蜡并烧至 1000℃，就将其放置在铸造室中并密封。然后将铸造室放置到位，并朝着熔炉和熔融金属垂直下降，使其开口颈部位于液面下方，如图 18.8 所示。然后向铸造室施加真空，迫使熔融金属进入型壳，并以一致且均匀的速率进行填充。达

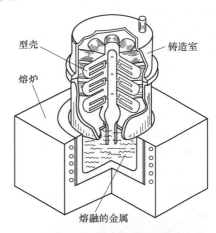

图 18.8　熔炉中的铸造室

到预定周期后，释放真空，留下完整的固化铸件，同时允许仍处于熔融状态的金属经流道返回熔炉，用于填充下一个模具。

与重力浇注相比，这种真空技术有许多额外的优点。

1）厚度最低可达 0.4mm。

2）由于流道内的金属可返回炉内，所以使用的金属较少。

3）在铸造时，由于熔化的金属不与大气接触，故可以避免氧化。

4）因为金属是从熔渣线之下抽出，所以非金属夹杂物存在的可能性降低。

5）铸造温度大大降低，从而能够形成更细的晶粒结构，获得优异的力学性能。

6）熔化的金属总是以恒定的速率进行填充，消除了铸造过程中的不一致性。

18.1.1 熔模铸造的优点

1) 较高的尺寸精度和较低表面粗糙度值。

2) 复杂细节的精确再现。

3) 几乎无限的设计自由，可以生产复杂的外部和内部形状。通常可以用单个铸件代替子装配体。

4) 可以铸造其他方法很难，甚至不可能加工的金属。

5) 减少或消除精加工或机加工操作，尤其是难加工金属，从而节省材料和机加工成本。

6) 生产批量可以相对较小，也可以很大。

7) 较高的生产效率。

18.1.2 熔模铸造用金属

熔模铸件可由范围非常广泛的黑色金属和有色金属制成。

黑色金属包括低合金钢、碳钢和工具钢，以及耐腐蚀和耐热钢。有色金属包括铝和锌合金及铜基合金、黄铜、青铜器和炮铜。

18.2 消失模铸造

消失模铸造工艺起源于 1958 年，但由于该工艺受相关专利保护，因此其早期发展受到了一定限制。在 1980 年左右专利到期后，才得到了自由开发。1990 年后，消失模铸造工艺得到了快速发展，并在技术和商业上取得了成功。

消失模铸造工艺首先要制作具有成品金属零件形状的泡沫模型。泡沫模型由聚苯乙烯珠制成，其大小和形状与砂粒相似，使用铝模具将其膨胀至所需形状。通过将多个泡沫模型黏在一起，可以创建更复杂的形状。然后将模组连接到中心泡沫件或树形结构上。根据大小，可以在一个树形结构上连接多个泡沫模型。

经过短时间的稳定期后，将完成的泡沫模型浸入耐火材料中进行加固，该耐火材料会覆盖泡沫模型，并留下一层薄薄的耐热层，然后进行风干。这种陶瓷涂层也为成品铸件提供了良好的表面粗糙度。

干燥完成后，将涂层泡沫悬浮在一个钢制容器中，对该容器进行振动，同时将不含黏合剂或其他添加剂的传统绿砂倒在涂层模型周围，为薄陶瓷层提供机械支撑。在灌砂操作过程中，振动会使模型表面附近的一层沙子流态化，以确保填充所有空隙并支撑形状，同时将整个沙子压实。

当沙子压实后，熔融金属被倒入模具，泡沫因高温而燃烧和蒸发，因此熔融金属取代了泡沫模型，完全复制了原始模型的所有特征。与其他熔模铸造方法一样，每生产一个新铸件，都必须制作一个新的模具；因此得名为消失模铸造。

凝固后将容器翻倒，未黏合的砂会与铸件一起流出。因为没有黏合剂或其他添加剂，型砂是可回收的。然后对铸件进行进一步的操作，如拆除浇冒口，进行机械加工、热处理等，类似于其他铸造工艺。

一般来说，所有黑色金属和有色金属都可以使用这种方法铸造，但由于可能会产生积碳，因此不适用于低碳钢和中碳钢。由于泡沫模型必须分解才能生产铸件，因此通常需要高于540℃的金属浇注温度，这也限制了低温金属的铸造。

消失模铸造的特点：

1) 设计自由度高，可生产复杂的形状。

2) 无飞边。

3) 不需要型芯。

4) 可以使用较小的拔模角度。

5) 可以达到很小的尺寸公差。

6) 使用干燥的、可重复使用的无黏结型砂。

7) 生产率高。

8) 无须机械加工。

9) 只需最少的精加工工序，如抛丸、研磨。

10) 昂贵的模具费用使其不适合长期生产。

该工艺用于汽车行业的气缸盖、发动机缸体、曲轴和排气歧管的生产，以及电气行业的电动机框架，还有自来水阀等其他产品。

18.3 壳型铸造

壳型铸造工艺使用薄的、消耗性的模具或"外壳"，该外壳由细二氧化硅或锆石砂制成，并用热固性树脂黏合。型砂的细度会影响成品铸件的表面。

外壳是通过将要铸造形状的金属模型加热到约230～260℃的温度，并用砂和树脂混合物覆盖而制成。这是通过将加热模型定位在翻斗的开口端来实现的，翻斗安装在耳轴上，耳轴包含砂和树脂混合物，如图18.9a所示。当翻斗倒置时，混合物落在加热的模型上，该模型通过一层约10mm厚的砂子融化树脂，如图18.9b所示。然后，翻斗返回其垂直位置，多余的混合物落回翻斗，留下一层用树脂黏结型砂覆盖的模型。然后通过进一步加热使该层或外壳硬化或"固化"，然后再从模型中移除。最后借助起模杆移除外壳，推动起模杆将外壳从模型中提起，如图18.9c所示。

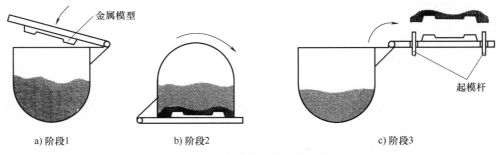

a) 阶段1　　　　b) 阶段2　　　　c) 阶段3

图18.9　壳型铸造的各个阶段

适用于壳型铸造的模型可以由任何能够承受约400℃的烘箱温度并向成型材料传热的材料制成。使用最广泛的材料是铸铁和钢。这些金属模型比湿砂型铸造使用的木质模型昂贵，因此，为了经济起见，该工艺使用批量较大的铸件——很少少于200件。

当制造完整模具所需的外壳固化后，将它们放在一起固定住，并为金属浇注做好准备。然后可以立即使用或储存起来以备日后使用。

浇注前，大型的壳体必须进行一定的支撑，以避免熔融金属量过大而变形。

将熔融金属倒入准备好的外壳模具中，形成铸件，由于外壳的渗透性，空气和气体很容易逸出，铸件表面没有瑕疵。当铸造金属凝固后，拆开外壳，露出铸件。图18.10所示为金属模型、壳型、型芯及最终铸件。

与其他砂型铸造相比，壳型铸造通常可以生产出更精确、表面更光滑的小型铸件。它可以和铝的重力压铸相媲美，但不如压力压铸或熔模铸造。

图18.10　金属模型、壳型、型芯及最终铸件

在同一半模中，当最大尺寸为100mm时，精度可保持在0.25mm以内。对于穿过模具分模线的类似尺寸，预计精度约为0.4mm。这些精度通常不再需要机械加工操作，从而节省了成本。

光滑的表面为油漆上光提供了良好的基础，即使保持铸件状态不作处理，其外观也较好。

壳型铸造能以最小的锥度或拔模角度生产复杂的形状。通常0.5°~1°就足够了，而绿砂铸造则需要2°~3°。

虽然壳型铸造所用型砂比绿砂更贵，但由于外壳较薄，因此体积更小，这可以节省购买、储存和搬运的成本。

据估计，一个相对简单的壳型铸件的平均成本比用湿砂生产的同一铸件高10%~15%。然而，由于其具有更高的精度并能减少或消除机械加工操作，使用壳型铸件通常可以获得更便宜的最终成品零件。

壳型铸造工艺可用于生产任何可铸造金属的铸件。常用材料包括青铜、铝、镁、铜和铁合金。虽然模型和型砂相对昂贵，但与湿砂铸造相比，对于需要以合理大小的重复批次进行高精度和高清晰度铸造的复杂铸件，使用该工艺通常较为合理。

18.3.1　壳型铸造的优点

1) 可以完全自动化。

2) 与机械化湿砂铸造相比，投资成本更低。

3) 轻量化的模具易于搬运和存储。

4) 外壳在很容易在敲除阶段被打破。

5) 较低的精加工成本（如机械加工和修整）。

6) 比湿砂铸件表面粗糙度和尺寸精度高。

18.3.2　壳型铸造的缺点

1）浇注系统必须是模型的一部分，因此成本较高。

2）原材料相对昂贵（不过用量不大）。

3）铸件的尺寸和重量范围有限。

4）工艺过程会产生烟气，必须排气。

复　习　题

1. 壳型铸造过程中的消耗性模具由什么材料制成？

2. 说明消失模铸造的四个特点。

3. 简要描述失蜡铸造法。

4. 当使用消失模铸造时，使用何种方法能够强化泡沫模型？

5. 制作壳型铸造所用模型的材料要求是什么？

6. 简要描述消失模铸造。

7. 简述熔模铸造的四大优势。

8. 说明 CLA 铸造工艺相对于传统熔模铸造的四个额外优点。

9. 简要描述壳型铸造。

10. 对于相对较小的熔模铸造产品，预计会有什么样的公差？

第19章

压铸与金属注射成型

压铸是通过使用永久性金属模具或"压模"来生产铸件的工艺名称。之所以使用"永久性"一词，是因为模具可用于生产数千个铸件且无须更换，这与砂型铸造中使用的模具不同，砂型铸造中的每个模具都会被破坏以取出铸件。

压铸方法的核心在于其模具，该模具包含一个具有所需形状、用来填充熔融金属的腔。模具通常分为两部分，依据其形状的复杂性也可能有移动部件或"型芯"。

当两个半模牢固锁定在闭合位置后，熔融金属被引入模腔。熔化的金属凝固后，打开两个半模，取出或弹出压铸件，然后关闭半模，重复该操作生产下一个压铸件。如果使用全自动机器，该完整循环可以快速完成。

填充金属的过程被称为"压射"。不同压铸方法的区别在于其填充方式。

19.1 重力压铸

重力压铸是最简单、最通用的一种压铸方法。熔融金属被倒入模具中，利用重力确保模具型腔完全填满，其方式与砂型铸造相同。模具包含生产所需铸件形状的必要型腔和型芯，以及输送金属并允许空气和气体逸出所需的流道、浇口、冒口和排气口，如图 19.1 所示。除了模具外，几乎不需要额外的设备，模具安置在熔化金属的熔炉附近，可以用钢包直接从熔炉将金属转移至模具。

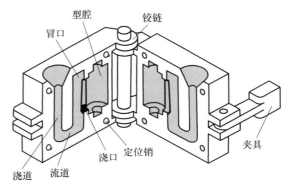

图 19.1 重力压铸

由于使用了金属模具，这种工艺可以无须更换而生产数千个铸件，因此比砂型铸造的铸件精度更高。制造重力压铸模具最常用的材料是细晶粒铸铁。所需的型芯通常由耐热钢制成。该工艺的模具比砂型铸造模具贵，但比高压压铸方法所需的模具便宜。

考虑到流道和冒口，所需材料的体积可能会达到实际铸件体积的两倍以上。尽管多余的金属可以回收，但在移除、修整铸件（或使用手持式研磨机打磨）及重熔所需能量方面仍然会造成浪费。

重力压铸的产量因铸件尺寸而异，最高可达 25 次/h，但与其他压铸方法相比，该工艺在操作和填充方面需要更多人力。对于生产批量为 500～2500 的铝合金、锌合金和铜基合金铸件，该工艺通常经济可行。根据工件尺寸的不同，可铸出的最小壁厚为 3～5mm，工件通常可达 23kg 左右，最重甚至可达 70kg。该工艺可实现 150mm 尺寸以内公差不大于 0.4mm，以及该尺寸以上每 25mm 公差不大于 0.05mm。

19.2 低压压铸

在低压压铸过程中，会将待铸造的熔融金属保持在坩埚中，在坩埚周围布置有保持金属熔融所需的加热元件。然后将坩埚和元件放入一个密封的压力容器内，该容器的顶盖是一根冒口管，其下端浸在熔融金属中。之后，低压空气（0.75～1.0bar）被引入熔融金属表面上方的坩埚中，迫使金属沿冒口管上升，并通过顶端流出。该顶端连接到模具的底部或模具的固定部分，其设计目的是在熔融金属进入时让空气逸出。当金属在风冷模具中凝固时，空气压力释放，冒口管中剩余的熔融金属下降。

接着，通过抬高（通常通过液压缸）连接模具上半部分或模具移动部分的移动压板来移除铸件。模具的移动部分被设计为凸形，因此金属收缩时铸件附着在这半部分上。当移动压板接近其行程末端时，起模机构上的撞销接触固定顶压板的底面，然后推动起模杆就可以将铸件从模具中释放。有时会使用脱料环来释放铸件，其原理相同。

然后翻转移动压板，关闭模具的两半部分，为生产下一个铸件做好准备。

图 19.2 所示为模具处于关闭位置时机器的示意图。

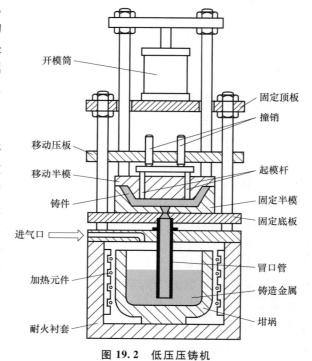

图 19.2 低压压铸机

这些模具比高压方法所用模具便宜，因为它们通常可以由铸铁制成，但有时比重力压铸更贵。机器的成本投入高于重力法，但低于高压法。

由于只需要一次进料，使用的金属较少，因此所需的修整（或修补）也更少。这使铸件变形很小，因此该工艺适用于大型扁平铸件的生产。由于熔融金属是在压力下引入的，而不是仅仅依靠重力来填充模具，因此用这种方法生产的零件可以比重力压铸的零件更轻、更薄。

虽然低压压铸不一定比重力压铸快，但它确实可以提供更致密的结构铸件，并有助于实现自动化，自动化操作时一个人可以操作多台机器，能提高人均产量。铸造围绕旋转轴对称的零件是使用这种工艺最理想的情况，所以可以用来制造车轮。对于批量大于1000的铸件而言，低压压铸经济可行。最常见的是铝合金铸件，其质量为5~25kg，也可以实现更大的尺寸。铸件最小壁厚为2~5mm。表面粗糙度和壁厚比重力压铸好，但比高压压铸差。

用这种方法也可以生产60kg以上的铸件。

19.3 高压压铸

用高压方法生产压铸件，主要使用两种类型的机器：热室压铸机和冷室压铸机。

19.3.1 热室压铸机

图19.3所示为该类机器的断面图。如图所示，装有熔融金属的熔炉和坩埚都在机器内部。

铸造循环从移动机器压板开始，其中一个半模固定在该压板上，通常由气缸向前推动，直到其锁定在固定机器压板上的另一个半模上。只有当模具完全锁定时，安全系统才允许压下柱塞。

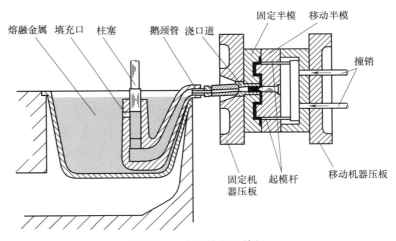

图19.3 高压热室压铸机

当柱塞被压下时，它会盖住填充口，从而防止熔融金属流回坩埚。熔化的金属被迫通过鹅颈管进入浇口道，并填充模具型腔。为了使空气能够从模具型腔中逸出，在模具表面的型腔中加工出称为"排气口"的小通道。这些排气口必须达到一定深度才能逸出气体，但也不能太深，防止金属从模具中脱出。通常，0.13~0.2mm的深度就足够了。

当填充模具时，柱塞返回"上部"位置，喷嘴中的熔融金属流回鹅颈管，压射缸通过填充口重新填充。

同时，模具中的熔融金属因模具温度较低而凝固。使用循环冷水可以使模具保持在正确的温度。

当柱塞到达"上部"位置时，触发解锁模具的机构，移动机器压板及其连接的半模被收回。模具构造时将凸模和型芯置于移动半模上，因此铸件收缩到移动半模时会随之一起脱开。

随着移动机器压板继续打开，起模板上的撞销轴承撞击机器上的起模块，使其向前推动起模杆，从而释放铸件。铸件通过机座上的开口落下滑槽，进入容器或淬火槽。然后关闭模具，重复该循环。

该循环可以以每小时 500 次的速度执行，如果使用高产压铸机速度会更快。

从机器中弹出的铸件称为"喷出物"，包含如图 19.4 所示的组件、浇口、流道和溢流槽。

"流道"是模具中的一个通道，熔融金属通过它填充模具型腔。该术语也适用于在该通道中固化的金属。"浇口"是金属从流道进入模腔的模具部分。

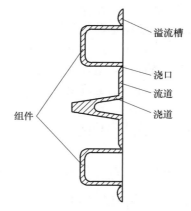

图 19.4　高压热室压铸机的喷出物

"浇道"是凝固在浇口衬套中与流道相连的金属。"溢流槽"是一个与模腔有入口相连的凹槽，以帮助生产优质铸件，并确保模腔完全填充。

浇口区和通往溢流槽区的金属被控制得很薄，这样便于轻松快速地把浇口和溢流槽从铸件上断开。其在铸件上的放置位置不得影响铸件成品的外观。

热室压铸机在 100bar 的压力范围内用于铸造锌合金的应用最为广泛。坩埚中的金属温度为 400~425℃，模具温度通常为 180~260℃，这应该是获得优质铸件的最低温度。铸件大小为 0.01~25kg。

由耐热钢制成的模具成本很高，该工艺对小批量制造来说不经济。为了使生产更经济，生产需求通常应为每年 2 万个或更多，不过这还取决于部件的复杂性，以及模具中是否可以包含一个以上的型腔。有多个型腔的模具称为多型腔模具。

该工艺可高度自动化，生产周期很短。铸件尺寸精确，且可以获得非常低的表面粗糙度值，只需很少甚至不需要后续加工。所制型材的厚度可以达到 1mm 甚至 0.5mm，这会使铸件更轻、所需金属更少。

19.3.2　冷室压铸机

图 19.5 所示为该型机器的断面图。与热室压铸机不同，铸造金属在远离机器的熔炉中熔化并保存。

与热室压铸机相同的是，它也是一个半模连接到运动固定机器压板上，另一个半模连接到移动机器压板上。

当模具在关闭位置锁定时，定量的熔融金属从保温炉进入压射缸。该操作通常手动完成，不过也可以实现自动化，使用的钢包大小与铸造所需的压射量大小相适应。柱塞通常通过液压缸向前推动，迫使熔融金属进入模腔，并在模腔

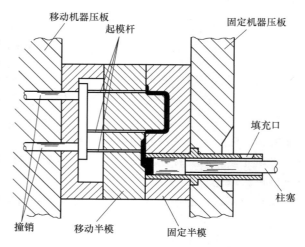

图 19.5　高压冷室压铸机

中快速凝固。金属所受压力为 350～3500bar。然后打开模具，通过起模机构释放铸件，其方式与热室机器相同。

　　然后柱塞收回，模具关闭，为下一个循环做好准备。其循环周期没有热室机器快。

　　这台机器没有浇道，因为其模具是安装在压射缸的末端。相反，不用于填充型腔的金属会保留在压射缸中，并在喷出物从模具中移除时附着在铸件上。这种附着在流道上的多余金属被称为残料，如图 19.6 所示。

　　冷室压铸机通常用于在 650～670℃ 温度下浇注的高熔点铝合金，以及在约 680℃ 温度下浇注的镁合金。

　　手动可以实现 80～100 次/h 的生产速度，但通过使用机械化金属进料系统，生产速度可以提高约 40%。

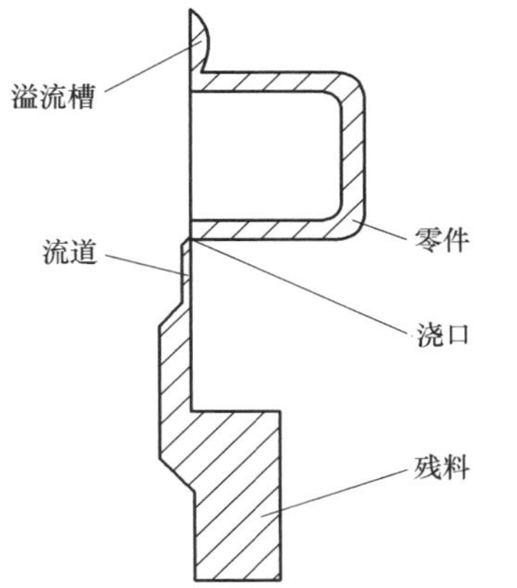

图 19.6　高压冷室压铸机的喷出物

　　含铝和铜的锌合金，通常为质量分数为 27% 的铝、质量分数为 2% 的铜和质量分数为 11% 的铝、质量分数为 1% 的铜，目前广泛用于要求一定强度、耐蚀性和无火花性能（如石油厂和地下）的薄壁复杂铸件的冷室压铸。

19.4　压铸金属

　　虽然钢的压铸技术已经得到了发展，但目前使用最为广泛的金属是那些熔点相对较低的有色金属合金。

19.4.1　锌合金

　　BS EN 1774 中规定了锌合金的名称。合金（采用数字表示）由表示锌合金的字母 ZL 和四个数字组成。前两个数字表示铝含量（质量分数），第三个数字表示铜含量（质量分数），第四个数字表示任何其他主要元素的含量（质量分数，如果小于 1%，则数字为 0）。合金对应有一个简化名称，见表 19.1。

表 19.1　锌合金

合金符号	合金数字	简化表示	合金符号	合金数字	简化表示
ZnAl4	ZL0400	ZL3	ZnAl8Cu1	ZL0810	ZL8
ZnAl4Cu1	ZL0410	ZL5	ZnAl11Cu1	ZL1110	ZL12
ZnAl4Cu3	ZL0430	ZL2	ZnAl27Cu2	ZL2720	ZL27
ZnAl6Cu1	ZL0610	ZL6			

　　ZL3 和 ZL5 是最适用的两种合金，它们除了铜含量（质量分数）不同外，其余成分相似。

　　ZL3 是一种通用合金，用于工程和汽车工业、家用设备和用具、办公设备、锁和玩具的热室高压压铸。它易于加工、抛光、上漆和电镀，可用于装饰和实用性功能。

　　ZL5 用于强度和硬度要求略高于 ZL3 合金的铸件。因为含铜，所以这种合金更加昂贵，因此其用途仅限于要求更高性能的应用。

锌合金很容易铸造，因为即使在相对较低的温度下，锌合金的流动性也非常强，这使熔融金属能够流动形成最复杂的形状，因而可以铸造薄片。

ZL3 在 382℃ 下固化，通常在 400~425℃ 的温度下铸造。由于模具不会受到反复高温冲击，因此相对较低的温度可以保持较小的公差，并延长模具寿命。

这些合金的铸造温度较低，因此特别适合与全自动、高生产率的高压热室机器一起使用。

锌合金具有良好的耐蚀性，因此压铸件在铸态下即可使用。然而，在腐蚀性特别强的情况下，可以使用铬酸盐处理或阳极氧化来增强防护。在需要功能性和装饰性饰面的地方，镀铬使用最为广泛，镀铬时第一层为铜、后续再镀几层镍和铬的效果最好。也可以使用油漆和塑料涂层等其他饰面。

锌合金具有良好的机械加工性能，尽管锌压铸件的制造公差很小，但在必要时也可以轻松进行机械加工。

19.4.2　铝合金

铝合金的主要优点是重量轻、导电性和导热性高。铝合金的密度约为锌合金的 40%，尽管其强度通常不如锌合金，但许多铝合金可以进行热处理进而获得接近的力学性能。不过，为了获得同等强度，铝合金铸件的截面厚度通常要更厚一些。

铝合金的熔化温度约为 600℃，铸造温度约为 650℃。由于所需的熔化温度较高，铝合金压铸件的公差低于锌压铸件，但其可在更高的工作温度下使用。

BS EN 1706 中规定了铝合金的成分。在压力铸造中使用最广泛的两种合金是 LM6 和 LM24。LM24 优良的铸造特性使其适用于大多数工程应用。LM6 的硅含量较高，因而当主要要求是高耐蚀性或需要薄而复杂铸件的情况下会优于 LM24，它也适用于重力压铸。其他铝合金如 LM5、LM9、LM25 和 LM27 可用于重力压铸，也可用于砂型铸造。

由于铝合金压铸件的公差带更宽，因此通常需要进行机械加工，才能获得可接受的尺寸精度。当机械加工时，使用传统机床和切削工具便可轻松进行，但铝及其合金相关的切削速度会更高一些。

铝合金压铸件的表面处理通常用于装饰目的，包括阳极氧化、喷漆和电镀，其中阳极氧化可以染出多种颜色。最为常见的电镀材料是铬，它包含了相当复杂的预处理，用来防止形成阻碍电镀金属与铝结合的氧化膜。

19.4.3　镁合金

镁合金是铸造金属中最轻的一种，密度约为铝合金的 60%，用于将减重作为重要因素的场合，如用于便携式锯、相机、投影仪和汽车部件，包括专用车轮。BS EN 1753：2019 规定了这些合金的规范。

由于其熔融金属的熔渣扰动会导致喷嘴堵塞，这种材料通常不用于热室压铸机。合金中的锰含量非常低，可以最大限度地减少铝锰沉淀的形成，从而避免形成铸渣。然而，这种材料在冷室压铸机上的使用令人满意，此时其浇注温度约为 680℃。

镁合金的加工性能非常好，但必须注意避免刀具切削刃变钝，因为此时产生的热量可能足以点燃切屑。

镁合金不像铝合金那样能保持高光泽度，也不能像锌合金那样容易电镀。其表面处理通常通过涂漆或上漆来实现。可用铬酸盐处理来防腐，不过基本上没什么装饰价值。

19.4.4 铜合金

在许多铜合金中，只有熔化温度约为 900℃ 的 60/40 黄铜及其变体的力学性能和较低的铸造温度可以满足压铸要求，且不影响模具的合理寿命。如果锌含量较高，则会降低铸造温度，并提供必要的热塑性。少量添加硅或锡可改善流动性；锡还可以提高耐蚀性。添加铝可以形成保护性氧化膜，以保持熔融金属的清洁并减少对模具材料的侵蚀。

除了约 950℃ 的注射温度较高之外，黄铜其实是一种非常好的压铸合金，它能够再现精细的细节，并容易流动形成非常薄的截面。如果各个部分都比较薄的话，传递到模具的热量会大幅缩减，因而可以大大延长模具寿命。

19.4.5 铅和锡的合金

这些低熔点合金是最早用于压铸的合金，最初用于印刷字体。与锑合金化并且有时再加入少量锡的铅合金熔点约为 315℃，可以通过铸造获得非常精密的公差和复杂的形状。铸件的力学性能较低，使用铸件的主要原因是利用其较大的密度和较高的耐蚀性，如汽车车轮平衡块和蓄电池引线端子。

有几种锡基合金含有铅、锑和铜，熔点约为 230℃，它们适合用于在要求精度极高但强度不重要的情况。其优异的抗潮湿腐蚀性使其适用于煤气表和水表中的数字轮等部件，以及用于电气仪表的小型复杂部件。

19.5 压铸件的特点

在所有制造方法中，压铸过程是从熔融金属到成品零件的最短路径。为了最大限度地利用压铸的特性，如精度、生产率、截面厚度、减少机械加工和降低表面粗糙度值等，必须高度重视压铸零件的设计。建议设计师在设计的早期阶段咨询压铸技术人员，以便能充分结合利用易于生产的功能。

19.5.1 截面厚度

截面应尽可能薄，并具有足够的强度。薄片结构可以降低金属成本，使铸件在模具中更快凝固，从而缩短生产周期。它们也会形成质量更轻的铸件。例如，小型锌压铸件的壁厚可减至 0.5mm，但对于较大的锌压铸件，厚度一般为 1mm。通过在所需位置提供肋，可以强化薄截面的强度。

压铸件的截面应尽可能均匀——截面的突然变化会影响金属的流动，并且形成铸件的不稳定区域。厚截面和薄截面之间冷却速度的差异会产生不均匀收缩，导致变形和应力集中。

凸台有时需要容纳螺钉、螺柱、销等零件，如果设计的截面比相邻薄壁厚，也会导致不均匀收缩。在设计时，应该使厚度变化尽可能小，并在条件允许的情况下尽可能以渐进的方式变化，尽量使不均匀收缩降至最低。

19.5.2　模具分型面

模具分型面是模具两半经由其分开并打开和关闭的平面。它通常是跨越模具的最大尺寸。设计师应该构想出模具中的铸件，并设计一个易于取出的形状。

当两个半模闭合时，两个面上总会有一个小间隙，金属会因受到压力而进入其中。这会产生一个被称为"飞边"的小金属边缘，通常需要用修整工具将其去除。飞边的位置必须安排好，以便既能有效地去除飞边，还不会在成品铸件上留下难看的瑕疵。

19.5.3　起模杆

起模杆用于移动模具、释放铸件。起模杆会在铸件表面留下小的痕迹，因此应对其位置进行设置，使这些痕迹不会出现在成品铸件的可见表面上。如果铸件有一个需要后续加工的表面，则应尽可能将起模杆痕迹布置在该面上，以便后续通过加工去除。

19.5.4　脱模角

为了使铸件容易从模具中脱出，需在模具内侧提供壁锥或拔模角，通常每侧为 $1° \sim 2°$。对于浅肋，则需要更大的角度，约为 $5° \sim 10°$。

19.5.5　凹槽

含有槽或凹陷的零件需要在模具中放有滑块或移动型芯，否则铸件无法弹出。这些滑块和移动型芯大大增加了模具成本，降低了生产速度。一般来说，零件的设计应避免凹槽截面。

19.5.6　角

铸件上的尖锐内角一直都是造成铸件缺陷的一个源头，应使用倒圆或圆角来避免该问题。例如，锌合金高压铸造的常见做法是使用最小半径为 1.6mm 的内圆角。铸件外角制成小半径圆角可降低模具成本。

在型腔内提供圆角有利于熔融金属的流动并生产良好的铸件。

19.5.7　铸字

当需要在压铸件上铸造文字、数字、商标、图表或说明时，应将其设计为从铸造表面凸起。这样能降低模具成本，因为在模具表面切出凹陷的设计信息比在模具表面制作凸起的设计信息更容易。

19.5.8　螺纹

螺纹可以在高压压铸机上铸造，但只有在使用螺纹比机械加工螺纹成本更低的情况下才会这么做。铸造直径小于 20mm 的内螺纹基本上不会经济可行。

19.5.9　插入件

有时，为了在铸件中获取无法从铸造金属中获得的特征，需要加入插入件。其目的可能是：

1）增大强度。

2）局部增加硬度。

3）轴承表面。

4）改善电气性能。

5）难以铸造的通道。

6）用于输送腐蚀性液体的通道。

7）用于焊接连接的设施。

8）更容易装配。

通常情况下，插入件是在其插入位置就地铸造的，但有时也会在铸造后插入孔中应用。将插入件就地铸造的目的要么是将其牢固固定，要么是将其定位于铸造后无法放置的位置。

插入件的材料必须能够承受熔融金属的温度，通常为钢、黄铜或青铜。

就地铸造的插入件必须以较小的公差制造，否则将无法在模具或铸件中准确定位。在某些情况下，它们的制造成本可能会很高，而且它们的使用往往会拖慢铸造过程。因此，只有在能够获得明显收益的情况下，才应使用它们。

应避免使用非常小的插入件，因为它们很难放入模具中。由于膨胀系数的不同，大型插入件可能会导致变形，故也应谨慎使用。

当就地铸造插入件时，它们被定位于模具型腔中，熔化的金属在其周围流动并凝固，插入件成为铸件的一部分。然而，除了铸件收缩的机械效应外，铸件和插入件之间几乎没有黏结，因此插入件必须包含某些特征，才能有效地锚固。最简单的方法是在插入件上加工滚花、孔、槽或平面。图19.7所示为一些示例。

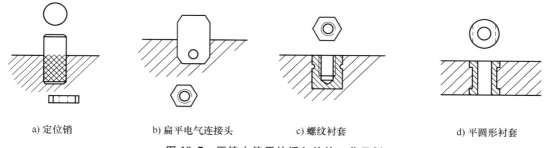

a) 定位销　　　b) 扁平电气连接头　　　c) 螺纹衬套　　　d) 平圆形衬套

图 19.7　压铸中使用的插入件的一些示例

图19.7a展示了一个定位销，由外径上的滚花固定。

图19.7b展示了一个扁平电气连接头，由其形状和流经孔的熔融金属固定。

图19.7c展示了一个螺纹衬套，由其六角外形和外围的槽来固定。

图19.7d展示了一个平圆形衬套，由在外径上加工的两个平面来固定。

19.6　压铸的优缺点

19.6.1　优点

1）压铸件可以制造出良好的尺寸精度。实际值取决于压铸方法、尺寸和铸造材料。例如，如果尺寸在半模之内，则可生产尺寸为 25mm、公差为 0.1mm 的锌合金压铸件；如果尺寸横跨模具分型面，则公差可达 0.26mm。

2）由于尺寸精度较高，可以减少或消除机械加工操作。孔、槽、倒角等可以就地铸造。

3）在必须进行机械加工的地方，压铸件尺寸和形状的一致性能够使其在夹具和固定装置上精确定位。

4）可以生产复杂形状的压铸件，既可以让设计师有一定的设计自由来实现美观的造型，也能够支持在需要的地方进行成型来强化局部强度。

5）复杂零件易于生产，使压铸件能够替换极难通过机械加工生产的零件，并可用单个铸件替换大量组装零件，从而节省装配成本。

6）可以生产薄壁件，从而能够：

① 使铸件更轻。

② 因材料消耗较少而节省材料成本。

③ 因为薄壁带来生产率提升而降低每个铸件的成本。

7）金属模具的压铸表面光滑，能够减少或消除电镀和喷漆等精加工前的抛光等预处理操作。

8）采用多型腔模可以降低压铸件成本。

9）压铸件支持多种表面处理。包括电镀、真空镀金属、喷漆、上漆、阳极氧化和铬酸盐处理等，具体方法选择取决于压铸材料。

10）压铸件可以和其他金属材料的插入件一起生产。管、加热器元件、紧固件和衬套等插入件使用十分广泛。

11）由于可以长周期快速全自动化生产，压铸件的成本很低。如高压压铸机可以以超过 500 次/h 的压射速度运行。

12）根据压铸方法不同，可以生产各种尺寸的铸件，其重量可从几克到 60kg 以上。

19.6.2 缺点

1）需要大批量生产铸件才能抵消模具和压铸机的高成本。
2）压铸件只能使用有限范围内的低熔点有色金属合金生产。
3）由于金属温度和压力原因，铸件的最大尺寸受到了一定限制。

19.7 压铸工艺选择

表 19.2 所示为影响压铸工艺选择的因素。

表 19.2 影响压铸工艺选择的因素

铸造方法	年经济产量/件	精度	铸件质量	一般最小截面面厚度/mm	金属材料类型	生产效率	表面质量	模具成本	机器成本
重力	1000	好	可达 23kg 及以上	3~5	铝、铜、镁合金	中等	好	高	非常低
低压	5000	好	可达 25kg 及以上	2~3	铝合金	低	很好	一般比重力压铸高	高

（续）

铸造方法		年经济产量/件	精度	铸件质量	一般最小截面厚度/mm	金属材料类型	生产效率	表面质量	模具成本	机器成本
高压	热	20000	很好	可小于1g，也可达25kg	1	锌合金	非常高	非常好	通常是低压的3倍以上	很高
	冷				2	铝、铜、镁合金	高			

例如，如果所需零件均由铝合金制成，且每年只需要 2000 个，则只能选择重力压铸。然而，如果每年所需数量为 50000 个，则高压冷室法较为合适。

表 19.2 中的数字仅供参考，因为很难给出精确的数值。例如，铸件质量取决于铸造的材料，精度又取决于尺寸等。

19.8　金属注射成型

金属注射成型（Metal injection moulding，MIM）结合了粉末冶金和注射成型技术，能够生产复杂形状的高完整性金属零件，以及形成精密公差、光滑的表面粗糙度和精细细节再现。这一过程实际上消除了机械加工，非常适合中大批量的小型部件。

细金属粉末与黏合剂系统混合，形成了喂料。黏合剂是蜡和塑料的混合物，约占原料体积的 50%。采用与塑料注射成型机非常相似的成型机，在高压下将颗粒形式的原料注射到模具型腔中。模具由两半组成，牢固地安装在机器的固定和移动压板上，合在一起时即可注射材料。机器的注射装置包括一个输送化合物并将其压缩至无气泡状态的螺杆、一个控制化合物温度的加热系统，以及一个喷嘴。通过该喷嘴，被压缩和加热的材料在压力下被注射到模具中。模具温度也需受控，因为它必须足够低，以确保成型坯（该模压件现在的称谓）在移除时是刚性的。由于该成型坯仍处于脆弱状态，因此被称为"绿"坯（生坯）。

一旦喂料在预定周期后硬化，就打开模具，弹出成型坯，并由自动处理装置将其拾取，以避免对绿坯造成任何损坏。

去除黏合剂是该工艺的关键阶段，需要非常小心进行控制。按绿坯的体积计算，黏合剂的去除率可达 50%。这一过程称为脱脂，包括加热绿坯，使黏合剂熔化、分解或蒸发。在此过程中，成型坯的强度显著降低，在处理这些现在被称为"棕"坯的成型坯时，必须非常小心。

棕坯此时将被烧结，烧结是一个加热过程。在该过程中，各部分会熔合在一起，提供成品所需的强度。烧结是在可控常压炉中进行的，有时也可在真空中进行，烧结温度低于金属熔点。由于烧结时收缩非常大，因此必须非常严格地控制温度，以保持最终形状和尺寸。成品零件的典型密度为金属材料密度的 98%，力学性能不会明显低于相同成分的锻造金属。

根据零件的不同，如果没有攻螺纹等必须要进行的二次操作的话，这可能就是最后一步了。

几乎任何可以以适当粉末形式生产的金属都可以通过金属注射成型进行加工。但铝是一个例外，因为其表面上始终存在的黏附氧化膜会抑制烧结。该工艺可使用的金属包括低合金钢、不锈钢、磁性合金、低膨胀合金（因瓦合金和可伐合金）和青铜。当以相对较高的产量（约为 10000~15000 件/年），生产小型复杂金属零件时（如体积小于一个高尔夫球或一副扑克牌的零件）时，金属注射成型具有一定的优势。

该工艺可达到的典型公差为 ±0.08mm/25mm，即在 25mm 直径上，可达到的公差为 ±0.08mm。

复 习 题

1. 说出压铸工艺的四个优点。
2. 给出四个理由说明为什么在压铸件可能需要使用插入件。
3. 简要描述一种压铸工艺。
4. 什么类型的金属不适合金属注射成型工艺？为什么？
5. 列举三种压铸工艺类型。
6. 简述金属注射成型工艺。
7. 说明压铸工艺的两个不足之处。
8. 在金属注射成型过程中粉末和黏合剂的混合物叫什么名字？
9. 说明在压铸中应尽可能保持较薄壁厚的两个原因。
10. 说明使用金属注射成型工艺的合适条件。

第20章

移 动 负 载

每年有超过三分之一的因伤休假三天以上的伤害都与人工搬运有关。人工搬运被定义为用手或身体的力量运送或支撑负载，也就是与起重机或叉车等机械搬运相对的人力搬运。使用手推车等机械进行辅助搬运，可以减少但不能完全消除人工搬运，因为移动、稳定或定位负载时仍然需要人力。

负载可由手或肩膀等身体的任何其他部位来移动或支撑。

负载指确切的可移动物体。

尽管手、手臂和脚也容易受伤，但常见的损伤其实是背部扭伤或拉伤，这是由于不正确使用或长期使用体力造成的，其中一些损伤可导致肌肉骨骼疾病（MSDs），从而影响身体的肌肉、关节、肌腱、韧带和神经。MSDs 通常会影响背部、颈部、肩部和上肢。所造成的健康问题轻则导致不适或轻微疼痛，重则导致更严重的医疗问题。

现在人们普遍认为，人类工效学方法可以消除或降低手工搬运伤害的风险。人类工效学的目的可以描述为"让工作适应人，而不是让人适应工作"。人类工效学方法着眼于手工操作，考虑了任务性质、负载、工作环境和个人能力等一系列相关因素。

20.1　《人工搬运操作条例（1992 年修订版）》

这些条例适用于各种各样的手工搬运活动，包括提举、放低、推、拉或移送，并力图防止背部及身体的任何其他部位受伤。条例考虑到了负载可能影响抓握的或因滑动、粗糙、锐边、极端温度而造成伤害的物理特性。

条例要求，如果人工搬运货物可能会给员工带来风险，雇主应按以下顺序采取措施：

1）在合理可行的范围内，应尽量避免危险的手工搬运。

2）评估无法避免的、有危险性的人工搬运会造成的所有伤害风险。

3）在合理可行的情况下，尽可能降低危险手工搬运造成伤害的风险。

在采取措施避免危险的手工搬运时，应首先检查是否需要移动负载，或者是否可以针对负载执行自动化或使用叉车等机械化操作，尤其是在涉及新工艺且可在其早期阶段纳入的情况下应考虑自动化手段。但是，必须注意避免因使用自动化或机械化手段而产生新的风险。

雇主需要通过风险评估来评估和降低伤害风险，需要检查的问题包括：

1）任务及其内容。

2）负载的性质。

3）工作环境。

4）执行任务人员的能力。

5）搬运辅助器具和设备。

6）工作组织。

风险评估应形成多种方法来降低伤害风险。针对任务，能否：

1）使用起重辅助工具。

2）为提升工作效率而改善工作场所布局。

3）减少转身和弯腰次数。

4）避免从地板上或高于肩膀的位置抬高物体。

5）减少运送距离。

6）避免重复搬运。

7）改变工作模式，让肌肉交替工作。

8）用推而不用拉。

针对负载的性质，能否让负载：

1）更轻或体积更小。

2）更容易抓住或抓握伤害更少。

3）更稳定。

工作环境方面，能否：

1）清除障碍物，可自由活动。

2）提供更好的地板。

3）避免台阶和陡坡。

4）防止温度过高或过低。

5）改善照明。

6）考虑宽松的服装或个人防护装备。

针对个人能力，能否：

1）特别关注那些身体虚弱的人。

2）为员工提供更多的信息，如可能面临的任务范围。

3）提供更多培训。

针对搬运辅助装置和设备，能否：

1）提供适合任务的设备。

2）定期进行预防性维护，防止出现问题。

3）更换车轮/轮胎和地板，使设备移动方便。

4）提供更好的把手和手柄。

5）使设备刹车更易于使用、可靠和有效。

工作组织方面：

1）调整任务以减少其单调性。

2）更多利用工人技能。

3）使工作量和截止日期更容易实现。

4）鼓励良好的沟通和团队合作。

5）让工人参与决策。

6）提供更好的培训和信息。

培训应包括：

1）手工搬运的危险因素和伤害怎样发生。

2）如何进行安全的手工搬运，包括良好的搬运技巧。

3）与个人任务和环境相适应的工作制度。

4）使用辅助机械。

5）在实际工作中允许培训师识别和纠正学员的任何不安全行为。

员工也有自己的职责。他们应该：

1）遵守为其安全而制定的适当的工作制度。

2）正确使用为其安全而提供的设备。

3）与雇主就健康与安全事宜进行合作。

4）如果发现有危险的人工搬运活动，通知雇主。

5）注意不要让自己的活动危及自身或他人安全。

HSWA 和工作健康与安全管理条例已经规定了员工的职责，人工搬运操作条例则补充了这些适用于人工搬运的一般职责。

尽管这些条例没有规定具体的要求，比如体重限制，但确实给出了降低风险和协助评估的数字准则。提举和放低的指导原则如图 20.1 所示。该图显示了男性在搬运操作过程中移动时，手部的垂直和水平位置准则。将具体操作和示意图进行比较，如果在提举操作过程中，提举重物的手进入了不止一个格子，则提举重物的重量应使用最小值。例如，如果在手臂长度处提升至肩部高度，则为 10kg；如果在手臂长度处提升至全高度，则为 5kg。该规定是假设在合理的工作条件下，双手都能轻松抓住负载，且身体位置良好。针对女性的指导重量则按比例缩小。

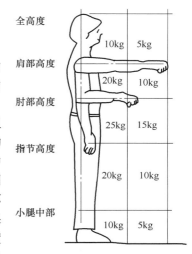

图 20.1　提举和放低负载的指导原则

20.1.1　良好的提举负载技巧

良好搬运技巧的使用不能替代上述降低风险的步骤，而是其重要补充，这些技巧需要培训和实践。以下内容应成为基本的提举操作。

1. 停下来想一想

计划提举任务。组织好提举工作，尽量减少不必要的提举量。知道要把负载放在哪里，并尽可能使用机械辅助。如果负载过重，请寻求帮助，因为能提举和能安全提举是不一样的。确保道路畅通，不要让负载挡住视线。对于从地面到肩部高度的长距离提举，应考虑在中途使用凳子休息或调整抓握方式。或者先从地板抬到膝盖，然后再从膝盖抬到移送位置——在放低负载时，逆转该过程。

2. 放置双脚

保持双脚分开，形成平衡稳定的提举基础（见图 20.2）。前腿应该尽可能地在舒适状态下向前伸，应避免穿紧身衣服和不合适的鞋子。

3. 采用良好姿势

当提举开始时，轻微弯曲背部、臀部和膝盖比完全弯曲背部（弯腰）或完全弯曲臀部和膝盖（蹲下）更好一些，如图 20.3 所示。在提举过程中，不要进一步弯曲背部。保持肩膀水平，面向方向与臀部方向保持共线，即不要扭转身体。

图 20.2 放置双脚

图 20.3 采用良好姿势

4. 抓紧负载

身体前倾并超过负载一点，以抓紧负载。尽量将手臂保持在腿部形成的边界内。用双手平衡负载。弯曲手指抓紧比手指伸直更省力。如果负载表面粗糙或有锐边，请戴手套。如果负载被包裹或有任何打滑，请务必小心。一旦牢牢抓紧负载，应向前看，不要往下看负载。

5. 动作平稳

保持对负载的控制并平稳进行提举操作。如果你转向一侧，请不要扭转身体，应移动脚步。

6. 紧贴负载

如果提举时没有紧贴负载，就试着将负载滑向自身。将负载最重的一侧贴近身体（见图 20.4），并尽可能长时间地保持负载紧贴身体。

7. 放下负载

放下负载的过程与提举过程刚好相反。如果需要将负载精确放置在一个位置，应先将其放下，然后再将其滑动到所需位置。尽可能使用辅助机械，包括使用辅助搬运工具。

图 20.4 紧贴负载

尽管手工操作仍然必不可少，但也有其他方法可以更有效地使用体力并降低受伤风险。可以用杠杆来减少所需的体力，还能避免使手指处于潜在危险区域。可用手动或电动起重机支撑负载，使操作人员可自由控制其位置。使用手推车、运袋车、辊道输送机或球台可以减少水平移动负载所需的用力，而利用重力的溜槽可以将负载从一个高度移动到另一个高度。手持式挂钩和吸盘可用于难以抓取负载的地方。

一般来说，超过 20kg 的重物需要借助起重装置。

20.1.2 良好的推拉技巧

如果可以通过控制推拉来代替提举，那么伤害风险就可能会降低。当推拉载荷时，应遵守以下几点：

1）手推车和拖车的手柄高度应在腰与肩之间。

2）应使用运行平稳的大直径车轮维持对搬运工作的良好辅助。

3）如果可以看到前方并能够控制转向和停车，尽量用推而不用拉。

4）在越过斜坡或坡道时寻求帮助。

5）让脚远离负载。

6）移动速度不要超过步行速度。

粗略来讲，在平坦地面上移动负载所需的力至少为负载的 2%。例如，500kg 的负载需要 10kg 的力来移动。如果辅助搬运工具维护不当，或地面柔软、不平，则需要更大的力。

如果不超过以下值，该任务就适用上述指导原则（见表 20.1）。

表 20.1   指导原则

条件	男	女	条件	男	女
停止或开始推拉一个负载的力/kg	20	15	保持负载运动的持续用力/kg	10	7

20.1.3   运送负载

轻型负载可以借助各种手推车和拖车进行运输，使用类型主要取决于负载的形状。

1. 手推车（见图 20.5）

有两个轮子，具备大约 250kg 的承载能力，可以用来运输袋子和箱子，也可用于运送油桶、气瓶和类似物品等特殊负载。

2. 平板车或拖车（见图 20.6）

有四个车轮，更加稳定，能移动较重的负载，根据设计，其典型的承载能力为 500～800kg。它们用于运送板条箱和箱子等具有统一形状的负载。在安全的情况下，可以堆放负载，但必须注意不要堆放得太高，否则负载可能会变得不稳并带来危险。

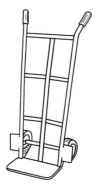

图 20.5   手推车

如图 20.7 所示，可以借助手动托盘车轻松移动托盘货物。车叉只需被推到托盘下方，利用液压提升系统升起托盘，易于滚动的车轮使负载能够放置在需要的地方。这些托盘车的装载能力高达 3000kg。

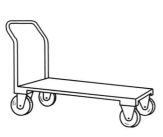

图 20.6   平板车

图 20.7   手动托盘车

在储存区或运输过程中，关于安全堆放有许多应遵守或避免的事项：

应遵守：

1）始终要把能滚动的物体楔牢，如桶、管、棒。

2）让较重的物品靠近底部。

3）定期检查托盘、箱子、货架是否损坏。

4）将托盘货物垂直堆放于水平地板，以免货物失去平衡。

5）大小一致的货物要像砌砖墙一样堆叠起来，使每层相互关联。

6）使用结构合理的、固定在墙上或地板上的货架。

应避免：

1）让物品从架子或箱子中伸出到过道。

2）爬上货架拿放上层货架物品——应使用梯子或台阶。

3）把重物斜靠在结构墙上。

4）爬到货架顶部向下抛扔或者从货架底部抽出货物来卸货。

5）超出货架、架子或地板的安全工作负荷。

20.1.4 动力提举

如果负载过重，无法用人工进行提举，则需要使用起重设备。

所用起重设备应：

1）结构良好，材料可靠，强度适中，无明显缺陷，保养得当。

2）从设计上确保安全使用。

3）在首次使用前及维修后应由合格人员进行验证测试。

4）验证测试后，由合格人员进行全面检查。

5）使用正确的测试证书认证，包括验证载荷和安全工作载荷（safe working load，SWL）。

6）标记其 SWL 和识别该证书的方法。

7）在条例规定的期限内，由合格人员进行彻底检查，并保存检查记录。

20.2 《起重作业和起重设备条例（1998 年）》（LOLER）

这些条例旨在降低工作中使用起重设备造成的健康与安全风险。除 LOLER 的要求外，起重设备还应符合《工作设备的提供和使用条例（1998 年）》（PUWER）的要求。

起重设备包括在工作中用于提举和放低负载的任何设备，包括用于锚固、固定或支撑设备的附件。这些条例涵盖的设备范围广泛，包括起重机、叉车、升降机、起重葫芦、移动式升降工作平台和车辆检验平台起重设备。该定义还包括起重附件，如链条、吊索、吊环螺栓等。

一般而言，条例要求在工作场所使用的起重设备应该：

1）足够坚固，稳定并适用于其特定用途，标记并指出其 SWL。

2）以最小风险方式进行定位和安装，如设备或货物坠落或撞人的风险。

3）安全使用，即由具备相应能力的人进行计划、组织和执行。

应酌情在首次使用起重设备和附件之前对其进行彻底检查。起重设备在使用过程中可能需要在条例规定的时间间隔（即配件至少每 6 个月检查一次，所有其他设备至少每年检查一次）或合格人员制定的检查计划中规定的时间间隔进行彻底检查。

对任何起重设备进行彻底检查后，都要向雇主提交一份报告，以便采取相应的措施。

20.2.1 起重设备类型

根据动力源可将起重设备分为：手动、电动、气动、液压、汽油或柴油驱动等类型。

1. 手动起重设备

肌肉力量仅限于操作便携式起重设备。图 20.8 所示的链式滑车就是一个例子，它能够提升 5000kg 左右的载荷，通过齿轮滑车获得机械优势，从而减少操作链条所需的手部力量。

小型液压操控的便携式起重机（见图 20.9）具有可调节的起重臂，较小型号起重机的起重能力通常为 350~550kg，较大型号的起重机可高达 1700~2500kg。起重能力中较小的数值是起重臂处于其最大伸展位置时能够提升的载荷。使用便携式起重机能够通过液压系统获得机械优势，同样也减少了人力。

图 20.8 链式滑车

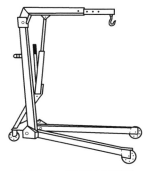

图 20.9 便携式起重机

2. 电动起重设备

电动机可以用来驱动链式滑车、起重设备（如车辆举升平台）及能够举升大载荷的大型高架龙门起重机。

3. 气动起重设备

气动链式起重葫芦（这里简称起重葫芦）可由 4 或 6.3bar 的压缩空气驱动的空气马达来操控。安全工作载荷的范围为 0.25~50t。当起重葫芦与高架龙门起重机一起使用时，起重葫芦可以与气动小车相连接。

从系统中排出空气通常用于物体的提升。电动真空提升机可在多种行业中用于提升板材、塑料袋和纸箱等货物。

4. 液压起重设备

液压系统通常使用油类加压液体。可以通过液压缸在短距离内的移动来提举重物，也可以通过泵将重物移动到与机械运动方式（如电缆或螺钉）相连的液压马达上来提举重物。

5. 汽油或柴油起重设备

这种动力不适用于工厂环境，通常用于驱动现场工作的起重机升降材料和设备，因为它们是便携且独立的。

20.2.2 起重装置附件

1. 挂钩

挂钩由淬火和回火高强度钢锻造而成，并根据其安全工作载荷（SWL）进行评级。有多种类型可供选择，包括图 20.10 所示的带安全插销的类型。BS EN 1677-5 中规定了挂钩的形状和尺寸，并规定所有吊钩应无明显缺陷，并应由整体锻造而成。在制造和热处理后，每个吊钩应能经受验证载荷。在验证测试后，每个吊钩都会加盖印章，以便识别制造商的测试和检查证书。

2. 吊索

吊索可由多种材料制成，一般是人造纤维、钢丝绳和链条。

常用的是由高强度聚酯织带制成的扁平织带或带式吊索，但也可以由聚丙烯和聚酰胺（尼龙）制成，有各种尺寸和承载能力，还提供带编织管状套管的纤维圆形吊索。这些吊索都有便于识别其 SWL 的颜色编码（见表 20.2）。

图 20.10　挂钩

表 20.2　SWL 的颜色编码

SWL/t	1	2	3	4	5	6	8	10	10 以上
颜色	紫	绿	黄	灰	红	棕	蓝	橙	橙

带式吊索的标准长度为 1~10m，宽度为 25~450mm。它们的 SWL 可达 12t 或更大。配有两个软眼吊环用于一般用途的提升；也可以配有轻型金属配件，能够在提升点处更好地抵抗压力（见图 20.11）。

图 20.11　带式吊索

如果升降机是垂直的（即一端是吊钩，另一端是垂直于下方的负载），则可提升的总负载即为吊索上标记的负载。然而，如果提升方法不同，工作载荷极限（working load limit，WLL）就会发生变化，如表 20.3 所示。这些数字与 SWL 为 1t（1000kg）的吊索有关。

表 20.3　不同提升方法的 WLL

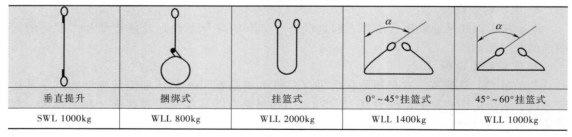

垂直提升	捆绑式	挂篮式	0°~45°挂篮式	45°~60°挂篮式
SWL 1000kg	WLL 800kg	WLL 2000kg	WLL 1400kg	WLL 1000kg

表 20.1 所示的挂篮式升降机中使用 SWL 为 1t 的吊索，WLL 为 2t。

钢丝绳吊索和链式吊索可以是无头型、单腿型或者是两腿型、三腿型和四腿型，末端有各种孔和配件，如卸扣、链环、吊环和吊钩。图 20.12a 所示为三腿钢丝绳吊索，图 20.12b 所示为两腿链式吊索。

吊索须经验证测试、标识和 SWL 标记，并提供注明日期的测试证书。

对于超过 SWL 的负载，除多腿吊索外，使用起重设备或附件是违法行为。多腿吊索必须在工厂的显著位置张贴一张表，以显示腿在不同角度下载荷极限。

多腿吊索的额定工作载荷应均匀分布，其角度可分为 0°~45° 和 45°~60° 两种。

钢丝绳吊索和链式吊索的长度随腿的数量和腿在运行中的角度而变化。

表 20.4 所示为各种链式吊索的工作负载极限，链式吊索由 10mm 直径材料制成的链环构成，并以不同角度运行。

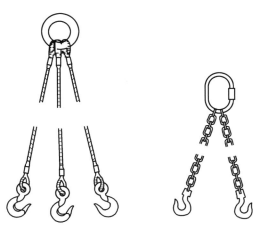

a) 三腿钢丝绳吊索　　　　b) 两腿链式吊索

图 20.12　吊索

表 20.4　各种链式吊索的工作负载极限

大小	单腿	双腿		三或四腿	
		0°~45°	45°~60°	0°~45°	45°~60°
10mm	3150kg	4250kg	3150kg	6700kg	4750kg

表 20.5 显示了各种钢丝绳吊索的工作负载极限，钢丝绳吊索由直径为 10mm 的钢丝绳制成，并以不同角度运行（见 BS EN 13414）。

表 20.5　各种钢丝绳吊索的工作负载极限

钢丝绳直径	单腿	双腿		三或四腿	
		0°~45°	45°~60°	0°~45°	45°~60°
10mm	1050kg	1500kg	1050kg	2250kg	1600kg

3. 套环式吊环螺栓（见图 20.13）

一些较大的部件配有钻削螺纹孔，用来接受吊环螺栓、简化起吊。根据 BS 4278：1984 制造的套环式吊环螺栓可使用 6~52mm 的螺纹，也可定制更大尺寸。寸制螺纹可用于更换旧设备。M45 螺纹吊环螺栓的典型 SWL 为 8t。

必须小心避免错配螺纹，即将米制吊环螺栓拧入寸制螺纹孔，反之亦然。在安装时，吊环螺栓应拧紧到套环面，套环面应均匀置于接触面上。如果使用单吊环螺栓起吊可能会使负载发生旋转或扭曲，故应使用旋转式吊钩防止吊环螺栓松开。

套环式吊环螺栓仅可用于轴向提升，最高负荷为其 SWL。当需要以与轴线成一定角度施加载荷时，链环式吊环螺栓（见图 20.14）比套环式吊环螺栓具有更大的优势（见图 20.15）。其 SWL 相对来讲大于平面套环吊环螺栓，且可在任何角度施加载荷。

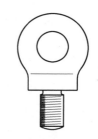

图 20.13　套环式吊环螺栓

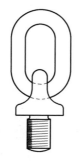

图 20.14　链环式吊环螺栓

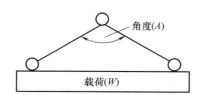

图 20.15　以一定角度使用链环式吊环螺栓起吊载荷

表 20.6 和表 20.7 所示为不同角度（见图 20.15）下的套环式吊环螺栓和链环式吊环螺栓的最大推荐工作载荷。

表 20.6　套环式吊环螺栓的最大推荐工作载荷

单吊环螺栓垂直 SWL/kg	一对套环式吊环螺栓起重的最大载荷(W)和对应的两者夹角 A		
2000kg	0°~30°	30°~60°	60°~90°
	2500kg	1600kg	1000kg

表 20.7　链环式吊环螺栓的最大推荐工作载荷

单吊环螺栓垂直 SWL	一对链环式吊环螺栓起重的最大载荷(W)和对应的两者夹角 A		
2000kg	0°~30°	30°~60°	60°~90°
	4000kg	3200kg	2500kg

4. 卸扣（见图 20.16）

卸扣由合金钢按照 BS 3551：1962 制造，与起重设备和附件一起使用。可以安装四种类型的销，最常见的是如图 20.16 所示的带孔和套环的螺纹销。销的直径范围为 16~108mm。表 20.8 所示为一系列销的直径及其 SWL。

5. 起重链

合金钢焊接链环构成的起重链按照英国标准（BS）制造，包括尺寸名称、所用材料及其热处理和尺寸，如材料直径、焊缝和链环尺寸。焊缝应无裂缝、缺口或类似缺陷，完工状态应干净整洁，除防锈剂外无任何涂层。

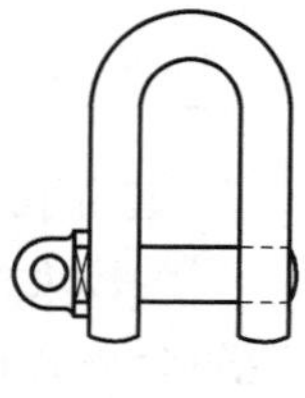

图 20.16　卸扣

表 20.8　一系列销的直径及其 SWL

销直径/mm	16	25	32	38	48	60	70	83	108
SWL/t	1.1	4.5	7.5	10.5	16.8	27	35	50	80

为符合 BS 要求，所有起重链均须经过测试、验证加载和标记，并颁发测试和检查证书，以及起重链在制造过程中进行的热处理细节。

6. 特种设备

在生产物品需要有规律地进行起吊的地方，可以使用专门为此目的设计的起重吊梁和分布梁。当吊点相距太远而无法使用吊索时，可使用标准起重吊梁（见图 20.17a）或分布梁（见图 20.17b）进行垂直提升。

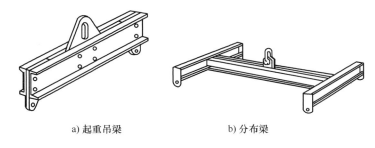

a) 起重吊梁　　　　　　b) 分布梁

图 20.17　起重吊梁和分布梁

当吊装铁桶和管道等物品时，可在吊索上安装特殊的吊钩。图 20.18 所示为成对使用的管钩。

如果要提升大型板材，可使用垂直起吊板夹（见图 20.19），可以垂直提升厚度达 130mm 且 SWL 为 30t 的板。

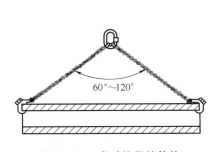

图 20.18　成对使用的管钩

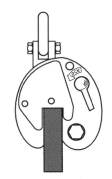

图 20.19　垂直起吊板夹

20.2.3　安全起重

在进行任何起重作业时，都要遵守一系列安全规则。

需要始终：

1）只使用标有 SWL 且有测试证书的设备。

2）规划起重任务，确定负载重量，准备放置区域并确保其能承受的重量。

3）检查吊索和设备是否损坏，使用适合负载的吊索/吊运方法，并防止吊索被尖棱损伤。

4）将吊索牢固地固定在负载或设备上，并将吊钩朝外。

5）确保负载平衡，不会倾斜或掉落。

6）进行试升和试降。

7）在拉紧吊索和卸下负载时保持手脚旁无障碍。

8）确保货物可以无碍提升。

9）使用既定的信号规则。

10）确保人员和负载不会从高处坠落。

绝对不要：

1）超过 SWL 或额定角度。

2）在不确定负载的重量或起重设备是否合适时而提举负载。

3）使用损坏的吊索或配件。

4）扭转、打结或捆绑吊索。

5）将吊索敲击到位。

6）在放低负载时抓住负载。

7）在放低负载时卡住吊索。

8）在地板上拖动吊索，或试图从负载下拉动卡住的吊索。

9）允许人们从负载下面通过或乘坐负载。

10）将负载不必要悬置。

20.3 《健康与安全条例（安全标志和信号）（1996 年）》

这些条例涵盖了传递健康与安全信息的各种方式。除了标志的使用，它们还规定了声音信号、语言交流和手势的最低要求。

在移动负载时，手势信号必须精确、简单、易于理解，并能够与其他类信号清晰地区别开来。

当同时使用两只手臂时，它们必须对称移动，并且只能给出一个信号。

发出信号的人或信号员必须具备相应能力并接受过正确使用信号的培训，能够使用手臂/手部动作向操作员发出操控指令，并且必须能够在不危及自身安全的情况下目视监控所有操控。信号员的职责必须完全包括指挥操纵并确保附近工人的安全。

当操作员无法执行已收到的指令时，必须在有安全保障的情况下中断正在进行的操作，并请求新的指令。

操作员必须能毫无困难地识别出信号。信号员必须穿戴一件或多件色彩鲜艳的独特物品，如夹克、头盔、袖套或袖章或携带指挥棒。

既定信号集合如图 20.20 所示。

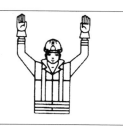

危险——紧急停止
双臂上举，手掌向前

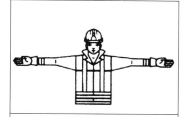

开始——注意，开始指令
双臂平伸，手掌向前

停止——中断，结束移动
右臂上举，手掌向前

结束——结束操作
双手握于胸前

升高
右臂上举，手掌向前，慢慢
画一个圆

放低
右臂向下，手掌向内，慢慢
画一个圆

垂直距离
双手指示相应距离

向前移动
双臂弯曲，手掌向上，前臂
向身体缓慢移动

向后移动
双臂弯曲，手掌向下，前臂
缓慢离开身体

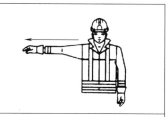

向右——向信号员右侧
右臂稍微水平伸展，手掌朝
下，慢慢向右小幅移动

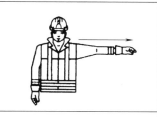

向右——向信号员左侧
左臂稍微水平伸展，手掌朝
下，慢慢向左移动

水平距离
双手指示相应距离

图 20.20 手势信号

复习题

1. 说明在工作环境中为降低伤害风险而采取的四个步骤。
2. 列出使用起重设备的四个安全要求。
3. 陈述为降低雇员风险、按照《人工搬运操作条例》规定而要采取的三项措施。
4. 请列出安全堆放物品时应遵守的四项规则。
5. 给出"人类工效学"定义。
6. 说明雇员避免自身或他人风险的四项责任。
7. 列出四项在进行起重作业时必须遵守的安全规则。
8. 陈述《起重操作及起重设备条例》对起重设备规定的五项要求。
9. 按顺序列出人工提举负载时应遵循的规则。
10. 用草图画出表示紧急停止的手势信号。

第21章

图样、技术规范和数据

技术图纸是设计师传达其要求的手段，是添加了尺寸和其他数据的零部件图示表征。图样与各种技术规范一起列出了拟制造零件的详细说明。显示于图纸之上的尺寸安排确定了零件的形状，并与各种特征一起对零件的制造方式产生影响。例如，零件是否以铸造或锻造工艺生产，是装配或焊接结构，还是由实体材料加工而成。

材料规范包括所需材料类型及所有标准件，如螺母、螺栓、垫圈等。

零件制造所用工具类型也可由此确定，例如，如果图样规定了8mm的铰孔，就说明需要用到相应的刀具。也可指定所需安装或装配的特殊设备。

公差、表面粗糙度、热处理或保护性光洁度（如涂漆或电镀）等技术规范都会影响制造操作顺序。

因此，可以看出技术图纸及其相关技术规范传达了大量信息。

图样是工程的基本组成部分，从新产品设计工作开始的那一刻起，直到最终成品，图样在所有阶段都会被使用。

21.1   标准化

为了在技术信息交流中建立必要的一致性，必须采用标准化系统。标准化的对象可以是图样上包含的信息或图样布局，也可以是尺寸标注或零件。

标准化可在单个公司或集团公司内采用，或在建筑、造船等整个行业内采用，在全国范围内采用英国标准（BS），在整个欧洲范围内采用欧盟标准（EN），在国际范围内采用ISO标准。英国标准BS 8888为清楚呈现所有这些信息提供了统一的标准。学校、学院、继续教育和高等教育等组织的BS 8888使用指南见第8888页第1部分和第2部分。

采用一套标准规范、实践和设计体系会带来许多好处：

1）减少设计费用。

2）降低产品成本。

3）消除冗余零件和尺寸。

4）设计更高效。

5）提高可互换性水平。

6）可采用大批量生产技术。

7）简化采购。

8）改善质量控制。

9）容易获得备件。

10）简化成本核算。

11）降低日常费用。

除了书面说明之外，技术图纸没有语言障碍。它们为产品设计提供通用语言，为制造、装配和维护中的工人提供技术人员，为销售团队辅助销售，为客户在购买前甚至购买后提供服务。

21.2　传达技术信息

有多种方法可用来传达技术信息。方法的选择取决于传达的信息量及其复杂程度。无论选择哪种方法，最重要的因素是表达简单、易于理解且无二义性。

21.2.1　技术图纸

技术图纸形式多样，有用于说明特定信息的缩略草图，有正轴测或斜轴测投影图，也有零件图和装配图。这些内容将在本章后面部分介绍。

21.2.2　示意图

示意图用来解释而不是表示实际外观。例如，电路图显示了由连线和标记块表示的电路中所有的元器件及其连接关系，并不用来表明每个元器件的外观。图 21.1 所示为汽车发动机机油循环路线的示意图，但并不是发动机本身的详细说明。

21.2.3　爆炸图

爆炸图用于需要以三维方式显示装配件布局的地方。它们用于装配目的或在服务和维修手册中显示零件的编号和装配方式。图 21.2 所示为手动铆接工具爆炸图，列出了备件和标识号及其在成品中的相对位置。

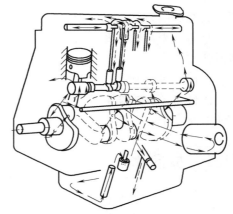

图 21.1　汽车发动机机油路循环路线

21.2.4　工序卡

工序卡⊖的目的是说明从原材料生产成品或建立工艺所需的最经济的操作顺序。尽管工序卡的主要目的是列出操作顺序，但它们还具有许多其他重要的功能：

1）可确定所需材料的尺寸和数量。根据这些信息可以提前订购材料，并保持适当的材料库存水平。

　⊖　工序卡，也称操作单。——译者注

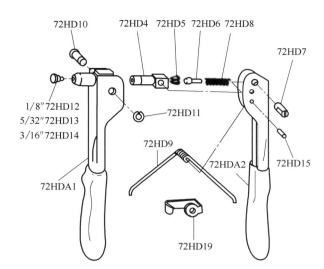

备件套装2739
适用于
2730重载型
2770易握型

零件部
72MS钳口套
72HD5钳口(2)
72HD6钳口推杆
72HD8钳口弹簧
72HD11卡环(2)
72HD10轴销
72HD15固定销
72HD9复位弹簧
72HD7耳轴销
72MS10轴销

图 21.2　手动铆接工具爆炸图

2）可据此提前订购或者制造所需的工具，如工装、夹具和量具，以备后续使用。

3）可据此了解将要使用的机器或设备，更新机器负荷计划，确定实际交货日期。

4）列出的操作顺序能使整个工厂的生产工作执行更加有效。

5）依据工序卡上包含的预估生产时间，可确定生产成本并定价。

图 21.3 所示为可在转塔车床上一次性加工完成的六角头精配螺栓，其操作顺序见表 21.1 工序卡 1。

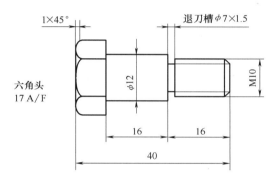

图 21.3　六角头精配螺栓

表 21.1　工序卡 1

材料：1TA-F×42mm MS 六角钢名称：精配螺栓

工序号	机床	工　序	工具	位置
1	转塔车床	进给到挡块	可调挡块	转塔 1
		车 10mm 螺纹直径	外圆车刀	转塔 2
		车 12mm 直径	外圆车刀	转塔 3
		车端面及倒角	端面和倒角车刀	前刀架
		车退刀槽	切槽刀	前刀架
		车螺纹	自开合模	转塔 4
		倒角	倒角刀	前刀架
		切断	切断刀	后刀架

21.2.5　数据表

数据表用于需提供一系列信息的地方，以及获取申请所需信息的地方。表 21.2 所示为一系列锡/铅基焊料及其使用的相关数据。

数据表样例很多，其中一些为便于参考可做成挂图。

表 21.2　一系列锡/铅基焊料及其使用的相关数据

合金编号	含量（质量分数，%）		熔点/℃	用　途
	锡	铅		
1	64	36	183～185	印制电路板的批量焊接
2	60	40	183～188	一般焊接
3	50	50	183～220	粗锡马口铁焊料
5	40	60	183～234	涂层和预镀锡
7	30	70	183～255	电缆导体
8	10	90	268～302	电灯座

21.2.6　表格

表格可用于显示一系列可用的选项或尺寸，有助于在特定情况下进行选择。表 21.3 所示为根据待切割材料的类型和厚度，为加工任务选择具有正确齿数的钢锯片。

表中还可列出各种螺纹尺寸的攻螺纹和间隙钻尺寸。表 21.4 所示为 ISO 米制粗螺纹的相应表格。表格也可制成挂图以便参考。

表 21.3　根据待切割材料的类型和厚度选择的钢锯片

工件材料	工件厚度/mm			
	3	6	10	13
铝	32			
易加工低碳钢		24		
			18	
				14
黄铜	32			
铜		24		
低碳、中碳钢			18	
				14
高碳钢	32			
青铜				
合金钢		24		
不锈钢				
铸铁				18

表 21.4　ISO 米制粗螺纹的相关尺寸

ISO 米制粗螺纹			
直径/mm	螺距/mm	标准径/mm	钻头直径/mm
2.0	0.40	1.60	2.05
2.5	0.45	2.05	2.60
3.0	0.50	2.50	3.10

（续）

ISO 米制粗螺纹			
直径/mm	螺距/mm	标准径/mm	钻头直径/mm
4.0	0.70	3.30	4.10
5.0	0.80	4.20	5.10
6.0	1.00	5.00	6.10
8.0	1.25	6.80	8.20
10.0	1.50	8.50	10.20
12.0	1.75	12.20	12.20

21.2.7 曲线图

如果技术数据集之间存在一定关系，那么曲线图就是一种有用的表达方式。图 21.4 所示为特定类型钢的回火温度和硬度之间的关系。从图 21.4 中可以看出，为了达到 60RC 的最终硬度，用这种钢制成的零件需要在 200℃ 下回火。

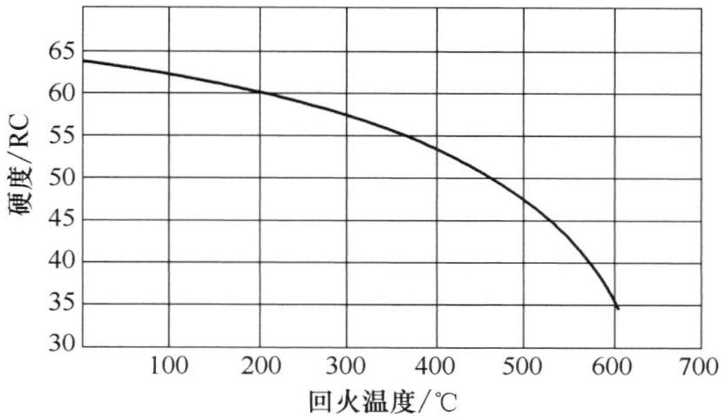

图 21.4 回火温度、硬度曲线图图

21.2.8 技术信息的储存

以纸质形式存储大量原始图样不仅非常笨重，还会占用大量空间。原始图样可以以照片方式还原为胶片，存储在缩微胶片之中，然后将其放置归档。当需要时，可将它们重新放大、打印并用于车间。将图样转化为缩微胶卷时必须小心，否则在缩微过程中可能会丢失一些细节。

档案或备份部门会存储缩微胶片系统备份的全部文件或清单。这些信息存储在一个被分成若干帧或网格的大胶片上，这些帧或网格由沿其一边的字母和另一边的数字进行标识。通过移动到所需的网格编码，如 B12，即可在屏幕上查看对应信息。

尽管缩微胶片系统仍然可供使用，但现在大多数技术图纸和设计都是通过计算机辅助设计（CAD）系统完成的，计算机能够通过 CAD 系统生成和存储大量技术信息。这些信息可以存储在计算机本身的硬盘或单独的微磁盘上，可供随时检索，且易于进行任意修改。可以使用视频显示器轻松检索和查看相应信息，如果需要还可以将其下载到打印机或绘图仪上。此外，同一工厂的其他人也可以通过计算机网络访问这些信息，或者使用调制解调器，通过电话网络将这些信息发送到本国其他地区的其他工厂。对于计算机数控（CNC）机床来讲，相应信息可以直接发送到机床控制系统。

CD 和 DVD 正在越来越多地用于技术、销售和教育领域。同样，它们所包含的信息可以方便地访问并发送到本国的任何地方，既无须使用实际的机器或设备，也无须支付费用。

目前，可以通过互联网方便、快捷地访问海量信息。

21.3 读图

以图样的形式呈现信息是最合适的沟通方式。图样能以清晰简洁的方式向其他人和部门传达信息。它们提供了产品的永久性记录，可以确保能够随时制作相同的零件，如果需要修改的话，也能很容易得到合并和记录。最后，如前所述，它们不会带来语言障碍。

在确定初始设计后，图样将会被分解为一系列用于装配或子装配的单元，这些单元会被进一步分解为针对每个零件的零件图。

21.3.1 装配图

装配图显示了所有零件精确的相对位置及如何装配在一起的方式。装配图可能会包含与最终装配有关且很重要的外形尺寸，但是不会显示单个零件的尺寸。所有的单独零件都会由一个物料编号标识。下图是一份零件清单，给出了物料编号、零件描述、零件号和所需数量等信息。零件清单也可能会包含外购件信息，如螺栓、螺母、螺钉、轴承、电动机和阀门。

顾名思义，制造工程师使用这些图样将所有零件装配在一起或装配为最终产品，维护工程师在维修、修理或更换磨损零件时也会使用这些图样。装配图示例如图 21.5 所示。

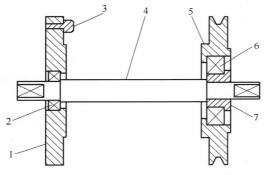

1	法兰	7643	1
2	轴承	A302	1
3	螺钉	5781	1
4	轴	4352	1
5	滑轮	2113	1
6	轴承	A201	1
7	衬套	5874	1

图 21.5　装配图

21.3.2 零件图

绘制零件图是为了给生产部门提供制造零件所需的全部信息。除标准件或外购件外，装配件中所需的每个零件都有自己的零件图。

零件图上给出的信息必须能够完整描述零件，包括：

1）尺寸。

2）公差。

3）材料规范。

4）表面粗糙度。

5）热处理。

6）防护处理。

7）刀具参考。

8）清晰表述且必需的注释。

所有零件图都应该有一个标题栏，通常位于图样右下角。为了便于参考和归档图样，公司应将标题栏的位置和内容标准化，并预先打印在图样上。

不同公司的标题栏所含信息可能会有所不同，可能会包含以下大部分内容：

1）公司名称。

2）图号。

3）标题。

4）比例。

5）日期。

6）绘图人姓名。

7）计量单位。

8）投影类型。

9）一般公差注释。

10）材料规范。

图 21.6 所示为一个标题栏示例。

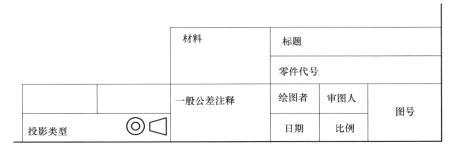

图 21.6　标题栏示例

21.3.3　区划图

建筑行业中使用区划图来确定建筑物位置，并根据城市规划或其他背景放置建筑物轮廓。

21.3.4　位置图

建筑行业中用位置图定位场地、结构、建筑物、元件、部件或组件。

21.3.5　投影

在平面图纸上表示三维物体有两种常用方法，分别是正投影和立体投影。

1. 正投影

这是在零件图上显示信息最常用的方法，通常也是给出精确表示最简单、快速的方法，其尺寸标注简单易懂。使用该方法时，只需要绘制那些必要的视图，绘制剖面和隐藏细节也很简单。

正投影可以采用第一角投影法和第三角投影法，图样上应用适当的符号表示出所用的方法。

第一角投影法的例子如图 21.7 所示，每个视图显示的是向相邻视图的远侧观望而看到的内容。

第三角投影法的例子如图 21.8 所示，每个视图显示的是向相邻视图的近侧观望而看到的内容。

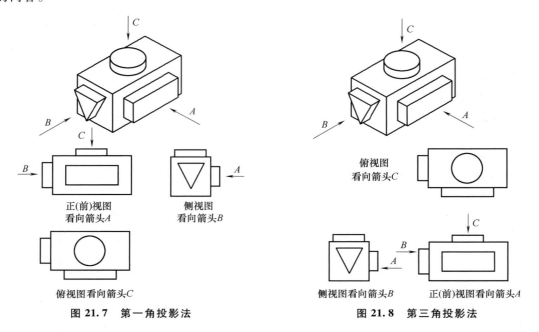

图 21.7　第一角投影法　　　　　　　　　图 21.8　第三角投影法

2. 立体投影

这是一种在单一视图上显示物体三维图像的方法。因此，它更容易可视化，并且在通过绘制草图向他人展示需求的时候非常有用。

有两种立体投影方法：正轴测投影和斜轴测投影。

（1）正轴测投影　　在正轴测投影中，垂直线仍显示为垂直，但水平线在垂直线的每一侧都以与水平面成 30°角绘制。图 21.9 中的矩形框，以及图 21.7 和图 21.8 中的矩形框都展示了这一点。

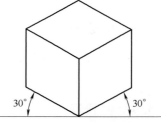

图 21.9　正轴测投影

使用这种方法时，三个面中任意一个面上的圆都会被绘制为椭圆。其最简单的使用方式就是把正投影视图中的所有测量值直接缩放到正轴测投影视图上。图 21.7 和图 21.8 显示即为正轴测投影图及其相应的正投影视图。

（2）斜轴测投影　　正轴测投影和斜轴测投影的主要区别在于，斜轴测投影中有一条水平边仍是水平的。此时，垂直边仍然垂直，因此它们的两个轴彼此成直角。这意味着可以将其中一个面绘制为其真实形状。第三条边可以以任何角度进行绘制，不过通常为 30°或 45°，如图 21.10 所示。

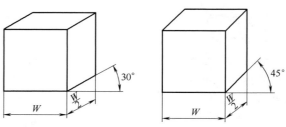

图 21.10　斜轴测投影

为了避免视图失真，沿后退边绘制的尺寸为其全尺寸的一半。

绘制斜轴测投影图要遵循的规则是，选择特征最多的面作为正面，这样可将其绘制为真实形状。例如，圆仍然是圆，用圆规绘制即可。这实际上是利用了"斜轴测"相对于"正轴测"的优势，能以最小的失真显示对象。

图 21.11 所示为一个斜轴测投影视图和两个对应的正投影视图。

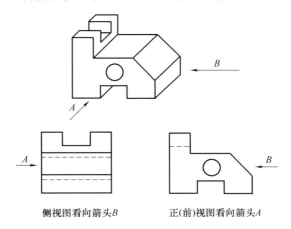

侧视图看向箭头B　　　正(前)视图看向箭头A

图 21.11　斜轴测投影视图和两个对应的正投影视图

21.4　剖视图

内部细节很少的零件可以用正投影图表示，且效果令人满意。然而，如果内部细节很复杂，就需要用表示不可见特征的虚线表示，复杂的线条可能会令人困惑，难以正确读图。在这种情况下，可以通过"剖开"外部，将内部用实线而不是虚线表示出来。这样绘制的视图称为剖视图。可以绘制各种内容的剖视图。

图 21.12 所示为一个单平面剖视图，即一个直接穿过被称为"剖切面"物体的假想切

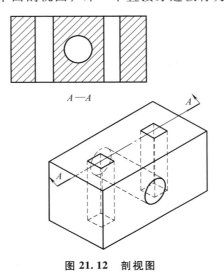

图 21.12　剖视图

片。剖切面由末端加粗并用大写字母标记的短划线指示位置。剖切面的观察方向由位于加粗线上的箭头表示。剖切区域由与零件轮廓成45°的细实线填充。

21.5 标准约定

因为工程图是沟通的手段，所以统一所有图纸的布局和内容非常重要。英国标准旨在将工程图纸中使用的惯例进行标准化，内容包括布局、线条、投影系统、剖面、习惯表示和尺寸。

21.5.1 图纸布局

布局应使用A4、A3、A2、A1、A0尺寸的"A"系列图纸，尺寸见表21.5。绘图区和标题栏应该在图纸边框内。

表 21.5 尺寸

名　称	大小/mm	名　称	大小/mm
A4	210×297	A1	594×841
A3	297×420	A0	841×1189
A2	420×594		

21.5.2 图线及应用

所有图线都是均匀的黑色、浓重且醒目。图线类型见表21.6。

表 21.6 图线类型

线　型	描　述	应　用
——————————	粗实线，粗且连续	可见的轮廓线和边
 ——————————	细实线，细且连续	尺寸线、引出线、截止线、剖面线
 – – – – – –	虚线，细短画线	不可见的轮廓线和边
 — · — · — · —	点画线，细长画短画线	中心线
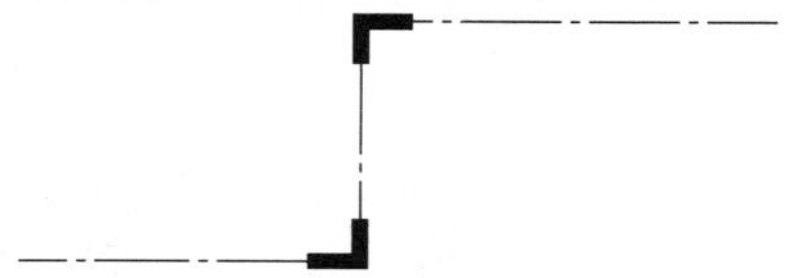 — · — · — · —	点画线，末端及方向变化处较粗、其他地方较细	剖切面

21.5.3 投影方式

图样上使用的投影方式应用图21.13所示的相应符号来表示。

第一角

21.5.4 习惯表示

标准件可能在图样上会被多次绘制，从而造成不必要的时间和成本浪费。习惯表示方法用于将常见的工程零件显示为简单的图示，其中一部分如图21.14所示。

第三角

图 21.13　投影方式符号

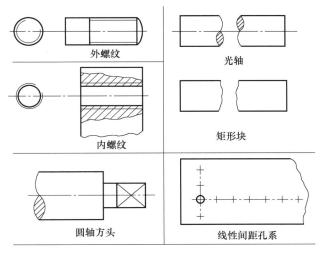

图 21.14 习惯表示

21.5.5 尺寸标注

制造零件所需的所有尺寸都应显示在图样上，且仅出现一次。所标注尺寸应无须计算即可使用，所绘制图样应无须缩放即可使用。

尺寸应尽可能放置在视图轮廓线外。截止线是依据视图上的点或线及放置在它们之间的尺寸线绘制出来的。尺寸线和截止线是连续的细实线。在截止线的起点和轮廓线之间应该有一个小间隙，截止线应该在尺寸线之外再延伸一小段距离。尺寸线的每一端都有一个刚好与截止线相接的箭头。

尺寸线只有在不可避免的情况下才能与其他线交叉。

引出线用于显示尺寸标注或注释对象的具体位置，是一条细的连续线，结束于和线接触的箭头或对象轮廓内的点。这些规则如图 21.15 所示。

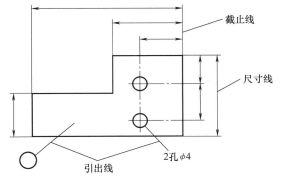

图 21.15 尺寸标注规则

如果零件尺寸标注不正确，会出现各种问题，甚至会导致最终零件成品出现错误。

在图 21.16a 中，零件的尺寸是按顺序从基准开始标注的，即累积性标注，称为链式标注。如果每个尺寸的公差为±0.15mm，那么总长度的累积误差可能达到±0.45mm。

通过如图 21.16b 所示的尺寸标注方式，可以避免误差累积。

如果一个零件的尺寸来自多个基准，也会出现问题。图 21.17a 中所示肩销的尺寸是从两端开始的，即两个独立的基准。这可能导致肩 *A* 和 *B* 之间的最大误差达到±0.6mm。

如果肩 *A* 和肩 *B* 之间的尺寸很重要，则必须相对于一个基准面进行独立的尺寸标注，其公差为±0.2mm，如图 21.17b 所示。

如果要装配多个零件，还得必须保证一个重要尺寸，也可能会出现标注问题。此时，选择的

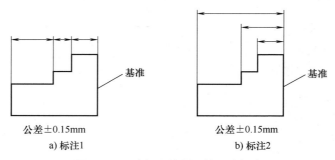

公差±0.15mm　　　　　　　　　公差±0.15mm

a) 标注1　　　　　　　　　　　b) 标注2

图 21.16　避免误差积累的尺寸标注

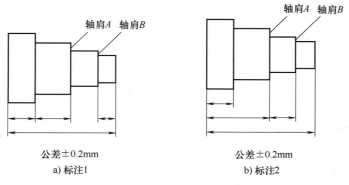

公差±0.2mm　　　　　　　　　公差±0.2mm

a) 标注1　　　　　　　　　　　b) 标注2

图 21.17　保持重要尺寸的标注

基准必须能反映这一重要尺寸。图 21.18a 表明 A 是该装配件的重要尺寸。所选的基准面已经明确标示。此时，装配件中每个独立零件与之相关的尺寸都要反映出该基准，如图 21.18b~d 所示。

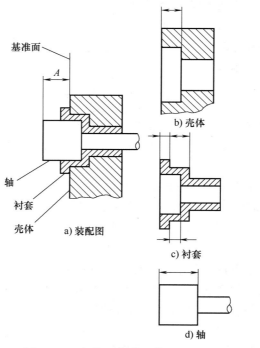

图 21.18　保持正确装配的尺寸标注

复 习 题

1. 装配图的作用是什么？

2. 用第一角投影法表示一个物体的三个视图。

3. 描述采用标准规范系统的八个好处。

4. 列出零件图应包含的八种信息项。

5. 说明创建工序卡的目的。

6. 通过草图说明什么情况下尺寸标注会产生累积误差，以及如何克服该问题。

7. 举一个在你的工作场所中所熟悉的数据表例子，并列出其中包含的重要信息。

8. 曲线图在什么情况下有用？

9. 为什么在设计图样时需要使用标准约定？

10. 为什么有必要在图样上绘制断面图？

附 录

螺 纹 形 式

附录 A　ISO 米制螺纹的基本形式（图 A1）

螺纹大径 mm（首选尺寸）	螺距/mm		螺纹大径 mm（首选尺寸）	螺距/mm	
	粗螺距系列	细螺距系列		粗螺距系列	细螺距系列
1.0	0.25	0.2	10.0	—	1.25
1.2	0.25	0.2	12.0	1.75	1.0
1.6	0.35	0.2	12.0	—	1.25
2.0	0.4	0.25	12.0	—	1.5
2.5	0.45	0.35	16.0	2.0	1.0
3.0	0.5	0.35	16.0	—	1.5
4.0	0.7	0.5	20.0	2.5	1.0
5.0	0.8	0.5	20.0	—	1.5
6.0	1.0	0.75	20.0	—	2.0
8.0	1.25	0.75	24.0	3.0	1.0
8.0	—	1.0	24.0	—	1.5
10.0	1.5	0.75	24.0	—	2.0
10.0	—	1.0			

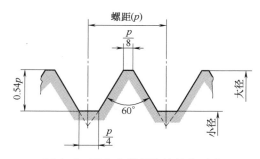

图 A.1　ISO 米制螺纹的基本形式

附录 B　统一标准螺纹（UNC 和 UNF）的基本形式（图 B1）

螺纹大径/in	每英寸螺纹数		螺距/in	
	UNC	UNF	UNC	UNF
1/4	20	28	0.05	0.036
5/16	18	24	0.055	0.042
3/8	16	24	0.062	0.042
7/16	14	20	0.071	0.05
1/2	13	20	0.077	0.05
9/16	12	18	0.083	0.055
5/8	11	18	0.091	0.055
3/4	10	16	0.100	0.062
7/8	9	14	0.111	0.071
1″	8	12	0.125	0.083

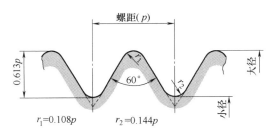

图 B.1　统一标准螺纹（UNC 和 UNF）的基本形式

附录 C　英国惠氏标准螺纹等（BSW、BSF 和 BSPF）的基本形式（图 C1）

公称直径/in	每英寸螺纹数（t.p.i.）			螺距/in			外径/in
	BSW	BSF	BSPF	BSW	BSF	BSPF	BSPF
1/8	40	—	28	0.025	—	0.036	0.383
3/16	24	32	—	0.042	0.031	—	
7/32	—	28		—	0.036		
1/4	20	26	19	0.050	0.038	0.053	0.518
9/32	—	26		—	0.038		
5/16	18	22	—	0.055	0.045	—	
3/8	16	20	19	0.062	0.050	0.053	0.656
7/16	14	18	—	0.071	0.055	—	
1/2	12	16	14	0.083	0.062	0.071	0.825

（续）

公称直径/in	每英寸螺纹数(t. p. i.)			螺距/in			外径/in
	BSW	BSF	BSPF	BSW	BSF	BSPF	BSPF
9/16	12	16	—	0.083	0.062	—	
5/8	11	14	14	0.091	0.071	0.071	0.902
11/16	11	14	—	0.091	0.071	—	—
3/4	10	12	14	0.100	0.083	0.071	1.041
7/8	9	11	14	0.111	0.091	0.071	1.189
1″	8	10	11	0.125	0.100	0.091	1.309

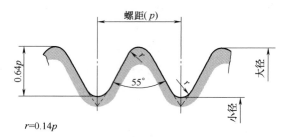

图 C.1　英国惠氏标准螺纹等（BSW、BSF 和 BSPF）的基本形式

附录 D　英国协会标准螺纹（BA）的基本形式（图 D1）

BA 标识号	螺纹大径/mm	螺距/mm	BA 标识号	螺纹大径/mm	螺距/mm
0	6.0	1.00	6	2.8	0.53
1	5.3	0.90	7	2.5	0.48
2	4.7	0.81	8	2.2	0.43
3	4.1	0.73	9	1.9	0.39
4	3.6	0.66	10	1.7	0.35
5	3.2	0.59			

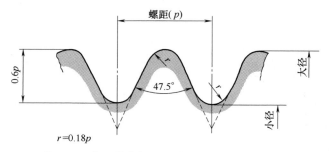

图 D.1　英国协会标准螺纹（BA）的基本形式